Be Partners

Büromanagement

Lernsituationen

2

Lernfelder
5 – 8

Autoren

Jens Bodamer

Kai Franke

Stephanie Hall

Oliver Heinze

Dagmar Linzenich

Beate Löbs

Michael Rottmeier

Benjamin Schmorl

Anja Seiler

Gudrun Vogel-Kammerer

unter Mitarbeit
der Verlagsredaktion

Cornelsen

Der Titel „Be Partners"

B und **E** sind die Initialen der fiktiven Geschäfts**partner** (Gesellschafter)
Rolf **B**astian und Dörthe **E**pstein des Modellunternehmens **BE Partners KG**.

Kaufleute für Büromanagement müssen im Berufsalltag mit wechselnden
Ansprech**partnern** zusammenarbeiten. Auch die hierfür erforderlichen sozialen
Kompetenzen (z. B. Teamfähigkeit) sollen aktiviert werden.

Dieses Buch wurde erstellt unter Verwendung von Materialien von Kerstin Ansel-Röhrleef, Shaunessy Ashdown,
Hans-Peter von den Bergen, Christian Fritz, Gabriele Harff-König, Franca Johannsen, Antje Kost, Claudia Lang,
Klaus Otte, Michael Piek, Roswitha Pütz, Melanie Seeliger, Maike Tholen, Marie-Luise Titze, Marion Weiß,
Isobel Williams, Helmut van Züren.

Wir weisen darauf hin, dass die im Lehrwerk genannten Unternehmen und Geschäftsvorgänge frei erfunden sind.
Ähnlichkeiten mit real existierenden Unternehmen lassen keine Rückschlüsse auf diese zu. Dies gilt auch für
die im Lehrwerk genannten Kreditinstitute, IBAN und Buchungsvorgänge. Ausschließlich zum Zwecke der Authentizität
wurden insoweit existierende Kreditinstitute und IBAN verwendet.

Soweit in diesem Lehrwerk Personen fotografisch abgebildet sind und ihnen von der Redaktion fiktive Namen,
Berufe, Dialoge und Ähnliches zugeordnet oder diese Personen in bestimmte Kontexte gesetzt werden, dienen diese
Zuordnungen und Darstellungen ausschließlich der Veranschaulichung und dem besseren Verständnis des Inhalts.

Sämtliche Personenbezeichnungen in diesem Band (z. B. „Schüler", „Lehrer", „Mediengestalter") gelten selbstverständlich für beide Geschlechter.

Verlagsredaktion: Peter Sander
Redaktionelle Mitarbeit: Sascha Heinrich, Sabine Schneider
Außenredaktion: Gerlinde Heitmann, Stuttgart; Veronika Kühn, Köln; Katharina Rottenbacher, Berlin;
Eva Zimmermann, Berlin
Bildredaktion: Gertha Maly, Joscha Belling
Gesamtgestaltung und technische Umsetzung: Studio SYBERG, Berlin
Technische Umsetzung CD: FKW, Berlin

Titelfotos: shutterstock/goodluz/1, Fotolia/goodluz/2, iStockphoto/mediaphotos/3, iStockphoto/Yuri/4

www.cornelsen.de/cbb

Die Webseiten Dritter, deren Internetadressen in diesem Lehrwerk angegeben sind,
wurden vor Drucklegung sorgfältig geprüft. Der Verlag übernimmt keine Gewähr für
die Aktualität und den Inhalt dieser Seiten oder solcher, die mit ihnen verlinkt sind.

Dieses Werk berücksichtigt die Regeln der reformierten Rechtschreibung und Zeichensetzung.
Ausnahmen bilden Originaltexte, bei denen lizenzrechtliche Gründe einer Änderung entgegenstehen.

1. Auflage, 3. Druck 2018

Alle Drucke dieser Auflage sind inhaltlich unverändert
und können im Unterricht nebeneinander verwendet werden.

Druck: Athesiadruck GmbH

ISBN 978-3-464-46132-7

PEFC zertifiziert
Dieses Produkt stammt aus nachhaltig
bewirtschafteten Wäldern und kontrollierten
Quellen.

PEFC
PEFC/18-31-166   www.pefc.de

Lernfeld 8
Personalwirtschaftliche Aufgaben wahrnehmen

Auf CD-ROM

Auf der beiliegenden CD-ROM finden Sie die digitale Version ausgewählter Arbeitsblätter und Dateien rund um das Modellunternehmen BE Partners KG.

Das Modellunternehmen
BE Partners KG

1 Unternehmensporträt

Die BE Partners KG ist ein mittelständisches Unternehmen in Bonn. Es wurde 1985 von Rolf Bastian zunächst als Druckerei gegründet und als Einzelunternehmen betrieben. Als Dörthe Epstein 2002 als Gesellschafterin ins Unternehmen eintrat, wurde das Leistungsspektrum um verschiedene Werbedienstleistungen erweitert und das Unternehmen wurde zur BE Partners KG.

Seither teilt sich das Angebot der BE Partners KG in die Sparten Druckerei, Werbeagentur und Handel mit Werbeartikeln. Die Werbeagentur bietet ihren vorwiegend mittelständischen Kunden ein breites Spektrum typischer Agenturleistungen an, z. B. die Konzeption und Umsetzung von Werbekampagnen. Die Druckerei erstellt Druckerzeugnisse wie Plakate, Broschüren, Flyer, Wurfzeitungen oder Stadtmagazine für Kunden der Werbeagentur, aber auch für externe Kunden. Außerdem handelt die BE Partners KG mit diversen Werbeartikeln, z. B. Tassen, Kugelschreibern und T-Shirts, die sie nach Kundenauftrag individuell bedrucken lässt oder unverändert weiterveräußert.

Zurzeit besteht das Team der BE Partners KG aus den beiden Gesellschaftern und 28 weiteren fest angestellten Mitarbeitern; hinzu kommen zwei Praktikanten und vier Auszubildende.

Im letzten Jahr erwirtschaftete die BE Partners KG einen Umsatz von 2.928.000,00 € und einen Gewinn von 102.000,00 €. Die Jahresbilanzsumme beträgt 2.390.500,00 €.

Firma
BE Partners KG
Schlesienstraße 490 – 492
53119 Bonn
Telefon: 0228 1236-0
Telefax: 0228 1236-111
E-Mail: info@bepartners.de
Internet: www.bepartners.de

Rechtsform
Kommanditgesellschaft (KG)
Sitz: Bonn

Gesellschafter
Rolf Bastian (Komplementär)
Dörthe Epstein (Kommanditistin)

Geschäftsführender Gesellschafter
Rolf Bastian

Prokuristin
Dörthe Epstein

Handelsregister
Amtsgericht Bonn – HRA 96617 / 124

Finanzamt
Bonn-Innenstadt
Bachstraße 36
53115 Bonn
Umsatzsteuer-Identifikations-
nummer: DE 145777798

Bankverbindungen
Sparkasse KölnBonn
BLZ: 370 501 98
Kontonummer: 900 521 866
BIC: COLSDE33XXX
IBAN: DE90 3705 0198 0900 5218 66

Volksbank Bonn Rhein-Sieg eG
BLZ: 380 601 86
Kontonummer: 920 613 740
BIC: GENODED1BRS
IBAN: DE10 3806 0186 0920 6137 40

Krankenkassen
AOK Rheinland/Hamburg (AOK)
Heisterbacherhofstraße 4
53111 Bonn

Barmer GEK (BEK)
Welschnonnenstraße 2
53111 Bonn

DAK Deutsche Angestellten-
Krankenkasse
Am Michaelshof 4 a
53177 Bonn

Techniker Krankenkasse (TK)
Poststraße 2
53111 Bonn

Betriebsnummer für die Sozialversicherung: 82 104 520

Die Gesellschafter Rolf Bastian, Rheinstraße 180, 53179 Bonn, und Dörthe Epstein, Sandstraße 120 b, 55343 Wachtberg (bei Bonn), verbinden sich zu einer Kommanditgesellschaft (KG) und schließen zu diesem Zweck den folgenden Gesellschaftsvertrag.

Gesellschaftsvertrag

§ 1 Zweck der Gesellschaft

(1) Die Gesellschafter gründen eine Kommanditgesellschaft.

(2) Der Zweck der Gesellschaft besteht darin, als Werbeagentur Dienstleistungen für andere Unternehmen zu erbringen, Druckerzeugnisse herzustellen und mit Werbeartikeln zu handeln.

§ 2 Firma und Sitz der Gesellschaft

(1) Die Gesellschaft führt die Firma BE Partners KG.

(2) Der Sitz der Gesellschaft ist: Schlesienstraße 490 – 492, 53119 Bonn.

§ 3 Beginn, Dauer, Geschäftsjahr

(1) Die Gesellschaft beginnt mit dem Eintrag in das Handelsregister.

(2) Ihre Dauer ist unbestimmt.

(3) Geschäftsjahr ist das Kalenderjahr.

§ 4 Gesellschafter/Einlagen

(1) Persönlich haftender Gesellschafter (Komplementär) ist Herr Rolf Bastian. Er erbringt eine feste Kapitaleinlage in Form von 75.000,00 € in bar.

(2) Die Kommanditistin Frau Dörthe Epstein erbringt eine feste Kapitaleinlage in Form von 25.000,00 € in bar.

(3) Die Kapitalanteile sind Festkapitalanteile, die auf einem Kapitalkonto (Kapitalkonto I) zu buchen sind. Die in das Handelsregister einzutragende Haftsumme der Kommanditistin Dörthe Epstein entspricht ihrem Festkapitalanteil.

§ 5 Geschäftsführung und Vertretung

(1) Zur Geschäftsführung und Vertretung ist der Komplementär berechtigt und verpflichtet. Er ist von den Beschränkungen des § 181 BGB befreit.

(2) Dem Komplementär obliegt die alleinige fachliche Leitung.

§ 6 Gesellschafterversammlungen, Gesellschafterbeschlüsse, Stimmrecht

(1) Die Gesellschafter entscheiden über die ihnen nach Gesetz oder Gesellschaftervertrag zugewiesenen Angelegenheiten durch Beschluss, die in Gesellschafterversammlungen gefasst werden.

(2) Eine Gesellschafterversammlung wird durch den Komplementär einberufen und geleitet. Stimmen alle Gesellschafter zu, können Beschlüsse auch außerhalb einer Gesellschafterversammlung gefasst werden.

§ 7 Buchführung, Bilanzierung

(1) Geschäftsjahr ist das Kalenderjahr. Die Gesellschaft hat unter Beachtung der steuerlichen Vorschriften die Bücher zu führen und jährliche Abschlüsse zu erstellen.

(2) Für jeden Gesellschafter wird ein bewegliches Kapitalkonto (Kapitalkonto II) geführt, über das die laufende Entnahmen und Einlagen (mit Ausnahme der in § 4 aufgeführten) sowie Gewinn- und Verlustanteile gebucht werden.

§ 8 Verteilung von Gewinn und Verlust

(1) Der Komplementär erhält für seine Tätigkeit – unabhängig davon, ob ein Gewinn erzielt worden ist – eine Vergütung, deren Höhe von der Gesellschafterversammlung festgesetzt und dem Umfang der Tätigkeit entsprechend angepasst wird.

(2) Von dem verbleibenden Gewinn erhalten die Gesellschafter zunächst entsprechend der gesetzlichen Regelung des § 168 HGB eine Kapitalverzinsung von 4 %. Nun noch verbleibende Gewinne werden entsprechend der Beteiligung am Gesellschaftsvermögen verteilt. Reicht die Gewinnhöhe für eine Verzinsung der Kapitalanteile in Höhe von 4 % nicht aus, wird der Gewinn der Beteiligung der Gesellschafter am Gesellschaftsvermögen entsprechend verteilt. An Verlusten der Gesellschaft sind die Gesellschafter entsprechend ihrer Beteiligung am Gesellschaftsvermögen gem. § 4 beteiligt.

(3) Über die Entnahme der Gewinnanteile beschließt die Gesellschafterversammlung einstimmig.

§ 9 Kündigung der Gesellschaft

(1) Der Komplementär kann die Gesellschaft mit einer Frist von 6 Monaten zum Jahresende mit eingeschriebenem Brief kündigen. Das Recht zur fristlosen Kündigung aus wichtigem Grunde bleibt hiervon unberührt. Der kündigende Gesellschafter scheidet aus der Gesellschaft aus. Die Gesellschaft wird von den übrigen Gesellschaftern fortgesetzt. Verbleibt nach dem Ausscheiden nur ein Gesellschafter, ist dieser berechtigt, das Unternehmen mit allen Aktiva und Passiva fortzuführen.

(2) Kündigt der Komplementär, sind die Kommanditisten berechtigt, zum Kündigungsstichtag einen neuen Komplementär aufzunehmen oder zu bestimmen, dass einer von ihnen die Stellung des Komplementärs übernimmt. Ist am Kündigungsstichtag kein Komplementär vorhanden, ist die Gesellschaft aufgelöst.

§ 10 Schlussbestimmungen

(1) Änderungen und Ergänzungen dieses Vertrages bedürfen der Schriftform. Dies gilt auch für einen Verzicht auf das Schriftformerfordernis.

(2) Sollten einzelne Bestimmungen dieses Vertrages unwirksam oder undurchführbar sein oder werden, wird hierdurch die Wirksamkeit des Vertrages im Übrigen nicht berührt. Insoweit verpflichten sich die Gesellschafter, die jeweilige Bestimmung durch eine wirtschaftlich sinnvolle, dem Sinn und Zweck des Vertrages Rechnung tragende Regelung zu ersetzen.

Bonn, den 01.02.2002

Rolf Bastian   *Dörthe Epstein*
_____   _____
Rolf Bastian   Dörthe Epstein

Ergänzung des Gesellschaftsvertrages vom 01.02.2002: Der Kommanditistin Frau Dörthe Epstein wird mit Wirkung ab dem 01.04.2002 Prokura nach § 48 ff. HGB in Form einer Einzelprokura erteilt.

Bonn, den 01.02.2002

Rolf Bastian   *Dörthe Epstein*
_____   _____
Rolf Bastian   Dörthe Epstein

3 Organigramm

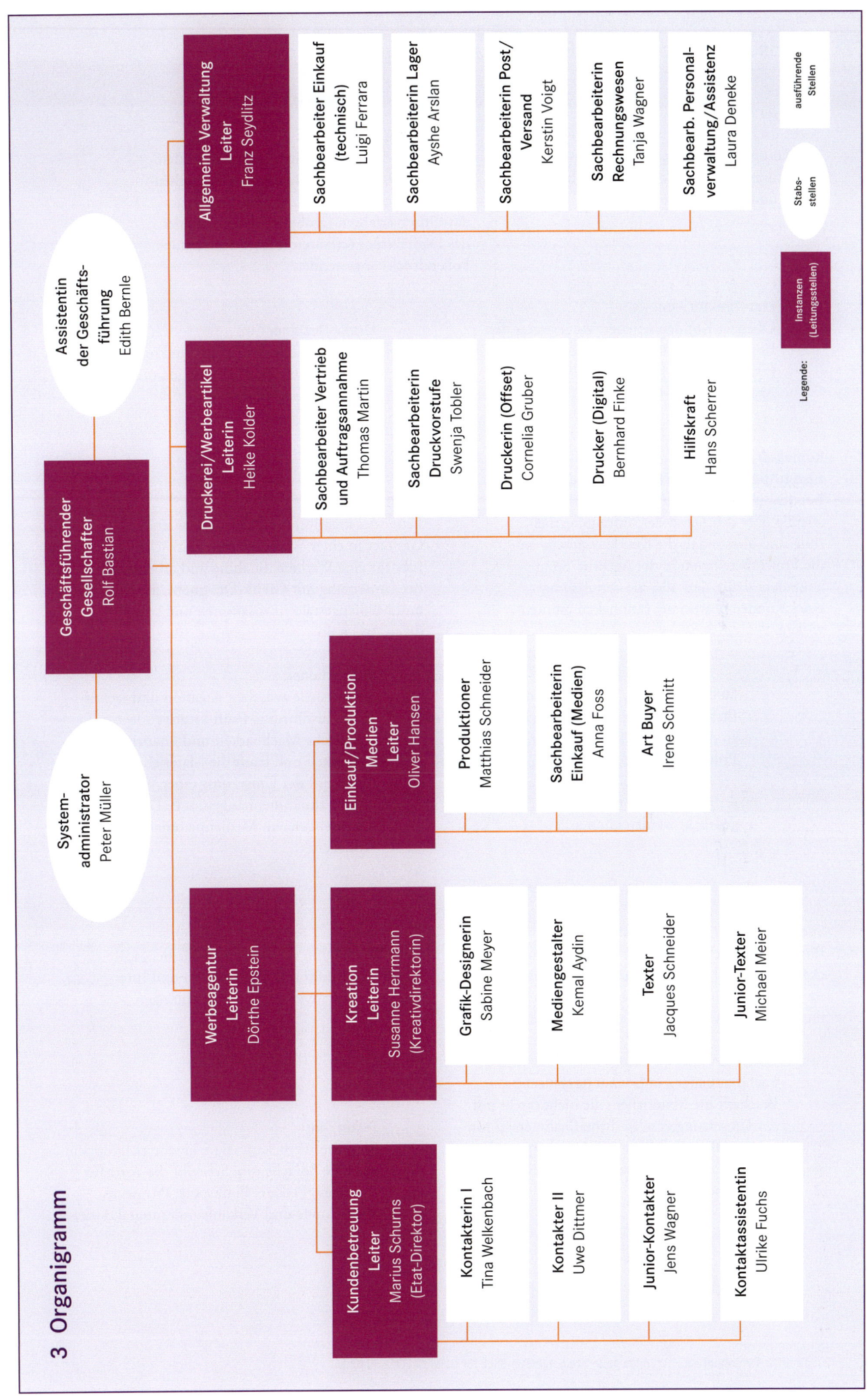

Geschäftsführender Gesellschafter
Rolf Bastian

Assistentin der Geschäftsführung
Edith Bernle

Systemadministrator
Peter Müller

Werbeagentur
Leiterin
Dörthe Epstein

Kreation
Leiterin
Susanne Herrmann
(Kreativdirektorin)

- **Grafik-Designerin** Sabine Meyer
- **Mediengestalter** Kemal Aydin
- **Texter** Jacques Schneider
- **Junior-Texter** Michael Meier

Kundenbetreuung
Leiter
Marius Schurns
(Etat-Direktor)

- **Kontakterin I** Tina Welkenbach
- **Kontakter II** Uwe Dittmer
- **Junior-Kontakter** Jens Wagner
- **Kontaktassistentin** Ulrike Fuchs

Einkauf/Produktion Medien
Leiter
Oliver Hansen

- **Produktioner** Matthias Schneider
- **Sachbearbeiterin Einkauf (Medien)** Anna Foss
- **Art Buyer** Irene Schmitt

Druckerei/Werbeartikel
Leiterin
Heike Kolder

- **Sachbearbeiter Vertrieb und Auftragsannahme** Thomas Martin
- **Sachbearbeiterin Druckvorstufe** Swenja Tobler
- **Druckerin (Offset)** Cornelia Gruber
- **Drucker (Digital)** Bernhard Finke
- **Hilfskraft** Hans Scherrer

Allgemeine Verwaltung
Leiter
Franz Seydlitz

- **Sachbearbeiter Einkauf (technisch)** Luigi Ferrara
- **Sachbearbeiterin Lager** Ayshe Arslan
- **Sachbearbeiterin Post/Versand** Kerstin Voigt
- **Sachbearbeiterin Rechnungswesen** Tanja Wagner
- **Sachbearb. Personalverwaltung/Assistenz** Laura Deneke

Legende:
- Instanzen (Leitungsstellen)
- Stabsstellen
- ausführende Stellen

4 Glossar ausgewählter Berufsbezeichnungen[1]

Art Buyer:
Sucht nach passenden kreativen Dienstleistern, z. B. Fotografen, und kauft deren Leistungen ein. Kümmert sich außerdem um Urheberrechte und klärt Lizenzen.

Drucker/-in:
Bedient die Druckmaschinen und steuert den gesamten Druckprozess. Je nach zu bedruckender Oberfläche und Stückzahl wird entweder das Offsetverfahren (große Stückzahlen) oder das Digitaldruckverfahren (kleine Stückzahlen, Foliendruck) angewendet.

Etat-Direktor/-in:
Oberster Kundenbetreuer, Vorgesetzter der Kontakter, der auch die Werbe-„Etats" (Etat = frz. für Haushalt) der einzelnen Agenturaufträge verwaltet.

Grafik-Designer/-in:
Setzt die Ideen des Kreativdirektors visuell um. Erstellt dazu z. B. Zeichnungen mit der Hand oder dem Computer.

Kontakter/-in:
Erster Ansprechpartner für die Kunden (auch Berater/-in genannt). Informiert den Kunden ständig über den Stand der Auftragsbearbeitung und übermittelt die Kundenwünsche an die Projektbeteiligten in der Agentur. Sorgt außerdem dafür, dass alle, die den Auftrag eines Kunden bearbeiten, optimal zusammenwirken.

Kreativdirektor/-in:
Leiter des kreativen Bereichs bzw. leitender Grafiker in einer Werbeagentur. Entwickelt die Idee für eine Werbemaßnahme und arbeitet bei der Umsetzung mit Grafik-Designern, Textern und Mediengestaltern zusammen und stimmt deren Arbeit ab.

Mediengestalter/-in Digital und Print:
Erstellt und bearbeitet digitale Dokumente, die zu digitalen Medien (z. B. Websites) oder Printmedien (z. B. Broschüren, Flyer) weiterverarbeitet werden. Bereitet die Dokumente technisch so vor, dass sie online gestellt oder gedruckt werden können.

Produktioner:
Schnittstelle zwischen Kreation und technischer Ausführung. Prüft kreative Ideen auf technische Machbarkeit und finanzielle Vertretbarkeit und kauft die Materialien ein, die direkt mit der Umsetzung einer Werbemaßnahme zusammenhängen, z. B. Druckereidienstleistungen, Medienmaterialien und -vorlagen.

Sachbearbeiter/-in Druckvorstufe:
Bindeglied zwischen kreativen Jobs und Druckern. Prüft und bereitet Dateien so auf, dass sie druckfertig sind, führt Probedrucke durch und erstellt bei Offsetdruck die Druckplatten.

Sachbearbeiter/-in Einkauf (Medien):
Plant Werbung in verschiedenen Medien, z. B. Fernsehen, Rundfunk, Printmedien und Internet, und bucht Werbezeiten und -anzeigen.

Sachbearbeiter/-in Einkauf (technisch):
Beschafft die Materialien, die nicht direkt mit der Umsetzung von Werbemaßnahmen zu tun haben. Hierzu gehören z. B. Druckerpatronen, Büromaterial, Handelswaren oder auch Hygieneartikel.

Texter/-in:
Setzt die Werbekampagne in eine zielgruppengerechte Sprache um. Schreibt die Texte für Anzeigen, Plakate, Funkspots, Prospekte, Werbebriefe und Verkaufsförderungsaktionen.

---

1 Sämtliche Personenbezeichnungen gelten selbstverständlich für beiderlei Geschlecht.

5 Personalliste (Auszug)

Nr.	Name	Vorname	Abteilung/Gruppe	Funktion	Status	Krankenkasse	Berufliche Qualifikation	Durchw.	Kürzel
100	Bastian	Rolf	Geschäftsführung	Geschäftsführender Gesellschafter	Gesellschafter	privat	Diplom-Kaufmann	220	Bar
243	Müller	Peter	Geschäftsführung	Systemadministrator	Angestellter	TK	Bachelor of Science Informatik	225	mrp
109	Bernle	Edith	Geschäftsführung	Assistentin	Angestellte	DAK	Bürokauffrau	277	bee
200	Epstein	Dörthe	Werbeagentur	Leitung	Gesellschafterin	privat	Master of Arts in Creative Communication & Brand Management	230	Epd
239	Schurns	Marius	Kundenbetreuung	Leitung	Angestellter	BEK	Bachelor of Science Betriebswirtschaft/Werbung	246	scm
183	Welkenbach	Tina	Kundenbetreuung	Kontakterin I	Angestellte	DAK	Industriekauffrau, Diplom-Medienökonomin (FH)	259	wet
212	Dittmer	Uwe	Kundenbetreuung	Kontakter II	Angestellter	BEK	Veranstaltungskaufmann, Staatlich geprüfter Betriebswirt	232	diu
284	Wagner	Jens	Kundenbetreuung	Junior-Kontakter	Angestellter	TK	Handelsfachwirt (IHK)	279	waj
196	Fuchs	Ulrike	Kundenbetreuung	Kontaktassistentin	Angestellte	BEK	Bürokauffrau	287	fuu
222	Herrmann	Susanne	Kreation	Leitung	Angestellte	privat	Diplom-Designerin	280	hes
215	Meyer	Sabine	Kreation	Grafik-Designerin	Angestellte	BEK	Bachelor of Arts Kommunikationsdesign	244	mes
263	Aydin	Kemal	Kreation	Mediengestalter	Angestellter	AOK	Mediengestalter Digital und Print	250	ayk
253	Schneider	Jacques	Kreation	Texter	Angestellter	AOK	Diplom-Journalist	253	scj
295	Meier	Michael	Kreation	Junior-Texter	Angestellter	AOK	Bachelor of Arts Germanistik, Anglistik/Amerikanistik	285	mem
232	Hansen	Oliver	Einkauf/Produktion Medien	Leitung	Angestellter	TK	Diplom-Betriebswirt (FH)	264	hao
240	Schneider	Matthias	Einkauf/Produktion Medien	Produktioner	Angestellter	BEK	Fotograf	229	scr
177	Foss	Anna	Einkauf/Produktion Medien	Sachbearbeiterin Einkauf (Medien)	Angestellte	AOK	Kauffrau für Bürokommunikation	235	foa
247	Schmitt	Irene	Einkauf/Produktion Medien	Art Buyer	Angestellte	AOK	Kauffrau für Marketingkommunikation	265	sci
273	Kolder	Heike	Druckerei/Werbeartikel	Leitung	Angestellte	BEK	Diplom-Wirtschaftsingenieurin	271	koh
256	Martin	Thomas	Druckerei/Werbeartikel	Sachbearbeiter Vertrieb und Auftragsannahme	Angestellter	DAK	Kaufmännischer Betriebsassistent für Druck und Papierverarbeitung	282	mat
168	Tobler	Swenja	Druckerei/Werbeartikel	Sachbearbeiterin Druckvorstufe	Angestellte	AOK	Bachelor of Arts Print-Media-Management	274	tos
136	Gruber	Cornelia	Druckerei/Werbeartikel	Druckerin (Offset)	Arbeiterin	BEK	Druckerin, Fachrichtung Flachdruck	289	grc
287	Finke	Bernhard	Druckerei/Werbeartikel	Drucker (Digital)	Arbeiter	AOK	Drucker, Fachrichtung Digitaldruck	268	fib
121	Scherrer	Hans	Druckerei/Werbeartikel	Hilfskraft	Arbeiter	TK	ohne Ausbildung	255	sch
151	Seydlitz	Franz	Allgemeine Verwaltung	Leitung	Angestellter	AOK	Bürokaufmann/Technischer Betriebswirt (IHK)	248	sef
166	Ferrara	Luigi	Allgemeine Verwaltung	Sachbearbeiter Einkauf (technisch)	Angestellter	AOK	Kaufmann für Bürokommunikation, Werbefachwirt (IHK)	231	fel
277	Arslan	Ayshe	Allgemeine Verwaltung	Sachbearbeiterin Lager	Angestellte	AOK	Kauffrau im Einzelhandel	249	ara
125	Voigt	Kerstin	Allgemeine Verwaltung	Sachbearbeiterin Post/Versand	Angestellte	DAK	Bürokauffrau	237	vok
129	Wagner	Tanja	Allgemeine Verwaltung	Sachbearbeiterin Rechnungswesen	Angestellte	BEK	Steuerfachangestellte	242	wat
281	Deneke	Laura	Allgemeine Verwaltung	Personalsachbearbeiterin/Assistentin Allg. Verwaltung	Angestellte	AOK	Bürokauffrau	261	del
291	Hamm	Florian	Allgemeine Verwaltung	Auszubildender	Auszubildender	TK	in Ausbildung zum Kaufmann für Büromanagement (3. AJ)	–	haf
302	Öztürk	Tüley	Allgemeine Verwaltung	Auszubildende	Auszubildende	AOK	in Ausbildung zur Kauffrau für Büromanagement (2. AJ)	–	oet
309	Weber	Aziza	Allgemeine Verwaltung	Auszubildende	Auszubildende	BEK	in Ausbildung zur Kauffrau für Marketingkommunikation (1. AJ)	–	wea
298	Fischer	Sophie	Allgemeine Verwaltung	Auszubildende	Auszubildende	AOK	in Ausbildung zur Mediengestalterin Digital und Print (2. AJ)	–	fis

Das Modellunternehmen BE Partners KG

6 Leistungen der BE Partners KG (Auszüge)[1]

6.1 Dienstleistungen

Konzept und Kreation:

Konzeption, Strategie, Analyse der Marktsituation	125,00 €/Std.
Recherche, Kontakt und interne Abwicklung; digitale Bildbearbeitung	89,00 €/Std.
Textentwurf, Textkonzept; Grafik Design, Corporate Design, Logoentwicklung	125,00 €/Std.

Druckvorbereitung und Realisation:

Digitale Reinzeichnung, Satz, Aufbau, Umbruch, Korrekturausdrucke, Druckparameterprüfung	69,00 €/Std.
Lektorat, Korrekturlesen, Manuskriptprüfung	56,00 €/Std.
Produktionsbetreuung, Druckabnahme, Qualitätsprüfung	89,00 €/Std.

PR:

PR-Texte, Textüberarbeitung, Redaktionsarbeit, Verlagsbetreuung	89,00 €/Std.
Organisation, Mitarbeit bei Pressekonferenzen, Tagungen und ähnlichen Veranstaltungen	56,00 €/Std.
Medienbeobachtung, -analyse und -auswertung	56,00 €/Std.

Internet, Web-Auftritt, Homepage:

Konzept, Strukturierung, Gliederung; Web-Design entwickeln	95,00 €/Std.
Entwicklung von Datenbanken, Aufbau und Pflege von Content-Management-Systemen	95,00 €/Std.
Programmierung in HTML, Java, Flash, PHP	89,00 €/Std.

Präsentationen:

Folien- und Filmpräsentationen in Keynote, PowerPoint	89,00 €/Std.
Gestaltung und Umsetzung von Unternehmensdarstellungen, Displays usw.	89,00 €/Std.

6.2 Druckereierzeugnisse

Offsetdruck:

Stadtzeitungen, Vereinszeitschriften, Broschüren u. Ä. in größerer Auflage

Digitaldruck:

kleinere Auflagen von Broschüren, Flyern, Plakaten, außerdem Folien zum Bekleben von z. B. Türen, Messeständen, Schaufenstern, Schildern, Werbetafeln und Fahrzeugen aller Art

Preisbeispiel Broschüre (z. B. Unternehmensleitbild, Broschüre zur Produktwerbung):
technische Details: 16 Seiten, 100-g-Papier, Bilderdruck, glänzend, A5, Querformat

Abnahmemenge in Stück	100	250	500	1 000	10 000	100 000
Preis in €	70,00	165,00	314,00	444,00	1.525,00	12.343,00
Drucktechnik	Digitaldruck			Offsetdruck		

6.3 Werbeartikel mit oder ohne individuellem Werbeaufdruck

Preisbeispiel Flaschenöffner Reflex (Art.-Nr. 3111)

Abnahmemenge in Stück	200 – 499	500 – 999	1 000 – 2 499	ab 2 500
Preis/St. in €	0,75	0,70	0,65	0,60
Preis für 1-farbigen Druck in €/St.	0,18	0,16	0,15	0,14
Preis für 2-farbigen Druck in €/St.	0,30	0,28	0,27	0,26

Fixkosten für den Druck, unabhängig von der bedruckten Stückzahl: 43,00 €
zusätzliche Fixkosten im Falle einer Lasergravur: 63,00 €

Weitere Werbeartikel siehe nächste Seite.

---

1 Alle Preisangaben sind Nettopreise zzgl. 19 % USt.

Werbeartikel (Auszug)

Art.-Nr.	Artikel-Bezeichnung	Artikel-Beschreibung	Einkaufspreis
1111	Georgia Kapuzensweater S	60 % Baumwolle, 40 % Polyester Strick, Doppelnähte, Kapuze, Raglanärmel, Kängurutasche	11,33 €
1112	Georgia Kapuzensweater M	60 % Baumwolle, 40 % Polyester Strick, Doppelnähte, Kapuze, Raglanärmel, Kängurutasche	11,33 €
1113	Georgia Kapuzensweater L	60 % Baumwolle, 40 % Polyester Strick, Doppelnähte, Kapuze, Raglanärmel, Kängurutasche	11,33 €
1114	Georgia Kapuzensweater XL	60 % Baumwolle, 40 % Polyester Strick, Doppelnähte, Kapuze, Raglanärmel, Kängurutasche	11,33 €
1121	Eca T-Shirt 150 S	100 % Ringspun-Baumwolle, Kragen mit 5 % Elasthan, Single Jersey Strick	2,99 €
1122	Eca T-Shirt 150 M	100 % Ringspun-Baumwolle, Kragen mit 5 % Elasthan, Single Jersey Strick	2,99 €
1123	Eca T-Shirt 150 L	100 % Ringspun-Baumwolle, Kragen mit 5 % Elasthan, Single Jersey Strick	2,99 €
1124	Eca T-Shirt 150 XL	100 % Ringspun-Baumwolle, Kragen mit 5 % Elasthan, Single Jersey Strick	2,99 €
2111	Kugelschreiber Spot schwarz	Druckkugelschreiber, Qualitätsmine X 20	0,22 €
2131	Textmarker pink ZigZag	Kunststoff Maße 90 × 45 × 45	1,01 €
3111	Flaschenöffner Reflex	Kunststoff/Metall mit vier Werbeflächen	0,50 €
3112	Thermobecher Winner	Edelstahl/Kunststoff, Doppelwandig 500 ml in Geschenkverpackung	5,98 €
3114	Kaffeetasse Mug Größe M	Kaffeebecher aus Porzellan, weiß, Höhe 10 cm, Durchmesser 8 cm	0,98 €
3116	Kochschürze grau	Baumwollschürze mit langen Hüftbändern zum Binden	3,15 €
4111	Kühlschrankmagnet Last	Runder Kunststoffmagnet Farbe Blau	0,22 €
4114	Reflexionsset Kids	Sicherheitshits für Kids, 1 Rucksackbeutel, 1 Kinderwarnweste nach EN 1150, 1 Reflektor-Hase und 1 Sticker-Set	7,33 €
5111	Öko-Kugelschreiber Ethno	hergestellt aus Holz aus FSC zertifizierter Forstwirtschaft Drehkugelschreiber 2-farbig	0,88 €
5112	Stofftragebeutel	Baumwoll Eco Shopper mit kurzen Henkeln	0,79 €
5115	Dokumentenmappe Micro	A4 Sammelmappe hergestellt aus Recyclingkarton	2,14 €
6111	Kartenspiel	32 Blatt plus Spielanleitung, verpackt in Cellophanfolie	0,79 €
6113	Wasserball Maui	PVC weiß/rot	0,33 €
6114	Sport-Trinkflasche Action	PVC gelb	1,02 €
6115	Sattelschutz First	ein aus wasserabweisendem PVC gefertigter Schutzüberzug für Fahrradsättel, Farbe Orange	0,70 €
7111	USB-Stick	Kapazität 1 GB, Schreibgeschwindigkeit: 2,5 MB/s - 8 MB/s, Lesegeschwindigkeit: 8 MB/s - 18 MB/s	4,01 €
7112	Mousepad Oxy400	super dünn, selbsthaftend und kratzfest, Größe: 24 × 9,5 cm	1,99 €
7114	Gam-Lite LED Taschenlampe	Drehschalter am Lampenkopf. Lieferung im Geschenketui inkl. 2 Mignon-Batterien	10,79 €
8111	Fruchtgummibären	Fruchtgummi Basic-Tüte aus weißer oder transparenter Folie, 8 Bärchen	0,07 €
8112	Fruchtgummiherzchen	Fruchtgummi-Herzen mit 10 % Fruchtanteil, mit natürlichen Aromen, in transparenten Werbetütchen	0,10 €
9111	Adventskalender	Classic Wand-Adventskalender in klassischer Vollkarton-Hülle, 24 Stück, Vollmilchschokolade	1,59 €
9112	Weihnachtskarten	innovative Falttechnik	0,90 €
9113	Plätzchen Ausstechset	6 weihnachtliche Edelstahlformen zum Ausstechen von Plätzchen	2,69 €

Kunden-Nr./ Debitoren-Nr.	Firma / Postanschrift	Lieferanschrift / Lieferart	Telefon / Fax / Homepage	Ansprechpartner/-in Kunde / Durchwahl / E-Mail-Adresse	Zahlungsbedingungen / Zahlungsziel	Name der Bank / Kontonummer / Bankleitzahl	IBAN / BIC	Ansprechpartner/-in BE Partners KG
10001 24011	Beska GmbH Tauentzienstraße 60 10789 Berlin	Tauentzienstraße 60 10789 Berlin Bahnfracht	030 936-0 030 936-14 www.beska.de	Herr Konstantin Romanos 030 936-257 k.romanos@beska.de	3 % Skonto innerhalb von 8 Tagen 45 Tage Ziel	Deutsche Bank Berlin 178 604 423 100 700 00	DE31 1007 0000 0178 6044 23 DEUTDEBBXXX	Tina Welkenbach
10002 24012	Drogerie AG Postfach 11 05 66 42305 Wuppertal	Else-Lasker-Schüler-Straße 11 42107 Wuppertal Bahnfracht	0202 1990-0 0202 1990-10 www.drogwupper.de	Frau Mary-Ann Coldfield 0202 1990-10 macoldfield@drogwupper.de	2 % Skonto innerhalb von 8 Tagen 30 Tage Ziel	SEB AG (Wuppertal) 3344555 330 101 11	DE54 3301 0111 0003 3445 55 ESSEDE5F330	Tina Welkenbach
10003 24013	DN Drogerien AG Postfach 10 04 76 68004 Mannheim	Rhenaniastraße 220 – 224 68219 Mannheim Bahnfracht	0621 5565020-0 0621 5565020-40 www.dndrogerien.de	Frau Pinar Öztürk 0621 5565020-540 oetztuerk@dndrogerien.de	2 % Skonto innerhalb von 10 Tagen 30 Tage Ziel	Commerzbank Mannheim 27 010 105 670 400 31	DE61 6704 0031 0027 0101 05 COBADEFF670	Tina Welkenbach
10004 24031	Buchenstork Schuhe GmbH Postfach 11 66 53701 Siegburg	Am Wassergraben 2 53721 Siegburg Spedition	02241 564-0 02241 564-534 www.buchenstork.de	Frau Annette Münz 02241 564-132 a.muenz@buchenstork.de	3 % Skonto innerhalb von 8 Tagen 30 Tage Ziel	Commerzbank Köln 240 006 692 370 400 44	DE26 3704 0044 0240 0066 92 COBADEFF370	Tina Welkenbach
10005 24015	Goldregen Einkaufszentrum GmbH Postfach 15 67 53733 Sankt Augustin	Südstraße 80 53757 Sankt Augustin Kurierdienst/Spedition	02241 565685-0 02241 565685-10 www.ekz-goldregen.eu	Herr Manuel Krestner 02241 565685-480 mkrestner@ekz-goldregen.eu	2 % Skonto innerhalb von 8 Tagen 30 Tage Ziel	Hypo Vereinsbank Bonn 333 222 515 380 200 90	DE71 3802 0090 0333 2225 15 HYVEDEMM402	Tina Welkenbach
10007 24017	Moritz Klar Holzhandlung und Baumärkte GmbH & Co KG Postfach 11 04 82 28084 Bremen	Langemarckstraße 340 28199 Bremen Bahnfracht	0421 10020085-0 0421 10020085-96 www.klarholz.de	Frau Ludmilla Sennwald 0421 10020085-913 lsennwald@klarholz.de	2 % Skonto innerhalb von 10 Tagen 30 Tage Ziel	Volksbank Bremen-Nord eG 123 456 789 291 903 30	DE79 2919 0330 0123 4567 89 GENODEF1HB2	Uwe Dittmer
10009 24019	Autohaus Wünsche KG Postfach 10 27 68 50467 Köln	Fröbelstraße 90 50823 Köln Spedition	0221 30070088-0 0221 30070088-40 www.autowuenschle.de	Frau Helga Sohnemann 0221 30070088-582 h.sohnemann@autowuenschle.de	3 % Skonto innerhalb von 8 Tagen 45 Tage Ziel	Sparkasse KölnBonn 10 022 033 370 501 98	DE45 3705 0198 0010 0220 33 COLSDE33XXX	Uwe Dittmer
20011 24021	Bäckerei Özcal Breite Straße 22 53111 Bonn	Breite Straße 22 53111 Bonn Kurierdienst/Spedition	0228 969199-0 0228 969199-10 www.baeckerei-oezcal.de	Herr Burak Özcal 0228 969199-31 burak.oezcal@baeckerei-oezcal.de	3 % Barzahlungsskonto bei Abholung 45 Tage Ziel	Postbank Köln 240 852 122 370 100 50	DE79 3701 0050 0240 8521 22 PBNKDEFF370	Uwe Dittmer
20013 24023	Fly Bike Werke GmbH Rostocker Str. 334 26121 Oldenburg	Rostocker Str. 334 26121 Oldenburg Bahnfracht	0441 885-0 0441 885-9211 www.flybike-werke.de	Frau Sylvia Dogan 0441 885-18 dogan@flybike-werke.de	2 % Skonto bei Zahlung innerhalb von 8 Tagen 30 Tage Ziel	Landessparkasse Oldenburg 112 326 444 280 501 00	DE86 2805 0100 0112 3264 44 BRLADE21LZO	Uwe Dittmer
20017 24027	Europarad N. V. Zandvoortstraat 16 2800 MECHELEN BELGIEN	Zandvoortstraat 16 B-2800 MECHELEN BELGIEN Spedition	0032 15 2094-0 0032 15 2094-11 www.europarad.be	Herr Willem van der Kracht 0032 15 2094-85 vdkracht@europarad.be	2 % Skonto innerhalb von 10 Tagen 30 Tage Ziel	O.B.K. Bank (Überweisung)	BE98 1228 7569 3600 BKCPBEB10BK	Jens Wagner
30001 24031	Jansen Import B. V. Groot Bollerweg 10 5928 NS VENLO NIEDERLANDE	Groot Bollerweg 10 NL-5928 NS VENLO NIEDERLANDE Spedition	0031 77 382264-0 0031 77 382264-87 www.jansen-import.nl	Herr Peer van Erb 0031 77 382264-241 verb@jansen-import.de	3 % Skonto innerhalb von 10 Tagen 45 Tage Ziel	ABN Amro Bank (Überweisung)	NL16 ABNA 0441 1619 95 ABNANL2A	Jens Wagner
30006 24036	Live in Bonn Hermann-Hesse-Ring 242 53111 Bonn	Hermann-Hesse-Ring 242 53111 Bonn Kurierdienst/Spedition	0228 437748-0 0228 437748-11 www.live-in-bonn.de	Rabea Körner 0228 437748-20 rkoerner@live-in-bonn.de	2 % Skonto innerhalb von 10 Tagen 30 Tage Ziel	Deutsche Bank Köln 178 604 445 370 700 24	DE87 3707 0024 0178 6044 45 DEUTDEBKOE	Tina Welkenbach
30007 24037	Hard- und Software Handel- und Beratungshaus GmbH Antoniusberg 134 52076 Aachen	Antoniusberg 134 52076 Aachen Spedition	0421 5773-0 0421 5773-507 www.hs-beratung.com	Frau Samuela Goldstein 0421 5773-654 sgoldstein@hs-beratung.com	2 % Skonto innerhalb von 8 Tagen 30 Tage Ziel	Aachener Bank eG 58 473 654 390 601 80	DE02 3906 0180 0058 4736 54 GENODED1AAC	Uwe Dittmer
30009 24039	Der Tagespegel Verlag GmbH Postfach 71 96 53071 Bonn	Lupusstraße 85 53175 Bonn Spedition	0228 837514-0 0228 837514-95 www.tagespegel.de	Herr Hendrik Reininger 0228 837514-551 h.reininger@tagespegel.de	2 % Skonto innerhalb von 10 Tagen 30 Tage Ziel	Sparkasse KölnBonn 123 321 884 370 501 98	DE52 3705 0198 0123 3218 84 COLSDE33XXX	Tina Welkenbach

8 Lieferantenliste/Kreditorenliste (Auszug)

Lieferanten-Nr. Kreditoren-Nr.	Firma Postanschrift	Lieferanschrift Lieferart	Telefon Fax Homepage	Ansprechpartner/-in Lieferant Durchwahl E-Mail-Adresse	Name der Bank Kontonummer Bankleitzahl	IBAN BIC	Ansprechpartner/-in BE Partners KG
70001 45021	Marktforschung Informarna GmbH Postfach 16 00 15 01287 Dresden	Grunaer Weg 58 – 60 01277 Dresden Spedition	0351 57739 11-0 0351 57739 11-10 www.informarna.de	Frau Rachel Weinreb 0351 57739 11-450 r.weinreb@informarna.de	Commerzbank Dresden 8891142 850 400 00	DE20 8504 0000 0088 9911 42 COBADEFF850	Matthias Schneider
70002 45022	Alantara Filmproduktion AG Postfach 16 51 48005 Münster	Hansaring 108 48155 Münster Kurierdienst/Spedition	0251 3483-1 0251 3483-5 www.alantara-film.de	Herr Heribert Tenhumberg 0251 3483-1 h.tenhumberg@alantara-film.de	Volksbank Münster 445566 401 600 50	DE52 4016 0050 0000 4455 66 GENODEM1MSC	Irene Schmitt
70004 45024	articolo pubblicitario Roma SRL Via San Pietro 22 – 26 10121 ROM ITALIEN	Via San Pietro 22 – 26 10121 ROM ITALIEN Bahnfracht	0039 6 114679 1-0 0039 6 114679 1-99 www.aproma.it	Herr Enzo Maletti 0039 6 114679 1-77 g.maletti@aproma.it	Banca di Roma	IT69L0603005124 BROMITR1708	Luigi Ferrara
70007 45027	Traumbild Model Köln GmbH Wahlerstraße 200 40472 Düsseldorf	Wahlerstraße 200 40472 Düsseldorf Kurierdienst	0211 57053011-0 0211 57053011-10 www.traumbild-model.de	Frau Femke Simons 0211 57053011-15 femke.simons@traumbild-model.de	Targobank Düsseldorf 132350340 300 209 0C	DE50 3002 0900 0132 3503 40 CMCIDEDD	Irene Schmitt
72004 45044	Der Tagesspegel Verlag GmbH Postfach 71 96 53071 Bonn	Lupusstraße 85 53175 Bonn Kurierdienst/Spedition	0228 837514-0 0228 837514-320 www.tagespegel.de	Frau Ira Peppino 0228 837514-320 i.peppino@tagespegel.de	Sparkasse KölnBonn 123321884 370 50198	DE52 3705 0198 0123 3218 84 COLSDE33XXX	Anna Foss
72007 45047	Teleradio 99 GmbH Gaedestraße 92 50968 Köln	Gaedestraße 92 50968 Köln Kurierdienst	0221 9060372-0 0221 9060372-5 www.teleradio99.de	Herr Simon Blackner 0221 9060372-1020 simon.blackner@teleradio99.de	Hypovereinsbank Köln 13181399 370 200 90	DE58 3702 0090 0013 1813 99 HYVEDEMM429	Anna Foss
72008 45048	Film- und Fotohandel Riekner e.K. In den Dauen 87 53117 Bonn	In den Dauen 87 53117 Bonn Spedition	0228 9386183-0 0228 9386183-20 www.fotohandel-bonn.de	Frau Svanhild Larsson 0228 9386183-240 slarsson@fotohandel-bonn.de	SEB Bank AG Filiale Bonn 178604523 380 101 11	DE81 3801 0111 0178 6045 23 ESSEDE5F380	Irene Schmitt
73002 45052	Giveaways Kramer KG Landsberger Str. 67 12623 Berlin	Landsberger Str. 67 12623 Berlin Kurierdienst/Spedition	030 5628-333 030 5628-321 www.giveawayskramer.de	Herr Steffen Krapich 030 5628-344 krapich@giveawayskramer.de	Weberbank 160923309 101 201 00	DE81 1012 0100 0160 9233 09 WELADED1WBB	Luigi Ferrara
73004 45054	Werbeartikel Schnürer GmbH Postfach 10 05 78 41705 Viersen	Schwalmstraße 43 41748 Viersen Spedition	02162 367594-0 02162 367594-13 www.werbeartikel-viersen.de	Herr Marcus Hoffmann 0180 367594-203 marcus.hoffmann@werbeartikel-viersen.de	Volksbank Viersen 6543795 314 602 90	DE67 3146 0290 0006 5437 95 GENODED1VSN	Luigi Ferrara/ Thomas Martin
73005 45055	Eulenberger & Samtmann Textilgroßhandel GmbH & Co KG Postfach 20 14 67 56014 Koblenz	Carl-Mand-Straße 100 – 102 56070 Koblenz Spedition	0261 100200-10 0261 100200-40 www.eulenberger-textil.de	Herr Waldemar Fogelmann 0261 100200-36 w.fogelmann@eulenberger-textil.de	Deutsche Bank Koblenz 87009898 570 700 45	DE67 5707 0045 0087 0098 98 DEUTDE5M570	Luigi Ferrara
73007 45057	Bürobedarf Knärtler & Hoppe KG Mülheimer Straße 108 53604 Bad Honnef	Mülheimer Straße 108 53604 Bad Honnef Spedition	02224 300700-10 02224 300700-40 www.buerokh.de	Herr Mikkel Lindström 02224 300700-26 m.lindstroem@buerokh.de	Stadtsparkasse Bad Honnef 10922033 380 512 90	DE74 3805 1290 0010 9220 33 WELADED1HON	Luigi Ferrara
74002 45062	Bromberger Druckmaschinen GmbH Am Hang 20 – 24 2833 BROMBERG ÖSTERREICH	Am Hang 20 – 24 2833 BROMBERG ÖSTERREICH Bahnfracht	0043 2629 47-73 0043 2629 47-75 www.bromberger-druck.at	Frau Elisabeth Harrer 0043 2629 47-50 eharrer@bromberger-druck.at	Raiffeisenbank Pittental	AT77 3264 7000 0075 6815 RLNWATW1647	Luigi Ferrara
74004 45064	Bergisches Papierkontor GmbH Elberfelder Straße 85 42285 Wuppertal	Elberfelder Straße 85 42285 Wuppertal Spedition	0202 1236-0 0202 1236-25 www.bpkontor.de	Frau Anna Voss 0202 1236-25 voss@bpkontor.de	Postbank Essen 180064303 360 100 43	DE29 3601 0043 0180 0643 03 PBNKDEFF360	Luigi Ferrara
74007 45067	apv Augsburger Papierveredelungsgesellschaft mbH Postfach 11 07 82 86032 Augsburg	Gumpelzhaimerstr. 3 – 5 86154 Augsburg Bahnfracht	0821 5466-0 0821 5466-10 www.apvpapier.de	Frau Mirjana Obermann 0821 5466-22 obermann@apvpapier.de	Bayerische Vereinsbank 13195687 720 200 70	DE28 7202 0070 0013 1956 87 HYVEDEMM408	Luigi Ferrara
75009 45079	Cellulosa Papper AB Sten Sturegatan 23 41 242 GÖTEBORG SCHWEDEN	Sten Sturegatan 23 41 242 GÖTEBORG SCHWEDEN Bahnfracht	0046 31 6349-09 0046 31 7734660 www.cellulosa-papper.se	Herr Sten Halström 0046 31 6349-25 s.halstroem@cellulosa-papper.se	Gotabank AB	SE71 3300 0000 0000 0453 7483 GOTASEGG	Luigi Ferrara

Lernsituation 36

Sekundärforschung betreiben

Die BE Partners KG betreut seit mehreren Jahren die Rheintaler Brunnen GmbH & Co. KG in Bonn, einen Produzenten von Mineralwasser und Limonaden. Der Geschäftsführer, Herr Marc Bödeker, hat die BE Partners KG vor Kurzem mit einer Marktforschungsstudie beauftragt. Heute bekommen die Auszubildenden von Herrn Bastian die folgende Kurzmitteilung.

BE Partners KG

Kurzmitteilung

von:	Rolf Bastian
an:	Auszubildende
Datum:	12.09.20X5
Betreff:	Marktforschung Rheintaler Brunnen
Anlage(n):	– Statistiken zum Getränkemarkt
	– Artikel „Deutsche konsumieren relativ gesunde Getränke"
	– Absatzstatistik Rheintaler Brunnen
	– Artikel „Fanta"

Bitte um:

☒ Bearbeitung
☐ Anruf
☒ Rücksprache
☐ Ablage
☐ Kenntnisnahme
☐

Liebe Auszubildende,

in der übernächsten Woche habe ich einen Termin mit Herrn Bödeker und einigen Abteilungsleitern der Rheintaler Brunnen GmbH & Co. KG. Ich möchte dort die wichtigsten Ergebnisse unserer Sekundärforschung zum Mineralwasser- und Limonadenmarkt präsentieren. Da ich in den nächsten Tagen stark eingespannt bin, bitte ich Sie, die Präsentation schon einmal zu erstellen und mir vorzuführen.

Gehen Sie auf die folgenden Aspekte ein:

– **Kunden:** Was sind die Bedürfnisse und vorherrschenden Kaufmotive der Verbraucher im Markt für Mineralwasser und Limonaden? Gibt es Trends?
– **Konkurrenz:** Welche Marktform liegt auf Anbieterseite vor? Wie ist die Marktstruktur und welchen Marktanteil hat die Rheintaler Brunnen GmbH & Co. KG? Wie ist die Konkurrenzsituation?
– **Wirtschaftliche Lage:** In welcher Konjunkturphase befinden wir uns (recherchieren Sie bitte die Entwicklung von zwei bis drei Konjunkturindikatoren)? Von welchen Wirtschaftsschwankungen ist die Getränkeindustrie besonders betroffen? Wie entwickeln sich Absatz bzw. Umsatz in der Branche? Gibt es Besonderheiten?

Ich habe bereits ein paar Informationen zur aktuellen Marktsituation herausgesucht und Ihnen in Kopie beigefügt. Zusätzlich erforderliche Informationen recherchieren Sie bitte selbstständig. Zur Beurteilung der konjunkturellen Lage empfehle ich Ihnen insbesondere die Seite des Statistischen Bundesamtes www.destatis.de. Bitte teilen Sie die Arbeit sinnvoll untereinander auf und denken Sie daran, anschauliche Grafiken zu erstellen.

Mit freundlichen Grüßen

Rolf Bastian

Deutsche konsumieren relativ gesunde Getränke

Die Deutschen trinken immer mehr. Innerhalb von zehn Jahren stieg der Pro-Kopf-Verbrauch um 13,5 Liter auf 738,1 Liter. Dabei konsumieren sie immer mehr alkoholfreie Getränke. [...]

Demnach wurden im Jahr 20.4 von jedem Deutschen fast 136 Liter Wasser getrunken – was zunächst viel klingt, aber nur einen Durchschnittswert von 0,37 Liter Wasser am Tag ausmacht. [...]

Mineralwasser bleibt allerdings [neben Kaffee] das beliebteste Getränk Deutschlands. Ein Grund dafür mag die Vielfalt an deutschen Mineralwässern sein. So kann sich der Verbraucher zwischen 500 Mineral- und 50 Heilwässern entscheiden. [...]

Im Trend liegen weiterhin die Mineralwässer mit wenig oder ohne Kohlensäure. Der Marktanteil der Wässer mit wenig Kohlensäure stabilisierte sich bei rund 43 %, der von Mineralwasser ohne Kohlensäure stieg auf über 10 %. Der klassische Sprudel war auch 20.4 am meisten gefragt: Mit einem Marktanteil von fast 44 % behauptete er sich knapp vor Mineralwasser mit wenig Kohlensäure. Mineralwasser mit Aroma verzeichnete einen Marktanteil von etwa 2 % [Tendenz steigend], Heilwasser von 1 %. [...]

Die Experten beim Marktforschungsinstitut AC-Nielsen beobachteten einen besonderen Trend: „Marken mit einem durchschnittlichen Literpreis über 40 Cent bauten ihren Umsatzanteil 20.4 auf 46 % aus (Absatzanteil: rund 23 %). Hier zeigt sich deutlich, welchen Mehrwert starke Marken generieren: Für die Käufer dieser Wässer (Best Ager mit höherem Einkommen) sind Regionalität, Gesundheit und Qualität wichtige Kriterien, während der Preis für sie eher eine untergeordnete Rolle spielt." [...]

Auch geschicktes Marketing half in diesem Bereich: So veröffentlichte die Informationszentrale Deutsches Mineralwasser die Broschüre „Mineralwasser für Genießer". Der Handelsverband Heil- und Mineralwasser organisiert Mineralwasser-Sommelier-Lehrgänge, der Teilnehmern unterschiedlichste Mineralwasser-Geschmackserlebnisse nahebringt. Immer stärker nachgefragt: Premium-Mineralwässer, gern in ausgefallenen, mit Design oder Verpackungspreisen ausgezeichneten Glasflaschen abgefüllt. [...]

Quelle: in Anlehnung an http://www.axelspringer-mediapilot.de/branchenberichte/FMCG-FMCG_703458.html?beitrag_id=119667

Informationen zur Struktur des Mineralwasser- und Limonadenmarktes im Jahr 20.4:

– 201 Anbieter von Mineralwasser und Limonade
– gesamte Absatzmengen der Branche:
  – Mineral- und Heilwasser: 10 219 Mio. Liter
  – Limonade: 8 886 Mio. Liter

Betriebsgrößenstruktur

Jahresabsatz	Anteil der Betriebe
bis 20 Mio. Liter	34,1 %
bis 50 Mio. Liter	27,3 %
bis 100 Mio. Liter	14,4 %
bis 200 Mio. Liter	10,6 %
über 200 Mio. Liter	13,6 %

Quelle: in Anlehnung an http://www.vdm-bonn.de

Veränderung des Absatzes in %
(am Gesamtabsatz der 201 im Verband Deutscher Mineralbrunnen organisierten Unternehmen)

Sorte	Veränderung 20.3 zu 20.4
Mineralwasser mit normaler Kohlensäure	+ 0,4 %
Mineralwasser mit wenig Kohlensäure	- 0,2 %
Mineralwasser ohne Kohlensäure	+ 6,2 %
Mineralwasser mit Aroma	+ 11,1 %
Heilwasser	- 9,6 %
Limonaden	- 3,5 %

Quelle: in Anlehnung an http://www.vdm-bonn.de

Pro-Kopf-Verbrauch alkoholfreier Getränke in 10-Jahres-Schritten (in Liter)

	Wasser	Limonade	Fruchtsäfte
1970	12,5	47,5	9,9
1980	39,6	69,6	19,4
1990	82,7	85,0	39,6
2000	106,8	105,7	40,6
2010	135,7	118,2	36,3

Quelle: in Anlehnung an http://www.axelspringer-mediapilot.de/branchenberichte/FMCG-FMCG_703458.html?beitrag_id=119667

Absatzmengen Rheintaler Brunnen (in Mio. Liter)

Produkt	Absatz 20.3	Absatz 20.4
Rheintaler Classic	12,0	12,8
Rheintaler Medium	9,5	9,6
Rheintaler Still	2,8	2,6
Orangenlimonade	8,6	7,2
Zitronenlimonade	9,2	9,7
Grapefruitlimonade	1,2	0,8
Apfelschorle	3,5	4,2

Gesamtabsatz im Jahr 20X4: 46,9 Mio. Liter

Jetzt droht sogar Fanta
die Bionadisierung

Fanta als Ökodrink? Wird die zuckersüße Orangenbrause, letzte Bastion bonbonbunter Kindheitserinnerungen, gar zum Bionade-Verschnitt? Fest steht zumindest, dass die Coca-Cola-Company ihren Limonadenklassiker dem Zeitgeist anpassen wird. Und der will zunehmend gesünder und natürlicher trinken.

Der Limonadenklassiker Fanta wird bald anders schmecken als gewohnt: Der Hersteller Coca-Cola passt die Rezeptur der berühmten Orangenbrause dem aktuellen Trend zu gesunden Getränken mit natürlichen Inhaltsstoffen an.

Ab Mai kommt die Orangen-Limonade mit verbesserter Rezeptur auf den Markt – mit natürlichen Inhaltsstoffen statt künstlicher Farbstoffe und Aromen. Später sollen die Geschmacksrichtungen Lemon und Mandarine folgen. Das „bewährte Geschmacksprofil" werde allerdings erhalten, versichert die Coca-Cola GmbH in Berlin. In Österreich ist die „neue Fanta" bereits eingeführt, andere Länder werden folgen.

Coca-Cola will mit der geänderten Fanta-Rezeptur nicht nur wie bisher Zwölf- bis 19-Jährige ansprechen, sagt Matthias Blume, als Deutscher im Coca-Cola-Hauptquartier in Atlanta zuständig für die globale Markenstrategie. Auch Mütter, die bisher um Gewicht und Blutzucker ihrer Kinder fürchteten, sollen künftig mit gutem Gewissen Fanta für ihre Sprösslinge kaufen – und vielleicht auch für sich selbst.

Die Renovierung von Fanta liege im Trend, sagt Steffen Tolzien, Analyst für Verbrauchsgüter bei der Dresd-

ner Bank. Dieser gehe „klar weg von kohlensäurehaltigen, süßen Limonaden, hin zu Wellnessdrinks". Der Marktanteil für Brausen sinkt seit Jahren. Coca-Cola konnte 2008 noch ein zweiprozentiges Wachstum bei kohlesäurehaltigen Getränken verbuchen. Bei stillen Getränken wie Wellness-Tees, Säften oder Wasser lag der Anstieg bei mehr als vier Prozent. Mit seinen jüngsten Zukäufen und Produkteinführungen passt sich Coke diesem Trend an: So erwarb der Softdrinkgigant 2007 den Getränkehersteller Glaceau und mit ihm das „Vitamin Water". Im Jahr 2008 führte Coke in Deutschland die Biobrause „The Spirit of Georgia" ein.

Schafft sich Coke mit der neuen Fanta nicht Konkurrenz im eigenen Haus? Marketingmann Blume zufolge nicht. Coca-Cola wolle Fanta nicht zum Wellness-Drink machen. „Natürliche Stoffe zu verwenden ist mittlerweile Voraussetzung, um erfolgreich zu sein." Analyst Tolzien sieht in der neuen Fanta eher „einen Marketing-Relaunch als einen echten Produkt-Relaunch". Wer vorher keine Limonaden getrunken habe, sagt er, „der wird auch jetzt nicht damit anfangen".

Eigentlich wurde Fanta als natürliches Produkt geboren – allerdings

aus der Not und nicht aus den Zwängen des Zeitgeists. Als während des Zweiten Weltkriegs in Deutschland Rohstoffe knapp wurden und Nachschubwege durch alliierte Blockaden austrockneten, suchte der Chef der Coca-Cola GmbH in Essen, Max Keith, nach einem Ersatzdrink für Coke, um die Fabrik überleben zu lassen. Und so entwickelte der Chef-Chemiker ein Erfrischungsgetränk auf Molkebasis und mit den Überbleibseln aus Apfelpressen. Die Mitarbeiter gaben dem Drink den Namen „Fanta", von „Fantasie".

Die Rezeptur verschwand mit dem Ende des Krieges, der Name blieb: Coca-Cola brachte 1964 die Orangenlimonade Fanta auf den Markt. Die hatte mit dem ursprünglichen Notprodukt allerdings nicht mehr viel zu tun. Heute gibt es Fanta in fast 200 Ländern, in jedem Land hat Fanta eine eigene Formel, um die Limonade dem jeweiligen Landesgeschmack anzupassen: süßer und farbintensiver in Lateinamerika, herber und blasser in Nordeuropa.

Fanta sei bis heute ein Getränk, das bei fast jedem persönliche Erinnerungen wecke, sagt Matthias Blume. Die neue Fanta soll also einen doppelten Trend bedienen: den zur Natürlichkeit und den zu Nostalgie.

Quelle: http://www.welt.de/lifestyle/article3362968/Jetzt-droht-sogar-Fanta-die-Bionadisierung.html

Arbeitsblatt 36.1 Gegenstände der Marktforschung

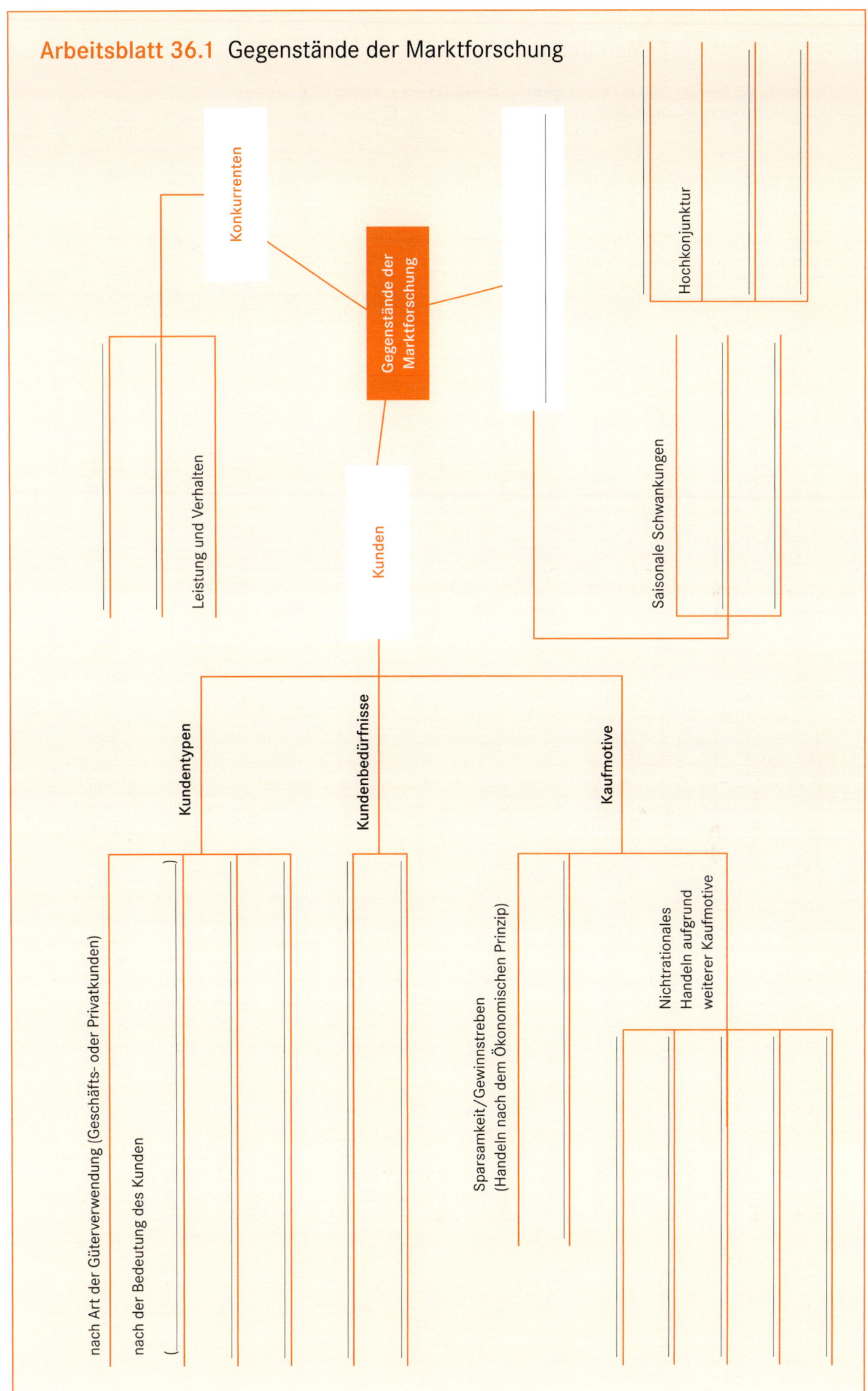

Konkurrenten

Gegenstände der Marktforschung

Leistung und Verhalten

Kunden

Hochkonjunktur

Saisonale Schwankungen

Kundentypen

Kundenbedürfnisse

Kaufmotive

nach Art der Güterverwendung (Geschäfts- oder Privatkunden)

nach der Bedeutung des Kunden

Sparsamkeit / Gewinnstreben (Handeln nach dem Ökonomischen Prinzip)

Nichtrationales Handeln aufgrund weiterer Kaufmotive

Arbeitsblatt 36.2 Marktformen

Nennen Sie die jeweilige Marktform und geben Sie jeweils ein eigenes Beispiel an, indem Sie die Anbieter und Nachfrager benennen.

	ein Nachfrager	wenige Nachfrager	viele Nachfrager
ein Anbieter	**Marktform:** zweiseitiges Monopol Beispiel: – Anbieter: ein Hersteller von abhörsicheren Mobiltelefonen – Nachfrager: Staat	**Marktform:** ___ Beispiel: – Anbieter: ___ – Nachfrager: ___	**Marktform:** ___ Beispiel: – Anbieter: ___ – Nachfrager: ___
wenige Anbieter	**Marktform:** ___ Beispiel: – Anbieter: ___ – Nachfrager: ___	**Marktform:** ___ Beispiel: – Anbieter: ___ – Nachfrager: ___	**Marktform:** ___ Beispiel: – Anbieter: ___ – Nachfrager: ___
viele Anbieter	**Marktform:** ___ Beispiel: – Anbieter: ___ – Nachfrager: ___	**Marktform:** ___ Beispiel: – Anbieter: ___ – Nachfrager: ___	**Marktform:** ___ Beispiel: – Anbieter: ___ – Nachfrager: ___

Aufgaben

1 Die BE Partners KG möchte ihre Kundenstruktur analysieren, um ab dem nächsten Jahr (20.6) durch differenzierte Kundenbetreuung eine höhere Kundenorientierung zu erreichen. Die Umsatzstatistik (Jahresumsatz in €; für 20.5 geschätzt) zeigt die folgenden Daten:

Kd.-Nr.	Kunde	20.1	20.2	20.3	20.4	20.5
10001	R & K Deutschland GmbH	0	32.000	0	18.000	0
10020	Fly Bike Werke GmbH	120.000	160.000	242.000	80.000	220.000
12001	DN Drogerien AG	50.000	0	10.000	0	0
12820	Fit & Flott Reifenservice Holding AG	18.000	26.000	0	0	10.000
13001	Beska GmbH	189.000	170.000	190.000	210.000	260.000
13020	Drogerie AG	80.000	270.000	80.000	110.000	60.000
20001	Moritz Klar Holzhandlung und Baumärkte GmbH & Co KG	16.000	12.000	0	32.000	20.000
40001	Autohaus Wünschle KG	40.000	26.000	0	62.000	32.000
42001	Goldregen Einkaufszentrum GmbH	0	0	0	0	50.000
43001	Hard- und Software Handels- und Beratungshaus GmbH	0	0	20.000	8.000	5.000
44001	Rheintaler Brunnen GmbH & Co. KG	70.000	95.000	120.000	168.000	210.000
44010	Tischlerei Holz Reinhardt OHG	0	0	0	0	12.000
44020	Jobst Dickstein e.K.	5.000	8.000	0	2.000	2.500

a) Verschaffen Sie sich einen Überblick über die Kundenstruktur der BE Partners KG, indem Sie die folgende Tabelle gemäß den Vorgaben von Herrn Bastian ausfüllen:

- Spalte 3: **G** = Geschäftskunde, **P** = Privatkunde
- Spalte 4: **A** = A-Kunde (Jahresumsatz in den letzten beiden Jahren durchschnittlich > 100.000,00 €), **B** = B-Kunde (Jahresumsatz in den letzten beiden Jahren durchschnittlich > 30.000,00 €), **C** = C-Kunde (Jahresumsatz in den letzten beiden Jahren durchschnittlich ≤ 30.000,00 €)
- Spalte 5: **BK** = Bestandskunde, **NK** = Neukunde (erst seit diesem Jahr Kunde)
- Spalte 6: **X** = X-Kunde (erteilt jedes Jahr Aufträge), **Y** = Y-Kunde (hat in mindestens drei der letzten fünf Jahre Aufträge erteilt), **Z** = Z-Kunde (hat seltener Aufträge erteilt)

Kd.-Nr.	Kunde	Geschäfts- oder Privatkunde	Kundengröße (ABC)	Bestands- oder Neukunde	Kundentreue (XYZ)
10001	R & K Deutschland GmbH				
10020	Fly Bike Werke GmbH				
12001	DN Drogerien AG				
12820	Fit & Flott Reifenservice Holding AG				
13001	Beska GmbH				
13020	Drogerie AG				
20001	Moritz Klar Holzhandlung und Baumärkte GmbH & Co KG				
40001	Autohaus Wünschle KG				
42001	Goldregen Einkaufszentrum GmbH				
43001	Hard- und Software Handels- und Beratungshaus GmbH				
44001	Rheintaler Brunnen GmbH & Co. KG				
44010	Tischlerei Holz Reinhardt OHG				
44020	Jobst Dickstein e.K.				

b) Begründen Sie, welche Kunden „Key-Account-Kunden" sind.

c) Erläutern Sie anhand von drei beispielhaften Kunden, welche unterschiedlichen Konsequenzen die BE Partners KG für die zukünftige Betreuung der einzelnen Kunden aus der Analyse der Kundenstruktur ziehen könnte.

2   Beschreiben Sie die konjunkturellen Phasen anhand des folgenden Schaubildes:

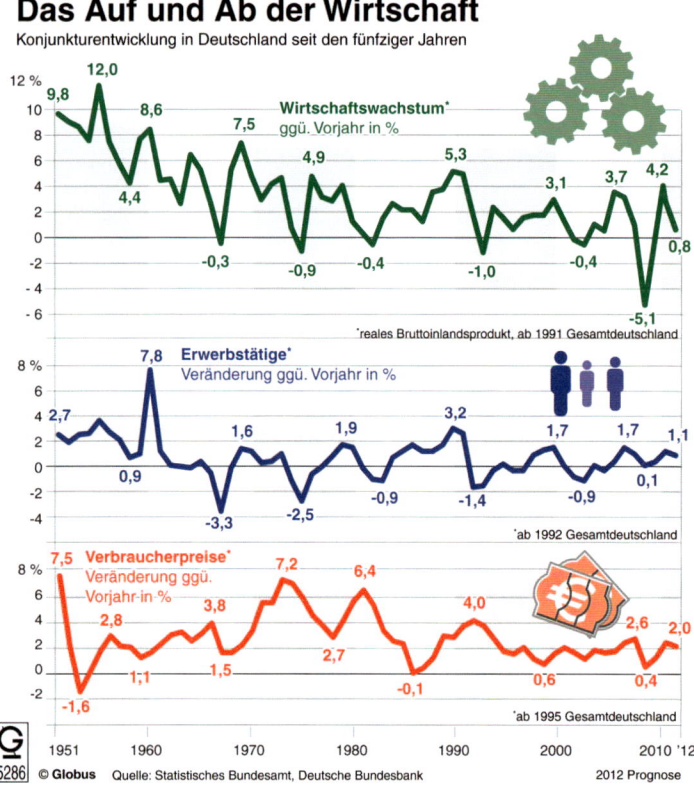

Das Auf und Ab der Wirtschaft
Konjunkturentwicklung in Deutschland seit den fünfziger Jahren

3   Nennen Sie für die beschriebenen Handlungen jeweils das entscheidende Kaufmotiv.

a) Die BE Partners KG beschafft für betriebsinterne Ausdrucke ausschließlich Recycling-Papier.

b) Die Fly Bike Werke GmbH beschafft ihr Kopierpapier schon seit langer Zeit beim gleichen Lieferanten. Es wurde schon seit Jahren kein neuer Angebotsvergleich durchgeführt.

c) Der Praktikant Thomas Vogel kauft sich das neueste iPhone®, weil nahezu alle seine Freunde auf die Marke „Apple®" schwören.

d) Natalie Fiedler kauft sich einen günstigen gebrauchten VW® Polo®. Sie ist der Meinung, dass man damit genauso gut von A nach B kommt wie mit einem teureren Auto.

e) Auf dem Weg nach München hält Natalie Fiedler an einer Autobahnraststätte an, um zur Toilette zu gehen. Auf dem Rückweg nimmt sie noch eine kleine Tafel Schokolade für 2,30 € mit.

f) Tüley Öztürk hat zwei Freundinnen zu einem DVD-Abend eingeladen. Als sie merkt, dass sie nichts zum Knabbern im Haus hat, geht sie kurz zum Kiosk um die Ecke, um Chips zu kaufen.

g) Dörthe Epstein bestellt sich als neuen Firmenwagen ein sportliches Cabrio der Marke Audi®. Sie ist der Meinung, dass dies für die Prokuristin einer Werbeagentur angemessen ist.

4 Im Jahr 20.1 wurden auf dem Markt für Mountainbikes insgesamt 750 000 Stück abgesetzt. Den Markt teilen sich die Anbieter A (320 000 Stück), B (80 000 Stück), C (200 000 Stück) und die Fly Bike Werke GmbH (Rest). Im Jahr 20.2 konnte die Fly Bike Werke GmbH ihren Absatz um 10 % steigern. Das Absatzvolumen des Anbieters C ging hingegen um 15 % zurück, während die anderen beiden Anbieter ihr Absatzvolumen konstant halten konnten.

a) Ermitteln Sie das Marktvolumen für 20.1 und 20.2.
b) Ermitteln Sie die Marktanteile der Fly Bike Werke GmbH für 20.1 und 20.2 in Stück und Prozent.
c) Stellen Sie die Marktsituation für 20.1 und 20.2 in jeweils einem geeigneten Diagramm dar. Denken Sie an die Beschriftung des Diagramms.
d) Benennen Sie die vorliegende Marktform.

5 Erläutern und interpretieren Sie die folgenden Schaubilder in einem kurzen Vortrag für Ihre Mitschüler. Notieren Sie sich zur Unterstützung des Vortrags vorher neben der jeweiligen Grafik wichtige Stichpunkte.

a)

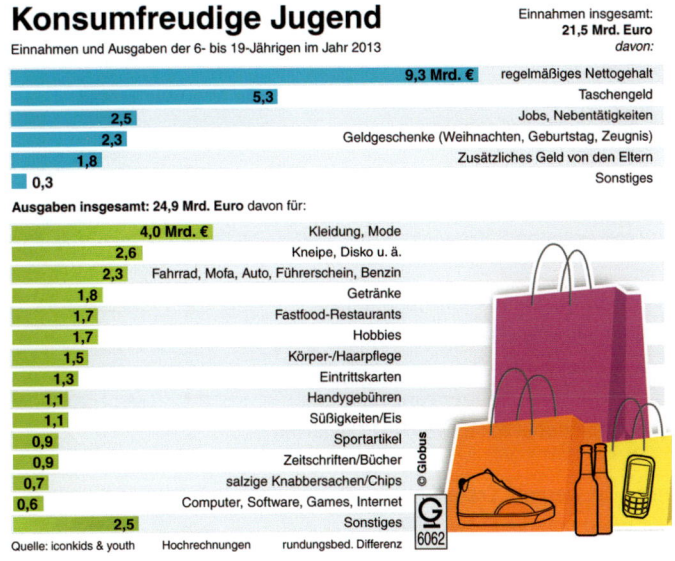

b)

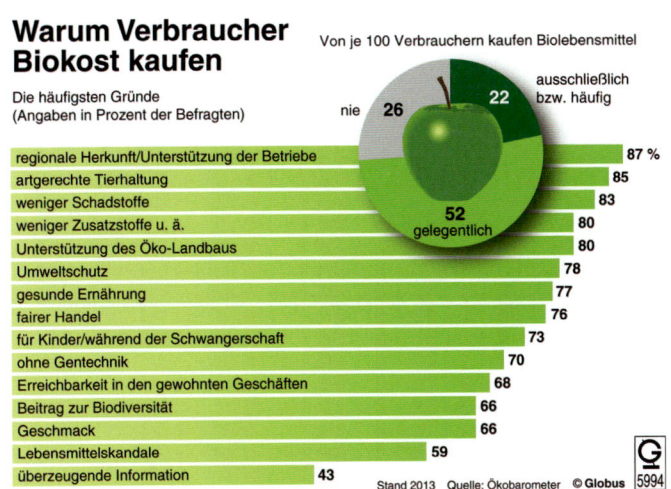

Lernsituation 37

Primärforschung betreiben und Fragebogen gestalten

Die Kontakterin Tina Welkenbach leitet der Auszubildenden Natalie Fiedler heute
die E-Mail des Konzertveranstalters Live in Bonn OHG, eines neuen Kunden der
BE Partners KG, weiter. Übernehmen Sie die Aufgaben von Frau Fiedler.

Von: Tina Welkenbach [t.welkenbach@bepartners.de]
An: Natalie Fiedler [n.fiedler@bepartners.de]
Betreff: WG: Bedarfsermittlung der potenziellen Zielgruppe „junge Erwachsene (18 – 25 Jahre)"

Liebe Frau Fiedler,

im Rahmen der Bearbeitung des Auftrags des Kunden Live in Bonn OHG erhielt ich heute die folgende E-Mail
von Frau Körner. Bitte übernehmen Sie die jetzt anstehenden Aufgaben:

1. Machen Sie sich mithilfe des Merkblatts „Fragearten" mit den Vor- und Nachteilen der
   verschiedenen Fragearten vertraut.    Arbeitsblatt 37.1
2. Verschaffen Sie sich einen Überblick über die verschiedenen Befragungsarten,
   indem Sie sie in Stichworten erläutern.   Arbeitsblatt 37.2
3. Erstellen Sie dann einen Fragebogen, mit dem die gewünschten Informationen zur
   Zielgruppe erhoben werden können. Füllen Sie hierzu vorher das Arbeitsblatt   Arbeitsblatt 37.3
   „Überlegungen zur Vorbereitung einer Fragebogenerstellung" aus.
4. Überprüfen Sie Ihren Fragebogen anhand der Checkliste zur Fragebogengestaltung.   Arbeitsblatt 37.4
5. Stellen Sie mir den Fragebogen vor und begründen Sie dabei auch, welche Fragearten
   Sie gewählt haben.
6. Der Fragebogen soll auch in digitaler Form eingesetzt werden. Erstellen Sie bitte   1 Formulargestaltung
   ein entsprechendes Formular.[1] Nutzen Sie dafür Word und die Entwicklertools   in FK 2,
   (Dropdownlisten, Kombinationsfelder und Kontrollkästchen mit eigenen Hilfetexten).   IT-Trainer, Word,
   Vergessen Sie nicht, das Formular zu schützen.   Kap. 7

Tina Welkenbach

>> ursprüngliche Nachricht:
Von: Rabea Körner [rkoerner@live-in-bonn.de]
An: Tina Welkenbach [t.welkenbach@bepartners.de]
Betreff: Bedarfsermittlung der potenziellen Zielgruppe „junge Erwachsene (18 – 25 Jahre)"

Sehr geehrte Frau Welkenbach,

wie ich Ihnen mitgeteilt habe, veranstaltet die Live in Bonn OHG bisher nur einzelne Konzerte und Konzertreihen
für ältere Personen. Wir denken darüber nach, auch Konzerte für die o. g. Zielgruppe (18 – 25 Jahre) anzubieten.
Um über eine mögliche Erweiterung unseres Konzertangebots entscheiden zu können, benötigen wir relevante
Informationen zur neuen Zielgruppe, z. B.:

– generelles Interesse an einzelnen Konzerten und Konzertreihen
– Art von Musik/welche Künstler/lokale, deutsche, internationale Künstler
– Häufigkeit der Konzertbesuche/Eintrittspreise und weitere Ausgaben
– gewünschte Zusatzangebote (vor, während und nach dem Konzert)
– Art der Veranstaltungsorte
– usw. (Sicherlich haben Sie noch Ideen!)

BE Partners KG

Merkblatt „Fragearten"

---

1. **OFFENE FRAGEN:** Es werden keine Antwortmöglichkeiten vorgegeben.

Beispiel: „Welche Erwartungen haben Sie an Ihr nächstes Smartphone?"

Antwort: _____

Vorteile:
– Der Befragte kann seine Antwort frei und unbeeinflusst formulieren.
– Die Antwort liefert sehr genaue und ausführliche Informationen.
– Daten werden nicht durch vorgegebene Antwortmöglichkeiten „verfälscht".

Nachteile:
– Die Auswertung der Antworten ist sehr zeitaufwendig.
– Antworten mehrerer Personen lassen sich schwer zusammenfassen.
– Die erhobenen Daten lassen sich oft nicht grafisch darstellen.
– Befragte mit geringem Engagement lassen offene Fragen oftmals aus.

2. **GESCHLOSSENE FRAGEN:** Zusätzlich zur Frage werden Antwortmöglichkeiten vorgegeben.

Arten von geschlossenen Fragen:

a) **Alternativfragen:** Die Antworten schließen sich gegenseitig aus.
 Beispiel: „Wie viel Geld geben Sie monatlich für Ihre Smartphonenutzung aus?"
 ☐ weniger als 10,00 € ☐ zwischen 10,00 € und 30,00 € ☐ mehr als 30,00 €

b) **Mehrfachauswahlfragen:** Es können mehrere Antwortmöglichkeiten gewählt werden.
 Beispiel: „Wofür nutzen Sie Ihr Smartphone? (Mehrfachnennungen möglich)"
 ☐ Telefonieren ☐ SMS ☐ MMS ☐ Kalender ☐ Spiele ☐ Videos
 ☐ Internet ☐ soziale Netzwerke ☐ Fotografieren

c) **Skalenfragen:** Durch Vorgabe einer Stufenskala können Beurteilungen erfragt werden.

 Beispiel 1: Es werden **Einstellungen** ermittelt, indem die befragten Personen den Grad ihrer Zustimmung zu einer Aussage angeben müssen, z. B.:
 „Durch Smartphones werden persönliche Kontakte vernachlässigt."
 ☐ lehne voll ab ☐ lehne ab ☐ weiß nicht ☐ stimme zu ☐ stimme voll zu

 Beispiel 2: Es wird der Grad der **Zufriedenheit** ermittelt, z. B.:
 „Wie zufrieden sind Sie mit der Bearbeitung Ihrer Aufträge?"
 ☐ sehr zufrieden ☐ zufrieden ☐ unzufrieden ☐ sehr unzufrieden

 Beispiel 3: Es wird die **Wichtigkeit** (z. B. von Produkteigenschaften) ermittelt, z. B.:
 „Die Kamera an meinem Smartphone ist mir …"
 ☐ sehr wichtig ☐ wichtig ☐ weniger wichtig ☐ vollkommen unwichtig

Vorteile:
– Die Auswertung ist sehr einfach und schnell.
– Daten verschiedener Personen lassen sich gut zusammenfassen und statistisch verarbeiten
– Daten lassen sich anschaulich in Diagrammen darstellen.
– Auf geschlossene Fragen wird eher geantwortet als auf offene.

Nachteile:
– Antwortkategorien engen den Befragten in seiner Antwort ein.
– Die angekreuzte Antwort entspricht ggf. nicht exakt der Meinung des Befragten.

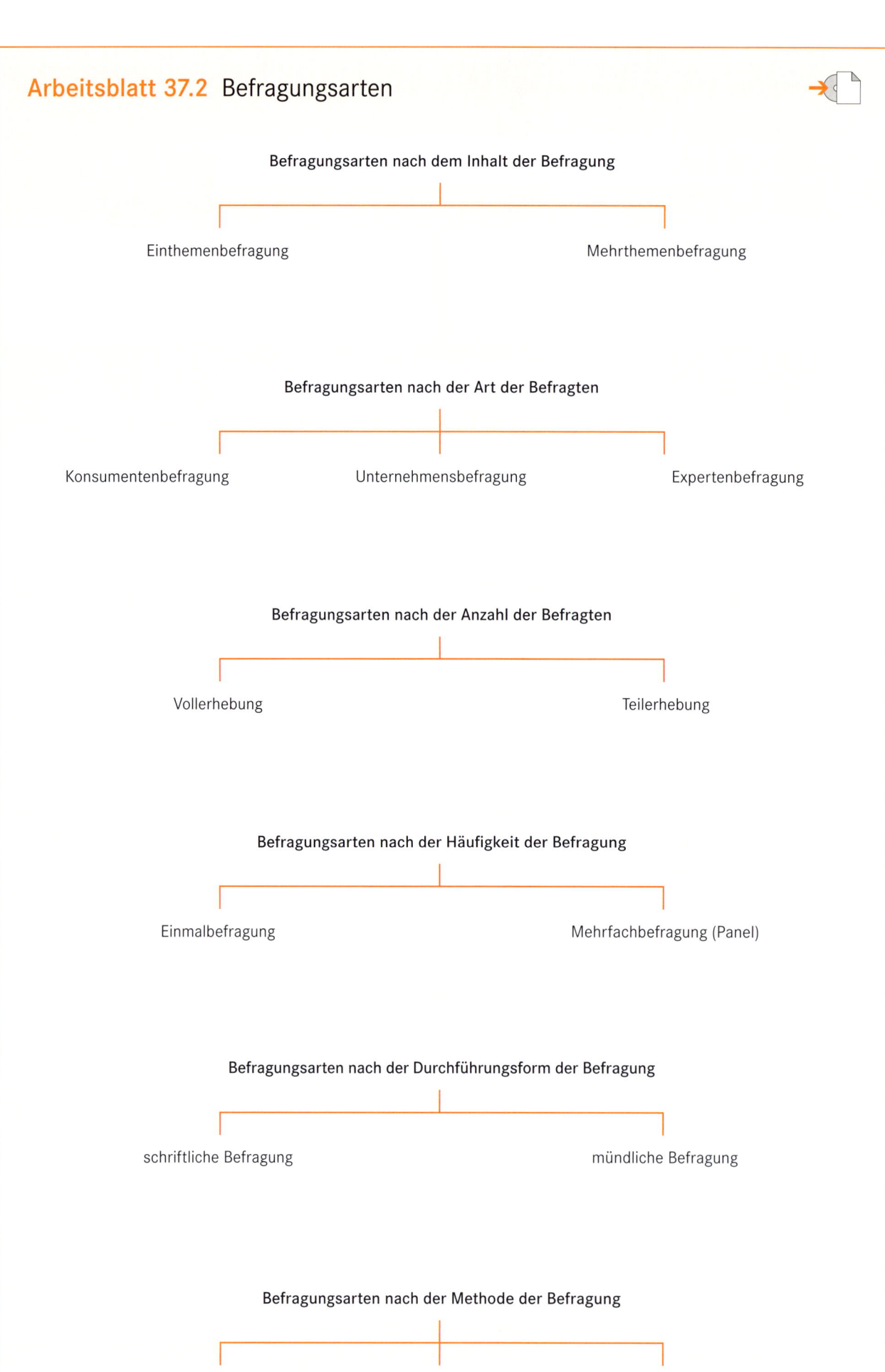

Befragungsarten nach dem Inhalt der Befragung

Einthemenbefragung — Mehrthemenbefragung

Befragungsarten nach der Art der Befragten

Konsumentenbefragung — Unternehmensbefragung — Expertenbefragung

Befragungsarten nach der Anzahl der Befragten

Vollerhebung — Teilerhebung

Befragungsarten nach der Häufigkeit der Befragung

Einmalbefragung — Mehrfachbefragung (Panel)

Befragungsarten nach der Durchführungsform der Befragung

schriftliche Befragung — mündliche Befragung

Befragungsarten nach der Methode der Befragung

standardisiertes Interview — strukturiertes Interview — freies Interview

Arbeitsblatt 37.3 BE Partners KG: Überlegungen zur Vorbereitung einer Fragebogenerstellung

BE Partners KG

Überlegungen zur Vorbereitung einer Fragebogenerstellung

1. Welche Zielsetzung(en) verfolgen wir mit der Befragung?

2. Wer ist die Zielgruppe der Befragung?/Über wen sollen Aussagen getroffen werden?

3. Wer soll befragt werden?/Anzahl der Befragten?

4. Mögliche Eisbrecherfrage:

5. Mögliche Sachfragen (ggf. schon mit Antwortmöglichkeiten):

6. Erforderliche Fragen zur Person:

BE Partners KG

Checkliste zur Fragebogenerstellung

Vor dem erstmaligen Einsatz des erstellten Fragebogens zu prüfen:

Bitte ankreuzen:	ja	nein
1. Wurde ein Einleitungstext verfasst, der die angesprochenen Personen aufklärt und zur Teilnahme motiviert?		
2. Beginnt der Fragebogen mit einer motivierenden Eisbrecherfrage?		
3. Ist der Umfang des Fragebogens zumutbar für die zu befragenden Personen?		
4. Sind die Formulierungen der Fragen und Antwortmöglichkeiten verständlich und eindeutig?		
5. Sind die Fragen und Antwortmöglichkeiten so formuliert worden, dass die zu erwartenden Daten auch hilfreich für den Untersuchungsgegenstand sind?		
6. Wurden Fragen vermieden, die hinsichtlich des Untersuchungsgegenstands keine nützlichen Informationen liefern (Ausnahme: Eisbrecherfrage)?		
7. Wurden Fragen vermieden, die eine bestimmte Antwortmöglichkeit nahelegen (Suggestivfragen)? Z. B.: „Sie meinen doch auch, dass Pommes ungesund sind?"		
8. Sind zu persönliche oder unangenehme Fragen vermieden worden?		
9. Sind die Antwortmöglichkeiten bei geschlossenen Fragen so formuliert worden, dass sämtliche mögliche Antworten erfasst wurden (Vollständigkeit)?		
10. Sind die Antwortmöglichkeiten bei geschlossenen Fragen (insbesondere bei Alternativfragen) so formuliert worden, dass sie sich nicht überschneiden?		
11. Gibt es einen Anreiz für die Befragten, an der Befragung teilzunehmen?		
12. Wurde der Fragebogen optisch ansprechend und übersichtlich gestaltet (Layout)?		

Wurde bei der Überprüfung des Fragebogens „nein" angekreuzt?

Dann bitte den Fragebogen überdenken und ggf. Verbesserungsvorschläge machen:

Anschließend bitte den Fragebogen anhand der Verbesserungsvorschläge überarbeiten!

Arbeitsblatt 37.5 Marktforschung – Überblick

Bereiche der Marktforschung

Marktanalyse

Erläuterung:

Marktbeobachtung

Erläuterung:

Marktprognose

Erläuterung:

Informationsquellen der Marktforschung

Sekundärdaten (Sekundärforschung)

Erläuterung:

Primärdaten (Primärforschung)

Erläuterung:

betriebsinterne Quellen

z. B.:

betriebsexterne Quellen

z. B.:

Erhebungsmethoden der Primärforschung

Befragung

Erläuterung:

Beobachtung

Erläuterung:

Experiment/Test

Erläuterung:

Online-Marktforschung

Erläuterung:

Aufgaben

1 Frau Welkenbach ist von Ihrem Fragebogen[1] überzeugt und beauftragt Sie mit der Durchführung und Auswertung der Befragung sowie der Präsentation der Ergebnisse.

 1 Einstiegssituation, S. 22

   a) Führen Sie mit dem von Ihnen erstellten Fragebogen die Befragung eines passenden Personenkreises durch (z. B. in Ihrer oder einer anderen Klasse, auf der Straße usw.).
   b) Werten Sie das Datenmaterial vor dem Hintergrund des Auftrags der Live in Bonn OHG aus und erstellen Sie eine anschauliche Präsentation (Daten, Tabellen, Diagramme), in der Sie die wichtigsten Erkenntnisse aus dem Datenmaterial darstellen.

2 Die BE Partners KG soll für die Brauerei „Harre Bräu" eine Befragung durchführen. Das Unternehmen möchte wissen, welche Biersorten von welchen Kunden gerne getrunken werden und wie das Image der Brauerei ist. Formulieren Sie für den zu erstellenden Fragebogen (ggf. inklusive Antwortmöglichkeiten)

   a) eine Eisbrecherfrage,
   b) eine Sachfrage als offene Frage,
   c) eine Sachfrage als Mehrfachauswahlfrage,
   d) eine Sachfrage als Ja/Nein-Frage,
   e) eine Sachfrage als Alternativfrage,
   f) zwei Skalenfragen, mit denen Sie das Image der Brauerei messen können, und
   g) zwei Fragen zur Person.

3 Die BE Partners KG soll für die Buchenstorck Schuhe GmbH eine Befragung zur Zufriedenheit der Kunden (Schuhhändler) mit dem Service durchführen. Es wird gerade überlegt, wie die Befragung durchgeführt werden soll.

   a) Nennen Sie die in diesem Fall vorliegenden Befragungsarten nach dem Inhalt der Befragung und nach der Art der Befragten.
   b) Begründen Sie, ob eine Voll- oder Teilerhebung durchgeführt werden sollte.
   c) Wägen Sie ab, ob eine mündliche oder schriftliche Befragung durchgeführt werden sollte.
   d) Beschreiben Sie, wie in diesem Fall eine Online-Befragung durchgeführt werden könnte.
   e) Erklären Sie den Unterschied zwischen offenen und geschlossenen Fragen. Geben Sie für den vorliegenden Fall auch jeweils ein passendes Beispiel an.

4 Die BE Partners KG hat Marktforschungsaufträge von verschiedenen Kunden bekommen. Begründen Sie jeweils, ob Sekundär- oder Primärforschung angemessen ist. Schlagen Sie für jeden Auftrag auch konkrete Informationsquellen im Rahmen der Sekundärforschung oder angebrachte Erhebungsmethoden im Rahmen der Primärforschung vor.

   a) Für die Moritz Klar Holzhandlung und Baumärkte GmbH & Co KG soll erforscht werden, welche Holzarten zurzeit „in" sind.
   b) Das Goldregen Einkaufszentrum möchte wissen, wie sich sein Umsatz im Konkurrenzvergleich und angesichts der wirtschaftlichen Lage entwickelt hat.
   c) Das Goldregen Einkaufszentrum möchte auch wissen, wie sich die Kundenfrequenz[1] im Laufe der Öffnungszeiten verändert, um die Personaleinsatzplanung zu optimieren.

1 Die **Kundenfrequenz** gibt die Anzahl der Kunden an, die ein Geschäft oder einen bestimmten Bereich (z. B. Eingangsbereich, Abteilung, Etage) in einem bestimmten Zeitraum betreten.

5 Geben Sie für die folgenden Marktforschungsmaßnahmen an, ob es sich um

① Marktanalyse, ② Marktbeobachtung oder ③ Marktprognose handelt.

a) ☐ In der BE Partners KG müssen die Mitarbeiter der Kundenbetreuung regelmäßig im Intranet einen Fragebogen zu den Kundenwünschen ausfüllen.

b) ☐ Die Drogerie AG führt in einer Einkaufspassage Passanteninterviews mit Geruchsproben durch.

c) ☐ Auf Grundlage der Interviews versucht die Drogerie AG, die zukünftigen Trenddüfte zu ermitteln.

d) ☐ Für das Goldregen Einkaufszentrum führt die BE Partners KG am Ende des Jahres eine postalische Befragung der Kunden zur Zufriedenheit mit den Serviceleistungen durch.

e) ☐ Nach der Einführung weiterer Serviceleistungen im Goldregen Einkaufszentrum werden die Kunden ein halbes Jahr später erneut nach ihrer Zufriedenheit mit den Serviceleistungen befragt.

f) ☐ Die Volkswagen AG ermittelt monatlich ihren Marktanteil in den einzelnen Fahrzeugsegmenten.

6 Ein Automobilhersteller plant die Entwicklung eines Elektroautos. Die Höhe der Forschungsinvestitionen soll dabei von den zu erwartenden Absatzchancen und zukünftigen Umsatzzahlen abhängig sein. Um diese Informationen zu bekommen, wird in einer Online-Befragung von 1 000 Personen deren Bereitschaft zum Kauf eines Elektroautos erhoben.

a) Beschreiben Sie, um welche Art der Marktforschung (Bereich, Art der Informationsquelle, Erhebungsmethode) es sich handelt.

b) Begründen Sie, warum Prognosen über zukünftige Marktentwicklungen von den tatsächlichen Entwicklungen abweichen können.

7 Geben Sie an, welche Quellen bzw. Methoden der Marktforschung Sie in den folgenden Fällen jeweils nutzen würden, um die entsprechenden Informationen zu erhalten.

Beispiel: Die Geschäftsleitung der Drogerie AG möchte sich über die aktuelle Wirtschaftslage, insbesondere über die konjunkturelle Entwicklung informieren.
Lösung: Sekundärdaten > betriebsexterne Quellen > z. B. Statistisches Bundesamt, IHK, Veröffentlichungen von Ministerien

a) Ein Möbel-Einzelhändler möchte sich über die Absatzzahlen eines seiner Artikel im Jahresverlauf informieren.

b) Die Autohaus Wünschle KG möchte wissen, wie zufrieden die Kunden sind, die in den letzten 12 Monaten einen Neuwagen bei ihr gekauft haben.

c) Ein Lebensmittel-Einzelhändler möchte wissen, welche Bereiche seines Geschäfts am häufigsten von den Kunden aufgesucht werden.

d) Der Inhaber eines Dachdeckerbetriebs möchte gerne wissen, wie sich die Lohnnebenkosten in Deutschland in den letzten 10 Jahren entwickelt haben.

e) Eine Rehabilitationsklinik möchte von den ehemaligen Patienten in den Jahren nach ihrem Klinikaufenthalt regelmäßig Auskünfte über ihren Gesundheitszustand erhalten, um ggf. gesundheitsfördernde Maßnahmen empfehlen zu können.

f) Die Drogerie AG möchte Produktbeurteilungen für ein neu entwickeltes Sommerparfüm bekommen.

g) Eine Baumarktkette möchte für das kommende Kalenderjahr seinen Marktanteil prognostizieren.

Lernsituation 38
Marktsituation anhand der Preisbildung im Modell beurteilen

Herr Bödeker von der Rheintaler Brunnen GmbH & Co. KG und Herr Bastian von der BE Partners KG haben auf Grundlage der Ergebnisse Ihrer Sekundärforschung eine neue Produktidee entwickelt. Die BE Partners KG hat daraufhin eine ergänzende Primärforschung durchgeführt, um die Marktsituation des möglichen Neuprodukts – eines Mineralwassers mit Minz-Aroma – beurteilen zu können. Herr Bastian bittet nun Florian Hamm darum, ihn im Rahmen des Auftrags der Rheintaler Brunnen GmbH & Co. KG zu unterstützen.

BE Partners KG

Kurzmitteilung

		Bitte um:	
von:	Rolf Bastian	☒	Bearbeitung
an:	Florian Hamm	☒	Anruf und Fax an Rheintaler
Datum:	13.10.20X5	☐	Rücksprache
Betreff:	Auftrag Rheintaler Brunnen	☐	Ablage
Anlage(n):	– Daten der Konsumentenbefragung	☐	Kenntnisnahme
	– Daten der Expertenbefragung	☒	Weiterl. der Ergebnisse an mich

Lieber Herr Hamm,

Herr Bödeker wünscht dringend die Beurteilung der Marktsituation für das geplante Neuprodukt „Mineralwasser mit Minz-Aroma". Bitte werten Sie die erhobenen Daten (siehe Anlage) aus und stellen Sie die prognostizierte Marktsituation (Angebots- und Nachfragekurve) grafisch dar.

Angesichts der verschiedenen Herstellungsalternativen vermutet Herr Bödeker, dass drei Verkaufspreise pro Literflasche denkbar sind, und zwar 40 Cent, 50 Cent oder 60 Cent. Wie beurteilen Sie die jeweilige Marktsituation bei diesen Preisen? Bitte tragen Sie in Ihre Grafik auch einige Stichworte zu diesen drei möglichen Verkaufspreisen ein.

Faxen Sie Herrn Bödeker dann bitte noch heute den vervollständigten Anhang zu und geben Sie ihm auch telefonisch ein paar Erläuterungen dazu. Beschreiben Sie ihm insbesondere die jeweiligen Marktsituationen bei den drei unterstellten Preisen.

Herr Bödeker vermutet, dass die Konkurrenten eher eine kostengünstige Herstellung mit künstlichem Minz-Aroma planen, um einen Preis von maximal 50 Cent pro Liter realisieren zu können. Er hätte deswegen gerne Vorschläge, mit welcher Preisstrategie die Rheintaler Brunnen GmbH & Co. KG mit dem neuen Produkt auf den Markt kommen könnte.

Mit freundlichen Grüßen

Rolf Bastian

BE Partners KG

Auftragsbearbeitung

Kundennummer:	44001
Kunde:	Rheintaler Brunnen GmbH & Co. KG
Auftragsnummer:	20X5548
Betreff:	Prognose der Marktsituation „Mineralwasser mit Minz-Aroma"
Ansprechpartner:	Herr Bastian, Herr Hamm

1. Erkenntnisse aus der Konsumentenbefragung:

Die Befragung von 500 Endverbrauchern (repräsentativ anhand der Zielgruppe ausgewählt) wurde durchgeführt. Die Antworten auf die Frage „Welchen Preis würden Sie für eine Literflasche ‚Mineralwasser mit Minz-Aroma' maximal bezahlen?" wurden ausgewertet. Hochgerechnet auf das gesamte Marktvolumen ergibt sich folgende Nachfrageprognose für den Gesamtmarkt:

Preis in €	0,20	0,30	0,40	0,50	0,60	0,70
gesamte Nachfragemenge in Mio. l	3,5	3,1	2,7	2,3	1,9	1,5

2. Erkenntnisse aus der Expertenbefragung:

In einem offenen Interview mit Frank Bünte, Bereichsleiter Marktentwicklung bei einem der führenden Branchenverbände VDBB (Verband Deutscher Brunnenbetriebe e. V.) in Bonn hat Herr Bastian die zukünftige Entwicklung des Marktes für Mineralwasser mit Minz-Aroma erörtert. Der Experte geht davon aus, dass die wenigen Anbieter dieses Produktes ihre Produktionsmengen sehr stark vom erzielbaren Preis abhängig machen werden. Bei zu niedrigen Marktpreisen würden sie die Produktion zurückfahren, um Produktionskapazitäten für andere Produkte des Sortiments (mit besserer Gewinnspanne) ausweiten zu können. Herr Bünte prognostiziert folgende Angebotsmengen für den Gesamtmarkt:

Preis in €	0,20	0,30	0,40	0,50	0,60	0,70
gesamte Angebotsmenge in Mio. l	0,5	1,1	1,7	2,3	2,9	3,5

3. Veranschaulichung und Analyse der Marktsituation:

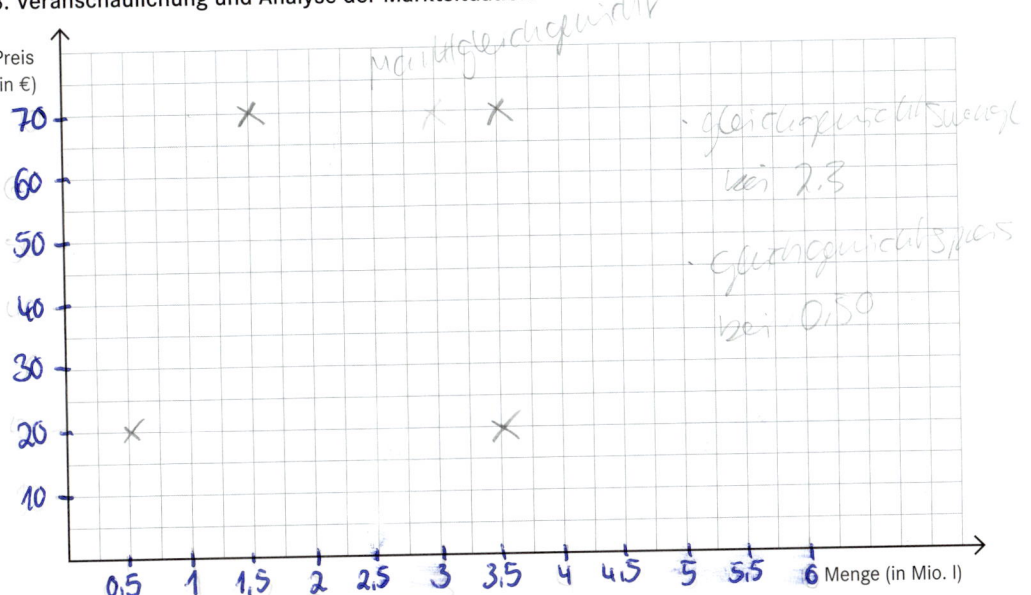

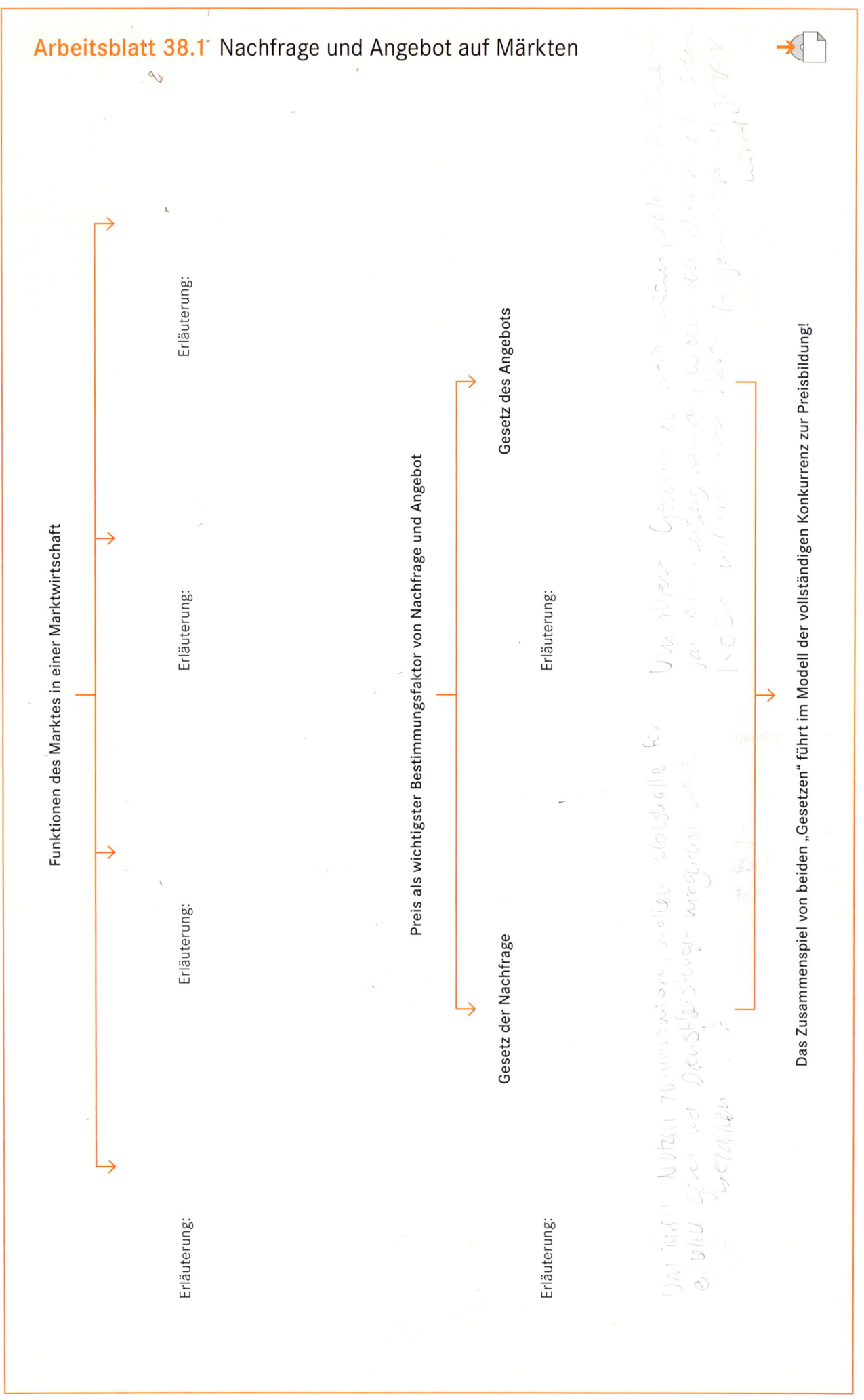

Funktionen des Marktes in einer Marktwirtschaft

Erläuterung:

Erläuterung:

Erläuterung:

Erläuterung:

Preis als wichtigster Bestimmungsfaktor von Nachfrage und Angebot

Gesetz der Nachfrage

Gesetz des Angebots

Erläuterung:

Erläuterung:

Das Zusammenspiel von beiden „Gesetzen" führt im Modell der vollständigen Konkurrenz zur Preisbildung!

Ordnen Sie die folgenden Begriffe richtig ein.

das Angebot – die Nachfrage – vollständigen Konkurrenz – Angebotsüberhang – Verkäufermarkt – Gleichgewichtspreis – Nachfragekurve – Preismechanismus – Anbieter – Angebotslücke – sinken – Nachfrage – Nachfrager – Verkäufermarkt – Marktgleichgewicht – steigen – Angebotskurve – Gleichgewichtspreises – die Nachfrage – das Angebot – Nachfrageüberhang – Gleichgewichtspreises – Nachfragelücke – Gleichgewichtsmenge – Käufermarkt – Angebot – Käufermarkt

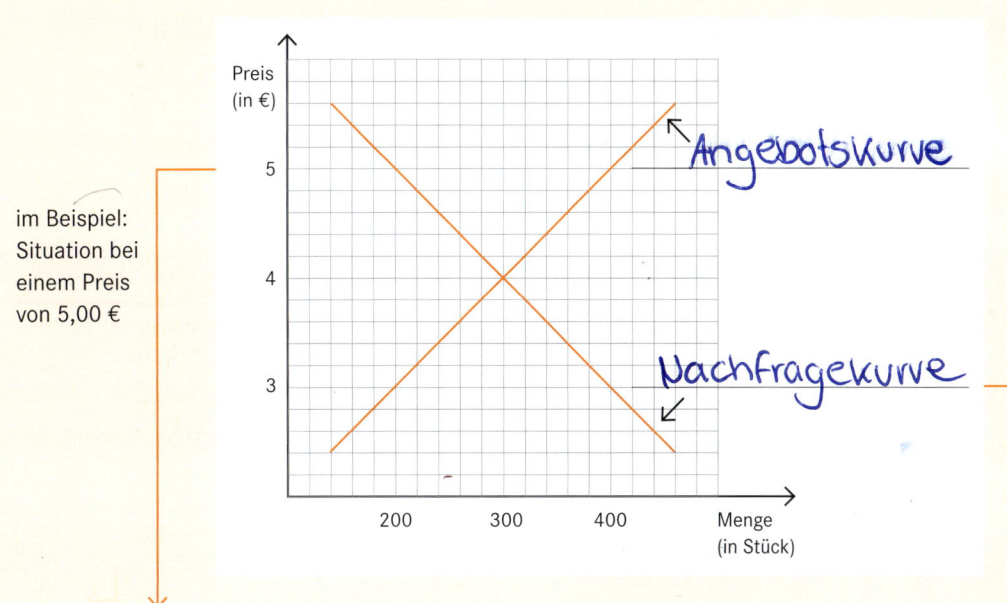

im Beispiel: Situation bei einem Preis von 5,00 €

im Beispiel: Situation bei einem Preis von 3,00 €

Marktsituation: **Käufermarkt**
Bei einem Preis oberhalb des **Gleichgewichts- preises** liegt ein **Angebotsüber- hang** vor. Man spricht auch von einer **Nachfragelücke**, da **die Nachfrage** kleiner ist als **das Angebot**.

Diese Marktsituation wird auch als **Käufermarkt** bezeichnet, da die **Nachfrager** in der mächtigeren Position sind. Sie werden ihre Marktmacht nutzen und der Preis wird **sinken**.

Marktsituation: **Verkäufermarkt**
Bei einem Preis unterhalb des **Gleichgewichts- preises** liegt ein **Nachfrageüber- hang** vor. Man spricht auch von einer **Angebotslücke**, da **das Angebot** kleiner ist als **die Nachfrage**.

Diese Marktsituation wird auch als **Verkäufermarkt** bezeichnet, da die **Anbieter** in der mächtigeren Position sind. Sie werden ihre Marktmacht nutzen und der Preis wird **steigen**.

Marktgleichgewicht
Im Marktmodell der **vollständigen Konkurrenz** sind **Angebot** und **Nachfrage** auf Märkten langfristig immer im Gleichgewicht. Der **Preismechanismus** führt dazu, dass letztlich die **Gleichgewichtsmenge** zum **Gleichgewichtspreis** umgesetzt wird.

Arbeitsblatt 38.3 Vollständige Konkurrenz im Modell und in der Realität

Tragen Sie in die linke Spalte die Bedingungen des Modells der vollständigen Konkurrenz inklusive einer kurzen Erläuterung ein. Tragen Sie rechts daneben jeweils konkrete Beispiele von realen Marktsituationen ein, in denen die jeweilige Modellbedingung **nicht** erfüllt ist.

Marktmodell der vollständigen Konkurrenz

Bedingungen in der Theorie   Abweichungen in der Realität

1.

2. vollkommener Markt

a)

b)

c)

d)

Viele Autofahrer bevorzugen Tankstellen, die „auf dem Weg" liegen, und nehmen keine Umwege für einen günstigeren Preis in Kauf. Sie haben somit räumliche Präferenzen.

e)

Aufgaben

1   Im niederländischen Rotterdam wird Rohöl auf einer Warenbörse gehandelt. Interessierte Käufer und Verkäufer geben zu bestimmten Terminen ihre verschiedenen Preisvorstellungen ab. Für den nächsten Versteigerungstermin liegen die folgenden Kauf- und Verkaufsaufträge vor:

einzelne Kaufaufträge

Käufer	gewünschte Nachfragemenge (in Barrel)	maximale Preisobergrenze (in USD pro Barrel)
A	300	122
B	50	123
C	100	124
D	50	125
E	150	126
F	200	127
G	100	128

einzelne Verkaufaufträge

Verkäufer	gewünschte Angebotsmenge (in Barrel)	minimale Preisuntergrenze (in USD pro Barrel)
H	150	128
I	50	127
J	150	126
K	50	125
L	150	124
M	50	123
N	50	122

a) Vervollständigen Sie die folgende Tabelle mit den Gesamtnachfrage- und Gesamtangebotsmengen. Berücksichtigen Sie, dass ein Käufer zu einem niedrigeren Preis als seinem Maximalpreis natürlich auch kaufen würde. Ebenso würde ein Verkäufer immer auch zu einem höheren Preis verkaufen.

gesamte Nachfragemenge	Preis (in USD pro Barrel)	gesamte Angebotsmenge
	122	
	123	
	124	
	125	
	126	
	127	
	128	

b) Zeichnen Sie die Nachfrage- und Angebotskurve in ein Koordinatensystem ein.
c) Ermitteln Sie:
  ca) den Gleichgewichtspreis   cc) den Absatz
  cb) die Gleichgewichtsmenge   cd) den Umsatz
d) Erläutern Sie die Konsequenzen aus dieser Preisermittlung:
  da) für Käufer B   dc) für Verkäufer I
  db) für Käufer F   dd) für Verkäufer L

2 Begründen Sie anhand der folgenden Beispiele, welche Bedingung(en) der vollständigen Konkurrenz jeweils nicht erfüllt ist/sind.

a) In der nordrhein-westfälischen Kleinstadt Porta Westfalica bietet die Bäckerei Daniel ihr normales Brötchen für 0,39 € an, obwohl die Konkurrenz deutlich günstigere Preise hat. Da die Bäckerei Daniel aber dafür bekannt ist, den Teig vor Ort aus hochwertigen Zutaten selbst herzustellen, erfreut sie sich einer großen Nachfrage.

b) In dem kleinen nordrhein-westfälischen Dorf Uffeln gibt es nur noch die Dorfbäckerei Korte. Da die nächstgelegene Stadt Vlotho ca. 6 km entfernt ist, hat die Bäckerei Korte noch immer eine große Stammkundschaft, obwohl die Backwaren dort teurer sind als bei den Bäckern in der Stadt Vlotho.

c) Die Bäckerei Hänschen in Bad Oeynhausen hat die attraktive Bäckereifachverkäuferin Iris Renner eingestellt. Obwohl die Backwaren dort als überteuert gelten, kauft ein großer Teil der männlichen Bevölkerung von Bad Oeynhausen inzwischen wieder in der Bäckerei Hänschen ein.

d) Die Tankstelle Hofmann in Bad Oeynhausen verkauft besonders viele Backwaren in den Abendstunden, obwohl die Preise hier deutlich höher sind als bei den örtlichen Bäckern.

e) Auch die drei Tankstellen an der großen Durchfahrtsstraße von Bad Oeynhausen verdienen trotz hoher Preise relativ viel Geld mit Backwaren. Sie profitieren von den vielen Geschäftsreisenden, die den Tankstopp mit einem kleinen Imbiss verbinden.

f) Das Seniorenehepaar Lieselotte und Karl-Heinz zur Heide wohnt in der Innenstadt von Bad Oeynhausen. Sie kaufen ihre Backwaren aus Gewohnheit beim relativ teuren Bäcker Schmoland. Die Angebote der anderen Innenstadtbäcker – insbesondere deren Preise – sind ihnen gar nicht bekannt.

3 Bestimmen Sie, ob die folgenden Beschreibungen eher auf

① Käufermärkte oder ② Verkäufermärkte zutreffen.

Tragen Sie jeweils die richtige Lösungsziffer ein.

a) ☐ Auf diesen Märkten droht eine geringe Produktvielfalt, da die Anbieter nur wenige Anreize für Produktinnovationen sehen.

b) ☐ Auf diesen Märkten liegt ein Nachfrageüberhang vor, d. h., die Nachfrage ist größer als das Angebot.

c) ☐ Die Marktmacht auf diesen Märkten haben die Kunden. Sie nutzen ihre Position häufig für Preisverhandlungen.

d) ☐ Diese Märkte gab es in Deutschland vor allem nach dem 2. Weltkrieg. Heutzutage sind sie sehr selten.

e) ☐ Diese Märkte sind durch eine hohe Wettbewerbsintensität zwischen den Anbietern gekennzeichnet.

f) ☐ Unternehmen werden zunehmend gezwungen, „vom Markt her zu denken" und Kundenorientierung in den Mittelpunkt ihres Handelns zu stellen.

g) ☐ Wenn Unternehmen wie Apple® eine echte Innovation herausbringen, agieren sie – zunächst – auf einem solchen Markt.

Lernsituation 39

Kundenorientierung verwirklichen

Rolf Bastian hat heute alle Auszubildenden der BE Partners KG zu einem Meeting eingeladen. Es ergibt sich folgendes Gespräch:

Hr. Bastian: Schön, dass Sie alle kommen konnten. Ich falle gleich mit der Tür ins Haus, denn ich habe zwei Arbeitsaufträge für Sie. Erstens: Herr Schurns als Leiter der Abteilung Kundenbetreuung hat mir gestern einen Vorschlag gemacht, den ich mit Ihrer Hilfe umsetzen möchte. Wir wollen der Kundenorientierung mehr Aufmerksamkeit schenken und die Mitarbeiter in der Abteilung Kundenbetreuung für dieses Thema sensibilisieren.

Tüley: Haben Sie schon eine konkrete Vorstellung?

Hr. Bastian: Herr Schurns möchte in seiner Abteilung hochwertige Kunststoffplakate mit dem Titel „Der Kunde ist König!" aufhängen.

Natalie: Was soll denn da draufstehen?

Hr. Bastian: Genau das sollen Sie sich überlegen. Wir möchten, dass die Plakate den Mitarbeitern in der Abteilung ständig vor Augen führen, was unter dem sehr allgemeinen Begriff „Kundenorientierung" konkret verstanden wird.

Sophie: Wir könnten ja einen Vorschlag für ein Plakat erstellen und Ihnen vorstellen.

Hr. Bastian: Gute Idee!

Natalie: O. K. Sie sagten aber, Sie hätten zwei Arbeitsaufträge für uns.

Hr. Bastian: Richtig. Herr Bünte vom Verband Deutscher Brunnenbetriebe hat mich gebeten, auf einer Tagung am nächsten Wochenende eine Präsentation[1] zum Thema „Kaufmotive – Warum wird ein Produkt gekauft?" zu halten. Da ich gerade wenig Zeit habe, müssen Sie diese Präsentation für mich vorbereiten.

Florian: Können Sie uns etwas mehr zu den Inhalten sagen?

Hr. Bastian: Ich möchte die aktuellen Trends im Getränkemarkt vorstellen und insbesondere auf die unterschiedlichen Kaufmotive der Kunden eingehen.

Tüley: Wann soll die Präsentation denn fertig sein?

Hr. Bastian: Das eilt leider. Ich habe aber schon ein paar relevante Daten aus unserem Verbraucherpanel und dem Internet herausgesucht. Sie müssen die Grafiken nur noch analysieren und in einer Präsentation die wichtigsten Erkenntnisse bezüglich der verschiedenen Kaufmotive herausstellen. Außerdem möchte ich in dem Vortrag am Beispiel „Red Bull" die Aspekte „Produktnutzen" und „Alleinstellungsmerkmale" veranschaulichen.

Florian: O. K. Dann machen wir uns mal an die Arbeit.

Hr. Bastian: Bitte präsentieren Sie mir Ihre Ergebnisse, sobald sie vorliegen.

1 Präsentationen erstellen mithilfe eines Präsentationsprogramms

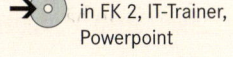 in FK 2, IT-Trainer, Powerpoint

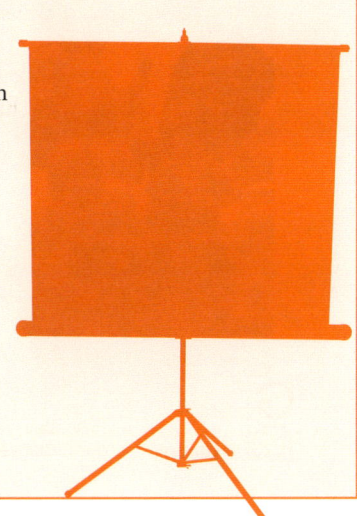

Herr Bastian übergibt den Auszubildenden anschließend die folgenden
Informationen:

Wer trinkt was?

Von 100 Befragten trinken
regelmäßig ...

(Mehrfachauswahlfrage)

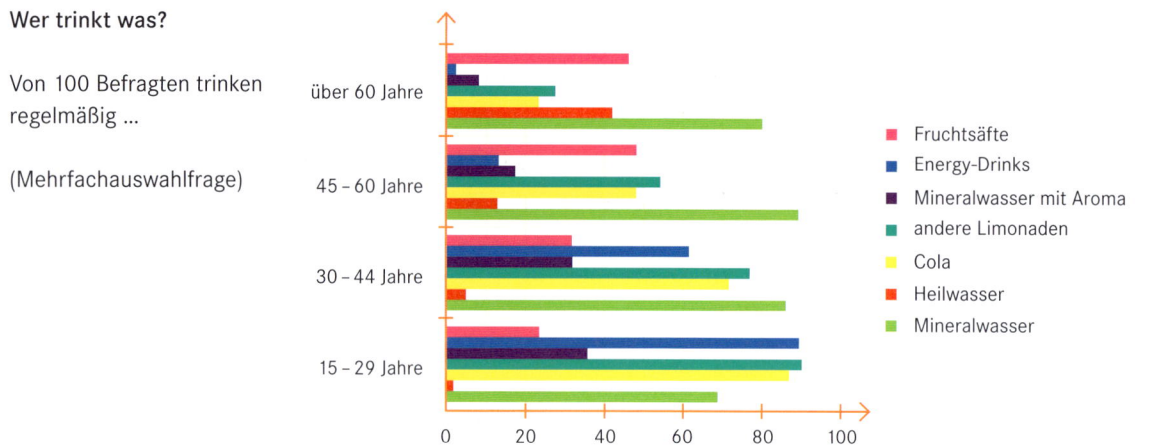

Legende:
- Fruchtsäfte
- Energy-Drinks
- Mineralwasser mit Aroma
- andere Limonaden
- Cola
- Heilwasser
- Mineralwasser

**Warum kaufen Sie ein
bestimmtes Getränk
bzw. eine bestimmte
Marke?**

Von 100 Befragten gaben
an ...

(Mehrfachauswahlfrage)

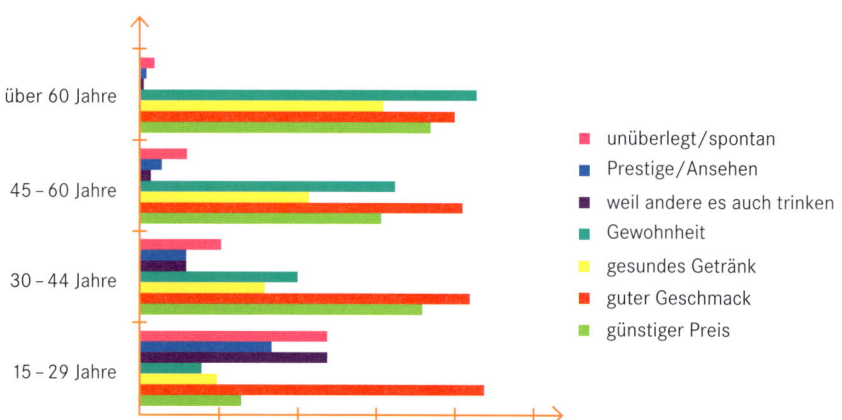

Legende:
- unüberlegt/spontan
- Prestige/Ansehen
- weil andere es auch trinken
- Gewohnheit
- gesundes Getränk
- guter Geschmack
- günstiger Preis

Immer weniger und immer älter

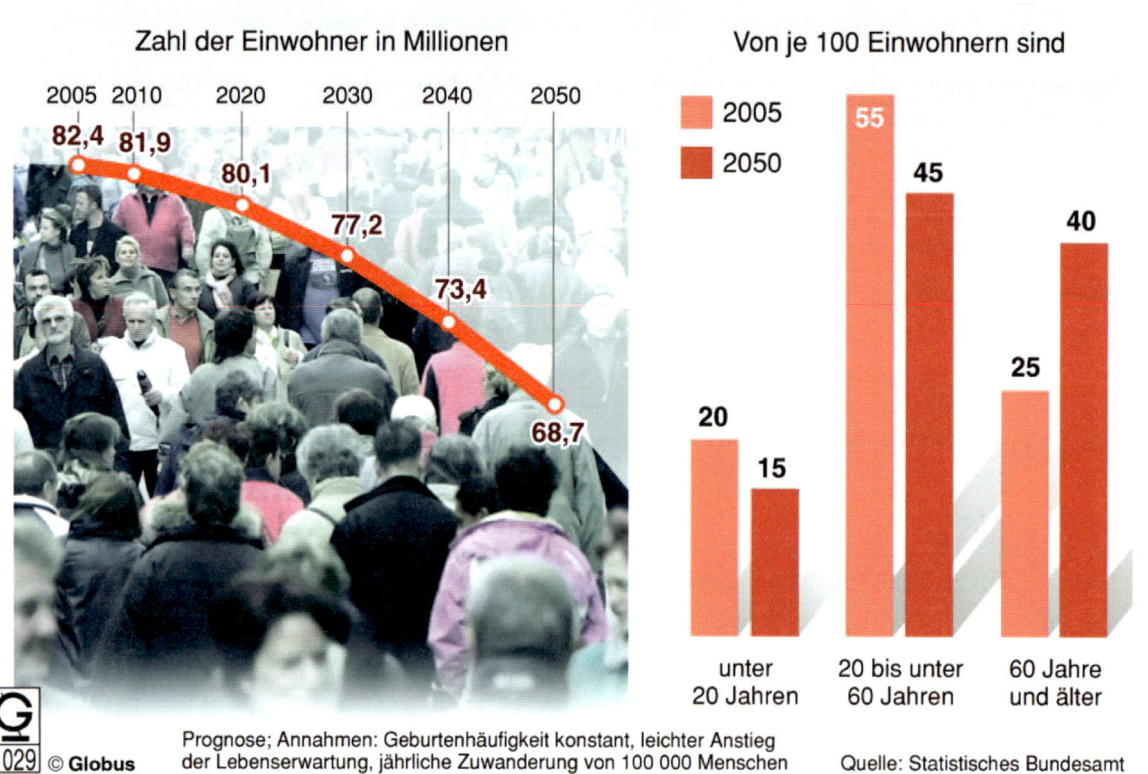

Zahl der Einwohner in Millionen

2005 2010 2020 2030 2040 2050
82,4 81,9 80,1 77,2 73,4 68,7

Von je 100 Einwohnern sind

2005
2050

	unter 20 Jahren	20 bis unter 60 Jahren	60 Jahre und älter
2005	20	55	25
2050	15	45	40

1029 © Globus

Prognose; Annahmen: Geburtenhäufigkeit konstant, leichter Anstieg
der Lebenserwartung, jährliche Zuwanderung von 100 000 Menschen

Quelle: Statistisches Bundesamt

Getränke im Trend

Der heutige Getränkemarkt bietet eine Vielzahl von Getränkevariationen und -innovationen. Im folgenden Beitrag werden Trends in Verbraucherverhalten und Produktsegmenten vorgestellt, die für die Ernährungsberatung relevant sein können.

Es gibt nur wenige Märkte, die so sehr von Innovationen leben wie der Getränkemarkt. Trends und Innovationen im Zusammenhang mit Entwicklungen in Lifestyle und Gesundheit prägen das heutige Trinkverhalten in Deutschland. […]

Trends im Verbraucher- und Trinkverhalten in Deutschland

Laut eigenen, international angelegten Studien lassen sich die langfristig relevanten Erfolgsfaktoren für Produktentwicklungen in der Getränkeindustrie mit den Schlagworten Convenience, „Mixomania", Übergewicht/Gewichtskontrolle, Obesity, Premium vs. Discount, Natürlichkeit, Gesundheit sowie Fitness/Beauty/Wellness beschreiben.

Diese Erkenntnisse basieren auf umfassenden Marktanalysen, unter anderen auf Trendmonitoring, das in vielen Ländern systematisch durchgeführt wird. Trendmonitoring bedeutet, dass neu eingeführte Produkte von Marktforschungs-Spezialisten systematisch analysiert werden.

Weitere Daten werden durch die führenden Marktforschungsinstitute wie Nielsen, IRI oder GfK zum Beispiel durch Verbraucher- oder Handelspanels erhoben. Ergänzende methodische Ansätze sind die Auswertung von Absatzstatistiken der Fachverbände und Experten-Befragungen.

Verbraucher möchten neue, exotische Geschmackswelten erleben

Während das Thema Convenience für den Getränkemarkt geradezu selbsterklärend ist, bedarf der Begriff „Mixomania" näherer Betrachtung. Unter diesem Begriff wird der Wunsch vieler Verbraucher nach neuen Geschmackserlebnissen, nach Abwechslung und Inspiration der Sinne verstanden. So mancher Verbraucher lernt auf Reisen neue, exotische Geschmacksrichtungen kennen und schätzen. Und auch das breite Publikum möchte, über die regionalen Geschmackswelten hinausgehend, exotische Produkte kaufen und genießen. Zu den „aufgehenden Sternen" der Aromenträger zählen aktuell neben Ananas, Pfirsich, Mango und Passionsfrucht weniger bekannte Früchte wie Kalamansi, Noni, Cherimoya, Physalis oder Mangostane. […]

Verbraucher wollen kalorienarme Getränke

Die weltweit immer stärker werdende Verbreitung von Übergewicht und Adipositas erklärt den Boom für kalorienreduzierte Getränke in den letzten Jahren. […] „Aqua Plus"-Produkte, die „Zero"-Erfrischungsgetränke oder Teegetränke mit ebenfalls <20 kcal sind die typischen Vertreter kalorienarmer Getränke, die im Trend liegen.

Natürliche Produkte liegen im Trend

Der Wunsch vieler Verbraucher nach natürlichen Produkten ist weltweit zu beobachten. Gesundheitsbewusste Verbraucher suchen neben Natürlichkeit nach authentischen, gesunden Inhaltsstoffen. 2000 neue Produkte wurden allein im letzten Jahr weltweit mit der Zuordnung „Natürlichkeit" auf den Markt gebracht. Bei der Auswahl der gekauften Produkte wird ein immer größerer Wert auf einen puristischen Ansatz und „Clean Label"-Produkte gelegt. Darunter sind Produkte zu verstehen, die ausschließlich aus natürlichen Inhaltsstoffen hergestellt sind. […]

Quelle: http://www.ernaehrungs-umschau.de/media/pdf/pfd_2009/06_09/EU06_355_359.qxd.pdf

1 Fassen Sie die zu erledigenden Aufgaben übersichtlich in Stichworten zusammen.

2 Bilden Sie Gruppen und planen Sie das Vorgehen zur Bearbeitung der Aufgaben. Entscheiden Sie, wer welche Aufgaben erledigt und ob Sie arbeitsteilig vorgehen wollen.

3 Beschaffen Sie sich die notwendigen Informationen zur Erledigung der Aufgaben und führen Sie diese aus. Füllen Sie auch das Arbeitsblatt 39.1 aus.  Arbeitsblatt 39.1

4 Kontrollieren Sie anschließend innerhalb der Gruppe, ob alle Aufgaben richtig ausgeführt wurden, und überarbeiten Sie ggf. die Ergebnisse.

5 Präsentieren Sie dann Ihre Ergebnisse den anderen Gruppen.

6 Bewerten Sie Ihre Arbeitsergebnisse und die der anderen Gruppen. Überlegen Sie, was gut war und auch, was zukünftig noch besser gemacht werden könnte.

Marketing

Definition:

Erläuterung: Marketing und Marktorientierung werden durch den zunehmenden Wettbewerb auf Käufermärkten immer wichtiger.

↓

Kundenorientierung
ist ein wichtiger Bestandteil des Marketings.

Definition: Kundenorientierung bedeutet, dass der Kunde im Mittelpunkt aller Aktivitäten des Unternehmens steht.

Anforderungen:	Elemente:	Ziele:
· Unternehmensphilosophie	· Kunden Kenntnis	Kundenbindung
· Leitbild Verankerung in	· Kundenanforderungen	
motivierte Mitarbeiter	· Kundenempfinden	Kundengewinnung
· Mitarbeiter müssen	· Kundenbeziehung	
entspr. Befugnisse haben	· Kundenfreundlichkeit	
· Mitarbeiter müssen	· Kunden Service	
Abläufe im Unternehmen	· Kunden Zufriedenheit	
kennen	Kundenfaszination	

Kundenorientierung erfordert Kenntnisse über die

Wertvorstellungen und Kaufmotive der Kunden

Wertvorstellungen sind dauerhafte Überzeugungen von Menschen und leiten deren Handeln. Sie beeinflussen maßgeblich Kaufentscheidungen. Aus Sicht von Anbietern werden Wertvorstellungen daher zu **Kaufmotiven**.

Beispiel: In der Rheintaler Brunnen GmbH & Co. KG weiß man, dass Werte wie Gesundheit und Nachhaltigkeit für viele Kunden wichtig sind. Diese Kaufmotive berücksichtigt man z. B. durch biologische und regional bezogene Rohstoffe sowie durch die Verwendung von Bio-Siegeln und Pfandflaschen.

↓

Produktnutzen
sollte die Kaufmotive und Wertvorstellungen der Kunden optimal befriedigen.

Grundnutzen

Erläuterung:
wird durch die Haupteigenschaft eines Produktes erreicht

Zusatznutzen

Erläuterung:
befriedigt Nebenbedürfnisse

Idealfall: Alleinstellungsmerkmal

Echtes Alleinstellungsmerkmal

Erläuterung:

Künstliches Alleinstellungsmerkmal

Erläuterung: Es ist ein Nutzenversprechen, das erst durch das Marketing aufgebaut wird. Es wird also ein subjektiver Zusatznutzen geboten

Aufgaben

1 Nennen Sie jeweils das Element der Kundenorientierung, das in den folgenden Fällen angesprochen wird.

a) Die Goldregen Einkaufzentrum GmbH bietet ihren Kunden Rolltreppen an.
b) Die Mitarbeiter der BE Partners KG versuchen, E-Mails von Kunden innerhalb von 24 Stunden zu beantworten.
c) Dörthe Epstein notiert sich nach einem Gespräch mit einem Kunden, dass dieser Hundebesitzer ist.
d) Die Einkaufsmitarbeiter der A-Kunden der Fly Bike Werke GmbH bekommen zu Weihnachten eine Kiste mit exklusiven Weinen zugesendet.
e) Ein Verkäufer der Radstation in Frankfurt beobachtet einen Kunden im Verkaufsraum und überlegt, ob dieser wohl Beratung möchte.
f) Im Goldregen Einkaufszentrum wurden an die Türen, durch die das Verkaufspersonal den Verkaufsraum betritt, große lächelnde Smileys gehängt (für die Kunden nicht sichtbar). Darüber steht der Hinweis „Lächeln nicht vergessen!".

2 Erläutern Sie die Tabelle und interpretieren Sie sie kritisch. Gehen Sie insbesondere auf die Bedeutung für Unternehmen ein, die Produkte für Kinder anbieten und dafür werben.

Aktionsfreiräume von Kindern (Alter 6 – 13 Jahre)		
Kind darf …	6 – 9 Jahre	10 – 13 Jahre
sich so kleiden, wie es ihm gefällt	71,5 %	86,1 %
sein Taschengeld ganz selbstständig ausgeben	63,0 %	88,1 %
selbst bestimmen, wie sein Zimmer eingerichtet ist	62,7 %	79,8 %
Süßigkeiten kaufen, so viel es mag	31,1 %	53,4 %
allein ohne Aufsicht im Internet surfen	11,6 %	49,0 %
Lebensmittel für den Haushalt einkaufen und selbst entscheiden	15,6 %	29,1 %
allein Sachen zum Anziehen kaufen	8,8 %	31,9 %
allein ein Restaurant, z.B. McDonalds®, Burger King®, Pizza Hut®, besuchen	4,4 %	32,7 %
sich – ohne dass die Eltern dabei sind – etwas kaufen, das teurer als 50 Euro ist	3,6 %	12,7 %

Quelle: in Anlehnung an KidsVerbraucherAnalyse 2010

3 Begründen Sie, welche Wertvorstellungen beim Kauf der folgenden Produkte bzw. Leistungen (recherchieren Sie ggf.) meistens ausschlaggebend sind.

a) eine Flasche Bionade® Kräuter
b) eine Jeans der Marke Hollister®
c) ein Dacia® Sanders®
d) ein Audi® Q7®
e) Mineralwasser der Marke Selters®
f) Strom aus 100 % Windkraft

4 Machen Sie Vorschläge, mit welchen Serviceleistungen sich die folgenden Unternehmen von ihren Wettbewerbern abgrenzen könnten.

a) Fly Bike Werke GmbH
b) Hard- und Software Handel- und -Beratungshaus GmbH

5 Machen Sie Vorschläge, nach welchen Merkmalen die folgenden Anbieter ihre Privatkunden in Zielgruppen bzw. Marktsegmente abgrenzen könnten.

a) Rheintaler Brunnen GmbH & Co. KG
b) Fly Bike Werke GmbH
c) Bauunternehmen Stephan Korte GmbH
d) Kosmetikstudio Corinna Witte e. K.

6   Florian Hamm hat am Wochenende seine Eltern in Eisenach besucht. Als er Herrn
    Bastian am Montag trifft, gibt er ihm diesen Zeitungsartikel aus der Thüringer All-
    gemeinen Zeitung. Er ist von dem Opel®-Konzept ganz begeistert und fragt Herrn
    Bastian, ob das nicht auch etwas für die Fly Bike Werke GmbH wäre.

    a) Erläutern Sie, wie die Fly Bike Werke GmbH das Konzept der „Individualisie-
       rung von Produkten" übernehmen könnte. Beurteilen Sie die Idee.
    b) Beschreiben Sie die Zielgruppe der Käufer eines „Opel® Adam®".

Beim Opel Adam ist jeder sein eigener Designer

„Jeder Kunde kann sein Auto in einer beliebigen Farbe lackiert bekommen, solange die Farbe, die er will, schwarz ist." Die Zeiten, als Henry Ford, Erfinder der Fließbandproduktion im Automobilbau, dies sagte, sind lange vorbei. Doch jetzt wird ein weiterer Schritt in Sachen Individualisierung unserer fahrbaren Untersätze getan – und zwar in Eisenach!

Im dortigen Opel-Werk beginnt heute die Serienfertigung des „Adam", der in Rüsselsheim entwickelt wurde und ausschließlich in der Wartburgstadt montiert wird.

Unter allen Neuerungen besticht Opels Kleinster durch Farben und ihre Kombinationsmöglichkeiten: Zwölf Karosseriefarben lassen sich mit den gleichen zwölf und drei weiteren Dachfarben kombinieren. Diese 180 Varianten lassen sich noch multiplizieren mit 31 Rad-Reifen-Designs, sechs Felgen-Zierclips, vier Innenraum-Tönen, 15 Sitz-Designs, Ambiente-Beleuchtung in acht Lichtfarben, 19 Außendekoren und und und. Die Chance, dass sich zwei absolut gleiche Adams begegnen, soll – so hat einmal jemand ausgerechnet – bei 1:30 000 liegen.

Mit dem 3,7 Meter großen Adam – nach dem Gründer der Firma, die voriges Jahr 150-jähriges Bestehen feierte, genannt – füllt Opel seine untere Lücke im Kleinwagen-Segment, aus dem der Corsa mit mittlerweile vier Metern Länge herausgewachsen ist. So wird man nicht nur den Wettbewerbern wie Fiat 500, Mini, Citroën DS3 oder Audi entgegentreten und beim jungen, lifestyle-orientierten Publikum um Käufer werben, sondern auch manchen jenseits der 35 ansprechen, der einen kleinen, vor allem stadttauglichen, dabei in Sitzangebot und Laderaum vollwertigen Kleinwagen sucht. […]

Weitere drei Ausstattungslinien, die der Hersteller „Lebenswelten" nennt, starten preislich bei 13.400 (JAM), 14.090 (GLAM) und 14.290 Euro (SLAM). In allen Dreien bietet der Adam abweichend von der Basis-Version unter anderem Geschwindigkeitsregler, Bordcomputer, Klimaanlage, auf die Wagenfarbe abgestimmte Zündschlüssel. Der Glam verfügt zusätzlich über ein Glas-Panorama-Dach, der Slam unter anderem über ein Sportfahrwerk und eine tiefergelegte Karosserie.

Bei den aufpreispflichtigen Sonderausstattungen werden neben den diversen Farb-, Dekor- und Interieur-Paketen sowie 30 unterschiedlichen Rädern für die meisten Kunden vor allem das FlexFix-Fahrradträger-System (590 Euro), der Park-Assistent (580 Euro) und das „IntelliLink"-Radio (300 Euro) von Interesse sein. Dieses innovative Infotainment-System, das Funktionen sowohl von Apple iOS- als auch von Android-basierten Geräten ins Auto überträgt, erspart Smartphone-Besitzern Navigationsgeräte und gibt via USB-Kabel oder Aux-in-Schnittstelle nicht nur Musik von externen Medienquellen wieder.

Bei Testfahren blieben in Sachen Sicherheit und Fahrkomfort keine Wünsche offen. Die von Opel angebotene App (40 Euro) navigierte den Adam zuverlässig durch Lissabons Straßen, die Servolenkung machte enge Kurven in den Gassen der portugiesischen Hauptstadt zum Kinderspiel. Auch in den Bergen zeigte Adam keine Schwächen. Und damit ist der Adam wohl doch nicht ausschließlich ein Auto für junge, trendige, urbane Individualisten – und keineswegs nur für Evas …

Quelle: http://www.tlz.de/web/zgt/leben/detail/-/specific/Beim-Opel-Adam-ist-jeder-sein-eigener-Designer-1602243797

7   Herrn Wünschle vom Autohaus Wünschle KG ist auf einer Tagung bewusst geworden, dass viele seiner Wettbewerber der Kundenakquise sowie der weiteren Gestaltung und Pflege von Kundenbeziehungen sehr viel mehr Aufmerksamkeit schenken als sein Unternehmen. Er hat daraufhin die BE Partners KG beauftragt, Möglichkeiten zu einer besseren Gestaltung des Kundenbeziehungsprozesses vorzuschlagen.

    Stellen Sie übersichtlich auf einer Seite die Elemente eines Kundenbeziehungsprozesses in der Autohaus Wünschle KG dar. Gehen Sie auf sinnvolle Instrumente zur Kundenakquise, die Bedeutung einer guten Auftragsabwicklung, Gründe und sinnvolle Instrumente der After-Sales-Kommunikation und die Bedeutung des Customer-Relationship-Managements ein.

Lernsituation 40

Marketingziele festlegen und Marketingstrategien entwickeln

Frau Epstein hat gerade einen Auftrag von einem neuen Kunden zur Erarbeitung neuer Marketingstrategien erhalten. Um in einer ersten Kreativitätsphase möglichst viele Ideen zu sammeln, bindet sie wieder einmal die Auszubildenden ein.

Von: Dörthe Epstein [d.epstein@bepartners.de]
An: Verteiler Auszubildende BE Partners KG
Betreff: Auftrag „Sport- und Freizeitzentrum Buhrmester GmbH" – Marketingstrategien

---

Liebe Azubis,

Herr Buhrmester hat uns beauftragt, für sein Sport- und Freizeitzentrum in Euskirchen neue Marketingstrategien zu entwickeln. Das Unternehmen ist etwas in die Jahre gekommen und die Nachfrage nach seinen Angeboten (8 Hallentennisplätze, 6 Hallenbadmintonplätze, 8 Squashcourts, 4 Kegelbahnen, großer Saunabereich und ein kleines Fitnessstudio) war in den letzten Jahren stark rückläufig. Herr Buhrmester überlegt, wie er mit seinem Sport- und Freizeitzentrum wieder erfolgreicher werden kann.

Nach einer grundlegenden Analyse der Gewinn- und Kostensituation sind wir zu der Erkenntnis gelangt, dass folgende Marketingziele im nächsten Jahr angestrebt werden müssen:

1. quantitatives Ziel: Steigerung des Umsatzes um mindestens 20 %
2. qualitatives Ziel: Modernisierung des Images

Eine Konkurrenzanalyse liegt bereits vor. Sie finden sie im Mailanhang. Als Nächstes steht die Entwicklung der Marketingstrategien an. Ich schicke Ihnen im Anhang ebenfalls zwei Vorlagen, die bei der Entwicklung von Wettbewerbsstrategien und Produkt-Markt-Strategien helfen. Um die kreative Kraft aller Azubis zu nutzen, habe ich mir einen Ideenwettbewerb überlegt:

1. Jede(r) Auszubildende vervollständigt zunächst alleine die beiden Vorlagen zu den Marketingstrategien. Versuchen Sie, für jede Wettbewerbs- und Produkt-Markt-Strategie eine Idee zu skizzieren. Wenn Sie der Meinung sind, dass eine bestimmte Strategie angesichts der Marktsituation nicht realistisch ist, können Sie auch „nein" ankreuzen.

2. In der letzten Zeile der beiden Vorlagen kreuzen Sie jeweils an, welche der skizzierten Strategien Sie für die erfolgversprechendste halten.

3. Anschließend tun sich jeweils vier Azubis zusammen und wählen aus ihren Vorschlägen die beste Wettbewerbs- und die beste Produkt-Markt-Strategie aus. Achten Sie darauf, dass die beiden ausgewählten Strategien zusammen funktionieren müssen.

4. Diese Vorschläge präsentieren Sie mir zu Beginn der nächsten Woche in einer Azubi-Sitzung und dann entscheiden wir gemeinsam, welcher Vorschlag der beste ist.

Ich freue mich auf Ihre Ideen.

Dörthe Epstein

Anlagen: Konkurrenzanalyse, Vorlage „Wettbewerbsstrategien", Vorlage „Produkt-Markt-Strategien"

BE Partners KG

Formular zur Entwicklung von möglichen Wettbewerbsstrategien

Kunde	
Marketingziele	
1. Strategie der Kostenführerschaft realistisch/möglich? ☐ nein ☐ ja	Wenn ja: Wie soll der Kostenvorsprung konkret erlangt werden?
2. Strategie der Differenzierung realistisch/möglich? ☐ nein ☐ ja	Wenn ja: Wie soll die Differenzierung erfolgen (z. B. welche Leistun-gen, welches Design, Alleinstellungsmerkmal)?
3. Nischenstrategie realistisch/möglich? ☐ nein ☐ ja	Wenn ja: Auf welche konkrete Nische soll man sich konzentrieren?
Gewählte Wettbewerbsstrategie	☐ Kostenführerschaft ☐ Differenzierung ☐ Nische Begründung:

BE Partners KG

Formular zu Entwicklung von möglichen Produkt-Markt-Strategien

Kunde	
Marketingziele	
1. Strategie der Marktdurchdringung realistisch/möglich? ☐ nein ☐ ja	Wenn ja, Ideen zur Strategieumsetzung:
2. Strategie der Markterschließung realistisch/möglich? ☐ nein ☐ ja	Wenn ja, Ideen zur Strategieumsetzung (v. a.: Welche neuen Märkte sollen erschlossen werden?):
3. Strategie der Produktentwicklung realistisch/möglich? ☐ nein ☐ ja	Wenn ja, Ideen zur Strategieumsetzung (v. a.: Welche neuen Produkte/Leistungen sollen angeboten werden?):
4. Strategie der Diversifikation realistisch/möglich? ☐ nein ☐ ja	Wenn ja, Ideen zur Strategieumsetzung (v. a.: Welche neuen Produkte/Leistungen sollen angeboten werden? **Und:** Welche neuen Märkte sollen erschlossen werden?):
Gewählte Produkt-Markt-Strategie	☐ Marktdurchdringung ☐ Markterschließung ☐ Produktentwicklung ☐ Diversifikation Begründung:

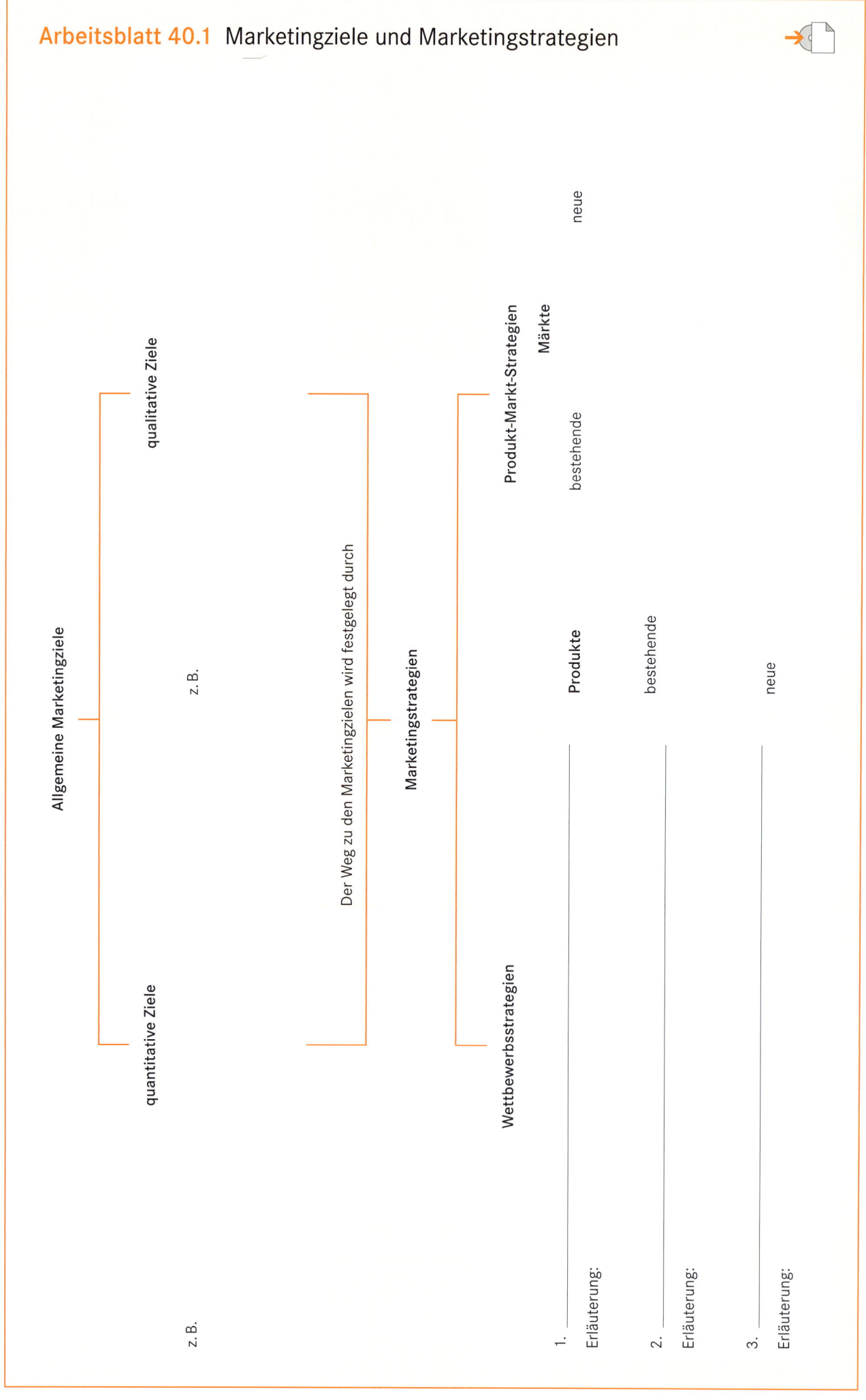

Aufgaben

1 Dörthe Epstein befindet sich mit der Auszubildenden Tüley Öztürk auf einem zwei-tägigen Workshop zum Thema „Marketing weiterentwickeln" in Freiburg. Das Thema des ersten Tages lautet „Marketingziele SMART formulieren". Sie haben gerade das folgende Informationsmaterial bekommen:

Marketingziele SMART formulieren   Workshop – Freiburg – 17.01.20.6

Bei der Formulierung von Marketingzielen ist darauf zu achten, dass diese SMART sind. Hinter diesen Buchstaben verbergen sich folgende Anforderungen:

SMARTe Marketingziele	
Spezifisch	Das Ziel muss präzise und eindeutig formuliert sein (nicht vage oder missverständlich).
Messbar	Das Ziel sollte möglichst messbar, mindestens aber überprüfbar sein.
Akzeptiert	Das Ziel muss für das Unternehmen und seine Mitarbeiter akzeptabel und sinnvoll sein.
Realistisch	Das Ziel muss erreichbar sein.
Terminiert	Es muss festgelegt sein, bis wann das Ziel erreicht werden soll.

SMART steht ursprünglich für „Specific Measurable Accepted Realistic Timely". Das SMART-Konzept dient z. B. auch beim Projektmanagement als Grundlage zur eindeutigen Festlegung von verbindlichen Projektzielen.

---

a) Prüfen Sie, ob die folgenden beispielhaften Marketingziele SMART sind, indem Sie jeweils ankreuzen, wenn das entsprechende Kriterium erfüllt ist.

Marketingziele (Vorschläge)	S	M	A	R	T
1. Die Fly Bike Werke GmbH will ihr Image bis zum 31.12.20.7 verbessern.					
2. Die Rheintaler Brunnen GmbH & Co. KG möchte ihren Umsatz um 5 % erhöhen.					
3. Das Autohaus Wünschle KG möchte die Anzahl der Kundenreklamationen pro Jahr bis zum 31.12.20.8 um 15 % reduzieren.					
4. Die Hard- und Software Handels- und Beratungshaus GmbH möchte demnächst mehr Umsatz mit Hardware und dafür weniger mit Software machen.					
5. Die Drogerie AG möchte den Gewinn 20.6 gegenüber 20.5 um 75 % steigern.					

b) Verbessern Sie jene Formulierungen, die noch nicht SMART sind.

2 Am zweiten Tag des Workshops beschäftigen sich Frau Epstein und Tüley Öztürk mit dem Thema „Marketingstrategien". Zum „Aufwärmen" sollen Sie für die folgenden Marketingstrategien

a) in der ersten freien Spalte zuordnen, um welche Wettbewerbsstrategie (WS) es sich handelt (① Kostenführerschaft, ② Differenzierung, ③ Konzentration) und

b) in der zweiten freien Spalte zuordnen, um welche Produkt-Markt-Strategie (PMS) es sich handelt (④ Marktdurchdringung, ⑤ Markterschließung, ⑥ Produktentwicklung, ⑦ Diversifikation).

Marketingstrategie (Vorschläge)	WS	PMS
1. Die Zimmerei Wildgruber in Kempten (Allgäu) hat bisher ein breites Spektrum an Zimmerei-arbeiten angeboten. In der letzten Zeit hat die Nachfrage nach Wohnhäusern in Holzrahmen-bauweise stark zugenommen. Herr Wildgruber möchte sich zukünftig ausschließlich auf diesen Geschäftsbereich beschränken, dafür aber seinen Kundenkreis regional ausdehnen.		
2. Das Möbelhaus „Möbel-Chef" ist Marktführer im Bereich Discountmöbel. Es wurde bereits ein großes Filialnetz aufgebaut. Das Warenangebot ist schon seit längerer Zeit in allen Filialen identisch. Die günstigen Einkaufspreise und kostengünstige Standorte erlauben die Kalkulation sehr niedriger Preise. Es ist geplant, weitere Filialen gleicher Art zu eröffnen.		
3. Der Mineralwasserproduzent „Nordseeperle" beliefert Getränkehändler in Norddeutschland. Aufgrund des harten Wettbewerbs überlegt der Inhaber, Herr Jensen, zusätzlich ein exklusives Mineralwasser ins Sortiment aufzunehmen. Die geschliffenen Flaschen sollen mit einer echten Meerwasserperle aus der Südsee besetzt sein, und für einen Preis über 50,00 € nur an exklusive Restaurants an der Nordseeküste und auf den Nordseeinseln vertrieben werden.		

Lernsituation 41

Produkt- und Sortimentspolitik gestalten

Herr Bödeker von der Rheintaler Brunnen GmbH & Co. KG ist sich immer noch nicht ganz sicher, ob ein Mineralwasser mit natürlichem Minz-Aroma das richtige Neuprodukt für sein Unternehmen ist. Er hat die BE Partners KG deswegen beauftragt, weitere Marktforschung zu den aktuellen Trends im Getränkemarkt durchzuführen.

Außerdem hat er Herrn Bastian von der BE Partners KG die gesamte Umsatzstatistik der Warengruppe „Limonade & Schorle" der letzten 15 Jahre zugesendet. Die BE Partners KG soll die Warengruppe „durchleuchten" und – im Zusammenhang mit allen Marktforschungsergebnissen – produktpolitische Maßnahmen vorschlagen.

Herr Bastian hat die Ergebnisse der neuen Befragung und die Absatzstatistik gerade an Florian Hamm übergeben. Florian hat sich seine Aufgaben dazu kurz notiert. Helfen Sie ihm bei der Erledigung.

Rheintaler Brunnen GmbH & Co. KG
Umsatzstatistik „Limonade und Schorle" (in Mio. €)

Jahr	Orangen-limonade	Zitronen-limonade	Grapefruit-limonade	Apfel-schorle
20W0	2,4	1,5	0,8	–
20W1	2,8	1,8	1,2	–
20W2	3,6	2,4	1,5	–
20W3	4,6	4,2	2,3	–
20W4	6,8	5,8	3,5	–
20W5	8,8	7,6	4,2	–
20W6	12,7	9,5	5,2	–
20W7	15,2	12,8	5	–
20W8	17,6	14	4,5	1,5
20W9	18,9	14,8	4	2,3
20X0	19	15,2	3	3
20X1	17,4	15	2,5	4
20X2	16,2	16	2,3	5,2
20X3	14,3	15,4	1,8	5,8
20X4	12	16,2	1,0	7

Auftrag von Herrn Bastian:

1. für alle vier Getränke grafisch die derzeitige Phase im Produktlebenszyklus ermitteln
2. Umsatzstatistik und Produktlebenszyklen analysieren und beurteilen
3. neue Marktforschungsergebnisse analysieren
4. auf Grundlage aller Daten konkrete Handlungsempfehlungen bez. produktpolitischer Maßnahmen überlegen
5. Herrn Bastian die Handlungsempfehlungen vorstellen und begründen

Hinweis: unbedingt auch alle bisher gesammelten Informationen zum Getränkemarkt berücksichtigen![1]

 1 AB 2, Lernsituation 36, 38, 39

Ergebnisse einer Marktforschung
(gerundete Durchschnittswerte von 1 000 Befragten)

		1 2 3 4 5	
1. Achten Sie beim Kauf von Getränken auf die Inhaltsstoffe?	nie		immer
2. Denken Sie, dass zuckerhaltige Limonaden Ihre Zahngesundheit negativ beeinflussen?	überhaupt nicht		sehr stark
3. Wie wichtig sind für Sie „Bio-Siegel" beim Kauf von Lebensmitteln?	sehr wichtig		unwichtig
4. Stimmen Sie zu, dass zuckerhaltige Getränke „dick machen"?	lehne ab		stimme zu
5. Wie wichtig ist Ihnen Abwechslung beim Kauf von Getränken?	kaufe immer dasselbe		kaufe immer etwas anderes
6. Wie wichtig ist Ihnen, dass das von Ihnen getrunkene Getränk „in" ist?	sehr wichtig		unwichtig
7. Achten Sie beim Kauf von Getränken auf den Preis?	überhaupt nicht		sehr stark

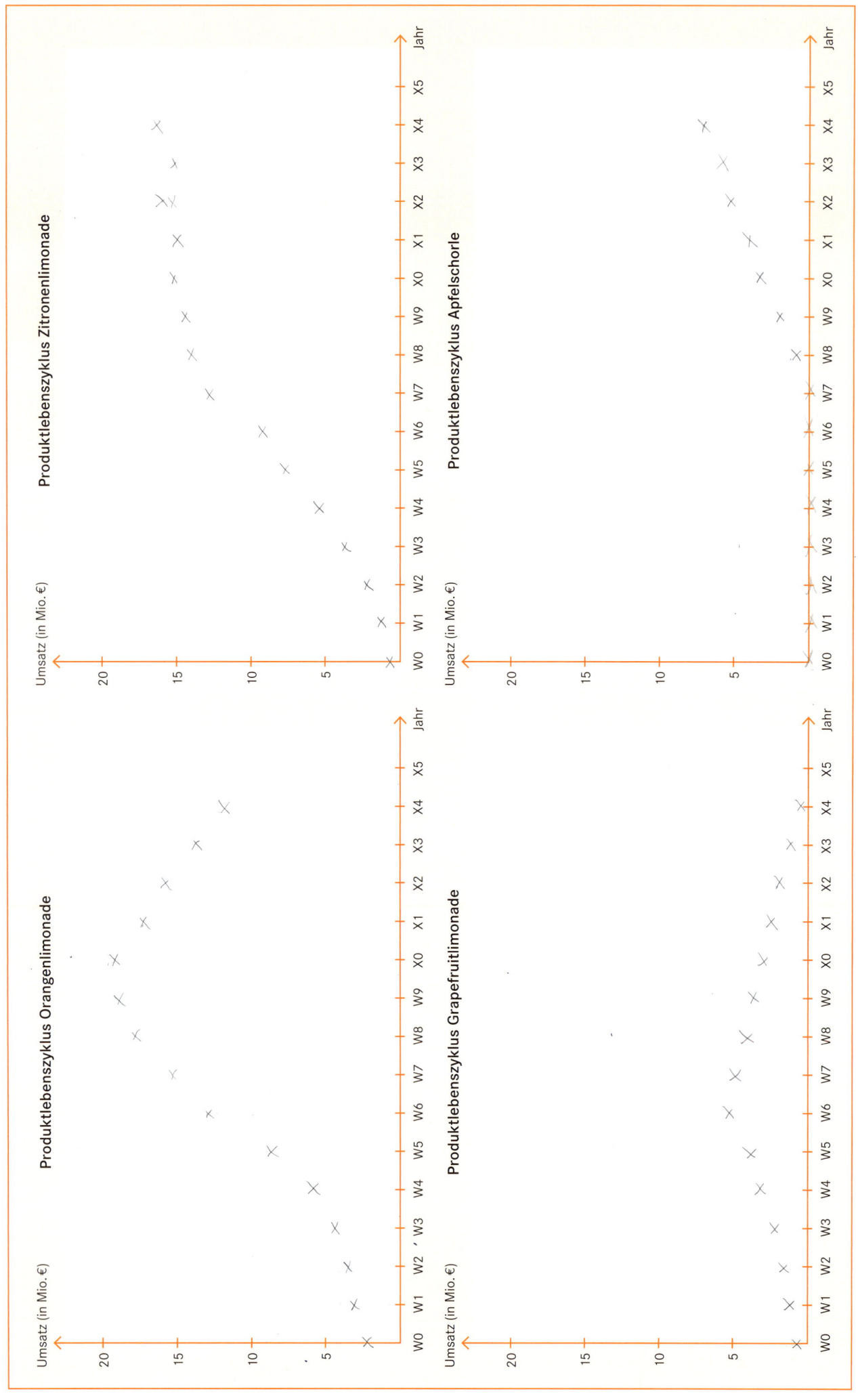

Produktlebenszyklus Orangenlimonade

Produktlebenszyklus Zitronenlimonade

Produktlebenszyklus Grapefruitlimonade

Produktlebenszyklus Apfelschorle

Maßnahmen der Produktpolitik in Industriebetrieben
(analog: *Sortimentspolitik* in Handelsbetrieben)

Produktinnovation

Erläuterung: Ein völlig neues Produkt wird eingeführt. Möglicherweise löst es auch ein altes Produkt ab, welches sich schon in der Verfallsphase befindet.

Beispiel: Kaffeemaschinen kann nicht man Verbessern Sondern auch jetzt Mildaufschäumer

Produktvariation

Erläuterung: Kernprodukt bleibt gleich und ist immer wieder zu erkennen. Nur leichte Veränderungen werden vorgenommen

Beispiel: Handy-/Auto ein iPhone gibts es jetzt auch in blau und grün

Produktelimination

Erläuterung: Ein wenig erfolgreiches Produkt wird nicht mehr angeboten. Das findet erst statt, wenn neue Produkte entwickelt und verkauft sind

Beispiel: Fernseher

Produktdifferenzierung

Erläuterung: Ein Produkt wird um eine zusätzliche Variante erweitert

Beispiel: Original Coca Cola, Zero Coca cola

Produktdiversifikation

Erläuterung:

Beispiel:

Arbeitsblatt 41.2 Sortimentsstruktur

Sortiments _tiefe_ _____

flaches Sortiment	tiefes Sortiment

Definition:

Definition:

Beispiel 1: Ein Großhandelsunternehmen für Büromöbel vertreibt auch Bürozubehör. Flipchart-Ständer werden nur in drei Ausführungen angeboten.

Beispiel 2:

Beispiel 1: In einem Supermarkt werden an der Käsetheke mehr als 100 Käsesorten angeboten.

Beispiel 2:

Sortiments _breite_ _____

schmales Sortiment	breites Sortiment

Definition:

Definition:

Beispiel 1: Ein Großhandelsunternehmen in Hamburg vertreibt ausschließlich Tiefkühlfisch.

Beispiel 2:

Beispiel 1: In einem Warenhaus werden Lebensmittel, Textilien, Haushaltswaren, PC-Spiele, Drogerieartikel, DVDs, Lederwaren usw. angeboten.

Beispiel 2:

Aufgaben

1 Der Produktlebenszyklus veranschaulicht die Umsatzentwicklung eines Produktes von seiner Markteinführung bis zum Niedergang.

    a) Zeichnen Sie einen idealtypischen Produktlebenszyklus und kennzeichnen Sie die einzelnen Phasen.
    b) Erläutern Sie kurz die verschiedenen Phasen. Gehen Sie dabei unter anderem auf die Begriffe Umsätze und Gewinne ein.
    c) Nennen Sie für jede Phase ein zurzeit passendes reales Produkt.

2 In vielen Branchen werden nur sehr selten Produkte mit einem echten neuen Grundnutzen entwickelt.

    a) Begründen Sie, dass gerade Unternehmen in solchen Branchen Produktvariation betreiben sollten.
    b) Nennen Sie Beispiele für solche Branchen, Unternehmen und einzelne Produkte.

3 Erläutern Sie produktpolitische Maßnahmen, mit denen

    a) ein Produzent von Fotokopierern auf das steigende Umweltbewusstsein und
    b) ein Produzent von Bürostühlen auf das steigende Gesundheitsbewusstsein
reagieren kann.

4 Geben Sie für die folgenden Beispiele jeweils an, um welche produktpolitische Maßnahme es sich handelt.

    a) Ein großes Versandhaus bietet ab sofort auch Autoversicherungen an.
    b) Ein Kosmetikhersteller verändert die Inhaltsstoffe einer Handcreme und bringt sie mit „verbesserter Rezeptur" auf den Markt.
    c) Die neueste CD einer erfolgreichen Band wird zu einem etwas höheren Preis in limitierter Auflage mit zwei Zusatztiteln angeboten.
    d) Ein Hersteller von USB-Sticks bietet seine Produkte zukünftig in einer umweltfreundlicheren Pappschachtel statt in einer Kunststoffverpackung an.
    e) Ein Hersteller von Fernsehgeräten stellt die Produktion von Fernsehern mit Bildröhre ein.
    f) Ein Produzent von Büromöbeln bietet neuerdings auch Bürogeräte als Handelsware an.
    g) Einem Produzenten von Energiesparlampen ist es gelungen, den Quecksilberanteil in den Lampen zu reduzieren.
    h) Ein Pkw-Hersteller bietet ein Modell mit einer weiteren Motorvariante an.
    i) Apple® ersetzt das iPhone® 5 durch das iPhone® 6.
    j) Ein Elektronik-Fachmarkt nimmt Handys ohne Kamera aus dem Programm.

5 Erläutern Sie mithilfe Ihnen bekannter Einzelhandelsunternehmen die Begriffe

    a) flaches Sortiment,   b) tiefes Sortiment,
    c) schmales Sortiment,   d) breites Sortiment.

6 Der ausgelernte Kaufmann für Büromanagement Vitali Klassen hat sich inzwischen mit einem mobilen Imbisswagen selbstständig gemacht. Von montags bis donnerstags verkauft er vor verschiedenen Supermärkten der Region acht verschiedene Hamburger nach eigener Rezeptur. Zudem bietet er Pommes Frites und kalte Getränke an. Beschreiben Sie die Struktur seines Sortiments anhand der Fachbegriffe.

Lernsituation 42

Einen Preis für eine Leistung festlegen

Von: Tina Welkenbach [t.welkenbach@bepartners.de]
An: Natalie Fiedler [n.fiedler@bepartners.de]
Betreff: WG: Konzertreihe „New Voices" – Eintrittspreis für das Auftaktkonzert

Liebe Frau Fiedler,

Sie erinnern sich sicherlich noch an unsere Primärforschung für die Live in Bonn OHG.[1] Wir haben inzwischen einen Folgeauftrag erhalten (siehe unten). Bitte machen Sie einen ersten **begründeten** Vorschlag für einen marktgerechten Eintrittspreis. Beachten Sie, dass wir für die Konzertreihe eine Marktdurchdringungsstrategie anstreben. Berücksichtigen Sie die Informationen zur Kostensituation der Live in Bonn OHG im Anhang. Außerdem habe ich Ihnen noch einmal die wichtigsten Ergebnisse der Bedarfsforschung und eine kurze Konkurrenzanalyse angehängt.

Überlegen Sie bitte auch, ob es Möglichkeiten der Preisdifferenzierung gibt.

Verwenden Sie bitte den Leitfaden zur Preisfestlegung.

Ich erwarte Ihre Vorschläge bis heute Nachmittag.

Herzliche Grüße

Tina Welkenbach

 1 AB 2, Lernsituation 37

>> ursprüngliche Nachricht:

Von: Rabea Körner [rkoerner@live-in-bonn.de]
An: Tina Welkenbach [t.welkenbach@bepartners.de]
Betreff: Konzertreihe „New Voices" – Eintrittspreis für das Auftaktkonzert

Sehr geehrte Frau Welkenbach,

Wir haben die Ergebnisse Ihrer Befragung inzwischen analysiert und entschieden, eine Konzertreihe für die Zielgruppe der 18- bis 25-Jährigen in Bonner Clubs zu veranstalten. Mit der Diskothek „Airfield" wurde auch schon ein passender Veranstaltungsort für das erste Konzert mit dem jungen Nachwuchsrapper Fatih MC gefunden. Wir haben uns mit dem Inhaber des „Airfield", Herrn Seils, bereits auf grundsätzliche Konditionen geeinigt (siehe Anhang). Außerdem haben wir die uns entstehenden Kosten auch einmal zusammengestellt (siehe Anhang).

Wir sind uns nicht ganz sicher, welchen Eintrittspreis wir von den Kunden für das erste Konzert verlangen sollen. Schließlich soll es ja ein erfolgreicher Auftakt einer größeren Konzertreihe sein. Gleichzeitig müssen unsere Kosten gedeckt werden und einen Gewinnzuschlag von ca. 20 % würden wir mit dem ersten Konzert auch gerne schon erzielen.

Welchen Eintrittspreis schlagen Sie in dieser Situation vor?

Bei Fragen helfe ich Ihnen gern weiter.

Mit freundlichen Grüßen

Rabea Körner
Assistentin der Geschäftsleitung
Live in Bonn OHG
Herrmann-Hesse-Ring 242
53111 Bonn

Anhänge zur E-Mail:

Vertragliche Absprache zwischen Live in Bonn und dem Airfield (Auszug):

Die Live in Bonn OHG zahlt an das Airfield für die Nutzung als Veranstaltungsort 2.500,00 €. Dafür stellt das Airfield sein Bedienungspersonal zur Verfügung und trägt auch alle weiteren Handlungskosten der Diskothek (Strom, Heizung, Beleuchtung, Reinigung usw.). Der Gewinn aus dem Getränkeverkauf steht der Diskothek zu. […] Unter Beachtung aller behördlichen Auflagen beträgt die maximale Kapazität für Konzertveranstaltungen im Airfield 800 Zuschauer.

Weitere Kosten der Live in Bonn OHG – Konzert „Fatih MC im Airfield"

– Künstlergage:	1.000,00 €
– Ton- und Lichttechnik:	1.500,00 €
– Sicherheitsdienst:	2.000,00 €
– Marketing:	2.500,00 €
– eigene Handlungskosten (Verwaltung, Tickets drucken, Ticketverkauf, Organisation):	1.500,00 €

Ergebnis der Bedarfsforschung: Auswertung der Frage zur Preisbereitschaft

Zugrunde liegende Frage: Würden Sie bei den folgenden Eintrittspreisen ein Konzert eines unbekannten jungen Nachwuchsinterpreten in einem Bonner Club besuchen?

Preis	8,00 €	10,00 €	12,00 €	14,00 €	16,00 €	18,00 €
vermutete Nachfrage*	1 500	1 300	1 100	900	700	500

* Ich habe hier die Daten aus der Befragung einmal für das Einzugsgebiet und die Zielgruppe des Airfield hochgerechnet. Es handelt sich um eine vorsichtige Prognose, die natürlich etwas unsicher ist. (Tina Welkenbach)

Konkurrenzanalyse: Konzerte für die Zielgruppe der 18 – 25-Jährigen in Bonn

Grundlage: Web Monitoring zu Clubkonzerten in Bonn (von Tina Welkenbach)

Meine Internetrecherche hat ergeben, dass zurzeit sehr häufig ehemalige Teilnehmer der verschiedenen TV-Castingshows in großen und mittelgroßen Clubs in Bonn auftreten. Je nach Bekanntheitsgrad liegt der Eintrittspreis hier zwischen 25,00 € und 30,00 €. Es ist eindeutig erkennbar: Je bekannter, desto teurer. Bei Interpreten, deren Teilnahme an einer TV-Show schon sehr lange zurückliegt, bewegen sich die Preise teilweise schon in Richtung 20,00 €.

Die Konzertagentur „Rhein Concerts" veranstaltet seit letztem Jahr die Konzertreihe „Local Heroes". Hier treten sowohl unbekannte als auch regional schon sehr erfolgreiche Bands in größeren Clubs auf (1 500 bis 2 500 Besucher). Die Preise bewegen sich zwischen ca. 14,00 € für die unbekannten und ca. 20,00 € für die bekannten Künstler.

BE Partners KG

Hilfsmittel bei der Preispolitik – Leitfaden zur Preisfestlegung

Kunde	
Leistung/Produkt	
Beabsichtigte Preisstrategie	
1. Kostenorientierte Preisgestaltung	Rechnerische Ermittlung der Preisuntergrenze: Preisvorschlag (kostenorientiert): _____ €
2. Kundenorientierte Preisgestaltung	Preisvorschlag (kundenorientiert): _____ € Begründung:
3. Konkurrenzorientierte Preisgestaltung	Preisvorschlag (konkurrenzorientiert): _____ € Begründung:
endgültiger Preisvorschlag	_____ € Hinweis: ggf. psychologische Preisfestsetzung berücksichtigen
Welche Arten von Preisdifferenzierung sind denkbar? ☐ räumlich ☐ zeitlich ☐ personenbezogen ☐ sachlich	Ggf. bitte konkrete Ideen festhalten:

Nennen Sie die jeweilige Preisstrategie und geben Sie eine stichwortartige Erläuterung.

		hoch	
langfristiges Preisniveau			
	niedrig		
Preisniveau bei Markteinführung		niedrig	hoch

Preisstrategien

| Niedrigpreisstrategie | Hochpreisstrategie | Marktdurchdringungs-strategie | Marktabschöpfungs-strategie |

sind die Grundlage für die

Preisgestaltung

Diese erfolgt unter Berücksichtigung der Aspekte

kostenorientiert	kundenorientiert	konkurrenzorientiert
Erläuterung:	Erläuterung:	Erläuterung:
basiert auf Kosten, die die Herstellung einer Leistung verursacht	Ermittlung des Preises den Kunden bereit sind zu zahlen	Preis sind nach von Konkurrenz vorgegeben

Der so bestimmte Preis wird auf verschiedenen
Teilmärkten manchmal variiert durch

Preisdifferenzierung

räumlich	zeitlich	personenbezogen	sachlich
Erläuterung:	Erläuterung:	Erläuterung:	Erläuterung:
Beispiel:	Beispiel:	Beispiel:	Beispiel:

Zusätzlich können noch Kaufanreize geschaffen werden im
Rahmen der

Konditionenpolitik

vgl. Arbeitsblatt 42.3 Konditionenpolitik

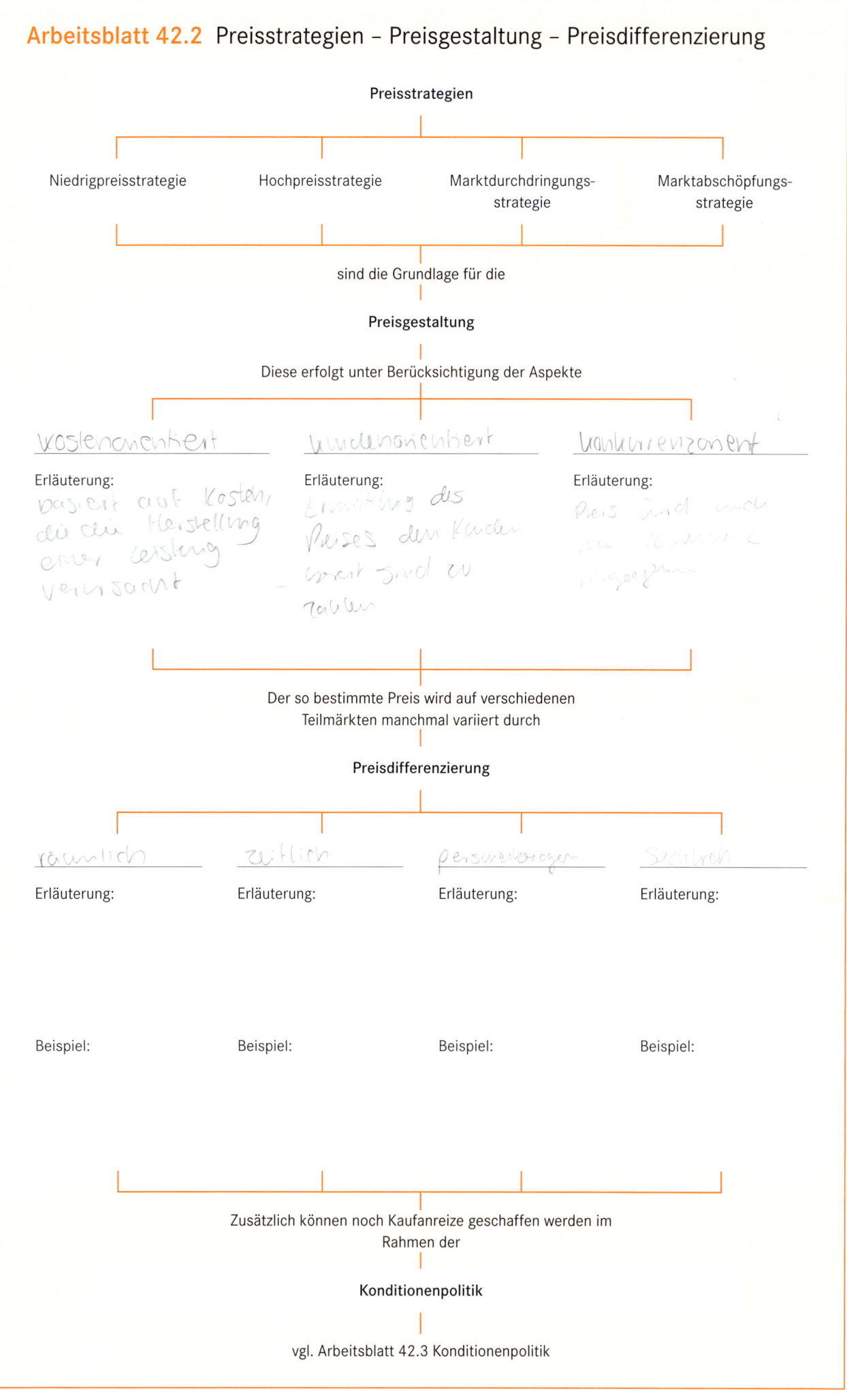

Arbeitsblatt 42.3 Konditionenpolitik

Stellen Sie die verschiendenen Maßnahmen der Konditionenpolitik dar, indem Sie die folgende Mind-Map vervollständigen.

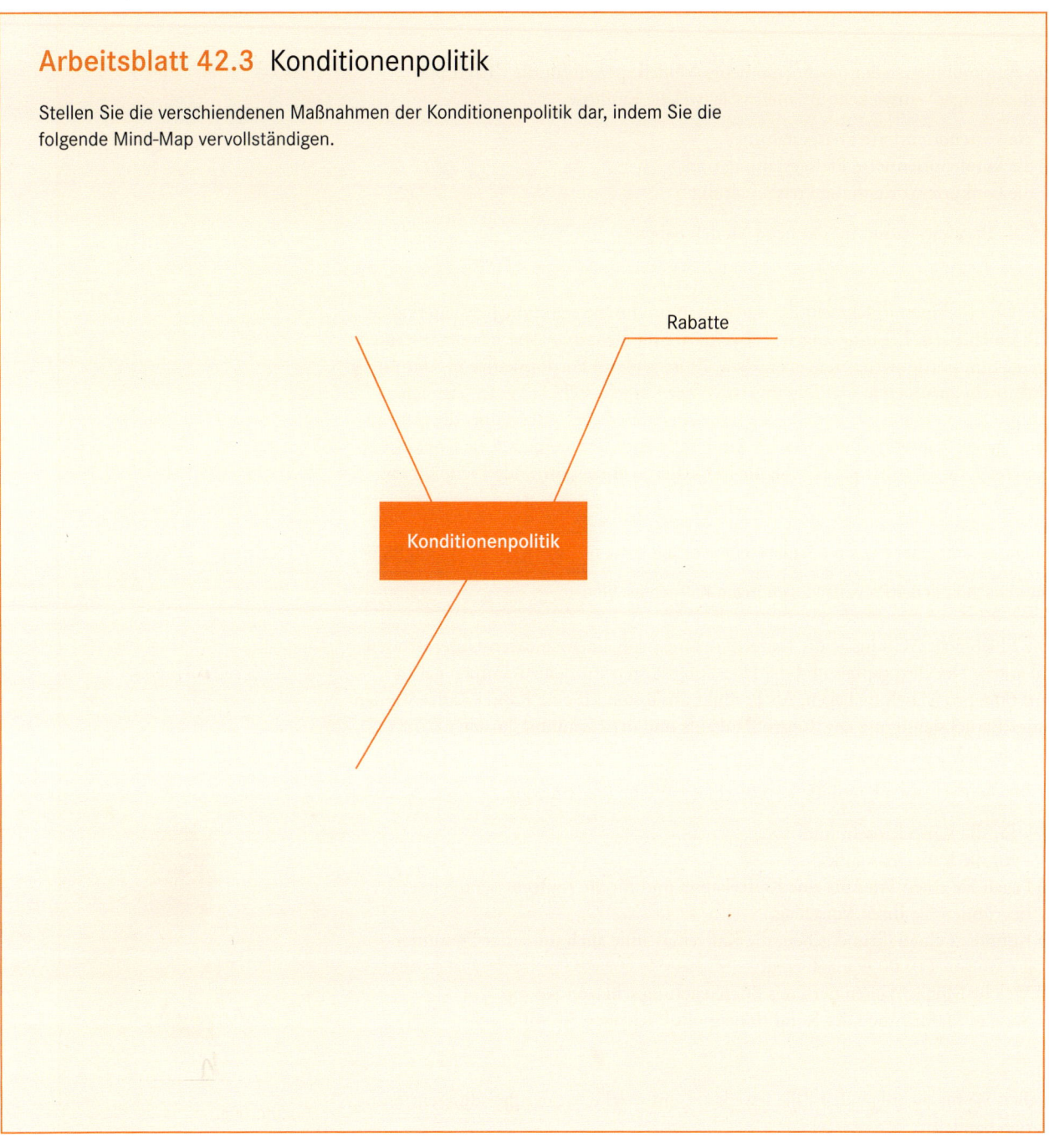

Aufgaben

1   Entscheiden Sie, ob die Anbieter der folgenden Leistungen eher eine Niedrigpreis-strategie (①), eine Hochpreisstrategie (②), eine Penetrations-Strategie (③) oder eine Skimming-Strategie (④) verfolgen. Tragen Sie die entsprechenden Ziffern ein.

a) ☐ Porsche Cayenne®   b) ☐ eine neue Fernsehzeitschrift

c) ☐ neuestes iPhone®   d) ☐ Parfüm von Joop®

e) ☐ Möbel von IKEA®   f) ☐ Benzin bei freien Tankstellen

g) ☐ Red Bull®   h) ☐ neueste PlayStation®

2   Ein Automobilhersteller möchte ein neues Modell speziell für die Zielgruppe „Fahranfänger" entwickeln. Erläutern Sie, welche Einflüsse

   a) die kostenorientierte Preisgestaltung,
   b) die kundenorientierte Preisgestaltung und
   c) die konkurrenzorientierte Preisgestaltung

   auf die Preisfestsetzung für das neue Modell haben.

3   Das Unternehmen Ehlebracht AG in Bremen produziert traditionellen Filterkaffee und möchte sein Leistungsangebot erweitern. Eine Bedarfsanalyse hat einen starken Trend zum portionierten Kaffee ergeben. Es ist geplant, Portionskaffee in Aluminiumkapseln anzubieten. Der Direktvertrieb der Kapseln soll über einen eigenen Online-Shop organisiert werden. Auch die zugehörige Kaffeemaschine, die nur mit den eigenen Kapseln genutzt werden kann, soll angeboten werden. Eine Konkurrenzanalyse ergibt, dass der beherrschende Marktführer zurzeit folgende Preise für ein ähnliches System verlangt:

| durchschnittlicher Preis pro Kapsel (eine Portion Kaffee) | 0,38 € |
| durchschnittlicher Preis der zugehörigen Kaffeemaschine | 95,00 € |

   Die Ehlebracht AG müsste die Kaffeemaschinen von einem anderen Unternehmen zukaufen. Der Bezugspreis und die Handlungskosten würden zusammen bei ca. 110,00 € pro Maschine liegen. Als Produktionskosten für eine Kapsel Kaffee werden unter Berücksichtigung des Rohstoffeinkaufs und der Handlungskosten ca. 0,21 € kalkuliert.

   a) Machen Sie einen begründeten Vorschlag für eine Preisstrategie

      – für die Kaffeekapseln und
      – für die Kaffeemaschine.
   b) Legen Sie einen Preis für eine Kaffeekapsel und für die Kaffeemaschine fest. Begründen Sie Ihren Vorschlag.
   c) Könnte es einen Grund geben, die Kaffeemaschine auch unter der Preisuntergrenze von 110,00 € anzubieten?
   d) Welche Möglichkeiten der Preisdifferenzierung schlagen Sie vor?
   e) Welche Maßnahmen der Konditionenpolitik schlagen Sie vor?

4   Geben Sie für die folgenden Fälle jeweils an, um welche Art der Preisdifferenzierung es sich handelt.

   a) Der Imbiss City-Döner bietet sein Hauptgericht gegen Vorlage eines Schülerausweises für 3,00 € als Schüler-Döner an. Normalerweise kostet der Döner 3,50 €.
   b) Nach 22:00 Uhr bietet der Imbiss City-Döner das gleiche Produkt für 3,00 € als „Nachtschwärmer-Döner" an.
   c) Ein Getränkeproduzent in Bayern bietet seine Litschi-Limonade auf dem österreichischen Markt wegen der geringeren Konkurrenz 10 % teurer an als in Deutschland.
   d) Im Kinderspielland „Ali Bieber" zahlen Kinder bis 6 Jahren einen Eintrittspreis von 2,00 € und Kinder ab 6 Jahren 4,00 €. Für Erwachsene ist der Eintritt kostenlos.
   e) Ein bekannter Produzent eines Geschirrspülmaschinenreinigers bietet dem Großhandel 1 000 Packungen à 80 Tabs (mit dem bekannten Markennamen) für insgesamt 3.500,00 € an. Die gleiche Anzahl an Tabs werden dem Großhändler auch in einer No-Name-Verpackung für insgesamt 2.100,00 € angeboten.
   f) Die Cocktailbar „New Orleans" bietet donnerstags und freitags von 18:00 bis 22:00 Uhr alle Cocktails auf der Cocktailkarte für 4,99 € an.

5 Auf einem Testmarkt wurde die Veränderung der Nachfrage nach einer Preis-
erhöhung bei den folgenden beiden Produkten gemessen:

	Konservendose Erbsen		Jeans eines Markenherstellers	
	Preise	Nachfrage	Preise	Nachfrage
vorher	1,50 €	250 Stück	100,00 €	120 Stück
nachher	1,80 €	175 Stück	125,00 €	108 Stück

a) Berechnen Sie die Preiselastizität der Nachfrage für beide Produkte.
b) Stellen Sie die Nachfragekurven in den folgenden Diagrammen grafisch dar.

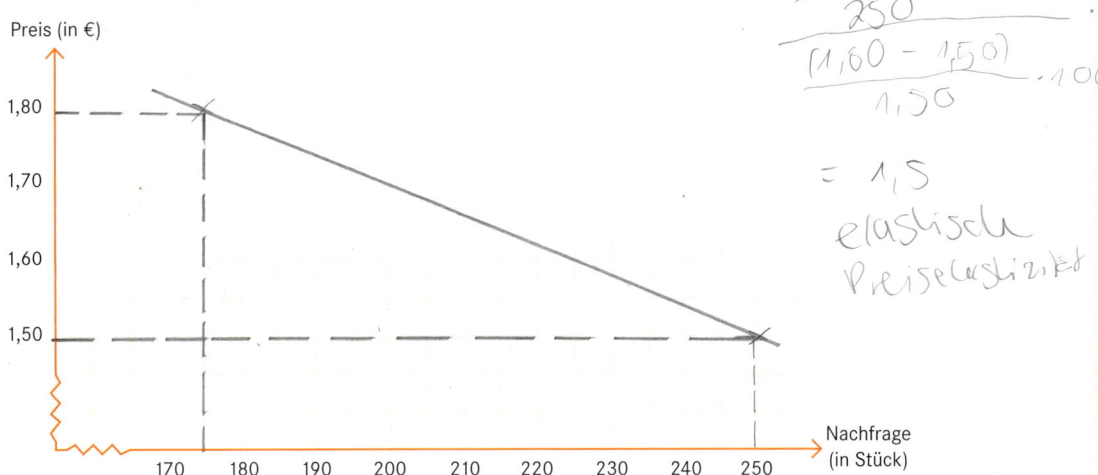

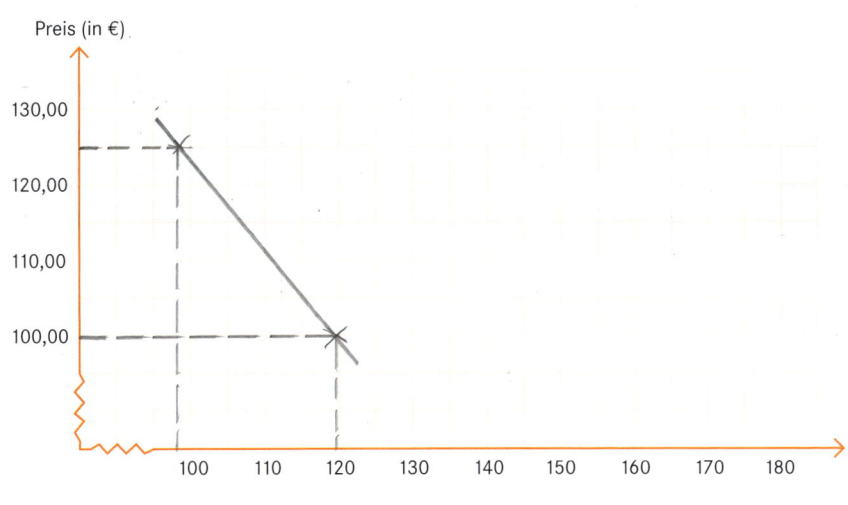

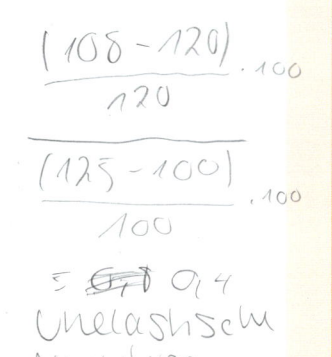

c) Begründen Sie anhand der Ergebnisse aus a) und b) für beide Produkte, ob es
sich um elastische oder unelastische Nachfrage handelt.
d) Nennen Sie für die beiden Produkte jeweils den entscheidenden Bestimmungsfaktor für die Art der Preiselastizität der Nachfrage.

6 Die Rheintaler Brunnen GmbH & Co. KG beliefert in erster Linie Getränkegroß-
händler im Rheinland. Zurzeit werden Überlegungen angestellt, die Konditionenpolitik zu überarbeiten, um auch mit diesem Marketinginstrument mehr Kundenorientierung anzustreben. Machen Sie Vorschläge, wie durch

a) Rabatte,
b) Lieferbedingungen und
c) Zahlungsbedingungen

das eigene Angebot noch „schmackhafter" gemacht werden kann.

Lernsituation 43

Absatzwege sinnvoll bestimmen

Das Unternehmen Buchenstork Schuhe GmbH in Siegburg ist ein Kunde der BE Partners KG. Annette Münz, die Geschäftsführerin, denkt über die Einführung eines Online-Shops nach. Sie ist sich aber nicht ganz sicher, ob dieser direkte Absatzweg zum Unternehmen passt. Buchenstork produziert sehr hochwertige Schuhe mit einem hohen Anteil an Handarbeit. Die Produkte werden bisher vor allem an renommierte Fachhandelsunternehmen mit eigenen Filialen geliefert. Über zwei Schuhgroßhandelsunternehmen werden die Schuhe zudem auch an kleinere orthopädische Fachgeschäfte vertrieben.

Frau Münz hat die BE Partners KG beauftragt, zu den Vorteilen und Nachteilen eines Online-Shops für die Buchenstork Schuhe GmbH eine qualifizierte Empfehlung abzugeben. Herr Bastian hat den Auftrag an Florian Hamm weitergegeben. Florian hat sich die Aufgaben auf einem Post-it-Zettel notiert und auch schon eine kleine Internetrecherche durchgeführt.

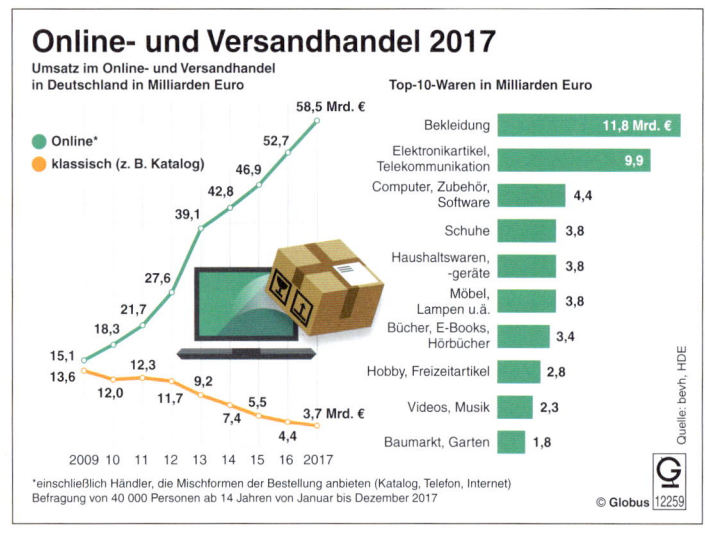

- Möglichkeiten des Electronic Commerce und Social Commerce erläutern
- Vor- und Nachteile eines Online-Shops für Buchenstork Schuhe GmbH gegenüberstellen
- begründete Entscheidung treffen

→ alles übersichtlich zusammenfassen

Buchenstork Schuhe GmbH (aus dem Internetauftritt):

Hochwertiges Schuhwerk aus Deutschland

Wir sind ein Traditionsbetrieb in Familienbesitz und stellen seit mehr als 180 Jahren bequeme und hochwertige Schuhe von Hand her.

Unsere Schuhe sind 100 % Made in Germany und bis ins Detail sorgfältig gearbeitet. Wir verwenden nur die besten Materialien, wie hochwertiges pflanzengegerbtes Leder aus Deutschland.

Alle unsere Produkte werden umweltgerecht hergestellt. So kommen wir ohne den unüberlegten Verbrauch von Rohstoffen und ohne umweltbelastende Produktionsverfahren aus. Unsere Schuhe sind frei von Schadstoffen und gesundheitlich unbedenklich.

Da Sie auf Ihren Füßen Tag für Tag gehen und stehen, orientieren wir uns an der Form des Fußes. So erreichen wir eine sehr gute Passform, die dabei hilft, Ihre Füße ein Leben lang gesund zu halten. Das ergonomische Naturkorkfußbett von Buchenstork-Schuhen unterstützt ein gesundes und entspanntes Gehen.

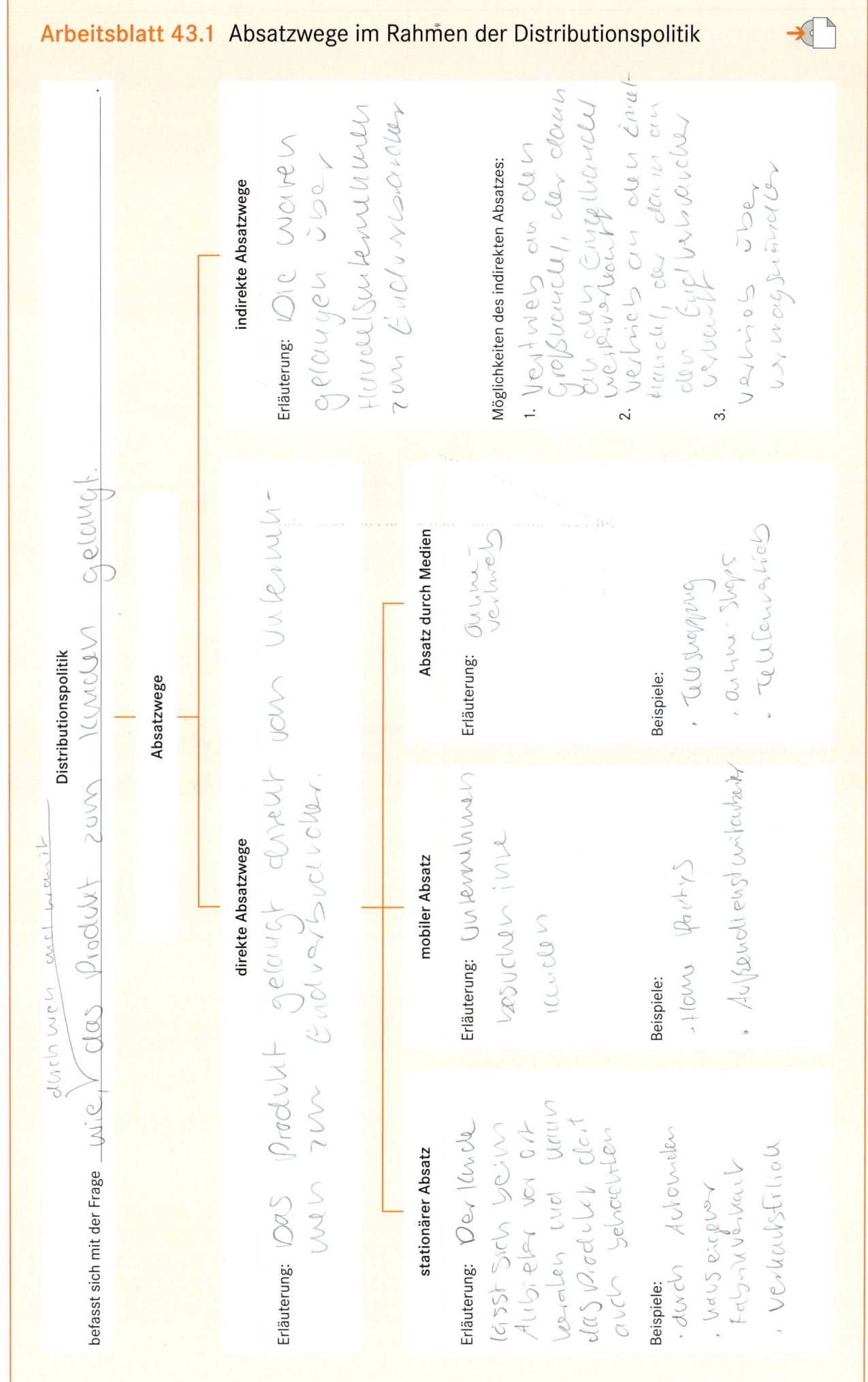

Distributionspolitik

befasst sich mit der Frage _durch wen und womit / wie das Produkt zum Kunden gelangt._

Absatzwege

direkte Absatzwege

Erläuterung: _Das Produkt gelangt direkt vom Unternehmen zum Endverbraucher._

stationärer Absatz

Erläuterung: _Der Kunde lässt sich beim Anbieter vor Ort beraten und kann das Produkt dort auch gekauft._

Beispiele:
- _durch Automaten_
- _Haus eigener Fabrikverkauf_
- _Verkaufsshow_

mobiler Absatz

Erläuterung: _Unternehmen besuchen ihre Kunden_

Beispiele:
- _Haus Partys_
- _Außendienstmitarbeiter_

Absatz durch Medien

Erläuterung: _Onlinevertrieb_

Beispiele:
- _Teleshopping_
- _Online-Shops_
- _Telefonverkauf_

indirekte Absatzwege

Erläuterung: _Die Waren gelangen über Handelsunternehmen zum Endverbraucher_

Möglichkeiten des indirekten Absatzes:
1. _Vertrieb an den Großhandel, der dann zu den Einzelhandel weiterverkauft_
2. _Vertrieb an den Einzelhandel, der dann an den Endverbraucher verkauft_
3. _Vertrieb über Versandhandel_

Aufgaben

1 Beim Konzertveranstalter Live in Bonn OHG laufen zurzeit die Vorbereitungen und Planungen für die Konzertreihe „New Voices", mit der man sich die 18- bis 25-Jährigen als neue Zielgruppe für Konzertveranstaltungen in Bonner Clubs erschließen möchte. Thomas Geffert ist dort für den Ticketvertrieb zuständig. Das bisher auf eine deutlich ältere Zielgruppe ausgerichtete Unternehmen vertreibt die Eintrittskarten für die Konzerte über eine eigene Telefon-Hotline und über verschiedene Vorverkaufsstellen (z. B. Bonner Tageblatt, Reisebüro Adventure Tours, TouristInfo Bonn) in der Bonner Innenstadt. Die Auszubildende Kirstin Reipke schlägt Herrn Geffert vor, angesichts der neuen Zielgruppe auch auf Electronic Commerce und Social Commerce zu setzen.

a) Erläutern Sie, ob die Live in Bonn OHG bisher direkte oder indirekte Absatzwege nutzt.

b) Machen Sie konkrete Vorschläge, wie die Live in Bonn OHG zukünftig Electronic Commerce nutzen könnte.

c) Machen Sie konkrete Vorschläge, wie die Live in Bonn OHG zukünftig Social Commerce nutzen könnte.

d) Welche Konsequenzen ziehen Sie aus dem nebenstehenden Schaubild für die Pläne der Live in Bonn OHG?

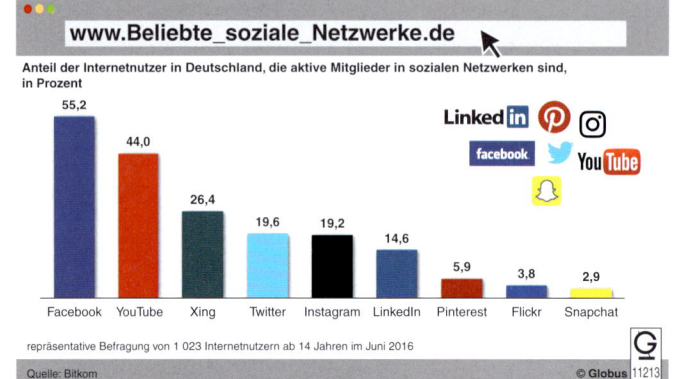

2 Wenn über Online-Shops Kaufverträge abgeschlossen werden, greifen bestimmte gesetzliche Regelungen. Lösen Sie den folgenden Buchstabensalat mithilfe der aktuellen Fassung von §§ 312 b bis 312 g und 355 bis 357 des Bürgerlichen Gesetzbuches (BGB):

a) Als _____ werden Kaufverträge zwischen Unternehmen und Verbrauchern bezeichnet, die ausschließlich unter Verwendung von Fernkommunikationsmitteln wie Internet, E-Mails, Telefon, Brief usw. abgeschlossen werden.

    ZABFVETTERAÄNGRSER

b) Aufgrund der _____ muss der Unternehmer den Verbraucher über seinen Geschäftszweck und die Identität seines Unternehmens aufklären.

    PFMTHCONFILNAIRSOIT

c) Das _____ , das in Textform oder durch Rücksendung geltend gemacht werden kann, steht dem Verbraucher in der Regel mit einer Frist von 14 Tagen – beginnend mit der Belehrung über dieses Recht und dem Erhalt der Ware – ohne Angabe von Gründen zu.

    RRTDUEWFEHISCR

d) Wenn der Verbraucher das Recht aus c) in Anspruch nimmt, ist er auf Gefahr des Unternehmens zur _____ verpflichtet.

    SDGRKNCEÜNU

Lernsituation 44

Eine Werbemaßnahme planen

Dörthe Epstein hat Tina Welkenbach in der letzten Woche von dem gelungenen Ideenwettbewerb der Auszubildenden im Rahmen des Auftrages des Sport- und Freizeit-
zentrums Buhrmester berichtet. Tina Welkenbach hat daraufhin beschlossen, den kreativen Nachwuchs der BE Partners KG beim Auftrag der Live in Bonn OHG in
ähnlicher Form einzubinden.

 AB 2, Lernsituationen
37 und 42

Von: Tina Welkenbach [t.welkenbach@bepartners.de]
An: Verteiler Auszubildende BE Partners KG
Betreff: Auftrag „Live in Bonn OHG – Werbeplanung für das Auftaktkonzert mit Fatih MC"
Datum: 21.03.20.6

Liebe Azubis,

in unserer gestrigen Azubi-Sitzung haben Frau Fiedler und ich Sie ja auf den aktuellen Stand
bez. unseres Auftrages der Live in Bonn OHG gebracht. Ich fasse die wichtigsten Fakten noch
einmal zusammen:

– Auftaktkonzert der Konzertreihe „New Voices" mit Nachwuchsrapper Fatih MC am
   15.08.20.6 im Airfield in Bonn (maximal 800 Besucher)
– Eintrittspreis: 13,99 € im Vorverkauf / 14,99 € an der Abendkasse
– Werbebudget: 2.000,00 € (kann bei gut begründeten Vorschlägen ggf. auch überschritten
   werden)
– Alle weiteren Informationen entnehmen Sie bitte den bisherigen Unterlagen zum Auftrag.

Wir müssen jetzt dringend die Werbung für das Konzert im August planen. Wie ich gestern
bereits angedeutet habe, möchte ich für die Werbeplanung alle Auszubildenden in einen Ideenwettbewerb einbinden. Die Gewinner bekommen übrigens vier Eintrittskarten für das Konzert
mit Fatih MC.

1. Erstellen Sie bitte in Zweierteams einen konkreten Werbeplan für die vorliegende Situation
   mithilfe des Leitfadens „Werbeplan erstellen". Formulieren Sie Ihre Ideen bzw. Entscheidungen so konkret wie möglich. Da insbesondere die Auszubildenden der ersten beiden Ausbil-
   dungsjahre die Kosten der verschiedenen Werbemittel und Werbeträger nicht exakt ein-
   schätzen können, nehmen Sie das Werbebudget bitte nur als ungefähre „Richtgröße". Es
   kommt zunächst vor allem auf Ihre kreativen Ideen an!
2. Jetzt tun sich bitte jeweils zwei Zweierteams zusammen und entwickeln auf Grundlage der
   beiden Ideen einen gemeinsamen Gruppenvorschlag.
3. Jede Vierergruppe präsentiert und begründet ihren Vorschlag in der nächsten Azubi-Sitzung.
   Wir küren dann gemeinsam den Sieger und ich verteile die Eintrittskarten.

Ich freue mich schon auf die nächste Azubi-Sitzung.

Tina Welkenbach

BE Partners KG

Hilfsmittel bei der Kommunikationspolitik – Leitfaden „Werbeplan erstellen"

Kunde	
Leistung/Produkt	
Preisstrategie	im Sinne eines abgestimmten Marketing-Mix berücksichtigen:

Element des Werbeplans	Konkrete Ideen bzw. Entscheidungen
1. Werbeziel	
2. Werbegegenstand	
3. Werbeetat	
4. Streukreis	
5. Streugebiet	
6. Werbebotschaft	
7. Werbemittel	
8. Werbeträger	
9. Streuzeit	
10. Werbeerfolgskontrolle	Vorschläge, wie später der Werbeerfolg gemessen werden soll:

Arbeitsblatt 44.1 Elemente eines Werbeplans

Erläutern Sie die einzelnen Elemente eines Werbeplans mithilfe von W-Fragen und beantworten Sie diese Fragen dann anhand eines eigenen Beispiels einer aktuellen realen Werbekampagne.

Beispiel: Werbung eines Eiscremeherstellers für die Sorte „Sommerminze"

Element des Werbeplans	Erläuterung als W-Frage	Antwort für das Beispiel
1. Werbeziel	Warum soll geworben werden?	Die neue Sorte soll eine möglichst hohe Bekanntheit erlangen. Der Absatz in der Sommersaison soll gesteigert werden.
2. Werbegegenstand	...	...

eigenes Beispiel: _____

Element des Werbeplans	Erläuterung als W-Frage	Antwort für das Beispiel
1. Werbeziel		
2. Werbegegenstand		
3. Werbeetat		
4. Streukreis		
5. Streugebiet		
6. Werbebotschaft		
7. Werbemittel	Womit soll geworben werden?	
8. Werbeträger		
9. Streuzeit		
10. Werbeerfolgskontrolle		

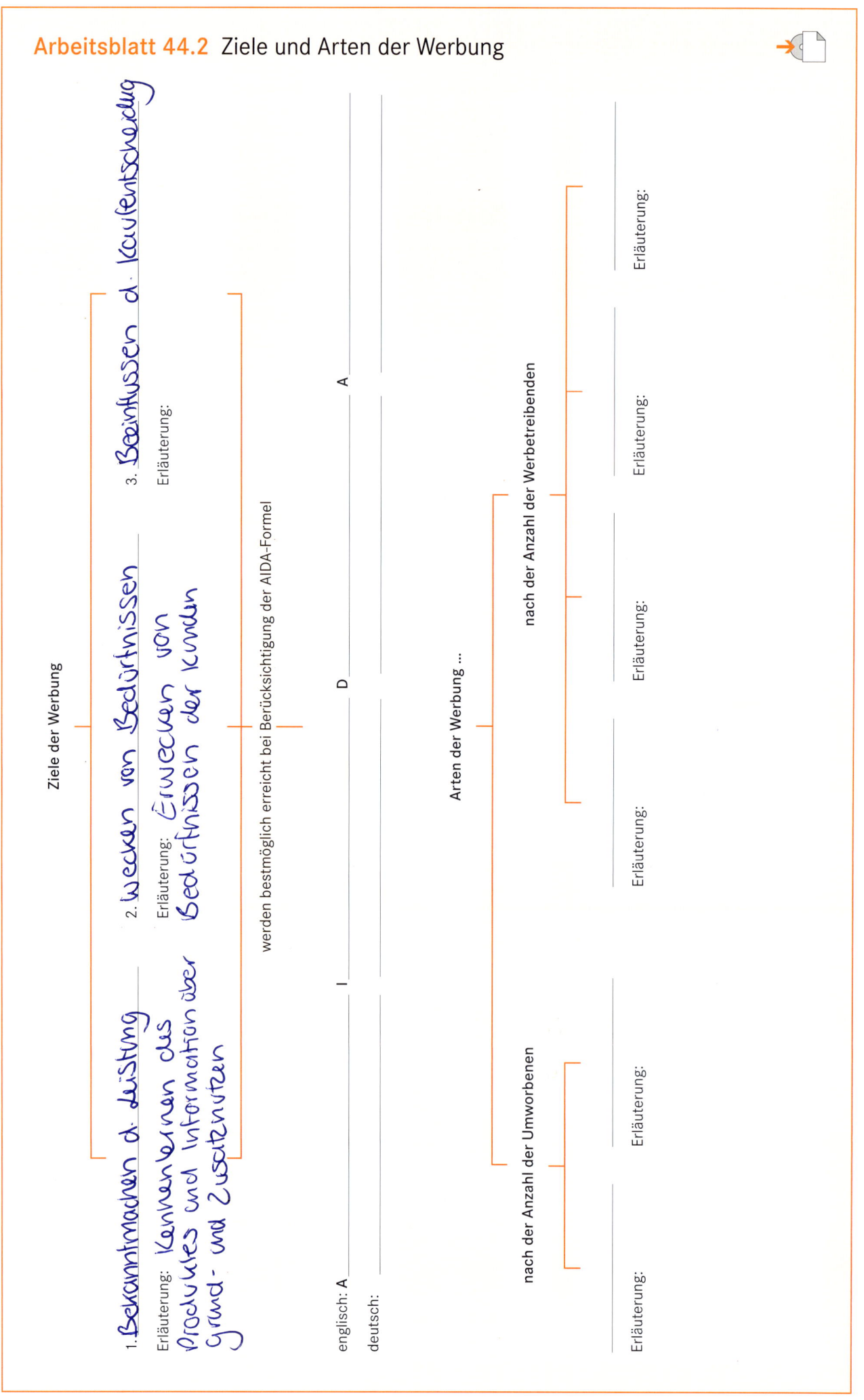

Ziele der Werbung

1. Bekanntmachen d. Leistung

Erläuterung: Kennenlernen des Produktes und Information über Grund- und Zusatznutzen

2. Wecken von Bedürfnissen

Erläuterung: Erwecken von Bedürfnissen der Kunden

3. Beeinflussen d. Kaufentscheidung

Erläuterung:

werden bestmöglich erreicht bei Berücksichtigung der AIDA-Formel

englisch: A   D   A   I

deutsch:

Arten der Werbung ...

nach der Anzahl der Umworbenen

Erläuterung:

Erläuterung:

nach der Anzahl der Werbetreibenden

Erläuterung:

Erläuterung:

Erläuterung:

Erläuterung:

Lösen Sie das Rätsel, indem Sie die folgenden Begriffe richtig in die Kästchen eintragen.

Flyer – Einzelwerbung – Anzeige – Werbeziel – Streugebiet – Werbeträger – Werbebotschaft – Fernsehspot – Kollektivwerbung – Radio – Werbeobjekt – Werbeetat – Suchmaschine – Werbemittel – Werbebrief – Streuzeit – Werbekampagne – Streukreis – Zeitschrift – Werbegeschenk – Plakat

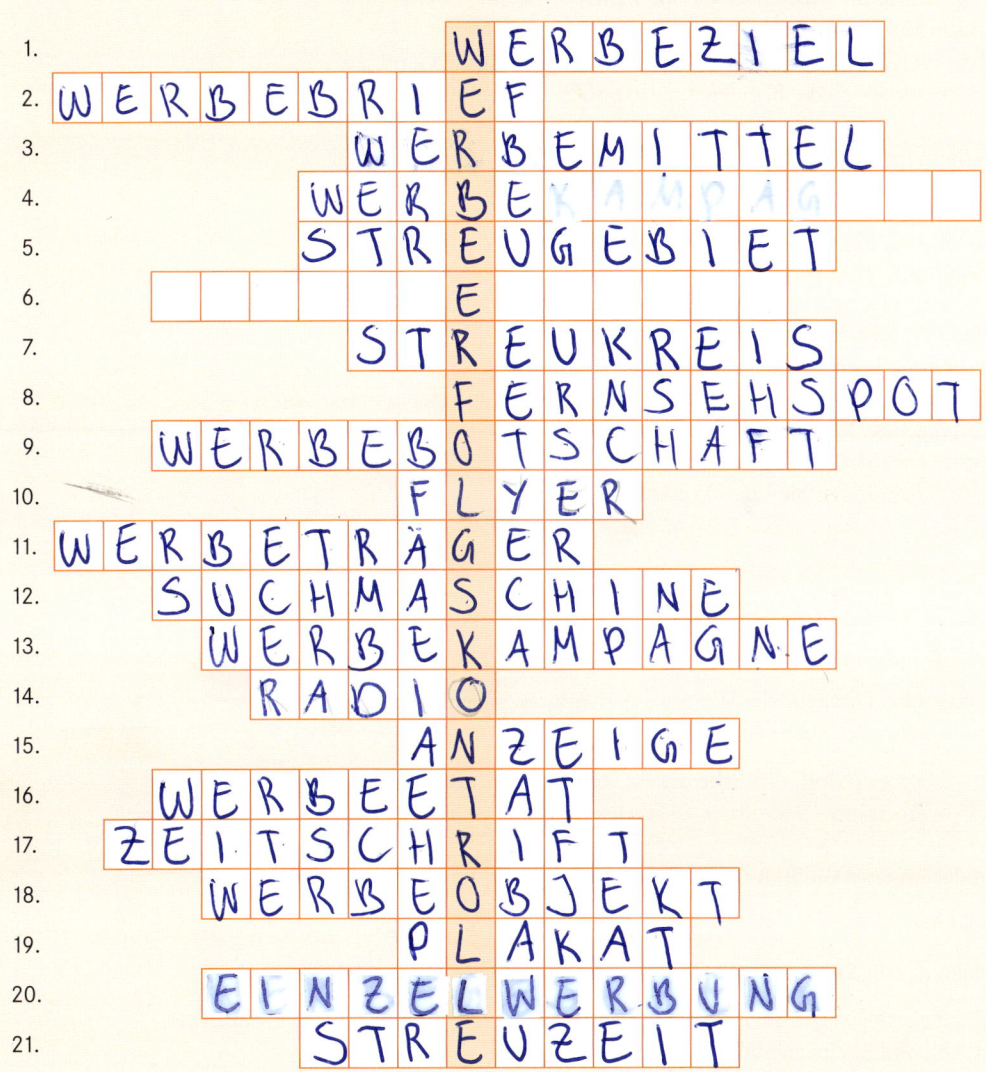

1. WERBEZIEL
2. WERBEBRIEF
3. WERBEMITTEL
4. WERBEKAMPAG
5. STREUGEBIET
6. E
7. STREUKREIS
8. FERNSEHSPOT
9. WERBEBOTSCHAFT
10. FLYER
11. WERBETRÄGER
12. SUCHMASCHINE
13. WERBEKAMPAGNE
14. RADIO
15. ANZEIGE
16. WERBEETAT
17. ZEITSCHRIFT
18. WERBEOBJEKT
19. PLAKAT
20. EINZELWERBUNG
21. STREUZEIT

1. Beschreibt, warum geworben werden soll.
2. Ein Werbeträger, mit dem der Adressat persönlich und individuell angesprochen werden kann.
3. Sammelbegriff für Anzeige, Spot etc.
4. Zwei Unternehmen werben zusammen für sich ergänzende Produkte.
5. Umkreis, in dem die Werbung erscheinen soll.
6. Zumeist dreidimensionaler Werbeträger, der den Adressaten z. B. während eines Events übergeben werden kann.
7. Anderer Begriff für Zielgruppe.
8. Werbeträger-Werbemittel-Kombination.
9. Wird häufig von Werbeagenturen formuliert.
10. Ein Werbeträger, der verteilt werden kann und relativ günstig zu produzieren ist.
11. Sammelbegriff für Zeitung, Zeitschrift, Radio, Litfaßsäulen, Fernsehen usw.

12. Ein Werbeträger im Internet.
13. Maßnahmenpaket, das auf Basis des Werbeplans konzipiert und umgesetzt wird.
14. Werbeträger, mit dem man die Adressaten vor allem beim Autofahren erreichen kann.
15. Werbemittel in Printmedien.
16. Summe der Finanzmittel, die für das Werbeprojekt zur Verfügung stehen.
17. Ein häufig genutzter Werbeträger.
18. Gegenstand bzw. Gegenstände, die beworben werden sollen.
19. Wird häufig für Werbung an Bushaltestellen genutzt.
20. Eine Werbeart, bei der das Unternehmen für sich allein wirbt.
21. Zeitpunkt und Zeitraum des Erscheinens von Werbung.

Lösungswort: Hiermit kann ein Unternehmen herausfinden, ob die Werbung gut geplant wurde.

Aufgaben

1 In der BE Partners KG ist die Auftragslage zurzeit sehr gut. Unter anderem müssen drei Werbemaßnahmen vorbereitet werden:

   1. Die Buchenstork Schuhe GmbH möchte im nächsten Frühjahr ein neues Modell auf den Markt bringen. Es handelt sich um eine Weiterentwicklung des Modells „Laufwohl". Dieser Schuh für Menschen mit Spreizfuß wurde überarbeitet und hat jetzt eine luftdurchlässige Sohle.
   2. Die Maschinenbau OHG möchte eine komplexe Abfüllanlage für die Getränkeindustrie besser vermarkten, da die Kundenakquise bisher sehr schleppend verläuft.
   3. Auch der Automobilkonzern Opel AG hat einen Auftrag erteilt. Im Sommer soll die nächste Version des Opel® Adam® am Markt eingeführt werden.

   a) Bevor Sie die drei Werbepläne erstellen, müssen Sie sich erst einmal intensiv mit der jeweiligen Zielgruppe beschäftigen. Beschreiben Sie für die Fälle 1. bis 3. möglichst genau die jeweilige Zielgruppe. Berücksichtigen Sie dabei auch die Merkmale zur Marktsegmentierung.[1]

1 Marktsegmentierung

→ FK 2, LF 5, Kap. 3.2.4

   b) Erstellen Sie für die Fälle 1. bis 3. jeweils einen reduzierten Werbeplan, in dem Sie folgende Elemente berücksichtigen: Werbeziel, Werbegegenstand, Streukreis (= Zielgruppe), Streugebiet, Werbemittel, Werbeträger.
   c) Überlegen Sie, in welchen der Fälle 1. bis 3. ein Einsatz von sozialen Netzwerken sinnvoll sein könnte. Begründen Sie Ihren Vorschlag.

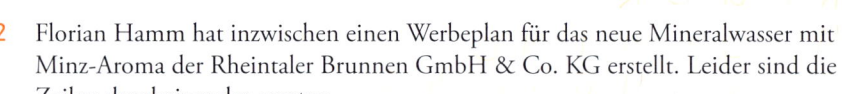

2 Florian Hamm hat inzwischen einen Werbeplan für das neue Mineralwasser mit Minz-Aroma der Rheintaler Brunnen GmbH & Co. KG erstellt. Leider sind die Zeilen durcheinander geraten.

   a) Ordnen Sie die folgenden Elemente des Werbeplans richtig zu, indem Sie die Ziffern in die unten stehende Tabelle eintragen.

   ① Werbeziel, ② Werbegegenstand, ③ Werbeetat, ④ Streukreis, ⑤ Streugebiet, ⑥ Werbebotschaft, ⑦ Werbemittel, ⑧ Werbeträger, ⑨ Streuzeit, ⑩ Werbeerfolg

Werbeplan „Rheintaler Brunnen GmbH & Co. KG"

getroffene Entscheidung   Nr.

Zielgruppe sind ernährungs- und gesundheitsbewusste Personen zwischen 15 und 50 Jahren.

Geworben wird an Bushaltestellen und auf Plakatwänden sowie Anzeigen in Zeitungen und Zeitschriften. Für die Handelswerbung wird Briefpapier benötigt.

Das Mineralwasser mit Minz-Aroma wird beworben.

Durch einen Vergleich der Absatzstatistik des Jahres 20.6 mit Branchendaten wird ermittelt, ob das Werbeziel erreicht wurde.

Für die Werbemaßnahme stehen 500.000,00 € zur Verfügung.

Die Handelswerbung erfolgt im März 20.6 und die Werbung für den Endverbraucher erfolgt vom 1. April 20.6 bis zum 31. September 20.6.

Mit der Werbung sollen Natürlichkeit, Frische und Gesundheit betont werden.

Bis Ende 20.6 soll ein Marktanteil von 15 % erreicht werden. Außerdem soll der Umsatz im Jahr 20.6 mindestens 1,5 Mio. € betragen und das Unternehmensimage soll modernisiert werden.

Geworben wird mit Plakaten und Anzeigen für Konsumenten und mit Werbebriefen für die Getränkehändler.

Geworben wird im gesamten Absatzbereich der Rheintaler Brunnen GmbH & Co. KG, schwerpunktmäßig im Rheinland.

   b) Nennen Sie zwei Aspekte, die bei der Festlegung des Werbeetats berücksichtigt werden müssen.

3   Die BE Partners KG soll für die Rheintaler Brunnen GmbH & Co. KG zwei neue
    Werbekampagnen für die gesamte Produktpalette planen. Mit der einen Werbe-
    kampagne sollen die Endverbraucher und mit der anderen Werbekampagne die Ge-
    tränkehändler angesprochen werden. Jetzt muss entschieden werden, welche Arten
    der Werbung in Betracht zu ziehen sind.

    a) Erläutern Sie den grundsätzlichen Unterschied zwischen Massenwerbung und
       Direktwerbung.
    b) Beschreiben Sie, welche Arten von Massenwerbung es gibt.
    c) Nennen Sie drei konkrete Arten von Direktwerbung.
    d) Treffen Sie eine begründete Entscheidung, welche Arten von Werbung Sie im
       oben beschriebenen Fall wählen würden.

4   Bei der Gestaltung von Werbung orientiert sich die BE Partners KG unter anderem
    an der AIDA-Formel. Heute werden eine Werbeanzeige und ein Internetauftritt
    überprüft. Erläutern Sie, ob und wie das AIDA-Prinzip jeweils umgesetzt wurde.

5 Beschreiben Sie die Zielgruppen der folgenden Produkte möglichst genau, indem
Sie die entsprechenden Zellen der Tabelle ausfüllen. Wenn Sie ein Zielgruppenmerkmal nicht für relevant halten, vermerken Sie dies einfach. Recherchieren Sie
gegebenenfalls, um welche Produkte es sich handelt, und berücksichtigen Sie den
unten abgedruckten Artikel „Bankamiz – Deutsche Bank lernt türkisch".

Produkt	soziodemografische Merkmale (z. B. Alter, Geschlecht)	geografische Merkmale (z. B. Stadt/Land, Region, Nationalität)	psychografische Merkmale (z. B. Lebensstil, Interessen)
Nahrungsergänzungsmittel Magnesia Verla	Personen mit Magnesiummangel, Senioren, verstärkt Frauen	nicht relevant	hohes Gesundheitsbewusstsein, relativ viel zu Hause
Zeitschrift Traktor Classic			
Lipgloss von Maybelline Jade			
Bankamiz der Deutschen Bank			

„Bankamiz – Deutsche Bank lernt türkisch"

Auf den ersten Blick sieht die Filiale im Frankfurter Stadtteil Höchst aus wie jede andere Niederlassung der Deutschen Bank. Doch drinnen ist alles anders.

Blauer Teppichboden, graue Tische mit Holzplatte, schwarze Polsterstühle. Das kennt man aus den Filialen der Deutschen Bank.

Doch zum Finanzgespräch wird hier häufiger Tee im Glas serviert als Kaffee, die Beraterinnen sprechen meist türkisch mit ihren Kunden und selbst die Broschüren und Anträge sind zweisprachig zu haben.

Seit gut einem halben Jahr bietet die Deutsche Bank diesen Service in 13 Filialen an – von Lübeck über Berlin, Köln und Remscheid, Krefeld, Frankfurt und Offenbach bis Stuttgart. Was als Versuch begann, läuft mittlerweile so erfolgreich, dass es ausgebaut werden soll. […]

Unter dem Namen „Bankamiz", was so viel heißt wie „Die Bank für uns" oder „Unsere Bank", buhlt der Marktführer um die Deutsch-Türken. „Viele unserer türkischen Kunden freuen sich, wenn sie gerade bei komplexen Themen in ihrer Muttersprache beraten werden", sagt ein Banksprecher.

„Gerade in der ersten und zweiten Generation sprechen viele Einwanderer nur schlecht deutsch", sagt Ifaket Bayam vom Zentrum für Türkeistudien in Essen. „Einen Überweisungsbeleg auszufüllen, ist dann schon schwierig", weiß sie.

Viele müssten dann Familienangehörige oder Bekannte um Hilfe bitten – in Finanzangelegenheiten eine unangenehme Sache. Dass es in der Bank jemanden gibt, der ihre Muttersprache versteht, verhelfe vor allem türkischen Frauen zu mehr Selbstständigkeit, sagt Bayam.

„Willkommen bei der Bank, die Ihre Sprache spricht", wirbt die Deutsche Bank mit einem Foto von einem Teeglas auf Plakaten in den Testfilialen und im Internet um die türkische Kundschaft. 230 000 haben bislang den Weg zum Marktführer gefunden.

„Das neue Angebot spricht sich sehr schnell herum", sagt eine Beraterin. Wer neue Kunden wirbt, erhält statt der obligatorischen Kaffeemaschine einen Tee-Automaten oder anstelle von Trikots von Bayern München oder dem HSV Originaltrikots von Galatasaray Istanbul oder Fenerbahçe. Zudem wirbt die Bank mit einem Konto, bei dem fünf Überweisungen pro Jahr in die Türkei kostenlos sind. […]

Quelle: http://www.sueddeutsche.de/geld/bankamiz-deutsche-bank-lernt-tuerkisch-1.765165

6 Im Artikel „Bankamiz – Deutsche Bank lernt türkisch" wird ein Beispiel für Ethno-Marketing beschrieben. Dieser Teilbereich des Marketings richtet sich an Zielgruppen, die als ethnisch andersartig im Vergleich zur Mehrheitsbevölkerung eines Staates betrachtet werden (von griechisch „ethnos" = Volk).

Rolf Bastian von der BE Partners KG hat den Artikel auch gelesen und überlegt gerade, ob Ethno-Marketing auch für die Kunden seiner Werbeagentur infrage kommt. Beispielsweise berät er gerade den Mobilfunkanbieter „Call Green" und den Produzenten von Tiefkühlpizza „Dr. Wagner" bei der Entwicklung von Neuprodukten.

a) Begründen Sie allgemein, warum Ethno-Marketing in Deutschland eine zunehmende Bedeutung hat.
b) Machen Sie Vorschläge, wie die BE Partners KG den Gedanken des Ethno-Marketing bei den zu planenden Werbekampagnen berücksichtigen kann.
c) Erläutern Sie die Gefahren des Ethno-Marketings für die werbenden Unternehmen.

7 Sammeln Sie Beispiele für Werbung (möglichst Werbemaßnahmen Ihres Ausbildungsbetriebs) und stellen Sie die Werbung Ihren Mitschülern vor. Gehen Sie dabei auch auf die Zielgruppe der Werbung ein und beurteilen Sie, ob die Werbung gelungen bzw. wirksam ist.

8 Recherchieren Sie, wie Unternehmen auf Facebook oder in anderen sozialen Netzwerken werben. Stellen Sie Ihren Mitschülern ein gutes Beispiel vor. Begründen Sie, warum Sie dieses Beispiel gelungen finden.

9 Unterschiedliche Werbemittel haben unterschiedliche Vor- und Nachteile. Nennen Sie je zwei Vor- und Nachteile von Fernsehspots, Zeitungsinseraten und Werbebriefen.

Werbemittel	Vorteile	Nachteile
Fernsehspots		
Inserate in Zeitungen und Zeitschriften		
Werbebriefe		

Lernsituation 45

Einen Werbebrief und andere Werbemittel gestalten

Herr Bastian arbeitet mit Florian Hamm an dem Werbeplan für das Mineralwasser mit Minz-Aroma der Rheintaler Brunnen GmbH & Co. KG. Während sie sich die Designvorschläge für die Flaschen ansehen, ergibt sich folgendes Gespräch:

Hr. Bastian: Ich bin zuversichtlich, dass die Werbung erfolgreich sein wird. Produkt und Flaschendesign sind sehr zeitgemäß. Die Werbebotschaft von Natürlichkeit, Frische und Gesundheit wird gut vermittelt. Besonders schön finde ich die Idee mit den echten Minzblättern im Mineralwasser. Das ist innovativ. Da passt der Name „Sparkling Mint" besonders gut. Frau Meyer und Herr Schneider beginnen morgen mit der Gestaltung der Zeitungsanzeige. Hätten Sie Zeit, einen ersten Entwurf eines Werbebriefs für den Handel zu entwerfen?

Florian: Ich denke, ja. Worauf muss ich denn dabei achten?

Hr. Bastian: Bei Werbung gegenüber Geschäftskunden geht es immer etwas mehr um konkrete Informationen als bei Werbung für Endverbraucher. Die Rheintaler Brunnen GmbH & Co. KG muss die Getränkehändler über das neue Produkt informieren. Es stehen ja leider noch nicht alle Daten wie Preis pro Kiste oder Rabattstaffeln fest. Sie können da aber erst einmal Annahmen treffen. Später können Sie diese einfach gegen die endgültigen Daten austauschen. Und berücksichtigen Sie bitte die DIN 5008, es ist ja ein Geschäftsbrief.[1]

Florian: Okay.

Hr. Bastian: Geben Sie dem Werbebrief bitte auch ein ansprechendes Layout und eine persönliche Note. Das ist bei Direktwerbung immer wichtig. Außerdem sollte die Werbebotschaft auch gegenüber den Getränkehändlern vermittelt werden. Vergessen Sie also die AIDA-Formel[2] nicht. Schließlich sollen die Getränkehändler davon überzeugt werden, das Neuprodukt in ihr Sortiment aufzunehmen. Bei der großen Konkurrenz in der Getränkebranche ist das nicht selbstverständlich.

Florian: Wie ist das denn mit den Händlern in den Niederlanden und Belgien?

Hr. Bastian: Ach ja! Für die müssen wir den Brief auf Englisch verfassen. Trauen Sie sich das zu?

Florian: Ich kann ja mal einen Vorschlag erstellen.

Hr. Bastian: Super. Wir besprechen ihn dann, wenn Sie fertig sind.

1 Übernehmen Sie Florians Aufgabe und erstellen Sie den Werbebrieftext
   a) in einer deutschen Version und
   b) in einer englischen Version.[3]

2 Erstellen Sie einen Serienbrief[4] für die deutschen Geschäftskunden. Beachten Sie, dass hierbei das Anlegen einer Datenquelle erforderlich ist.[5]

3 Da im Rahmen des Werbeplans auch eine Plakataktion vorgesehen ist, sollen erste Entwürfe erarbeitet werden. Erstellen Sie in Kleingruppen Vorschläge für ein Werbeplakat und küren Sie anschließend per Abstimmung den Sieger.

1 Aufbau eines Geschäftsbriefes
in FK 2, IT-Trainer, Word, Kap. 9

2 Die AIDA-Formel
FK 2, LF 5, Kap. 5.4.1

3 Useful office vocabulary
FK 2, LF 5, Kap. 7

4 Der Seriendruck
in FK 2, IT-Trainer, Word, Kap. 11

5 Hinweis:
Für Ihre Datenquelle denken Sie sich fünf Geschäftskunden inkl. Kontaktdaten aus.

Lernsituation 46

Winning customers with sales letters

Some time ago, BE Partners KG began selling custom-printed coffee cups to Unlimited Coffee Ltd in the United Kingdom. The first order of 1,000 cups, size M, was a great success. Later more orders were placed, but in the last few months there haven't been any orders from Unlimited Coffee Ltd. Florian Hamm, a trainee, now in his second year of training at BE Partners KG, remembers the contact he had with Unlimited Coffee Ltd and suggests sending a sales letter to England to reestablish contact with the customer and to offer the newly available custom-printed espresso cups.

A colleague hands him a copy of a business newsletter with some information about how to write an effective sales letter:

 Business Newsletter

How to write a sales letter

Sales letters introduce products or services to customers. They tend to use formal letter structures and are more impersonal because they can be sent to more than one person. It is important to move quickly to your sales pitch in your sales letter. Most readers will understand that your sales letter is a form of advertising. A good sales letter also includes an offer to encourage customers to try the product. It's important that these offers are clear and provide a useful service to the reader.

Remember these simple rules in order to write the perfect sales letter:

– Use an appropriate salutation. Personalization is best when possible.
– Make your first sentence short and attention-grabbing.
– Once you've grabbed your reader's attention and generated interest in your product, follow immediately with benefits for the customer to eliminate any doubt. Paint a vivid picture of the pay-off the customer will receive from buying the product.
– Guarantee your offer. Assure the reader that there is no risk in accepting a trial order.
– Ask for a response from your customer, clearly and directly.
– Make response easy and clear. How should the reader respond? Give your number and contact person.

In a meeting with his boss, Florian writes down the following information he needs to write a draft of a sales letter.

- Espresso is an up-and-coming coffee trend from Italy
- cheap for customers but high volume revenue for the business
- BE Partners offers newly designed espresso cups made out of heavy porcelain for better heat distribution and perfect aroma of the espresso
- high-quality printing of the cup, even on this small surface
- we will provide one free cup with custom-printing to the customer
- I am the contact person, mention email and telephone.

Florian starts writing the draft of the sales letter to Unlimited Coffee Ltd. Help him finish the letter.

 Arbeitsmaterialien/ sales letter, espresso cups (image)

Worksheet 46.1 Marketing terminology

Complete the crossword with the **German** words (Umlaute: UE = Ü). [1]

1 Marketing terminology
→ FK 2, LF 5

Across

1 a market in which there are many buyers but only one seller
2 refers to economy-wide fluctuations in production, trade and economic activity in general over several months or years
3 quantity of a good or service that customers would choose to buy, for every possible market price of the good or service
4 process that involves promoting, selling, and distributing a product or service
5 process of making a product or service available to the consumer
6 when two or more companies compete to gain customers
7 earliest stage of the introduction of a new product or service on the market
8 situation of a market in which demand and supply match perfectly
9 type of chart which displays information as a series of data points connected by straight line segments
10 percentage of a market accounted for by a specific company
11 a person's written or spoken statement explaining the advantages of a product
12 a business service dedicated to creating, planning, and handling advertising
13 amount of a product which is available to customers
14 process in which a company tries to increase the loyalty of customers
15 process of determining what a company will receive in exchange for its product
16 business analysis that attempts to identify a set of common stages in the life of commercial products

Down

pricing strategy where a product is sold at a price below its market cost to stimulate other sales of more profitable goods or services

Exercises

1   Use the AIDA model below to analyze the following two adverts.[1]

1   AIDA model
→ FK 2, LF 5, Kap. 5.4.1

The AIDA model of advertising

Attention People will decide in the first few seconds if they want to listen to you or not, so you have to really get their attention. A good way to do this is by surprising them, or by asking an engaging question such as 'Have you ever …?' or 'Can you see …?'.

Interest Once you have their attention, you have to arouse their interest. One way to do this is by demonstrating advantages and benefits of the product. It is best if you can get them actively involved, and leave them wanting more.

Desire The next step is to create a desire in them for the product.
You can do this by showing them that it will solve some of their problems or by showing them how much other people want and approve of the product.

Action Now, encourage action by giving them the brand name of the product. You want them to buy your product or at least to get more information. You should make this as easy for them to do as possible.

A mobile billboard

An online advert

2   BE Partners KG has just bought a new machine for printing plastic sports bottles. This machine is now able to print new sleek shaped bottles with spill proof automatic seal lids. The user just presses a button to open the lid and releases the button to automatically seal the lid. The Easy grip shape makes the bottle easy to hold. In addition, these new bottles are very hygienic because they can be washed in a dishwasher. The printed design will not fade or be washed away by the strong dishwasher detergents.

Please write a sales letter to one of BE Partners KG´s regular customers, a fitness studio in Copenhagen, in which you promote this new improved plastic sports bottle.

vocabulary:
sleek – schnittig
seal lid – Verschluss

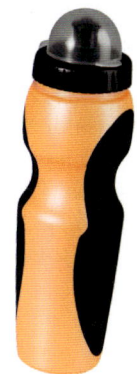

Lernsituation 47

Die Grenzen der Werbung respektieren

Herr Bastian und Frau Epstein sind seit vielen Jahren Mitglieder im Deutschen Werberat. In der nächsten Woche veranstaltet der Deutsche Werberat seinen alljährlichen Kongress. Das diesjährige Motto lautet „Geht nicht, gibt's nicht – Hat Werbung noch Grenzen?". Da der Kongress in diesem Jahr im Grandhotel Petersberg in der Nähe von Bonn stattfindet, hat man Herrn Bastian und Frau Epstein um die Übernahme einiger Programmpunkte gebeten. Herr Bastian ist sehr nervös, da er noch nicht häufig vor einem so hochkarätigen Publikum gesprochen hat. Er möchte deswegen vorher ein wenig „üben" und bittet seine Auszubildenden um Unterstützung.

Der Deutsche Werberat lädt ein zum
JAHRESKONGRESS
am 12. Mai 20.6
im Grandhotel Petersberg bei Bonn

„Geht nicht, gibt's nicht – Hat Werbung noch Grenzen?"

10:00 Uhr	Begrüßung durch den Vorsitzenden
11:00 Uhr	**Podiumsdiskussion „Werbung Pro und Kontra"** *Teilnehmer:* Rolf Bastian (BE Partners KG), Natalia Hahn (hessische Verbraucherzentrale), Daniela Pieper (Energy Drink GmbH), Alexander Leschni (Kölner Schuldnerberatung)
12:00 Uhr	Mittagspause
13:00 Uhr	**Workshop 1:** Radical Advertising *Moderation:* Rolf Bastian (BE Partners KG)
15:00 Uhr	**Workshop 2:** Auswirkungen des UWG *Moderation:* Dörthe Epstein (BE Partners KG)

BE Partners KG

be

Kurzmitteilung

		Bitte um:	
von:	Rolf Bastian	☒	Bearbeitung
an:	Auszubildende	☐	Anruf
Datum:	08.05.20.6	☒	Rücksprache
Betreff:	Kongress des Deutschen Werberats	☐	Ablage
Anlage(n):	– Einladung Deutscher Werberat	☐	Kenntnisnahme
	– Ergebnisse meiner Recherche	☐	

Liebe Azubis,

Sie wissen sicherlich, wie das ist, wenn man vor einem großen Vortrag etwas nervös ist. Mir geht es gerade ähnlich. Ich muss in einigen Tagen auf dem Jahreskongress des Deutschen Werberates an einer Podiumsdiskussion zum Thema „Werbung Pro und Kontra" teilnehmen (siehe Einladung im Anhang). Hierauf möchte ich mich mit Ihrer Unterstützung gerne vorbereiten.

Bitte bilden Sie vier Gruppen und sammeln Sie in jeder Gruppe mithilfe einer Mind-Map Argumente (zwei Gruppen sammeln Pro-Argumente und zwei Gruppen sammeln Kontra-Argumente). Bitte stellen Sie mir die Mind-Maps zur Verfügung, damit ich demnächst auf die Argumente vorbereitet bin. Wenn wir es zeitlich schaffen, möchte ich die Podiumsdiskussion auch noch mit Ihnen simulieren. Jede Gruppe bestimmt dafür bitte einen Gruppensprecher, der die Gruppenargumente in der Diskussion vertritt. Ich habe übrigens schon etwas recherchiert. Sie finden das Ergebnis ebenfalls im Anhang.

Herzliche Grüße

Rolf Bastian

Ergebnisse der Recherche:

Verschuldung durch Konsumverhalten
Fast jeder zehnte Deutsche steckt in der Schuldenfalle

Rund 6,6 Millionen Deutsche können ihre Schulden nicht mehr bezahlen. Trotz der guten Wirtschaftslage ist die Zahl gestiegen. Wo die meisten Menschen in den Miesen stecken.

In Deutschland ist die Zahl der überschuldeten Verbraucher in diesem Jahr wieder angestiegen. Anfang Oktober waren bundesweit 6,6 Millionen Menschen und damit rund 190 000 mehr als im Vorjahr überschuldet, wie die Wirtschaftsauskunftei Creditreform am Donnerstag in Neuss mitteilte. Damit seien 9,65 Prozent aller Bürger über 18 Jahren betroffen. Eine Überschuldung liegt den Angaben zufolge vor, wenn ein Schuldner seine Zahlungsverpflichtungen auch in

absehbarer Zeit nicht begleichen kann und ihm weder Vermögen noch andere Kreditmöglichkeiten zur Verfügung stehen. [...]

Wesentlicher Grund für die Zunahme in diesem Jahr sei eine vermehrte Verschuldung durch das Konsumverhalten, erklärte Creditreform. Bei dieser Ursache verzeichneten die Experten ein Plus von 31 Prozent. Die Konsumbereitschaft sei deutlich gestiegen, heißt es in dem Report. [...]

Quelle: http://www.focus.de/finanzen/news/verschuldung-durch-konsumverhalten-fast-jeder-zehnte-deutsche-steckt-in-der-schuldenfalle_aid_856353.html

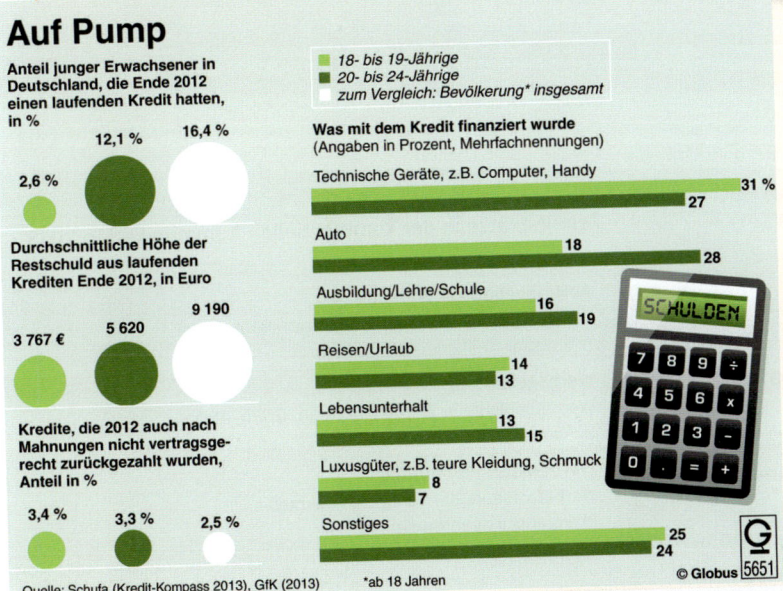

Auf Pump

Anteil junger Erwachsener in Deutschland, die Ende 2012 einen laufenden Kredit hatten, in %

2,6 %   12,1 %   16,4 %

Durchschnittliche Höhe der Restschuld aus laufenden Krediten Ende 2012, in Euro

3 767 €   5 620   9 190

Kredite, die 2012 auch nach Mahnungen nicht vertragsgerecht zurückgezahlt wurden, Anteil in %

3,4 %   3,3 %   2,5 %

Quelle: Schufa (Kredit-Kompass 2013), GfK (2013)

■ 18- bis 19-Jährige
■ 20- bis 24-Jährige
□ zum Vergleich: Bevölkerung* insgesamt

Was mit dem Kredit finanziert wurde
(Angaben in Prozent, Mehrfachnennungen)

Technische Geräte, z.B. Computer, Handy — 31 % / 27
Auto — 18 / 28
Ausbildung/Lehre/Schule — 16 / 19
Reisen/Urlaub — 14 / 13
Lebensunterhalt — 13 / 15
Luxusgüter, z.B. teure Kleidung, Schmuck — 8 / 7
Sonstiges — 25 / 24

*ab 18 Jahren

© Globus 5651

Alkoholwerbung animiert Jugendliche zum Trinken

Je mehr Alkoholwerbung die Jungen und Mädchen sehen, desto mehr Alkohol trinken sie. Das ergab eine Erhebung der Deutschen Angestellten-Krankenkasse (DAK) unter rund 3 400 Schülern im Alter von zehn bis 17 Jahren. Damit werde erstmals mit deutschen Zahlen statistisch belegt, dass es einen direkten Zusammenhang zwischen Alkoholwerbung und dem Trinkverhalten junger Menschen gebe, sagte DAK-Experte Cornelius Erbe. Bisher basierte die Forschung hierzulande auf internationalen Daten, die lediglich auf Deutschland übertragen wurden.

Gezeigt wurden den Probanden neun Alkoholwerbungen. Von den Schülern, die die Spots nicht kannten, hatten 20 Prozent schon einmal getrunken; in der

Gruppe derjenigen, die die Spots kannten und zehn oder mehr Male gesehen hatten, waren es über 90 Prozent. [...]

Die Bundesdrogenbeauftragte Sabine Bätzing (SPD) forderte, dass der Deutsche Werberat eine „effiziente Selbstkontrolle der Werbung" für alkoholische Getränke sicherstellen müsse – auch vor der Sendung von TV-Spots. „Es geht nicht um weniger Alkoholwerbung, sondern auf das Verzichten bestimmter jugendaffiner Elemente und Motive in der Werbung", erläuterte Bätzing.

Quelle: http://www.ksta.de/panorama/jugendschutz-alkoholwerbung-animiert--zum-trinken,15189504,12938526.html

Werbeklima – Positiver Image-Trend für Anzeigen und TV-Spots

Die Deutschen (Gesamtbevölkerung ab 14 Jahre) bewerten Werbung allgemein sowie im Fernsehen und Zeitungen/Zeitschriften positiv – wie die VerbraucherAnalyse VA 2012 im Auftrag der Bauer Verlagsgruppe und der Axel Springer AG verdeutlicht (siehe Tabelle).

Zustimmung zur Werbung steigt weiter
Grundgesamtheit der deutschsprachigen Bevölkerung ab 14 Jahre
32 218 Personen repräsentieren 70,2 Mio. Einwohner

Einstellung zur Werbung (Feststellungen, Meinungen: stimme voll zu, weitgehend zu)	2009	2010	2011	2012
	Angaben in Prozent			
Werbung ist eigentlich ganz hilfreich für den Verbraucher	58,6	61,2	61,8	62,1
Werbung ist meist recht unterhaltsam	43,6	45,5	47,5	47,9
Werbung im Fernsehen halte ich für recht informativ	43,2	46,2	48,1	48,2
Ich sehe mir eigentlich ganz gern Anzeigen in Zeitungen und Zeitschrifen an	48,3	50,7	51,0	50,5
Anzeigen in Zeitungen und Zeitschriften halte ich für recht informativ	56,2	58,1	58,5	58,4
Wenn ich unterwegs bin, fällt mir häufiger interessante Werbung auf Plakaten auf*	–	–	38,4	36,1
Werbung im Internet finde ich manchmal richtig gut		20,4	23,5	23,6

* Werte erst ab 2011 vorhanden; Grundgesamtheit ab 12 Jahre;
33 221 Personen repräsentieren 71,8 Mio. Personen
Quelle: VerbraucherAnalyse 2009, 2010, 2011 und 2012;
Auftraggeber Bauer Verlagsgruppe und Axel Springer AG (beide Hamburg);
genaue Methodenbeschreibung im jeweiligen Code Plan/ZAW

Google: Werbung mit persönlichen Profilen

„Gefällt"-Klicks aus dem sozialen Netzwerk Google+ erscheinen als Empfehlungen in Googles Suchmaschine.

Das Geschäft rund um die Werbung mit den persönlichen Daten der Internetnutzer boomt. Jetzt ist auch Google eingestiegen. Die Firma nutzt die Daten, die sie aus ihrem Sozial-Netzwerk-Ableger Google+ gewinnt. Und darüber informiert sie nur verklausuliert – so dass es Nutzern schwer fallen kann, auf Anhieb zu erkennen, was ihnen droht und wogegen sie sich überhaupt wehren können.
Google verwendet die aus dem sozialen Netzwerk Google+ stammenden Daten über Surfverhalten und sonstige persönliche Angaben zur Werbung in seiner weltweit populären Suchmaschine – ohne dass die Nutzer zustimmen müssen. Nur weil jemand aus einer Laune heraus bei Google+ den 1-Button (identisch mit „like" bei Facebook) gedrückt hat – etwa für eine bestimmte Marke, für ein Haushaltsgerät oder für ein Restaurant –, wird er künftig bei der Suchmaschine Google mit seinem Profilfoto und seinem Namen zum Werbeträger für dieses Produkt. Damit gefährdet das Unternehmen das Recht der Nutzer von Google+ auf informationelle Selbstbestimmung.

Quelle: http://www.vz-nrw.de/werbung-mit-daten-google-nutzt-persoenliche-profile

Arbeitsplätze in der kommerziellen Kommunikation 2013

Auftraggeber von Werbung Werbefachleute in Werbeabteilungen der Anbieter (Hersteller, Dienstleister, Handel)	36 850
Werbegestaltung Werbefachleute in Werbeagenturen, Grafik-Ateliers, Schauwerber, Werbefotografen, Film- und Lichtwerbung	135 716
Werbemittel-Verbreitung Werbefachleute bei Verlagen, Funkmedien, Plakatanschlagunternehmen	14 669
Digitalwirtschaft	395 000
Telefonmarketing Call-Center-Plätze	199 233
Zulieferbetriebe Von Aufträgen der Werbewirtschaft abhängige Arbeitsplätze (wie Papierwirtschaft, Druckindustrie)	155 149
Arbeitsplätze gesamt	936 617

Quelle: ZAW, Statistisches Bundesamt (Wiesbaden), BVDW

BE Partners KG

Kurzmitteilung

		Bitte um:
von:	*Rolf Bastian*	☒ Bearbeitung
an:	*Auszubildende*	☐ Anruf
Datum:	*09.05.20.6*	☒ Rücksprache
Betreff:	*Kongress des Deutschen Werberats*	☐ Ablage
Anlage(n):	*—*	☐ Kenntnisnahme
		☐

Liebe Azubis,

danke für die Unterstützung bei meinen Vorbereitungen für die Podiumsdiskussion. Sie hatten Frau Epstein und mir gestern ja alle versprochen, dass Sie uns auch ein wenig bei der Vorbereitung der Workshops behilflich sein wollen. Hierfür steht vor allem Recherche an. Das sollten Sie arbeitsteilig erledigen. Am besten, zwei Gruppen helfen Frau Epstein und die anderen beiden Gruppen helfen mir.

1. Frau Epstein benötigt eine Präsentation zum Thema „Auswirkungen des UWG – Was dürfen wir nicht in der Werbung?". Sie möchte zum Auftakt ihres Workshops die in den §§ 4–7 des Gesetzes gegen den unlauteren Wettbewerb als unzulässig geregelten Handlungen veranschaulichen. Sie will in der Präsentation die Inhalte der Paragrafen stichwortartig erklären. Außerdem möchte Sie zu jedem Paragrafen ein unzulässiges (Negativ-)Beispiel zeigen. Suchen Sie einfach einmal im Internet. Notfalls konstruieren Sie Beispiele.

2. Ich muss auf dem Kongress einen Workshop zum Thema „Radical Advertising" (Schockwerbung) leiten. Bitte beschaffen Sie mir möglichst anschauliche Werbebeispiele, die Ihrer Meinung nach ethische Grenzen überschreiten. Notieren Sie in einer Präsentation zu den gefundenen Beispielen jeweils kurz, warum sie Ihrer Meinung nach gesellschaftliche Wertvorstellungen verletzen.

Wir werden uns dann morgen Vormittag die Präsentationen gemeinsam ansehen.

Herzliche Grüße

Rolf Bastian

Arbeitsblatt 47.1 Grenzen der Werbung

1. Wirtschaftliche Grenzen der Werbung

Erläuterung: Werbung muss wirtschaftlich sinnvoll sein, d. h., die Kosten der Werbung müssen in einem wirtschaftlichen Verhältnis zum Werbeerfolg stehen. Der im Rahmen einer Werbeerfolgskontrolle gemessene Erfolg sollte höher sein als die Werbekosten.

2. Rechtliche Grenzen der Werbung (gemäß § 1 Gesetz gegen den unlauteren Wettbewerb)

Erläuterung: • Schutz Mitbewerber, Verbrauchern sowie Marktteilnehmern in Wettegestalteter Mitbewerber
• Schutz des Interesse der Allgemeinheit an einem unverfälschten Wettbewerb

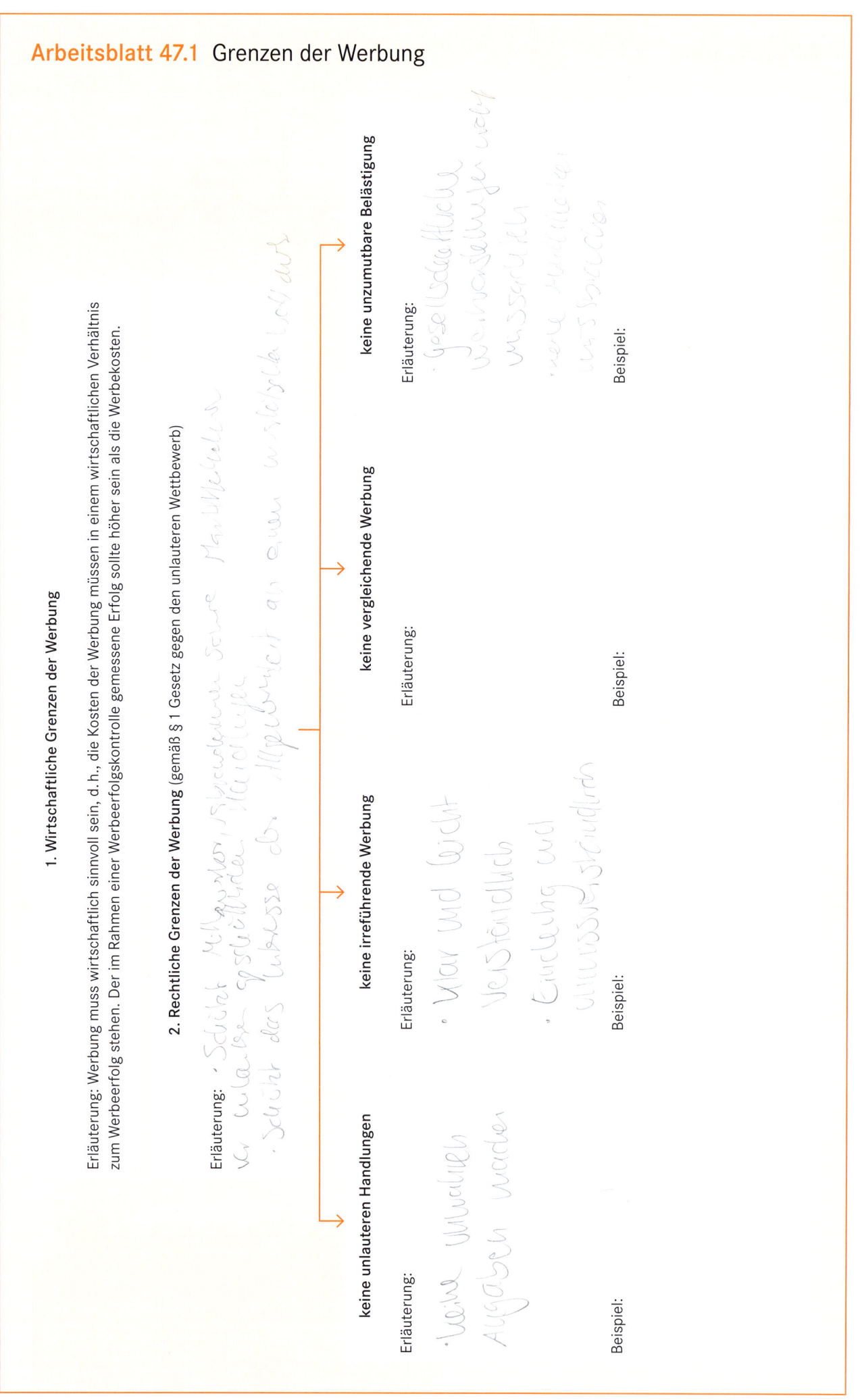

keine unlauteren Handlungen

Erläuterung:
• keine unwahren Angaben werden

Beispiel:

keine irreführende Werbung

Erläuterung:
• klar und leicht verständlich
• Eindeutig und unmissverständlich

Beispiel:

keine vergleichende Werbung

Erläuterung:

Beispiel:

keine unzumutbare Belästigung

Erläuterung:
• gesellschaftliche bevorzugen noch missachten
• nicht schädlichen der Gesundheit

Beispiel:

positive Auswirkungen

Beispiele: Information über neue Güter + Dienstleistungen, Qualitätsverbesserung

negative Auswirkungen

durch die zunehmende Vereinnahmung des öffentlichen Raums durch die Werbung

Beeinflussung der Medien

Erläuterung:

Beispiel:

Übertreten ethischer Grenzen

Erläuterung:

Beispiel:

Weckung von Bedürfnissen

Erläuterung: Sorg für Zunahm des Konsumverhaltens

Beispiel:

Beeinflussung der Wertebildung

Erläuterung:

Beispiel:

Aufgaben

1 Während der Podiumsdiskussion zum Thema „Werbung Pro und Kontra" wird Rolf Bastian mit dem Vorwurf konfrontiert, dass Werbung die Produkte nur sinnlos teurer mache. Alexander Leschni von der Kölner Schuldnerberatung argumentiert, dass gerade die Arbeit von Werbeagenturen völlig überflüssig sei – mehr noch: sie würde dazu beitragen, dass sich die Menschen weniger leisten könnten. Nehmen Sie zu dieser Meinung kritisch Stellung.

2 Alexander Leschni von der Kölner Schuldnerberatung hat in der Podiumsdiskussion zum Thema „Werbung Pro und Kontra" insbesondere solche Werbemaßnahmen kritisiert, die seiner Meinung nach bei den Konsumenten zusätzliche Bedürfnisse wecken und „unnötigen Konsum" auslösen. Er erwähnte in diesem Zusammenhang Werbung, in der sehr günstige (oft kostenlose) Finanzierungsmöglichkeiten angeboten werden. Als weiteres Beispiel nannte er die Werbekampagne eines großen Einzelhändlers für Unterhaltungselektronik, in der für einen bestimmten Zeitraum damit geworben wurde, dass jeder 20. Einkauf umsonst sei.

   a) Recherchieren Sie im Internet und suchen Sie ein konkretes Werbebeispiel, mit dem Herr Leschni seine Kritik veranschaulichen könnte.
   b) Begründen Sie, warum Herr Leschni diese Werbemaßnahme kritisieren würde.
   c) Beurteilen Sie, ob die von Ihnen recherchierte Werbemaßnahme alle Werbegrundsätze erfüllt.

3 Die Umsätze der Fit & Flott Reifenservice Holding AG in Heidelberg sind massiv eingebrochen, da sich ganz in der Nähe der Konkurrent McTyre AG mit einer Filiale niedergelassen hat. Rüdiger Herrenberger von der Fit & Flott Reifenservice Holding AG möchte die BE Partners KG mit einer aggressiven Werbekampagne beauftragen. Er hat selbst schon ein paar Ideen entwickelt und schlägt sie Tina Welkenbach in einem Telefonat vor. Beurteilen und begründen Sie die rechtliche Zulässigkeit der einzelnen Vorschläge.

   a) „Wir könnten doch einen großen Lagerverkauf machen. Das zieht immer. Wir können ja einfach schreiben, dass wir unser Lager umbauen müssen und deswegen 400 Reifen vom aktuellen Testsieger zum halben Preis verkaufen. Da wir nur noch 80 Stück von dem Reifen haben, können wir den Verlust verschmerzen. Die Leute werden dann schon ein anderes Modell zum vollen Preis kaufen, wenn sie erst einmal da sind."
   b) „Ich habe mir übrigens gestern mal die AGB von der McTyre AG besorgt. Die nehmen 12,50 € für das Aufziehen der Reifen – pro Stück! Da wundern mich die niedrigen Reifenpreise gar nicht mehr. Wir könnten doch mit diesem Slogan werben: ‚Für die 50,00 €, die Sie bei McTyre für das Aufziehen aller Reifen bezahlen würden, könnten Sie doch auch schön essen gehen – während wir Ihre Reifen kostenlos aufziehen.'"
   c) „Wir müssen auch unbedingt etwas mit Direktwerbung machen. Die BE Partners KG verfügt doch sicherlich über viele E-Mail-Adressen und Telefonnummern von möglichen Kunden in Heidelberg. Notfalls kann man solche Daten ja auch kaufen. Dann verschicken wir Massenmails. Und die älteren potenziellen Kunden rufen wir persönlich an und informieren sie über unsere Sonderangebote."
   d) „Im Oktober sollten wir dann einen Tag der offenen Tür mit Kaffee und Kuchen veranstalten. Wenn meine Monteure den Senioren dann mal richtig klar machen, wie gefährlich ihre abgefahrenen Sommerreifen sind, dann werden die schon kaufen. Wir könnten ja noch ein paar Unfallautos aufstellen."
   e) „An den Unfallautos bringen wir noch einen Werbeslogan an: ‚Powered by McTyre!'"

Lernsituation 48

Werbeerfolgskontrolle durchführen und weitere Maßnahmen der Kommunikationspolitik vorschlagen

Die Rheintaler Brunnen GmbH & Co. KG hat ihr Neuprodukt „Sparkling Mint" am 1. Januar 20.6 am Markt eingeführt. Die begleitende Werbekampagne ist abgeschlossen. Inzwischen hat die BE Partners KG eine weitere Befragung (Posttest) durchgeführt, da die Rheintaler Brunnen GmbH & Co. KG eine Rückmeldung zum Erfolg der Werbung haben möchte. Herr Bastian hat Florian Hamm soeben die folgenden Unterlagen auf den Schreibtisch gelegt.

–> Herr Hamm: bitte erledigen

– Werbeziele überprüfen
– Wirtschaftlichkeit beurteilen
– Ergebnisse Herrn Bödeker per E-Mail mitteilen
– Vorschläge für weitere Maßnahmen der Kommunikationspolitik überlegen[1] und mit in die Mail aufnehmen

Vielleicht winkt ja ein Folgeauftrag!

Gruß
Rolf Bastian

 1 Arbeitsblatt 48.1

Auszug aus dem Werbeplan:

Kunde:	Rheintaler Brunnen GmbH & Co. KG
Leistung/Produkt:	„Sparkling Mint" (Neuprodukt)
Preisstrategie:	Marktdurchdringungsstrategie

Element des Werbeplans	konkrete Ideen bzw. Entscheidungen
1. Werbeziel	bis Ende 20.6 Marktanteil von mind. 15 % Umsatz in 20.6 mind. 2 Mio. € Modernisierung des Unternehmensimages
2. Werbegegenstand	Mineralwasser mit natürlicher Minze „Sparkling Mint"
3. Werbeetat	500.000,00 € (Hinweis: wurde exakt ausgeschöpft)

Ausgewählte Ergebnisse der beiden Marktforschungen für „Rheintaler Brunnen"

Grundlage: – Befragung von jeweils 100 Personen nach ihrem Einkauf in einem Getränkemarkt, in dem „Sparkling Mint" angeboten wird
– Pretest: kurz nach der Produkteinführung, aber vor der Werbekampagne
– Posttest: nach Abschluss der Werbekampagne

Bekanntheitsanalyse:	Pretest	Posttest	
Kennen Sie die Marke „Rheintaler"?	67 x Ja	81 x Ja	
Kennen Sie das Produkt „Sparkling Mint"?	6 x Ja	42 x Ja	

Imageanalyse (Durchschnittswerte):		1 2 3 4 5	
Aussage: Rheintaler Brunnen wird vor allem von Senioren gekauft.	lehne ab		stimme zu
Aussage: „Sparkling Mint" ist ein richtiges Trend-Getränk.	lehne ab		stimme zu
Aussage: Das Sortiment von Rheintaler Brunnen trifft den Geschmack der Zeit.	lehne ab		stimme zu

Durchschnittswerte des Pretests: rot   Durchschnittwerte des Posttests: grün

Informationen aus einem Telefonat mit Herrn Bünte vom Verband Deutscher Brunnenbetriebe e.V. (VDBB) am 05.01.20.7

• branchentypische Werberendite für Neuprodukteinführungen im Getränkemarkt: zwischen 300 % und 400 %
• Gesamtumsatz des Marktes „Mineralwasser mit Minz-Aroma" betrug im Jahr 20.6 im Absatzgebiet der Rheintaler Brunnen GmbH & Co. KG ca. 12 Mio. € (geschätzt)

Rheintaler Brunnen GmbH & Co. KG
Umsatzstatistik Limonade & Schorle 20.6
(Angaben in Mio. €)

	Orangen-limonade	Zitronen-limonade	Apfel-schorle	Sparkling Mint
1. Quartal	2,0	3,5	1,8	0,2
2. Quartal	2,6	3,9	2,3	0,5
3. Quartal	4,1	5,3	4,7	1,1
4. Quartal	2,8	4,1	1,9	0,8

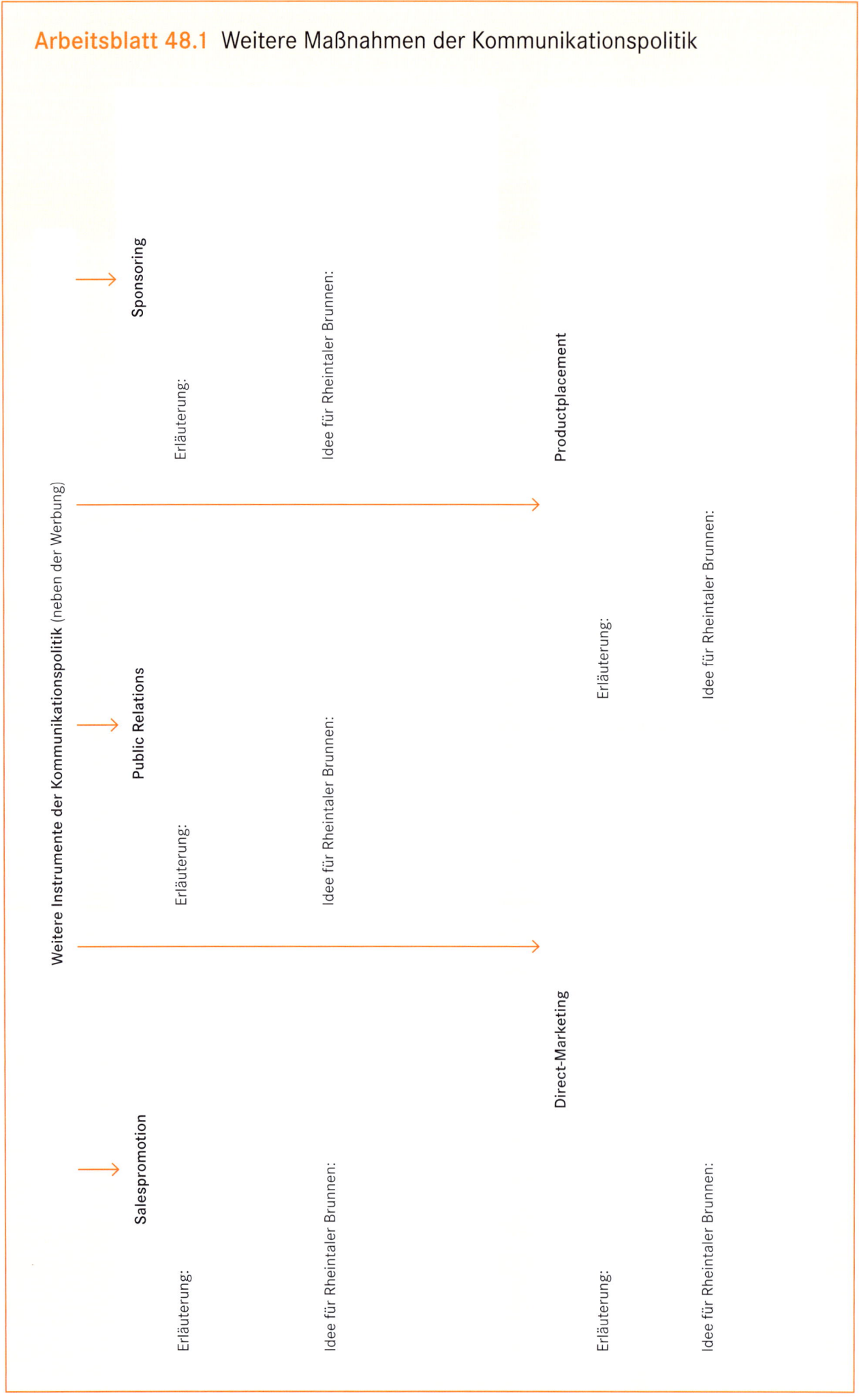

Weitere Instrumente der Kommunikationspolitik (neben der Werbung)

Salespromotion

Erläuterung:

Idee für Rheintaler Brunnen:

Public Relations

Erläuterung:

Idee für Rheintaler Brunnen:

Sponsoring

Erläuterung:

Idee für Rheintaler Brunnen:

Direct-Marketing

Erläuterung:

Idee für Rheintaler Brunnen:

Productplacement

Erläuterung:

Idee für Rheintaler Brunnen:

Aufgaben

1 Die DN Drogerien AG in Mannheim vertreibt Parfüms über ein eigenes Händlernetz in Deutschland. Im dritten Quartal 20.6 wurden von dem Produkt „Purple Lady" 5 000 Fläschchen zu einem Verkaufspreis von 20,00 € abgesetzt. Um den Absatz zu steigern, hat die BE Partners KG anschließend eine Werbemaßnahme durchgeführt und der DN Drogerien AG dafür 25.000,00 € in Rechnung gestellt. Im vierten Quartal 20.6 wurden 7 000 Fläschchen verkauft. Der Preis wurde nicht verändert.

a) Berechnen Sie die Wirtschaftlichkeit der Werbung (= Werberendite).
b) Beurteilen Sie kritisch die Aussagekraft Ihres Ergebnisses aus a).

2 Bei der Werbeerfolgskontrolle werden der ökonomische und der außerökonomische Werbeerfolg unterschieden.

a) Grenzen Sie die beiden Begriffe voneinander ab.
b) Begründen Sie, ob es einen Zusammenhang zwischen den beiden Begriffen gibt.

3 Erstellen Sie eine Liste mit den kommunikationspolitischen Maßnahmen, die Ihr Ausbildungsbetrieb anwendet.

4 Entscheiden Sie in den folgenden Fällen jeweils, um welche kommunikationspolitische Maßnahme es sich handelt, indem Sie die passende Ziffer zuordnen:
① Werbung, ② Salespromotion, ③ Public Relations, ④ Sponsoring,
⑤ Direktmarketing, ⑥ Productplacement

a) ☐ Im Radio läuft ein Werbespot der Buchenstork Schuhe GmbH.

b) ☐ Der Zeitungsverlag „Der Tagespegel Verlag GmbH" lässt über seine Zusteller mit der morgendlichen Tageszeitung einen Werbeflyer für die neueste Tagespegel-App an alle Zeitungsabonnenten verteilen.

c) ☐ Die Buchenstork Schuhe GmbH führt regelmäßig Produktschulungen für die Schuhhändler durch.

d) ☐ In der Getränkeabteilung der Goldregen Einkaufszentrum GmbH findet eine Verkostung des neuen Mineralwassers „Sparkling Mint" statt.

e) ☐ Den weiterbildenden Schulen in Bonn bietet die Rheintaler Brunnen GmbH & Co. KG kostenlose Betriebsbesichtigungen an.

f) ☐ Die Bäckerei Özcal unterstützt die C-Jugend-Fußballmanschaft von Fortuna Bonn mit kostenlosen Trikots, auf denen das Logo und der Name des Unternehmens abgedruckt sind.

g) ☐ Das Autohaus Wünschle KG informiert seine Stammkunden im Oktober telefonisch über seine neusten Angebote unter dem Motto „Fit für den Winter".

h) ☐ Die BE Partners KG unterstützt das alljährliche Bonner Kulturfestival. Dafür sind an der „BE Partners-Bühne" große Banner mit dem Logo und dem Namen der BE Partners KG angebracht.

i) ☐ Am Auto von Burak Özcal befindet sich der Schriftzug seiner Bäckerei.

j) ☐ Im Bonner Anzeiger erscheint heute ein Artikel über die Konzertagentur Live in Bonn OHG. Das Unternehmen hat durch eine Spende den Erhalt eines Jugendzentrums in Bonn gesichert.

k) ☐ Die Juroren von „The Voice of Germany" haben neuerdings Getränkehalter an ihren Sesseln. In der nächsten Staffel werden Sie „Sparkling Mint" trinken.

5 Lösen Sie das folgende Kreuzworträtsel zu den Instrumenten der Kommunikationspolitik.

ä, ö, ü = ae, oe, ue

1. Ein typisches Beispiel für _____ ist eine Betriebsbesichtigung.

2. Das Ergebnis beim Direktmarketing ist _____ . Die Zahl der umworbenen

   Personen kann mit der Zahl der reagierenden Personen verglichen werden.

3. _____ ist ein Kommunikationsinstrument, das vor allem im kulturellen und

   sportlichen Bereich zur Anwendung kommt.

4. _____ ist ein Kommunikationsinstrument, bei dem der Kunde gezielt ange-

   sprochen und zu einer Antwort aufgefordert wird.

5. Typische Beispiele für _____ sind Verkostungen und Informationsmaterialien.

6. Beim Sponsoring steht weniger ein Produkt als vielmehr das Unternehmen im Vordergrund. Eine direkte

   _____ wird nicht angestrebt.

7. Es gibt drei Arten von Salespromotion: Kunden-, Mitarbeiter- und _____ .

8. Public Relations ist nicht auf Produkte bezogen. Im Mittelpunkt steht

   das _____ als Ganzes.

9. Ein grundlegendes Ziel der Kommunikationspolitik: _____

10. Im Vergleich zur eher langfristig ausgerichteten Öffentlichkeitsarbeit ist Salespromotion

    eher _____ .

11. _____ wird immer beliebter, da unliebsame Streuverluste minimiert werden können.

12. Das Besondere am Sponsoring: Es muss eine _____ erbracht werden.

13. Beim Sponsoring findet die Förderung in Form von Geld- und _____ statt.

14. Durch Public Relations soll u. a. ein positives _____ geschaffen werden.

Lernsituation 49

Einen Unternehmensauftritt in einem sozialen Netzwerk gestalten und pflegen

BE Partners KG

Kurzmitteilung

Lieber Herr Hamm,

die Konzertreihe „New Voices" des Konzertveranstalters Live in Bonn OHG für die Zielgruppe der 18– bis 25-Jährigen ist erfolgreich angelaufen. Wie Sie wissen, ist die Live in Bonn OHG mit unserer Hilfe seit Kurzem auch in dem sozialen Netzwerk MeineFreunde mit einer Unternehmensseite präsent. Die Pflege des Auftritts macht mir aber noch Sorgen, er muss jederzeit aktuell und ansprechend sein. Da könnten wir noch mehr machen.

Bitte sammeln Sie mithilfe der Übersicht „Mögliche Inhalte für Postings in sozialen Netzwerken" Vorschläge für Aktionen und Postings.[1] Ich lege Ihnen einige Informationen zur Live in Bonn OHG bei, die nützlich sein könnten. Steuern Sie aber auch eigene Ideen bei. Recherchieren Sie für Hintergrundinformationen ggf. im Internet. Schlagen Sie auch Video– oder Fotobeiträge vor, falls diese in Ihren Postings sinnvoll sind.

Rolf Bastian

 AB 2, Lernsituationen 37, 42, 44

 Arbeitsblatt 49.1

1 Tipps für die geschäftliche Nutzung von sozialen Netzwerken

 in FK2, IT-Trainer, Internet, Kap. 2.1.3

Informationen zur Live in Bonn OHG:

- Die Werbemaßnahmen der Live in Bonn OHG wirken recht altbacken.
- Werbung erscheint bisher nur in einem kostenlosen Bonner Szenemagazin.
- Die Eintrittskarten für die Konzerte vertreibt die Live in Bonn OHG über eine eigene Telefon-Hotline und über Vorverkaufsstellen in der Bonner Innenstadt.
- Es gibt eine einfache Unternehmens-Website, auf der aber nur die Kontaktdaten des Unternehmens, Konzertdaten und Preise zu finden sind.
- Das erste Konzert der Reihe „New Voices" mit Fatih MC war innerhalb kurzer Zeit ausverkauft.
- Die Live in Bonn OHG hat vielfach positive Rückmeldung zur Auswahl von sehr guten, aber bisher weitestgehend unbekannten Künstlern für die Reihe „New Voices" erhalten. Jetzt fällt es den Mitarbeitern schwer, neue, ähnlich vielversprechende Künstler zu finden.
- Die Live in Bonn OHG plant, eine Zweigstelle in Berlin zu eröffnen.
- Nach den ersten Konzerten der Reihe „New Voices" gab es gelegentlich Beschwerden über längere Wartezeiten vor den Clubs und strenge Einlasskontrollen.
- Im Anschluss an das letzte Konzert haben zwei erboste Besucher angerufen, die sich über die zu hohe Lautstärke beschwerten und angaben, seither Hörprobleme zu haben.
- Das Unternehmen besteht aus zehn Mitarbeitern, die Geschäftsführerin ist Ina Frohl.
- Martina Schmitz, kaufmännische Angestellte, ist gerade in Elternzeit, weil sie kürzlich Zwillinge zur Welt gebracht hat.
- Der kaufmännische Angestellte Claus Hansen vertritt Frau Schmitz.
- Ali Aydin, Auszubildender zum Veranstaltungskaufmann, möchte nach seiner Ausbildung im nächsten Jahr ein Studium zum Veranstaltungsbetriebswirt aufnehmen.

BE Partners KG

Mögliche Inhalte für Postings in sozialen Netzwerken

Kategorie des Postings	mögliche Inhalte
aktuelle Entwicklungen des Unternehmens und des Angebots	– Einstellung von neuem Personal – Stellenangebote – Erweiterung der Angebotspalette – Preisänderungen – Änderungen der Geschäftszeiten – Adressänderungen/Eröffnung neuer Filialen
Handlungsempfehlungen an Kunden	– Erläuterung von Vor- und Nachteilen verschiedener Produkte und Produktvarianten – Gefahrenwarnungen – Kaufempfehlungen – Verweise auf Vergleichstests
Hintergrundwissen zu den angebotenen Produkten und Dienstleistungen	– Gebrauchshinweise und -anleitungen – technische Erklärungen, Illustrationen – Lehrvideos – Links auf wertvolle Internetquellen
Verkaufsstrategien und Kundenbindung	– Link auf den bestehenden Online-Shop – Sonderangebote – Rabattaktionen – Gewinnspiele – Vorstellung von Neuerscheinungen – Dank an die Kundschaft für Treue/gute Umsätze/ Empfehlungen usw. – Gutscheine
Diskussionsanstöße	– Fragen an die Besucher zu neuen Produkten – Abstimmungen – Wiedergabe von Erfahrungsberichten – Eingehen auf Kritik und Beschwerden
Ausbau des persönlichen Kontakts zum Kunden	– Einladung zu Live-Events oder Firmenfeiern – Ankündigung eines Tages der offenen Tür – Erinnerung an anstehende Termine, Stichtage oder Fristen – Fotos der Mitarbeiter und der Geschäftsräume/des Gebäudes – Anschreiben oder Kurzvideos, in denen sich die Mitarbeiter vorstellen
Spaß und Kurioses	– Interessante/kuriose Fakten zu den Produkten oder zur Branche allgemein – Foto- oder Videowettbewerbe, in denen die besten Kundenfotos prämiert werden – Witze, die das Produkt, das Unternehmen oder die Branche zum Thema haben

Arbeitsblatt 49.1 Beispielhafte Postings in sozialen Netzwerken

Kategorie des Postings	Postingideen (stichpunktartig)
aktuelle Entwicklungen des Unternehmens und des Angebots	
Handlungsempfehlungen an Kunden	
Hintergrundwissen zu den angebotenen Produkten und Dienstleistungen	
Verkaufsstrategien und Kundenbindung	
Diskussionsanstöße	
Ausbau des persönlichen Kontakts zum Kunden	
Spaß und Kurioses	

Arbeitsblatt 49.2 Besonderheiten des Online-Marketings

1. Werbemöglichkeiten im Internet

Beispiele:

Vorteile von Werbung im Internet gegenüber traditioneller Werbung:

2. Kundendialoge in sozialen Netzwerken führen

Unterschiede zu klassischer Werbung:

Vorteile der Nutzung sozialer Netzwerke für Unternehmen:

Beispiele für soziale Netzwerke (je mit kurzer Erläuterung):

Folgesituation

BE Partners KG

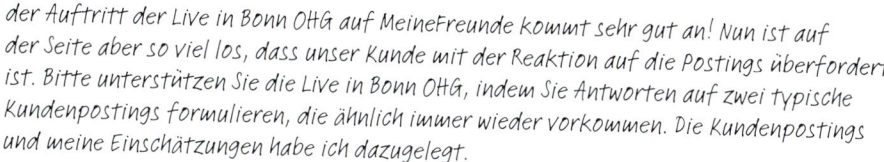

Kurzmitteilung

Lieber Herr Hamm,

der Auftritt der Live in Bonn OHG auf MeineFreunde kommt sehr gut an! Nun ist auf der Seite aber so viel los, dass unser Kunde mit der Reaktion auf die Postings überfordert ist. Bitte unterstützen Sie die Live in Bonn OHG, indem Sie Antworten auf zwei typische Kundenpostings formulieren, die ähnlich immer wieder vorkommen. Die Kundenpostings und meine Einschätzungen habe ich dazugelegt.

Rolf Bastian

Jochen Kirschner

Guten Tag! Ich mache euch folgendes Angebot: Ich kaufe für das Konzert der R&B-Sängerin Macy Black im Club Odeon gleich 20 Tickets, wenn ihr mir einen Rabatt von 10% einräumt. Na, hört sich doch gut an, oder? Was sagt ihr?

Einschätzung:

Ein Kunde macht auf MeineFreunde ein Kaufangebot, das für alle anderen Besucher sichtbar ist. Grundregel ist in derartigen Situationen, auf das bestehende Angebot – hier also auf die Vorverkaufsstellen bzw. den Online-Shop und die dortigen Preise – zu verweisen. Auf das Angebot öffentlich einzugehen, könnte andere Kunden zu ähnlichen Angeboten animieren.

Martina Kleeve

Ich bin wirklich enttäuscht! Ich habe das Konzert mit Fatih MC im Airfield besucht. Die Einlasskontrollen haben ewig gedauert, der Laden war so voll, dass ich mich nicht bewegen konnte, und die Tonqualität war mies!! Das war ganz schlecht organisiert! Zu einem der Konzerte der Live in Bonn OHG gehe ich nie wieder!!

Einschätzung:

Eine Kundin beschwert sich auf MeineFreunde und greift das Unternehmen an. Grundregel bei derartigen Beschwerden ist es, höflich, sachlich und besonnen zu reagieren. Beachten Sie: Auch andere Kunden lesen mit, sie erwarten ebenfalls, immer höflich behandelt zu werden.

Versetzen Sie sich zur Lösung in den Kunden, um die Ursache des Ärgers zu verstehen. Gehen Sie auf diese Ursache ein und unterbreiten Sie einen sinnvollen Lösungsvorschlag.

Aufgaben

1   Seit einiger Zeit engagiert sich die Kundin Felicitas Herrmann sehr stark auf der
    MeineFreunde-Seite der Live in Bonn OHG. Sie beantwortet Fragen von anderen
    Kunden und postet Links, z. B. auf Veranstaltungsorte, Künstlerinformationen oder
    Kritiken zu Konzerten in regionalen Tageszeitungen. Sie ist dabei stets freundlich
    und zuvorkommend. Oft hat sie sich schon lobend über Veranstaltungen der Live
    in Bonn OHG und das Unternehmen geäußert.

    Sie möchten Felicitas Herrmann anbieten, ihr starkes Engagement auf der Meine-
    Freunde-Seite angemessen zu würdigen. Sie überlegen sich deshalb, ihr dort ein
    eigenes „Gesicht" zu geben, damit auch die anderen Kunden wissen, wer so hilfsbe-
    reit und freundlich ist. Wie könnte man Felicitas Herrmann in MeineFreunde
    einbeziehen?

2   Nach einem halben Jahr möchte Florian Hamm überprüfen, in wieweit der Auftritt
    der Live in Bonn OHG im sozialen Netzwerk MeineFreunde einen Werbeeffekt ge-
    bracht hat. Machen Sie Vorschläge, mit welchen Kennzahlen bzw. Daten er den
    Werbeerfolg messen könnte.

3   Recherchieren Sie in den sozialen Netzwerken, die Sie auch privat nutzen. Suchen
    Sie einen Unternehmensauftritt, der Ihrer Meinung nach ein Beispiel für einen ge-
    lungenen Kundendialog darstellt.

    a) Begründen Sie (z. B. mit einer kleinen Präsentation), warum Sie dieses Beispiel
       gelungen finden.
    b) Erläutern Sie die Ziele, die das Unternehmen mit dieser Präsenz in dem sozialen
       Netzwerk verfolgt.
    c) Erläutern Sie anhand Ihres Beispiels den Zusammenhang zwischen Kunden-
       kommunikation, Kundendialog, Kundenzufriedenheit und Kundenbindung.

4   Die Drogerie AG möchte auch eine Unternehmensseite auf MeineFreunde ein-
    richten.

    a) Begründen Sie, warum die Drogerie AG diesen Schritt machen möchte.
    b) Wie kann die Drogerie AG dafür sorgen, dass der Auftritt erfolgreich wird und
       langfristig auch erfolgreich bleibt?
    c) Machen Sie Vorschläge, wie die Drogerie AG den MeineFreunde-Auftritt nutzen
       kann, um mit (potenziellen) Kunden in den Kundendialog zu treten.

Lernsituation 50

Ein Tag an der Kasse – das Kassenbuch führen

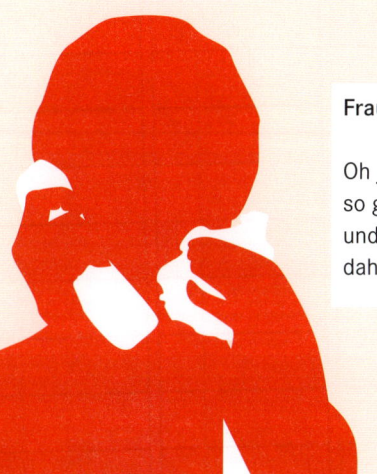

Frau Brummer

Guten Morgen, Annika. Könntest du heute …

Annika (Tochter von Frau Brummer)

Guten Morgen. Was ist denn mit dir los?
Du hörst dich ja überhaupt nicht gut an!

Frau Brummer

Oh ja. Mir ging's gestern Abend schon nicht
so gut, aber heute Morgen … Fieber, Husten
und diese Kopfschmerzen. … Könntest du
daher für mich den Kiosk heute übernehmen?

Annika

Dann bleib' heute im Bett und erhol' dich.
Ich übernehme den Kiosk!

Frau Brummer

Du findest alle Unterlagen in meinem Büro im Schreibtisch und das Wechselgeld liegt im Tresor. Die Nummer
hierfür ist 16-43-50-38. Vielleicht kannst du heute
Abend die Kasse dann auch noch abschließen, das wäre
sehr nett… Danke dir.

Annika

Erhol' dich und ich komm' heute Abend
einmal bei dir vorbei…

Komplettes Neuland ist das für Annika Brummer nicht, denn sie hat früher schon gelegentlich im Kiosk ihrer Mutter ausgeholfen. Als sie heute dort ankam, holte sie sich
erst einmal das Wechselgeld in Höhe von 435,22 € aus dem Tresor und füllte die
Regale auf.

Annika Brummer ist fix und fertig, als sie den Kiosk abends schließt. Gefühlt waren
alle Mitarbeiter der BE Partners KG am Kiosk und das gleich mehrmals! Jetzt muss sie
den Kiosk noch etwas aufräumen und … Moment – ihre Mutter bat sie ja noch, die
Kasse gleich abzuschließen. Sie holt sich hierzu die Unterlagen aus dem Schreibtisch
und beginnt die Bargeldzählliste auszufüllen – doch wie war das mit dem Kassenbuch
noch gleich?

1 Verschaffen Sie sich zunächst einen Überblick über alle Vorgänge am Kiosk an diesem Tag[1] und klären Sie, welche Auswirkung diese jeweils auf die Kasse hatten.

1 S. 97 und 98

2 Tragen Sie alle Vorgänge in das noch leere Kassenbuchformular ein und wählen Sie passende Bezeichnungen.

3 Ermitteln Sie die Summe aller Ein- und Auszahlungen sowie den Endbestand der Kasse am Abend des Tages. Vergleichen Sie diesen mit der tatsächlich vorhandenen Geldmenge und schließen Sie dann das Kassenbuch ab.

Vorlagen/
Kassenbuch

Kassenbuch

Für: _____

Datum: _____
Blatt: _____

Lfd. Nr.	Beleg-nummer	Text/Vorgang	Einzahlung €	Ct.	Auszahlung €	Ct.
1						
2						
3						
4						
5						
6						
7						
8						
9						
10						
11						
12						
13						
14						
15						
		Summe				

Summe Einzahlungen		
– Summe Auszahlungen		
= Endbestand		

Unterschrift

Bargeldzählliste

Für: _Margarethe Brummer_ Datum: _26.09.20XX_ Blatt: _1_

Geldsorte	Anzahl	Auszahlung Ct.
Banknoten		
500,00	—	
200,00	—	
100,00	1	100 00
50,00	3	150 00
20,00	3	60 00
10,00	8	80 00
5,00	7	35 00
Zwischensumme		425 00
Münzen		
2,00	18	36 00
1,00	15	15 00
0,50	29	14 50
0,20	24	4 80
0,10	51	5 10
0,05	38	1 90
0,02	18	0 36
0,01	41	0 41
Zwischensumme		78 07
Gesamter Bargeldbestand		503 07

1

```
          Margarethe Brummer e.K.
       * Kiosk bei der BE Partners KG *
      Schlesienstraße 490-492, 53119 Bonn
                Tel.: 0228 48473
             Ust-IdNr. DE 145 393 304
             Mo.-Fr.: 09:00-17:00 Uhr

   FZ10   Kasse 01         Bon 000015

   Menge  Artikel                         *
   1      Sandwich, belegt (Käse, Salat) 2,30  2,30 2
   1      Obstbecher              1,45  1,45 2

                      Summe        3,75 EUR
                      gegeben      5,00 EUR
                      Bar zurück   1,25 EUR

               - Mehrwertsteuerausweis -
        *   MWSt   St-Betrag   Nettobetrag
        1   19%    0,00 EUR      0,00 EUR
        2   7%     0,25 EUR      3,50 EUR

          Es bediente Sie Frau Brummer.
```

2

```
          Margarethe Brummer e.K.
       * Kiosk bei der BE Partners KG *
      Schlesienstraße 490-492, 53119 Bonn
                Tel.: 0228 48473
             Ust-IdNr. DE 145 393 304
             Mo.-Fr.: 09:00-17:00 Uhr

   FZ10   Kasse 01         Bon 000016

   Menge  Artikel                         *
   2      Butterbreze            1,50  3,00 2
   1      Salat (Hähnchenbrust), Dressing 5,20  5,20 2
   2      Obst (Apfel, Banane, Kiwi, Oran 0,50  1,00 2

                      Summe        9,20 EUR
                      gegeben     10,00 EUR
                      Bar zurück   0,80 EUR

               - Mehrwertsteuerausweis -
        *   MWSt   St-Betrag   Nettobetrag
        1   19%    0,00 EUR      0,00 EUR
        2   7%     0,60 EUR      8,60 EUR

          Es bediente Sie Frau Brummer.
```

3

```
          Margarethe Brummer e.K.
       * Kiosk bei der BE Partners KG *
      Schlesienstraße 490-492, 53119 Bonn
                Tel.: 0228 48473
             Ust-IdNr. DE 145 393 304
             Mo.-Fr.: 09:00-17:00 Uhr

   FZ10   Kasse 01         Bon 000017

   Menge  Artikel                         *
   1      Sandwich, belegt (vegetarisch) 1,80  1,80 2
   1      Schokoladenriegel mit Trauben/N 1,00  1,00 2

                      Summe        2,80 EUR
                      gegeben      3,00 EUR
                      Bar zurück   0,20 EUR

               - Mehrwertsteuerausweis -
        *   MWSt   St-Betrag   Nettobetrag
        1   19%    0,00 EUR      0,00 EUR
        2   7%     0,18 EUR      2,62 EUR

          Es bediente Sie Frau Brummer.
```

4

```
          Margarethe Brummer e.K.
       * Kiosk bei der BE Partners KG *
      Schlesienstraße 490-492, 53119 Bonn
                Tel.: 0228 48473
             Ust-IdNr. DE 145 393 304
             Mo.-Fr.: 09:00-17:00 Uhr

   FZ10   Kasse 01         Bon 000018

   Menge  Artikel                         *
   1      Salat (Schinken und Ei), Dressi 4,50  4,50 2
   1      Warmer Leberkäse, Beilage 5,50  5,50 2

                      Summe       10,00 EUR
                      gegeben     10,00 EUR
                      Bar zurück   0,00 EUR

               - Mehrwertsteuerausweis -
        *   MWSt   St-Betrag   Nettobetrag
        1   19%    0,00 EUR      0,00 EUR
        2   7%     0,65 EUR      9,35 EUR

          Es bediente Sie Frau Brummer.
```

5

```
          Margarethe Brummer e.K.
       * Kiosk bei der BE Partners KG *
      Schlesienstraße 490-492, 53119 Bonn
                Tel.: 0228 48473
             Ust-IdNr. DE 145 393 304
             Mo.-Fr.: 09:00-17:00 Uhr

   FZ10   Kasse 01         Bon 000019

   Menge  Artikel                         *
   1      Schnitzel, Pommes Frites 6,25  6,25 2
   1      Pudding                 1,25  1,25 2
   1      Schokoladenriegel       1,00  1,00 2

                      Summe        8,50 EUR
                      gegeben      9,00 EUR
                      Bar zurück   0,50 EUR

               - Mehrwertsteuerausweis -
        *   MWSt   St-Betrag   Nettobetrag
        1   19%    0,00 EUR      0,00 EUR
        2   7%     0,56 EUR      7,94 EUR

          Es bediente Sie Frau Brummer.
```

6

```
        Margarethe Brummer e.K.
     * Kiosk bei der BE Partners KG *
    Schlesienstraße 490-492, 53119 Bonn
             Tel.: 0228 48473
         Ust-IdNr. DE 145 393 304
          Mo.-Fr.: 09:00-17:00 Uhr


FZ10    Kasse 01        Bon 000020

Menge  Artikel
1      Salat (Shrimps), Dressing        *
1      Breze              4.90   4.90   2
                         1.00   1.00   2
                        _____
                  Summe        5.90 EUR
                  gegeben      6.00 EUR
                  Bar zurück   0.10 EUR

        - Mehrwertsteuerausweis -
       *   MWSt  St-Betrag   Nettobetrag
       1   19%   0.00 EUR     0.00 EUR
       2    7%   0.39 EUR     5.51 EUR

    Es bediente Sie Frau Brummer.
```

7

```
        Margarethe Brummer e.K.
     * Kiosk bei der BE Partners KG *
    Schlesienstraße 490-492, 53119 Bonn
             Tel.: 0228 48473
         Ust-IdNr. DE 145 393 304
          Mo.-Fr.: 09:00-17:00 Uhr


FZ10    Kasse 01        Bon 000021

Menge  Artikel
1      Schnitzel, Pommes Frites         *
1      Obstbecher         6.25   6.25   2
                         1.45   1.45   2
                        _____
                  Summe        7.70 EUR
                  gegeben     10.00 EUR
                  Bar zurück   2.30 EUR

        - Mehrwertsteuerausweis -
       *   MWSt  St-Betrag   Nettobetrag
       1   19%   0.00 EUR     0.00 EUR
       2    7%   0.50 EUR     7.20 EUR

    Es bediente Sie Frau Brummer.
```

8

```
        Margarethe Brummer e.K.
     * Kiosk bei der BE Partners KG *
    Schlesienstraße 490-492, 53119 Bonn
             Tel.: 0228 48473
         Ust-IdNr. DE 145 393 304
          Mo.-Fr.: 09:00-17:00 Uhr


FZ10    Kasse 01        Bon 000022

Menge  Artikel                          *
1      Salat (Hähnchenbrust), Dressing 5.20  5.20  2
1      Butterbreze        1.50   1.50   2
1      Obstbecher         1.45   1.45   2
                        _____
                  Summe        8.15 EUR
                  gegeben      8.50 EUR
                  Bar zurück   0.35 EUR

        - Mehrwertsteuerausweis -
       *   MWSt  St-Betrag   Nettobetrag
       1   19%   0.00 EUR     0.00 EUR
       2    7%   0.53 EUR     7.62 EUR

    Es bediente Sie Frau Brummer.
```

9

```
        Margarethe Brummer e.K.
     * Kiosk bei der BE Partners KG *
    Schlesienstraße 490-492, 53119 Bonn
             Tel.: 0228 48473
         Ust-IdNr. DE 145 393 304
          Mo.-Fr.: 09:00-17:00 Uhr


FZ10    Kasse 01        Bon 000023

Menge  Artikel                          *
2      Sandwich, belegt (Wurst, Salat) 2.30  4.60  2
1      Obst (Apfel, Banane, Kiwi, Oran 0.50  0.50  2
                        _____
                  Summe        5.10 EUR
                  gegeben      5.20 EUR
                  Bar zurück   0.10 EUR

        - Mehrwertsteuerausweis -
       *   MWSt  St-Betrag   Nettobetrag
       1   19%   0.00 EUR     0.00 EUR
       2    7%   0.33 EUR     4.77 EUR

    Es bediente Sie Frau Brummer.
```

10

```
        Margarethe Brummer e.K.
     * Kiosk bei der BE Partners KG *
    Schlesienstraße 490-492, 53119 Bonn
             Tel.: 0228 48473
         Ust-IdNr. DE 145 393 304
          Mo.-Fr.: 09:00-17:00 Uhr


FZ10    Kasse 01        Bon 000024

Menge  Artikel
1      Salat (Schafskäse), Dressing     *
1      Breze              4.50   4.50   2
                         1.00   1.00   2
                        _____
                  Summe        5.50 EUR
                  gegeben      7.00 EUR
                  Bar zurück   1.50 EUR

        - Mehrwertsteuerausweis -
       *   MWSt  St-Betrag   Nettobetrag
       1   19%   0.00 EUR     0.00 EUR
       2    7%   0.36 EUR     5.14 EUR

    Es bediente Sie Frau Brummer.
```

11

GastroService GmbH

GastroService GmbH | Berliner Straße 93 | 44866 Bochum

M. Brummer e.K.
Schlesienstraße 480 – 492
53119 Bonn

Rechnung-Nr. / Datum: 249374 / 26.09.20XX
Kd.-Nr.: 8473
Ansprechpartner: Hr. Griehle

Menge	Art.-Nr.	Bezeichnung	Einzelpreis (netto)	Gesamtpreis
4 Pk.	934p	Schokoriegel, diverse Sorten	31,50 €	126,00 €
8 Pk.	847x	Plastikbecher mit Deckel	18,75 €	150,00 €
15 Pk.	2748	Servietten, weiß, Papier	5,75 €	86,25 €

		Gesamtwert (netto)		362,25 €
		+ 19 % USt.		68,83 €
		Gesamtwert (brutto)		431,08 €

Arbeitsblatt 50.1 Eine Kasse führen – so wird´s gemacht

Halten Sie sich die wesentlichen Schritte bei der Führung einer Kasse hier nochmals schematisch fest. Achten Sie dabei auf eine sinnvolle zeitliche (chronologische) Reihenfolge der Arbeitsschritte.

Vortag

Am Ende des Tages wird das Kassenbuch abgeschlossen und der Bargeldbestand im Tresor verwahrt.

Heute

Geschäfte mit Kunden und Lieferanten verändern _den täglichen Bestand an Bargeld in der Kasse_.

Einzahlung = _Annahme von Bargeld bei Verkauf von Waren an Kunden_

Auszahlung = _Abgabe von Bargeld bei Einkauf von Waren oder Rückgabe von Kunden_

Umsatz = _Differenz zwischen Ein- und Auszahlungen eines Tages_

Anfangsbestand Vortag
+ Einzahlungen
- Auszahlungen
= Endbestand (EB)

Am Ende des Tages wird die Kasse abgeschlossen:

Das **Kassenbuch** ermittelt den	Die **Bargeldzählliste** ermittelt den
Sollbestand an Bargeld, d.h. rechnerischen Bestand	Istbestand an Bargeld, d.h. tatsächlichen Bestand

Stimmen der Soll- und Istbestand überein, so liegt keine Kassendifferenz vor, also weder Überschuss noch Fehlbetrag.

ZEIT

Ursachen für Kassendifferenzen:

Verzählen bei Annahme, Belege fehlen, Trinkgeld in der Kasse, falsches Wechselgeld, falsche Einträge ins Kassenbuch

Was ist bei der Kassenbuchführung zu beachten?

- chronologische Reihenfolge, sachlich richtige Eintragung
- kein Eintrag ohne Beleg
- jede Eintragung muss dauerhaft lesbar und gut erkennbar sein, d.h. kein Radieren, löschen von Einträgen
- Aufbewahrung : 10 Jahre

Folgetag

Aufgaben

1 Überlegen Sie sich verschiedene Geschäftsvorgänge, die täglich am Kiosk von Frau Brummer anfallen. Stellen Sie diese Geschäfte dar, indem Sie die jeweils zugrunde liegenden Güter- und Geldströme grafisch darstellen.

Beispiel 1: Verkauf von selbst hergestellten Sandwiches gegen Barzahlung von 10,75 €

Güterstrom: selbst hergestellte Sandwiches; Wert 10,75 €
Geldstrom: Bargeld 10,75 €

Beispiel 2: _____

Beispiel 3: _____

Beispiel 4: _____

Beispiel 5: _____

2 Durch die vielen unterschiedlichen Kauf- und Verkaufsvorgänge erhält Frau Brummer einerseits Geld von ihren Kunden, aber sie gibt auch Wechselgeld wieder heraus. Weshalb ist es daher sinnvoll, nur den jeweils zu zahlenden Geldbetrag im Kassenbuch zu dokumentieren und nicht etwa das erhaltene Bargeld und das zurückgegebene Wechselgeld selbst?

3 Die Poststelle bei der BE Partners KG unterhält eine kleine Portokasse. Bei der letzten Bestandsaufnahme waren ein Bargeldbestand von 175,50 € sowie Briefmarken im Wert von 3,45 € vorhanden. Im Laufe des Tages wurden neue Briefmarken eingekauft. Am Tagesende fällt beim Führen des Postbuches auf, dass 1,75 € in der Kasse fehlen.

a) Wie kann dieser Fehlbetrag entstanden sein?
b) Wie wird dieser Fehlbetrag im Postbuch vermerkt?
c) Welcher Endbestand ergibt sich für das Postbuch am Ende des Tages?

```
Deutsche Post AG
53119 Bonn
829183748
                      15.10.20XX

7027
Postwertzeichen ohne Zuschlag
*0,60 EUR  20St.   12,00 EUR A
*1,45 EUR  20St.   29,00 EUR A

Bruttoumsatz       *41,00 EUR
mehrwertsteuerbefreit A
Nettoumsatz A      *41,00 EUR

Vielen Dank für Ihren Besuch.
Ihre Deutsche Post AG
```

4 In vielen Unternehmen werden Kassenbücher geführt. Gehen Sie in Ihrem Ausbildungsunternehmen auf Erkundungstour und finden Sie heraus, in welchen Bereichen ein Kassenbuch oder ähnliche Bücher geführt werden. Erkunden Sie auch, welche Informationen in diesen Büchern jeweils dokumentiert werden.

5 Mit dem Kassenbuch sind viele verschiedene Begriffe verbunden. Das nachfolgende Wortgitter enthält eine Reihe wichtiger Fachbegriffe. Wie viele finden Sie?

D	E	H	K	U	L	F	D	A	K	P	Z	V	R	K	E	G	E	F	E
Z	N	E	R	E	F	F	I	D	N	E	S	S	A	K	T	K	H	W	P
R	T	A	T	X	Z	R	G	G	L	A	I	T	C	K	S	B	E	F	D
M	X	L	T	G	E	N	D	B	E	S	T	A	N	D	H	R	L	E	M
F	N	Y	X	S	K	N	N	S	U	E	E	A	O	I	T	S	E	H	V
R	C	L	S	K	E	H	L	T	N	E	F	E	Y	Z	C	S	I	L	P
I	O	S	X	A	J	B	U	P	R	P	H	F	U	J	X	U	S	B	R
V	L	D	L	S	W	K	S	F	U	A	I	F	A	S	J	H	T	E	P
O	U	N	K	S	E	J	Z	G	O	B	L	T	A	A	H	C	U	T	R
H	F	A	W	E	R	G	W	O	N	U	I	L	D	I	K	S	N	R	P
K	S	T	X	N	T	F	X	M	S	A	D	K	H	Z	Q	R	G	A	C
K	M	S	X	B	A	Q	T	S	D	O	F	P	O	Q	C	E	Z	G	B
H	V	E	W	U	B	F	Y	K	X	S	K	N	S	W	F	B	F	X	T
B	I	B	C	C	F	D	D	G	P	H	T	R	A	J	O	E	C	S	H
P	J	T	K	H	L	X	X	C	C	J	E	Y	T	R	E	U	R	Q	U
Z	Y	S	Z	K	U	E	G	E	G	E	N	L	E	I	S	T	U	N	G
M	Z	I	L	Q	S	B	E	I	N	Z	A	H	L	U	N	G	R	E	M
F	N	E	E	J	S	G	S	D	N	J	I	K	I	Q	L	X	I	U	M
J	C	K	S	O	L	L	B	E	S	T	A	N	D	D	O	S	O	Q	J
R	G	N	U	L	H	A	Z	S	U	A	N	L	V	F	Q	Z	R	O	L

Lernsituation 51

Wertpositionen im Unternehmen identifizieren

In der Berufsschule haben Tüley Öztürk und Florian Hamm, die Auszubildenden der BE Partners KG, bereits die ersten Stunden in Buchführung hinter sich und finden das bisher sehr spannend. Kein Wunder, dass sie ihrem Ausbildungsleiter Herrn Seydlitz kurze Zeit später davon berichten. Sie erzählen ihm von unterschiedlichen betrieblichen Prozessen, die sie in der Schule näher betrachtet haben, angefangen bei Beschaffung und Produktion bis hin zu den einzelnen Verkaufs- und Zahlungs-vorgängen … Letztlich, so meinen die beiden, dreht sich in der Buchführung alles um einige wenige Fachbegriffe wie Roh- und Hilfsstoffe, Verbindlichkeiten, Forderungen usw.

Herr Seydlitz muss bei diesen Erzählungen ein wenig schmunzeln. Denn in der Reali-tät steckt noch viel mehr hinter diesen betrieblichen Prozessen, als die Buchführung mit einigen Fachbegriffen zum Ausdruck bringen kann. Er entscheidet daher, die beiden auf zwei Erkundungstouren durch die BE Partners KG zu schicken …

Erkundungsauftrag 1: Ab in die Produktion

Herr Seydlitz schickt die beiden Auszubildenden zunächst in die Werbeabteilung und in die Druckerei. Während es in der Druckerei um die Herstellung der Produkte geht, wird in der Werbeabteilung eher kreativ gearbeitet. Aus Sicht der Buchführung sind die beiden Bereiche aber gar nicht so unterschiedlich. Daher sollen sich die Auszu-bildenden in den Abteilungen umsehen und dort eingesetzte Ressourcen als Foto fest-halten. Außerdem sollen sie sich mit den jeweiligen Arbeitsschritten und Prozessen näher vertraut machen, um mögliche Gemeinsamkeiten herauszufinden.

Blick in die Werbeabteilung

Streifzug durch die Druckerei und das Lager

1 Sehen Sie sich virtuell in der Druckerei und der Werbeabteilung der BE Partners KG um und entdecken Sie die verschiedenen Arbeitsschritte bei der Herstellung der Produkte und Dienstleistungen.

2 Ergänzen Sie die erkannten Arbeitsschritte mit den dafür eingesetzten Ressourcen, also den Materialien und Betriebsmitteln.

3 Machen Sie sich mit den jeweiligen Fachbegriffen dieser Ressourcen vertraut. Zu welchem Fazit dürften Sie wie auch die Auszubildenden der BE Partners KG an dieser Stelle gekommen sein?

Erkundungsauftrag 2: Alles dreht sich um's Geld

Am dritten Tag sind die beiden Auszubildenden dann in der Buchhaltung. Und hier wartet Tanja Wagner, die Sachbearbeiterin Rechnungswesen, bereits mit einer spannenden Alltagsaufgabe auf sie: Letzte Woche wurde eine größere Lieferung diverser Papiersorten beim Stammlieferanten der BE Partners KG bezogen und die Rechnung steht noch zur Zahlung aus. Wird diese nun bis zum 31.10.20XX bezahlt, so gestattet der Lieferant den Abzug eines Preisnachlasses (Skonto) in Höhe von 572,16 €. Der gesamte Zahlungsbetrag würde dann auf 18.500,00 € sinken – und das wäre natürlich sehr wünschenswert. Allerdings ist dies nur machbar, wenn die vorhandenen Geldmittel zu diesem Stichtag für die Zahlung ausreichen. Das Geschäftsgirokonto der BE Partners KG soll keinesfalls durch die Zahlung überzogen werden.

Neben den notwendigen Unterlagen hat Tanja Wagner auch noch die beiden folgenden Informationen zur Hand:

– Eine vorhandene Porto- und Tankkasse enthält gegenwärtig 182,50 €.
– Bei Thomas Martin in der Druckerei ist ebenfalls eine kleine Handkasse über
  475,43 € vorhanden, über die Bargeschäfte mit Kunden abgewickelt werden.

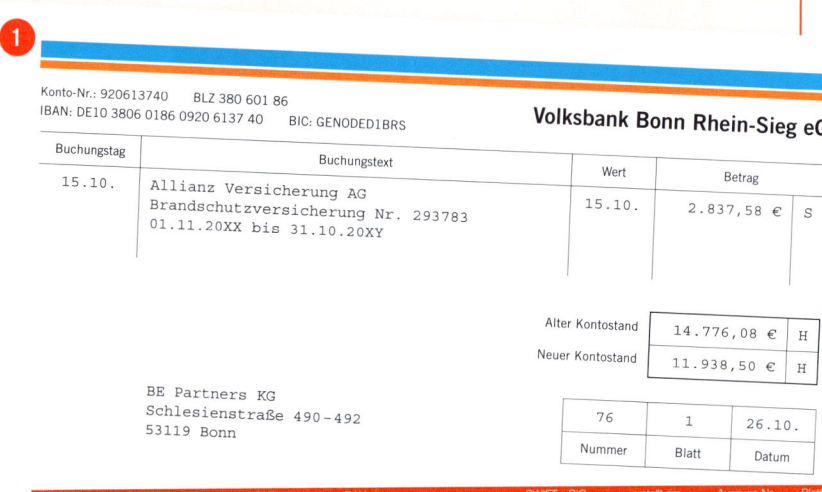

① Volksbank Bonn Rhein-Sieg eG

Konto-Nr.: 920613740 BLZ 380 601 86
IBAN: DE10 3806 0186 0920 6137 40 BIC: GENODED1BRS

Buchungstag	Buchungstext	Wert	Betrag	
15.10.	Allianz Versicherung AG Brandschutzversicherung Nr. 293783 01.11.20XX bis 31.10.20XY	15.10.	2.837,58 €	S

Alter Kontostand	14.776,08 €	H
Neuer Kontostand	11.938,50 €	H

BE Partners KG
Schlesienstraße 490–492
53119 Bonn

76	1	26.10.
Nummer	Blatt	Datum

②

Deutsche Post AG
53119 Bonn
829183748   31.10.20XX

4186
Postwertzeichen ohne Zuschlag
*1,45 EUR 25St.   36,25 EUR A

Bruttoumsatz   *36,25 EUR
mehrwertsteuerbefreit A
Nettoumsatz A   *36,25 EUR

Vielen Dank für Ihren Besuch.
Ihre Deutsche Post AG

Kontoinhaber	Kontonummer	BLZ	IBAN	SWIFT – BIC	erstellt am	Auszugs-Nr.	Blatt
BE Partners KG	900 521 866	370 501 98	DE90 3705 0198 0900 5218 66	COLSDE33XXX	25.10.20XX	124	1

Sparkasse KölnBonn

Bu.-Tag	Wert	Vorgang	Soll	Haben
		alter Kontostand		38.294,56 €
21.10.	21.10.	DN Drogerie AG, Re-Nr. 18372/20XX Kd-Nr. 10016		14.735,48 €
21.10.	21.10.	Bromberger Druckmaschinen GmbH Re-Nr. 238737	6.834,17 €	
25.10.	25.10.	Live in Bonn, Kd-Nr. 10036 Re-Nr. 20491/20XX		412,93 €
		neuer Kontostand		46.608,80 €

③

BE Partners KG
Schlesienstraße 490–492
53119 Bonn

④ Empfangsbescheinigung
für Barauszahlung vom eigenen Konto

Sparkasse KölnBonn

Mit Ihrer Unterschrift bestätigen Sie, den unten maschinell abgedruckten Betrag zur Auszahlung vom bezeichneten Konto erhalten zu haben.

Unterschrift: *E. Bernle*

Datum	Konto-Nr.	Mehrzweckfeld	Konto-Inhaber	Betrag EUR
30.10.20XX 10:05:18	900521866	51 938A	BE Partners KG	***250,00 EUR

```
          SHELL STATION
         Benjamin Lerchel GmbH
         Rudolf-Hahn-Straße 34
             53225 Bonn
Obj.-Nr.: 0000000837   Tel. 0228 393282
         Fax. 0228 393290

Steuer-Nr. Station: 133/3827/4938
Steuer-Nr. Gesellschaft: DE 8111127597
Beleg-Nr. 8429/002/00002      28.10.   16:05

Kartenzahlung
*00004 V-Power                  74,66 EUR A*
*Zp 06     45,00 l   1,66 EUR/l            *

Gesamtbetrag                    74,66 EUR

Typ        Netto     Mwst       Brutto
A:19,00%   62,74     11,92      74,66

         ....................................
              ** Kundenbeleg **

Das o.g. Datum entspricht dem Rechnungs- und
Leistungsdatum.

         ....................................
            Pro Tank 1 Liter sparen
               *Shell Fuel Save*

         ....................................

  CLUBSMART-Karte    Bonus-Beleg

        Dieser Einkauf hätte Ihnen
        45 Bonuspunkte gebracht.
```

BE Partners KG

Sachbearbeiter: Tanja Wagner   Kreditoren   Datum: 15.10.20XX
                                                              Seite: 1

*** O F F E N E   P O S T E N   L I S T E ***

Lief.Nr.	Name	Re-Betrag (gesamt, brutto)	Fälligkeit
45024	Tim Rittlerner Fotografie	574,77 EUR	05.11.
45027	Traumbild Model Köln GmbH	258,23 EUR	28.10.
45048	Film- und Fotohandel Riekner e. K.	1.007,93 EUR	20.11.
45055	Eulenberger & Samtmann Textil-großhandel GmbH & Co KG	410,55 EUR	27.10.
45062	Bromberger Druckmaschinen GmbH	6.834,17 EUR	21.10.
45064	Bergisches Papierkontor GmbH	40.850,32 EUR	10.11.
45067	apv Augsburger Papierveredelungs-gesellschaft mbH	26.053,86 EUR	30.10.
45079	Cellulosa Papper AB	11.587,03 EUR	25.10.
45091	TrueBlue Druckfarben OHG	42.220,01 EUR	18.11.
45094	ARA Echtfarbengroßhandel GmbH	22.946,77 EUR	16.10.
	Summe	152.743,64 EUR	

BE Partners KG

Sachbearbeiter: Tanja Wagner   Debitoren   Datum: 15.10.20XX
                                                            Seite: 1

*** O F F E N E   P O S T E N   L I S T E ***

Kd.-Nr.	Name	Re-Nr.	Re-Betrag (gesamt, brutto)	Fälligkeit
24011	Beska GmbH	17263/20XX	7.119,18 EUR	28.10.
24012	Goldregen Einkaufszentrum GmbH	17299/20XX	9.963,87 EUR	16.10.
24013	Ottos Bücherladen e. K.	17384/20XX	1.533,91 EUR	10.11.
24016	DN Drogerie AG	18372/20XX	14.735,48 EUR	20.10.
24019	Autohaus Wünschle KG	19082/20XX	3.376,03 EUR	29.10.
24021	Bäckerei Özcal	19827/20XX	681,87 EUR	06.11.
24023	Fit & Flott Reifenservice Holding AG	20019/20XX	2.508,52 EUR	20.11.
24028	Feinkost Brause OHG	20028/20XX	1.234,03 EUR	18.10.
24036	Live in Bonn	20491/20XX	412,93 EUR	23.10.
24037	Hard- und Software Handels- und Beratungshaus GmbH	20999/20XX	3.372,46 EUR	19.11.
24041	Evis Friseursalon	21634/20XX	622,37 EUR	07.11.
24045	Euler Schulbuchverlag KG	22753/20XX	6.394,94 EUR	26.10.
	Summe		51.955,59 EUR	

1 Verschaffen Sie sich zunächst einen Überblick über die vorhandenen Daten und Informationen aus der Buchführung der BE Partners KG.

2 Stellen Sie fest, welche Belege und Vorgänge jeweils die folgenden Wertpositionen betreffen: Kasse (Bargeld), Bankguthaben, Forderungen und Verbindlichkeiten.

3 Ermitteln Sie den Endbestand dieser Wertpositionen zum Stichtag 31.10.20XX.

4 Über welchen Betrag kann die BE Partners KG maximal und sinnvollerweise am Stichtag verfügen?

5 Entscheiden Sie, ob die Lieferantenrechnung unter Abzug des Preisnachlasses vorzeitig bezahlt werden kann.

Arbeitsblatt 51.1 Mit Kunden und Lieferanten Geschäfte tätigen

Durch das Bearbeiten der Handlungsaufträge haben Sie viele Fachbegriffe kennen gelernt.
Fassen Sie die wichtigsten Erkenntnisse in der nachfolgenden Übersicht zusammen.

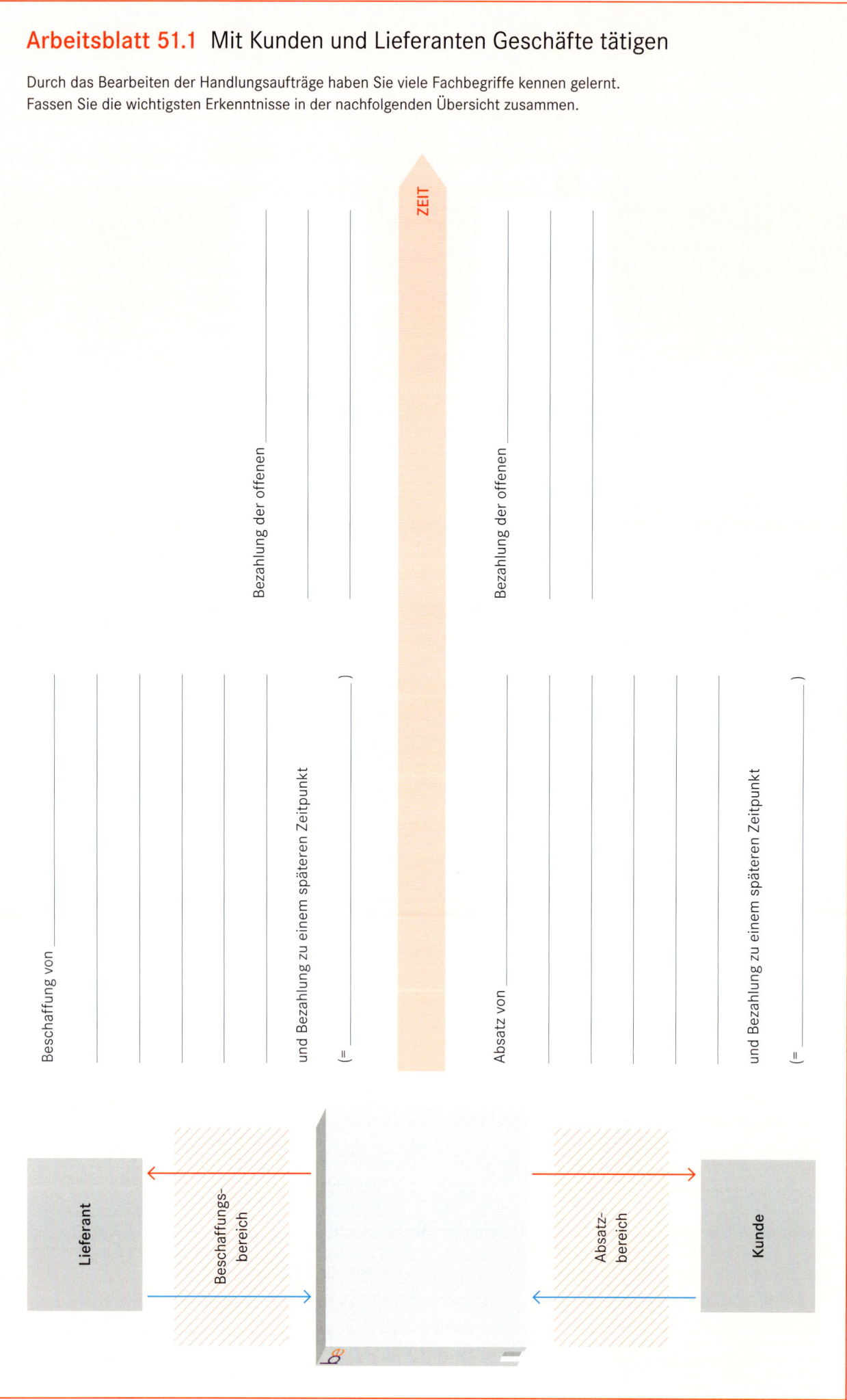

Aufgaben

1 Gehen Sie in Ihrem Ausbildungsbetrieb auf virtuelle oder tatsächliche Erkundung und finden Sie heraus, welche Materialien oder Ressourcen dort als Roh-, Hilfs-, Betriebsstoff und Vorprodukt jeweils eingesetzt werden.

2 Bei der BE Partners KG unterscheidet man Handelsware und Umsatzerlöse für Handelsware. Erläutern Sie an einem Beispiel aus dem Sortiment der BE Partners KG den Unterschied.[1]

1 Vgl. Leistungen der BE Partners KG, S. 10

3 Die folgenden Beispiele beschreiben verschiedene Formen von Zahlungsmöglichkeiten. Geben Sie jeweils an, um welche Zahlungsform es sich handelt.

a) Eine Kundin nimmt ihr Portemonnaie aus der Tasche, um die gekauften Produkte zu bezahlen.

b) Nach Hingabe der Girocard erhält die Kundin den Kassenbon mit der Bitte, diesen auf der Rückseite zu unterschreiben.

c) Bei Anlieferung der Rohstoffe erhielt die BE Partners KG bereits einen Lieferschein; kurze Zeit später trifft die entsprechende Rechnung per Post ein.

d) Für das erstellte Werbekonzept schickt die BE Partners KG per Post die Rechnung an den Friseurladen.

e) Beim Zahlungsvorgang tippt der Kunde seine PIN-Nummer der Girocard in das electronic cash-Gerät ein.

4 Wertströme stellen wirtschaftliche Vorgänge in der Sprache der Buchführung dar. Stellen Sie für die folgenden Vorgänge die Wertströme grafisch dar.

	Geschäftsfall	Wertströme	
a)	Tankvorgang (Beleg ⑤, S. 105)		Shell Station
b)	Barabhebung vom Geschäftsgirokonto (Beleg ④, S. 105)		Sparkasse KölnBonn
c)	Kauf von Briefmarken (Beleg ②, S. 104)		Post AG
d)	Bezahlung der offenen Rechnung der Bromberger Druckmaschinen GmbH (Beleg ③, S. 104)		Bromberger Druckmaschinen GmbH
e)	Zahlungseingang des Kunden Live in Bonn (Beleg ③, S. 104)		Live in Bonn
f)	Überweisung der Versicherungsprämie an die Allianz Versicherung AG (Beleg ①, S. 104)		Allianz Versicherung AG

5 Finden Sie verschiedene wirtschaftliche Vorgänge bei der BE Partners KG wie auch in Ihrem Ausbildungsbetrieb und beschreiben Sie die dazugehörigen Wertströme (Zufluss und Abfluss).

BE Partners KG	Wertzufluss	Wertabfluss
a)		
b)		
c)		
d)		

Ausbildungsbetrieb

a)		
b)		
c)		
d)		

6 Die BE Partners KG tätigt sowohl bei der Beschaffung als auch beim Absatz von Waren Geschäfte auf Ziel.

  a) Welche Risiken geht die BE Partners KG mit der Gewährung von Forderungen grundsätzlich ein?
  b) Welche Probleme können beim Eingehen von Verbindlichkeiten für die BE Partners KG entstehen?
  c) Welche Gründe sprechen für das Gewähren von Forderungen bzw. das Eingehen von Verbindlichkeiten trotz der aufgezeigten Risiken?

7 Bei der Bezahlung von kleineren Verkaufsvorgängen fragen Kunden immer wieder nach dem Unterschied zwischen der Bezahlung mit der Girocard und einer PIN-Eingabe bzw. Leisten der Unterschrift. Welche Antwort geben Sie diesen Kunden?

8 Bei der Darstellung von Beschaffungs- oder auch Absatzvorgängen verzichtet man meist auf einzelne Güterströme und stellt nur Wertströme dar. Erläutern Sie den Grund für dieses Vorgehen.

9 Verbinden Sie die dargestellten Wertströme der linken Spalte mit den Geschäftsfällen der rechten Spalte

Wertströme	Geschäftsfall
1 Verbindlichkeiten ← Lieferant / Rohstoffe → Lieferant	**A** Der örtliche Stromanbieter rechnet die fällige Rechnung in Höhe von 2.458,50 € durch Bankeinzug ab.
2 Energie ← Lieferant / Bankguthaben → Lieferant	**B** Frau Bernle zahlt auf das Geschäftskonto der BE Partners KG 750,00 € in bar ein.
3 Forderungen → Kunde / Kasse ← Kunde	**C** Die BE Partners KG gibt eine Lieferung mangelhafter Papierrollen zurück und erhält hierüber eine Gutschrift über 3.859,65 €.
4 Bankguthaben ← Bank / Kasse → Bank	**D** Ein Kunde bezahlt seine offene Rechnung über insgesamt 45,50 € bar.

10 Waren können nicht nur sofort bar, sondern auch in vielen anderen Varianten bezahlt werden. Welche Zahlungsform bietet sich bei den folgenden Beispielen jeweils an? Unterscheiden Sie dabei nach Beschaffungs- und Absatzbereich.

		Beschaffungsbereich	Absatzbereich
a)	Pausenverkauf an Ihrer derzeitigen Berufsschule		
b)	eigenständiger Lebensmittelhändler		
c)	Wochenmarkt		
d)	Großhändler, der regionale Buchläden mit Waren versorgt		
e)	Apotheke		

11 Jetzt haben Sie sich intensiv mit vielen wichtigen Grundbegriffen beschäftigt. Finden Sie die passenden Fachbegriffe im folgenden Kreuzworträtsel.

Hinweis: Ü = Ü

Waagerecht: **2** Hauptbestandteile oder auch wesentliche Zutaten der selbst produzierten Waren; **5** Bezahlungsform, bei der Münzen und Banknoten ausgetauscht werden; **7** ergänzen das eigene Sortiment und werden von anderen Herstellern bezogen; **10** moderne Produktionsmaschinen benötigen dies, um betrieben zu werden; **11** wichtige Ressource nicht nur in der Produktion, sondern auch in der Verwaltung des Unternehmens; **12** einzelne Teile des Produkts, die bereits vollständig von anderen Lieferanten hergestellt sind; **13** Produkte des Sortiments, die selbst hergestellt werden; **14** Materialien zum Transport oder zum Schutz der Produkte; **15** unterschiedliche Betriebsmittel, mit denen u. a. Produkte zu Kunden transportiert werden können; **16** Bezahlung offener Rechnungen ohne Bargeld zu verwenden

Senkrecht: **1** Zahlungsversprechen gegenüber Lieferanten, die offene Rechnung zu einem späteren Zeitpunkt zu begleichen; **3** in der Produktion eingesetzte Betriebsmittel; **4** von Kunden erhaltene Zahlungsversprechen, die offenen Rechnungen zu einem späteren Zeitpunkt zu begleichen; **6** im Produkt enthaltene Bestandteile von geringer Menge und / oder geringem Wert; **8** verdeutlicht das im Unternehmen vorhandene Bargeld; **9** Materialien oder Stoffe, die zum störungsfreien Betrieb von Produktionsanlagen notwendig sind

Lernsituation 52

Wertströme im Unternehmen erkennen

Bei der BE Partners KG wird täglich eine Vielzahl an Belegen bearbeitet. In der Buchhaltung stapelt sich auch heute wieder eine Reihe von Belegen, die ganz unterschiedliche wirtschaftliche Vorgänge dokumentieren. Diese Geschäftsvorgänge haben z. B. Einfluss auf das Lager, die Produktion oder auch den Absatz der eigenen Produkte und Dienstleistungen. Aber wie genau?

1

Möbel-Maier OHG, Bonn, Leuchterstraße 17a, 51069 Köln

BE Partners KG
Schlesienstraße 490–492
53119 Bonn

Datum: 28.10.20XX
Kd-Nr.: 483/90
Auftrag vom: 15.10.20XX

Rechnung Nr. 943-7329

Sehr geehrte Damen und Herren,

gemäß Ihrem Auftrag lieferten wir die nachfolgend genannten Möbel und berechnen hierfür:

4 Aktenschränke, Modell Titanium 4c
Einzelpreis 262,60 €   1.050,40 €
gesamt   199,58 €
+ 19 % USt.   1.249,98 €
Zahlungsbetrag

Die Ware bleibt bis zur vollständigen Bezahlung in unserem Eigentum.
Zahlung ohne weitere Abzüge bis zum 20.11.20XX

Vielen Dank für Ihren Auftrag.

2

apv Augsburger Papierveredelungsgesellschaft mbH
Postfach 110782, 86032 Augsburg

BE Partners KG
Schlesienstraße 490–492
53119 Bonn

Re-Datum / Nr.: 15.10.20XX / 39347
Kd-Nr. : 847

Art.Nr.	Menge	Bezeichnung	Einzelpreis (netto)	Gesamtpreis
293x	18 R.	Druckpapier CX15, weiß	1.576,40 €	28.375,20 €
			+ 19 % USt.	5.391,29 €
			Rechnungsbetrag	33.766,49 €

Die Lieferung erfolgte frei Haus.
Zahlbar ohne Abzug bis 15.11.20XX

Legende: R. Rollen, Pk. Packungen (lose)

3

Quittung

EUR

Nr. 138

Netto

+ ___ % MwSt.

Gesamt   45 00

Betrag in Worten
--- fünfundvierzig ---

Cent wie oben

Aussteller
Erwerb gebrauchter Schreibmaschine

Empfänger
Tina Welkenbach

Verwendungszweck
Erwerb gebrauchter Schreibmaschine

Ort/Datum
Bonn, 20.10.20XX

BE Partners KG
Schlesienstraße 490–492
53119 Bonn
Stempel/Unterschrift des Empfängers

Buchungsvermerke

4

BE Partners KG, Postfach 10 01 04, 53100 Bonn

Nils Welter
Rosenweg 6
53225 Bonn

Ihr Zeichen:
Ihre Nachricht vom:
Unser Zeichen:
Unsere Nachricht vom:

Name: Laura Deneke
Telefon: +49 228 1236-252
Telefax: +49 228 1236-111
E-Mail: l.deneke@bepartners.de

Datum: 08.11.20XX

Praktikum in der Druckerei unseres Hauses

Sehr geehrter Herr Welter,

Ihr vierwöchiges Praktikum in unserem Unternehmen neigt sich nun dem Ende zu und wir möchten Ihnen nochmals für Ihr Interesse danken.

Wir hoffen, Sie konnten für Ihr Studium interessante Eindrücke gewinnen, und möchten Ihren Arbeitseinsatz mit einer kleinen Entschädigung in Höhe von 120,00 € honorieren.

Wir wünschen Ihnen für Ihren beruflichen Werdegang alles Gute.

Mit freundlichen Grüßen

BE Partners KG

ColorDiamond KG | Offenbacher Landstraße 49 | 60599 Frankfurt/Main

BE Partners KG
Schlesienstraße 490 – 492
53119 Bonn

ColorDiamondKG

Re-Nr. / Re-Datum: 0003894 / 05.11.20XX
Kd-Nr.: 0793BEP
Lieferschein-Nr.: 000389XL
Lieferung am: 04.11.20XX

Anzahl	Artikel	Einzelpreis	Gesamtpreis
5	Kartuschen, Farbe Blau (b29f)	378,50 €	1.892,50 €
4	Kartuschen, Farbe Gelb (g38d)	335,60 €	1.342,40 €
10	Kartuschen, Farbe Schwarz (s380)	410,25 €	4.102,50 €
	Rechnungsbetrag (netto)		7.337,40 €
	+ 19 % USt.		1.394,11 €
	Rechnungsbetrag (brutto)		8.731,51 €

Zahlung innerhalb von 30 Tagen ab Erhalt der Rechnung.
Wir danken für Ihren Auftrag.

Kontoinhaber	Kontonummer	BLZ	IBAN	SWIFT – BIC	erstellt am	Auszugs-Nr.	Blatt
BE Partners KG	900 521 866	370 501 98	DE90 3705 0198 0900 5218 66	COLSDE33XXX	28.11.20XX	98	1

Sparkasse KölnBonn

Bu.-Tag	Wert	Vorgang	Soll	Haben
		alter Kontostand		**47.294,89 €**
20.11.	20.11.	Autohaus Wünschle KG, Re-Nr. 29384/20XX		256,50 €
25.11.	25.11.	Re-Nr. 0003894 ColorDiamond KG, Kd.-Nr. 0793BEP, Re-Nr. 238737	8.731,51 €	
26.11.	26.11.	Re-Nr. 17475/20XX Moritz Klar Holzhandlung		1.955,00 €
		neuer Kontostand		**40.774,88 €**

BE Partners KG
Schlesienstraße 490 – 492
53119 Bonn

BE Partners KG, Postfach 10 01 04, 53100 Bonn

Grüne Wähler
Thomas Freitag
Heidestraße 4c
51147 Köln

be

Bitte bei Zahlung immer angeben:

Ihre Kundennummer: **34087**
Rechnungsnummer: **24753/20XX**

Name: Tanja Wagner
Telefon: +49 228 1236-242
Telefax: +49 228 1236-111
E-Mail: t.wagner@bepartners.de

Datum: 11.11.20XX

Rechnung zum Auftrag Nummer 24753A vom 10.11.20XX
Leistungsmonat: November

Pos.	Art.-Nr.	Bezeichnung	Menge	Einzelpreis €	Rabatt %	Betrag €
1	D83w7	Druck Werbeplakate und Flyer gemäß Auftrag	1	392,44		392,44
Summe Positionen						392,44
Lieferkosten						0,00
Rechnungsbetrag (exkl. USt)						392,44
Umsatzsteuer 19 %						74,56
Rechnungsbetrag (inkl. USt)						476,00

---

be

BE Partners KG, Postfach 10 01 04, 53100 Bonn

Selbstabholer

Bitte bei Zahlung immer angeben:

Ihre Kundennummer:
Rechnungsnummer: **24801/20XX**

Name: Tanja Wagner
Telefon: +49 228 1236-242
Telefax: +49 228 1236-111
E-Mail: t.wagner@bepartners.de

Datum: 13.11.20XX

Rechnung zum Auftrag Nummer 24801A vom 10.11.20XX
Leistungsmonat: November

Pos.	Art.-Nr.	Bezeichnung	Menge	Einzelpreis €	Rabatt %	Betrag €
1	D847	Druck T-Shirts nach Vorlage Baumwolle/weiß	10	5,33		53,30
						53,30
Summe Positionen						0,00
Lieferkosten						53,30
Rechnungsbetrag (exkl. USt)						10,13
Umsatzsteuer 19 %						63,43
Rechnungsbetrag (inkl. USt)						

---

1 Verschaffen Sie sich zunächst einen Überblick über die einzelnen Belege und die dahinter stehenden Geschäftsvorgänge bei der BE Partners KG.

2 Die vorhandenen Geschäftsvorgänge verändern verschiedene Wertpositionen. Ergänzen Sie diese Wertpositionen im Unternehmensmodell der BE Partners KG. Achten Sie darauf, welchem Unternehmensbereich sie jeweils zugeordnet werden.

 Arbeitsblatt 52.1

3 Dokumentieren Sie die Belege anhand der jeweiligen Wertströme auf dem Arbeitsblatt 52.2.

 Arbeitsblatt 52.2

4 Nehmen Sie den Kontenplan der BE Partners KG zur Hand und ergänzen Sie die Wertströme mit den richtigen Kontennummern.

→ Vorlagen/Kontenplan

Arbeitsblatt 52.1 Wertpositionen im Unternehmensmodell

Kunden am Absatzmarkt

Banken

Staat

Eigentümer

Lieferanten am Beschaffungsmarkt

Mitarbeiter

Zahlungs- und Finanzmittelbereich

Leistungsbereich

Anlage- und Vorratsvermögen

Arbeitsblatt 52.2 Belege dokumentieren Wertströme

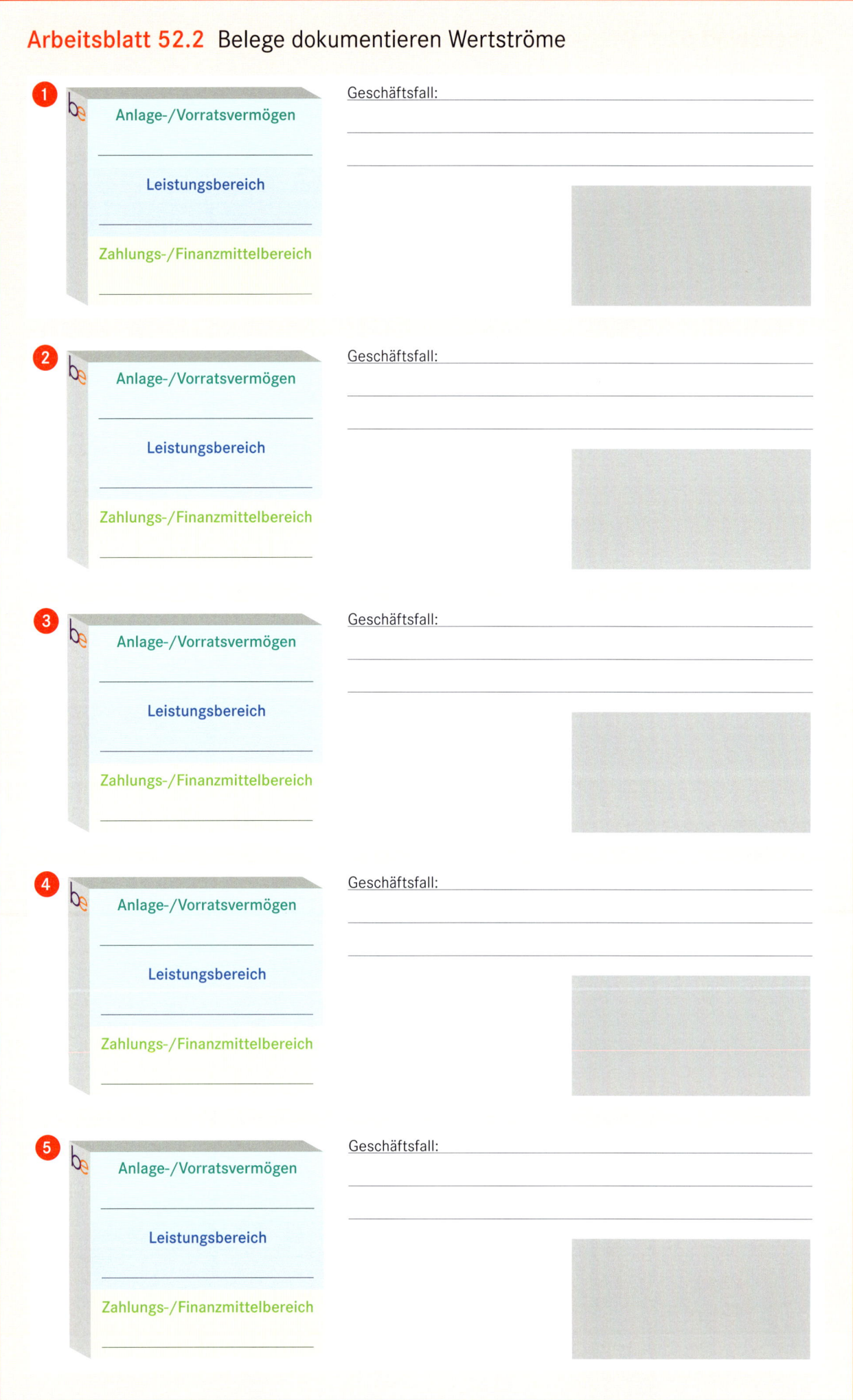

❶

be

Anlage-/Vorratsvermögen

_____

Leistungsbereich

_____

Zahlungs-/Finanzmittelbereich

_____

Geschäftsfall: _____

_____

_____

❷

be

Anlage-/Vorratsvermögen

_____

Leistungsbereich

_____

Zahlungs-/Finanzmittelbereich

_____

Geschäftsfall: _____

_____

_____

❸

be

Anlage-/Vorratsvermögen

_____

Leistungsbereich

_____

Zahlungs-/Finanzmittelbereich

_____

Geschäftsfall: _____

_____

_____

❹

be

Anlage-/Vorratsvermögen

_____

Leistungsbereich

_____

Zahlungs-/Finanzmittelbereich

_____

Geschäftsfall: _____

_____

_____

❺

be

Anlage-/Vorratsvermögen

_____

Leistungsbereich

_____

Zahlungs-/Finanzmittelbereich

_____

Geschäftsfall: _____

_____

_____

Arbeitsblatt 52.2 Belege dokumentieren Wertströme (Fortsetzung)

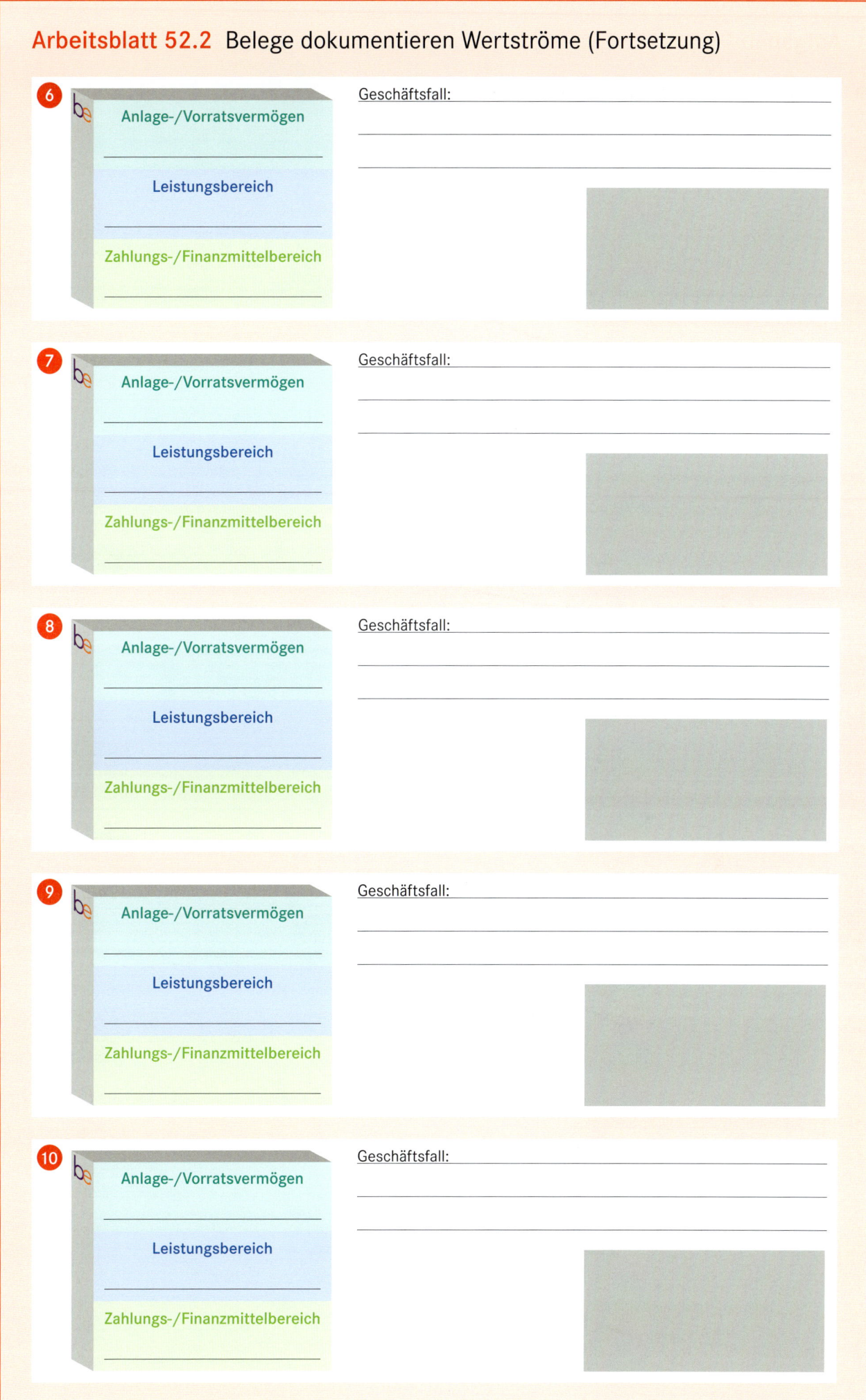

6

be

Anlage-/Vorratsvermögen

_____

Leistungsbereich

_____

Zahlungs-/Finanzmittelbereich

_____

Geschäftsfall: _____

_____

_____

7

be

Anlage-/Vorratsvermögen

_____

Leistungsbereich

_____

Zahlungs-/Finanzmittelbereich

_____

Geschäftsfall: _____

_____

_____

8

be

Anlage-/Vorratsvermögen

_____

Leistungsbereich

_____

Zahlungs-/Finanzmittelbereich

_____

Geschäftsfall: _____

_____

_____

9

be

Anlage-/Vorratsvermögen

_____

Leistungsbereich

_____

Zahlungs-/Finanzmittelbereich

_____

Geschäftsfall: _____

_____

_____

10

be

Anlage-/Vorratsvermögen

_____

Leistungsbereich

_____

Zahlungs-/Finanzmittelbereich

_____

Geschäftsfall: _____

_____

_____

Aufgaben

1 Welche Geschäftsfälle liegen den folgenden Wertströmen jeweils zugrunde?

a)

Anlage-/Vorratsvermögen

Leistungsbereich

6000 Aufwand für Rohstoffe ← 238,45 €

→ 238,45 €

Papierwelt Berger KG
Lieferant

Zahlungs-/Finanzmittelbereich

2880 Kasse

b)

Anlage-/Vorratsvermögen

Leistungsbereich

5100 Umsatzerlöse für Handelsware ← 22,75 €

→ 22,75 €

unbekannter Kunde

Zahlungs-/Finanzmittelbereich

2880 Kasse

c)

Anlage-/Vorratsvermögen

Leistungsbereich

→ 120,00 €

← 120,00 €

Volksbank
Bonn Rhein-Sieg eG

Zahlungs-/Finanzmittelbereich

2800 Bankguthaben

2880 Kasse

d)

Anlage-/Vorratsvermögen

Leistungsbereich

6820 Portogebühren ← 150,00 €

→ 150,00 €

Deutsche Post AG

Zahlungs-/Finanzmittelbereich

2880 Kasse

2 Beschreiben Sie die dargestellten Geschäftsfälle und geben Sie die jeweilige
Änderung der Wertpositionen an.

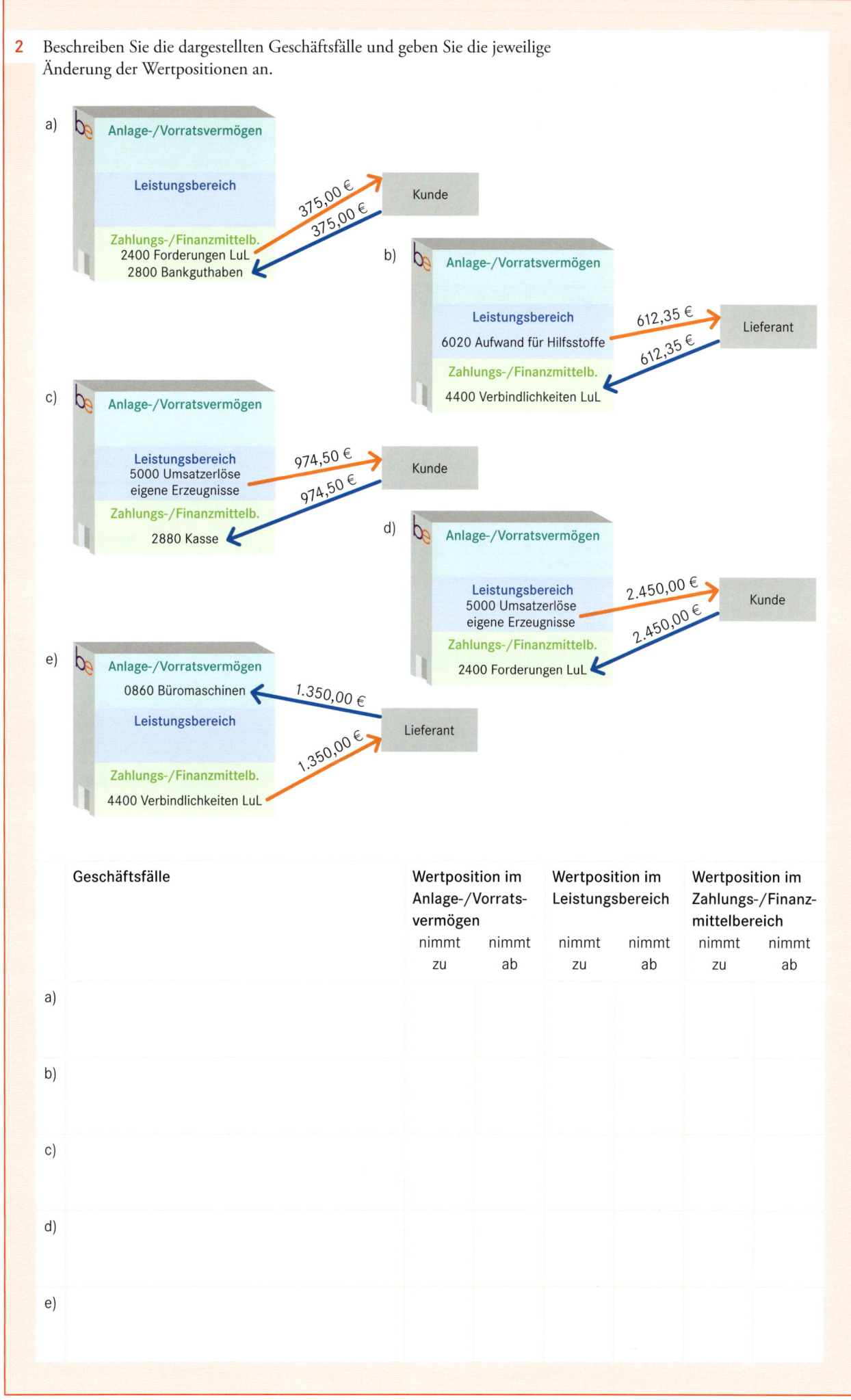

	Geschäftsfälle	Wertposition im Anlage-/Vorrats-vermögen		Wertposition im Leistungsbereich		Wertposition im Zahlungs-/Finanz-mittelbereich	
		nimmt zu	nimmt ab	nimmt zu	nimmt ab	nimmt zu	nimmt ab
a)							
b)							
c)							
d)							
e)							

3   Finden Sie den richtigen Weg durch das Labyrinth? Folgen Sie dem Pfeil bei „Start" und entscheiden Sie, zu welchem Unternehmensbereich - Anlage-/Vorratsvermögen (oben), Leistungsbereich (rechts) oder Zahlungs-/Finanzmittelbereich (unten) - die Wertposition (hier: Bankguthaben) gehört. Tragen Sie einen Pfeil in die entsprechende Richtung ein (hier: nach unten in Richtung „Zahlungs-/Finanzmittelbereich"). Sie landen im nächsten Feld (hier: darunter) und entscheiden erneut. Wiederholen Sie dies, bis Sie das Labyrinth verlassen können.

Anlage-/Vorratsvermögen

Verbindlichkeiten LuL	Kasse	Vorprodukte	Personalaufwand	Büromaschinen	Umsatzerlöse Handelsware	Rohstoffe	Umsatzerlöse Fertigerzeugnisse	BGA
Fuhrpark	Werbeaufwand	BGA	Verbindlichkeiten LuL	Maschinen	Fuhrpark	Mieterträge	Kasse	Zinserträge
Umsatzerlöse Handelsware	Forderungen LuL	Aufwand f. Energie	Büromaterial	Aufwand f. Vorprodukte	Forderungen LuL	Büromaschinen	Aufwand f. Betriebsstoffe	Umsatzerlöse Handelsware
Aufwand f. Betriebsstoffe	Wertpapiere	Fuhrpark	Grundstücke	Forderungen LuL	Kasse	Aufwand f. Hilfsstoffe	Versicherungsbeiträge	Werbeaufwand
START → Bankguthaben	Büromaschinen	Umsatzerlöse Fertigerzeugnisse	BGA	Versicherungsbeiträge	Mieterträge	Umsatzerlöse Fertigerzeugnisse	Fuhrpark	Maschinen
Verbindlichkeiten LuL	Versicherungsbeiträge	Umsatzerlöse Handelsware	Wertpapiere	BGA	Verbindlichkeiten LuL	Zinserträge	Forderungen LuL	Personalaufwand
Aufwand f. Rohstoffe	Personalaufwand	Maschinen	Mieterträge	Aufwand f. Rohstoffe	Aufwand f. Hilfsstoffe	Büromaschinen	Büromaterial	Umsatzerlöse Fertigerzeugnisse
Büromaschinen	Umsatzerlöse Fertigerzeugnisse	Rohstoffe	BGA	Umsatzerlöse Handelsware	Kasse	Maschinen	Fuhrpark	Vorprodukte
Werbeaufwand	Kasse	Büromaterial	Forderungen LuL	Fuhrpark	Personalaufwand	Verbindlichkeiten LuL	Umsatzerlöse Handelsware	Forderungen LuL

Leistungsbereich (rechts)

Zahlungs-/Finanzmittelbereich

4   Welche der folgenden Aussagen zum Kontenrahmen bzw. -plan ist/sind richtig?

a) ☐   Jeder Kontenrahmen enthält zu jeder Wertposition eine vierstellige Nummer, um die Dokumentation von Geschäftsvorgängen rationell zu bewältigen.

b) ☐   Einen branchenweiten Kontenrahmen gibt es u. a. für Unternehmen im Einzelhandel, Bankenbereich, der Industrie oder im Hotel- und Gaststättenbereich. Diese speziellen Kontenrahmen enthalten jeweils die Wertpositionen, die in dieser Branche am häufigsten Verwendung finden.

c) ☐   Der Kontenplan der BE Partners KG ist in 6 Kontenklassen unterteilt mit jeweils einer für das Anlage- und Vorratsvermögen, für die Aufwendungen und Erträge des Leistungsbereiches sowie für Zahlungs- und Finanzmittel.

d) ☐   Die BE Partners KG verwendet einen eigenen Kontenplan. Dieser basiert zwar auf dem branchenüblichen Kontenrahmen, enthält jedoch zusätzlich notwendige Wertpositionen und verzichtet gleichermaßen auf nicht benötigte.

Lernsituation 53

Zahlungs- und Finanzmittel überwachen

Im Verlauf des letzten Halbjahres schwankte der Bestand an Finanzmitteln von Monat zu Monat manchmal erheblich. Häufig musste sogar kurzfristig das Geschäftskonto überzogen werden, um die Zahlungsengpässe zu überbrücken. Dafür nimmt die Bank einen sehr hohen Zinssatz und Rolf Bastian möchte daher künftig eine monatliche Prognose zur Entwicklung der Zahlungs- und Finanzmittel, damit dies nicht mehr vorkommt.

Für die nächste Besprechung mit Rolf Bastian bereitet Frau Wagner, die Sachbearbeiterin Rechnungswesen, einige Daten für die Präsentation vor, u. a. die noch ausstehenden Buchungen für November (Belege ① bis ⑩ sowie Geschäftsfälle des Arbeitsauftrags 1 aus der Lernsituation 52, S. 111, 112 und 116) und für Dezember 20XX (Belege dieser Lernsituation).

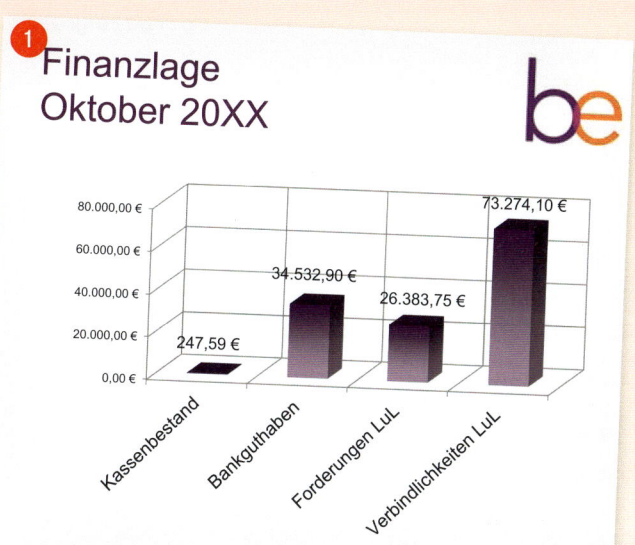

BE Partners KG, Postfach 10 01 04, 53100 Bonn

Getränkegroßhandel Oskar e. K.
Schreilstraße 15a
50968 Bonn

Bitte bei Zahlung immer angeben:

Ihre Kundennummer: **36849**
Rechnungsnummer: **25085/20XX**

Name: Tanja Wagner
Telefon: +49 228 1236-242
Telefax: +49 228 1236-111
E-Mail: t.wagner@bepartners.de

Datum: 05.12.20XX

Rechnung zum Auftrag Nummer 25085A vom 03.12.20XX
Leistungsmonat: Dezember

Pos.	Art.-Nr.	Bezeichnung	Menge	Einzelpreis €	Rabatt %	Betrag €
1	80-9734	Entwurf Corporate Design	15,0 h	125,00		1.875,00
2	85-0084	Überarbeitung Internetauftritt	8,5 h	95,00		807,50

Summe Positionen	2.682,50
Lieferkosten	0,00
Rechnungsbetrag (exkl. USt)	2.682,50
Umsatzsteuer 19 %	509,68
Rechnungsbetrag (inkl. USt)	**3.192,18**

BE Partners KG, Postfach 10 01 04, 53100 Bonn

Gymnasium Neue Sprachen
Frau OStRin Erna Graf
Heynestraße 5
53111 Bonn

Bitte bei Zahlung immer angeben:

Ihre Kundennummer: **27436**
Rechnungsnummer: **25102/20XX**

Name: Tanja Wagner
Telefon: +49 228 1236-242
Telefax: +49 228 1236-111
E-Mail: t.wagner@bepartners.de

Datum: 21.12.20XX

Rechnung zum Auftrag Nummer 25102A vom 15.12.20XX
Leistungsmonat: Dezember

Pos.	Art.-Nr.	Bezeichnung	Menge	Einzelpreis €	Rabatt %	Betrag €
1	83-3874	Konzeption, Gestaltung Schullogo	6,5 h	125,00		812,50
Summe Positionen						812,50
Lieferkosten						0,00
Rechnungsbetrag (exkl. USt)						812,50
Umsatzsteuer 19 %						154,38
Rechnungsbetrag (inkl. USt)						**966,88**

Winter & Kämmerer Fotohandel oHG

Bahnhofstraße 128 a · 50389 Wesseling · Telefon 02236 908872-0 · Fax 02236 908872-20

Winter & Kämmerer · Bahnhofstraße 128 a · 50389 Wesseling

BE Partners KG
Schlesienstraße 490 – 492
53119 Bonn

Ihr Zeichen:
Ihre Nachricht vom:
Unser Zeichen:
Unsere Nachricht vom:

Name: Anneliese Winter
Telefon: 02236 908872-114
Telefax: 02236 908872-20
E-Mail: a.winter@fotohandelwk.de

Datum: 20.12.20XX

Re-Nr. 4858/00024

Sehr geehrte Damen und Herren,

Menge	Beschreibung	Stückpreis	Summe
6	Art.-Nr. 38759484 Papier Brilliant White 125 g/m², Palette	538,35 €	3.230,10 €
	Umsatzsteuer 19 %		613,72 €
	Zwischensumme brutto		3.843,82 €
	Versand und Verarbeitung		0,00 €
	Fälliger Betrag		3.843,82 €

Zahlbar innerhalb von 14 Tagen ohne Abzug.

Die Lieferung erfolgt frei Haus.

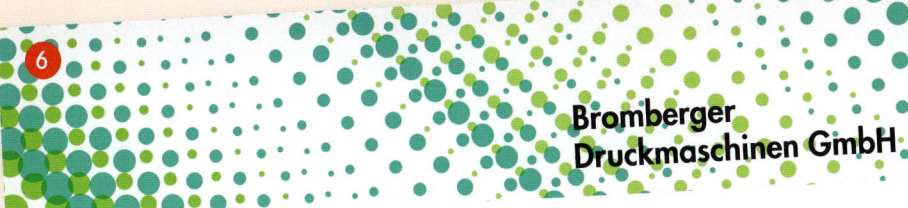

6

Bromberger Druckmaschinen GmbH

Bromberger Druckmaschinen GmbH · Am Hang 20–24 · 2833 Bromberg · Österreich

Werbeagentur BE Partners KG
Schlesienstraße 490–492
53119 Bonn

Ihr Zeichen: 08405/XX/koh
Ihre Nachricht vom: 14.12.20XX

Name: Frau Harrer
Telefon: +43 2629 47-50
Telefax: +43 2629 47-75
E-Mail: eharrer@bromberger-druck.at

Datum: 22.12.20XX

Rechnung-Nr. 693/20XX

Pos.	Menge	Bezeichnung	Einzelpreis/€	Gesamtpreis/€
1	1,00	Reparatur Offsetdruckanlage C14x, Ersatzteile	1.650,00	1.650,00
2	5,00	Monteurstunden Hr. K. Schlott	72,00	360,00
			Summe	2.010,00
			+ 19% USt.	381,90
			Summe	2.391,90

Zahlbar innerhalb 30 Tagen netto Kasse.

Kontoinhaber	Kontonummer	BLZ	IBAN	SWIFT – BIC	erstellt am	Auszugs-Nr.	Blatt
BE Partners KG	900 521 866	370 501 98	DE90 3705 0198 0900 5218 66	COLSDE33XXX	23.12.20XX	121	1

Sparkasse KölnBonn

	Bu.-Tag	Wert	Vorgang	Soll	Haben
			alter Kontostand		30.817,49 €
7	08.12.	08.12.	Re-Nr. 30847/20XX		
			Maximilian Merantz GmbH		7.384,00 €
8	10.12.	10.12.	Film- und Fotohandel Riekner e. K.	1.240,98 €	
			Re-Nr. 008471		
9	15.12.	15.12.	Re-Nr. 746345	6.390,50 €	
			Bergisches Papierkontor GmbH		
10	20.12.	20.12.	Timm Rittlerner Fotografie	5.389,40 €	
			Kd-Nr. 9938		
			neuer Kontostand		25.180,61 €

1 Verschaffen Sie sich zunächst einen Überblick über das in der Situation beschriebene Problem und dessen Auswirkungen auf die BE Partners KG.

2 Aktualisieren Sie das Journal mit den noch ausstehenden Buchungsvorgängen des Monats November sowie den Belegen des Monats Dezember.

→ Arbeitsblatt 53.1

→ Vorlagen/Journal

3 Ermitteln Sie den jeweiligen Endbestand der Kasse, des Bankguthabens sowie der Forderungen und Verbindlichkeiten zum 30. November. Welche Information kann Rolf Bastian hinsichtlich eines Zahlungsmittelüberschusses bzw. -defizits gegeben werden?

→ Arbeitsblatt 53.2

4 Ermitteln Sie nun den jeweiligen Endbestand der betrachteten Wertpositionen für Ende Dezember. Wie wird sich die finanzielle Situation im Vergleich zu den Vormonaten entwickeln?

→ Arbeitsblatt 53.2

5 Erstellen Sie mithilfe eines Tabellenkalkulationsprogramms eine grafische Übersicht für die Monate November und Dezember.

→ FK, IT-Trainer, Excel, Kap. 4

Journal

Für: _____ Datum: _____
_____ Blatt: _____

#	Beleg-Nr.	Soll (Wertzufluss)	€	Haben (Wertabfluss)	€
75	LS52.1	Büromöbel (BGA)	1.249,98	Verbindlichkeiten LuL	1.249,98
76	LS52.2	Rohstoffe (Vorräte)	33.766,49	Verbindlichkeiten LuL	33.766,49
77	LS52.3	Kasse	45,00	Büromaschine	45,00

Arbeitsblatt 53.2 Buchen im Hauptbuch

WZ	Kasse	WA		WZ	Bankguthaben	WA
x[1]	2.839,40	x[1] 2.345,85		x[1]	37.457,50	

WZ	Forderungen LuL	WA		WZ	Verbindlichkeiten LuL	WA
x[1]	53.168,90	x[1] 18.457,30		x[1] 214.756,20		x[1] 238.456,50

WZ	Büromöbel (BGA)	WA

WZ	Büromaschinen	WA		WZ	Aufwand für Rohstoffe	WA
x[1]	18.450,00					

WZ	Aufwand für Hilfsstoffe	WA

WZ	Portogebühren	WA

WZ	Aufwand für Reparaturen	WA

WZ	Personalaufwand	WA

WZ	Umsatzerlöse für Fertigerzeugnisse	WA

WZ	Umsatzerlöse für Handelswaren	WA

[1] Mehrere Buchungen wurden zu einer Sammelbuchung zusammengefasst.

Arbeitsblatt 53.3 Belege und Geschäftsvorgänge richtig bearbeiten

Die Arbeit in der Buchhaltung ist vielseitig und es stehen hierfür unterschiedliche Hilfsmittel zur Verfügung. Halten Sie in der folgenden Strukturübersicht die wichtigsten
Informationen zum Grund- und Hauptbuch fest.

Belege bilden die Grundlage für die Arbeit in der Buchhaltung und dokumentieren alle

_____ der BE Partners KG.

Beispiele: _____

_____

_____

Schritt 1: Sortieren und Vorkontieren der Belege

Schritt 2:

Schritt 3:

Schritt 4:

*Keine Buchung
ohne Beleg!*

Aufgaben

1 Im Journal sind die folgenden Eintragungen vorhanden:

Lfd. Nr.	Beleg-Nr.	Wertzufluss	EUR	Ct.	Wertabfluss	EUR	Ct.
		Journal Für: BE Partners KG / Bonn			Datum: 18.01.20XX / Blatt: 4		
51	Kto73	Versicherungsbeiträge	4.247	00	Bankguthaben	4.247	00
52	UB48	Bankguthaben (Sparkasse)	15.000	00	Bankguthaben (Volksbank)	15.000	00
53	AR852	Forderungen LuL	6.327	40	Umsatzerlöse Fertigerzeug.	6.327	40
54	Kto73	Darlehen	2.500	00	Bankguthaben	2.500	00
55	ER608	Aufwand Fachzeitschriften	247	50	Verbindlichkeiten LuL	247	50

Beschreiben Sie die zugrunde liegenden Geschäftsfälle.

a) _____

_____

_____

_____

b) _____

_____

_____

_____

c) _____

_____

_____

_____

d) _____

_____

_____

_____

e) _____

_____

_____

_____

2 Erstellen Sie zu den Geschäftsvorgängen aus der Lernsituation 52 (Aufgaben 1 und 2, siehe S. 116 und 117) die entsprechenden Buchungssätze.

3   Wie lauten die Buchungssätze für die Geschäftsvorgänge der BE Partners KG?

a) Kauf eines neuen Hubwagens (Ameise) für den Lagerbereich im Wert von
4.650,00 € (brutto).

_____

b) Für die Erneuerung des Hallendaches der Druckerei wird ein kurzfristiges Bankdarlehen über 8.500,00 € aufgenommen.

_____

c) Eine größere Bestellung an diversem Büromaterial wurde heute bei der BE Partners KG angeliefert. Der gesamte Zahlungsbetrag beläuft sich auf 712,50 €.

_____

d) Für das aufgenommene Darlehen sind Zinsen in Höhe von 465,00 € fällig, die
vom Geschäftskonto abgebucht werden.

_____

e) Ein ortsansässiger Kegelclub hat sich neue Vereinstrikots bedrucken lassen
und diese bei der BE Partners KG gegen Barzahlung abgeholt. Der Rechnungsbetrag lautete über 285,00 €.

_____

4   Halten Sie die wesentlichen Merkmale der folgenden Zahlungs- und Finanzmittel
stichpunktartig fest.

	Kasse	Bankguthaben	Forderungen LuL	Verbindlichkeiten LuL
Form des Vorhanden- seins				
zeitliche Ver- fügbarkeit				
vorhandene Risiken				
Volumen (Menge)				

5   Bei der BE Partners KG werden die Zahlungs- und Finanzmittel seit Kurzem
regelmäßig überwacht, um Engpässe frühzeitig zu erkennen.
Rolf Bastian ist aber der Meinung, dass die Betrachtung zum Ende des Monats
keineswegs genügt.

a) Nehmen Sie Stellung zur Ansicht von Rolf Bastian.
b) Welchen Beitrag kann die moderne EDV der Buchhaltung in diesem Bereich
leisten?

6   Welche Möglichkeiten hat die BE Partners KG, auftretende Engpässe an finanziellen Mitteln zu überbrücken?

Lernsituation 54

Die Umsatzsteuer berücksichtigen – damit der Staat sein Geld bekommt!

BE Partners KG

be

Kurzmitteilung

von: *Gerd Stücker*

an: *Tanja Wagner*

Datum: *03.12.20XX*

Betreff: *Bedarf an Zahlungsmitteln für Zahllast November 20XX*

Bitte um:

- ☐ Bearbeitung
- ☐ Anruf
- ☒ Rücksprache
- ☐ Ablage
- ☐ Kenntnisnahme
- ☐

Hallo Tanja,

die Umsatzsteuervoranmeldung ist nächste Woche fällig. Da wir zur Zeit eine angespannte Liquiditätslage haben, wüsste ich gerne so früh wie möglich, wie hoch die Zahllast sein wird. Das Geschäftskonto sollte nicht schon wieder überzogen werden.

Kannst Du mir daher bitte bis übermorgen genauere Infos hierzu geben? Herzlichen Dank und

viele Grüße

Gerd

PS: Morgen habe ich frei und bin nicht im Haus ☺

---

1 Stellen Sie zunächst fest, für welchen Zeitraum die Umsatzsteuervoranmeldung durchgeführt werden muss und welche Eintragungen im Journal hierfür notwendig sind.

2 Ermitteln Sie für alle relevanten Buchungen aus dem nachfolgend abgebildeten Journal die Summe an Vorsteuer und Umsatzsteuer. Achten Sie dabei auf den richtigen Umsatzsteuersatz.

3 Berechnen Sie die Höhe der Steuerschuld, die an das zuständige Finanzamt abzuführen ist, und verfassen Sie eine passende Antwort an Gerd Stücker.

Journal

Für: BE Partners KG
Bonn

Datum: 28.10.20XX
Blatt: 178

Lfd. Nr.	Beleg-Nr.	Wertzufluss	EUR	Ct.	Wertabfluss	EUR	Ct.
76	Kto95	Versicherungsbeiträge	2.560	00	Bankguthaben	2.560	00
77	Kto95	Bankguthaben	325	00	Kasse	325	00
78	AR78	Forderungen LuL	2.460	90	UE Handelsware	2.460	90
79	Kto95	Bankguthaben	2.487	65	Forderungen LuL	2.487	65
80	ER53	Aufwand für Rohstoffe	5.290	20	Verbindlichkeiten LuL	5.290	20
81	IB08	Personalaufwand	385	00	Bankguthaben	385	00
82	AR79	Forderungen LuL	13.010	50	UE Fertigerzeugnisse	13.010	50
83	ER54	Aufwand für Rohstoffe	2.780	00	Bankguthaben	2.780	00
84	Kto95	Verbindlichkeiten LuL	8.098	70	Bankguthaben	8.098	70
85	AR80	Bankguthaben	220	75	UE Handelsware	220	75
86	Kto96	Verbindlichkeiten LuL	450	50	Bankguthaben	450	50
87	AR81	Kasse	72	40	UE Handelsware	72	40
88	Kto96	Versicherungsbeiträge	1.875	50	Bankguthaben	1.875	50
89	ER55	Aufwand für Hilfsstoffe	379	30	Verbindlichkeiten LuL	379	30
90	ER56	Kfz-Steueraufwand	151	00	Bankguthaben	151	00
91	ER57	Aufwand f. Fachzeitschr.	121	00	Bankguthaben	121	00
92	AR82	Forderungen LuL	7.625	70	UE Fertigerzeugnisse	7.625	70
93	ER58	Aufw. f. Reparaturen	452	50	Verbindlichkeiten LuL	452	50
94	ER59	Aufw. f. Verpackungsmat.	2.235	00	Verbindlichkeiten LuL	2.235	00
95	AR83	Forderungen LuL	1.560	50	UE Handelsware	1.700	50
		Kasse	140	00			
96	GU59	Verbindlichkeiten LuL	82	50	Aufwand für Hilfsstoffe	82	50

Der Journaleintrag Nr. 78 wurde am 01.11.20XX und Nr. 116 am 01.12.20XX vorgenommen.

T. Wagner

Für: BE Partners KG
Bonn

Datum: 12.11.20XX
Blatt: 179

Lfd. Nr.	Beleg-Nr.	Wertzufluss	EUR	Ct.	Wertabfluss	EUR	Ct.
97	ER60	Aufwand für Handelsware	190	00	Verbindlichkeiten LuL	190	00
98	ER61	Aufwand für Betriebsstoffe	1.740	90	Verbindlichkeiten LuL	1.740	90
99	AR84	Forderungen LuL	3.287	50	UE Fertigerzeugnisse	3.287	50
100	Er62	Aufwand für Porto	265	00	Kasse	265	00
101	Kto96	Bankguthaben	8.340	35	Forderungen LuL	8.340	35
102	ER63	Aufwand f. Telekommunik.	419	65	Bankguthaben	419	65
103	ER64	Betriebs- u. Geschäftsausst.	1.050	00	Verbindlichkeiten LuL	1.050	00
104	AR85	Kasse	61	50	UE Handelsware	61	50
105	ER65	Aufwand für Rohstoffe	9.400	90	Verbindlichkeiten LuL	9.400	90
106	Kto97	Verbindlichkeiten LuL	6.312	70	Bankguthaben	6.312	70
107	Kto97	Zinsaufwand	1.350	00	Bankguthaben	1.350	00
108	GU60	Verbindlichkeiten LuL	2.560	00	Aufwand für Rohstoffe	2.560	00
109	AR86	Forderungen LuL	3.160	75	UE Fertigerzeugnisse	3.160	75
110	IB09	Personalaufwand	85	00	Kasse	85	00
111	Kto97	Verbindlichkeiten LuL	673	00	Bankguthaben	673	00
112	ER66	Aufwand für Hilfsstoffe	210	50	Verbindlichkeiten LuL	210	50
113	Kto98	Versicherungsbeiträge	934	00	Bankguthaben	934	00
114	Kto98	Bankguthaben	500	00	Mieterträge	500	00
115	AR87	Forderungen LuL	9.128	65	UE Fertigerzeugnisse	9.128	65
116	ER67	Aufwand für Energie	785	45	Bankguthaben	785	45
117	Kto98	Verbindlichkeiten LuL	1.050	00	Bankguthaben	1.050	00
118	IB10	Kasse	250	00	Bankguthaben	250	00

Arbeitsblatt 54.1 Die Zahllast ermitteln

Halten Sie die wichtigsten Schritte und Informationen bei der Ermittlung einer Zahllast in der folgenden Übersicht fest.

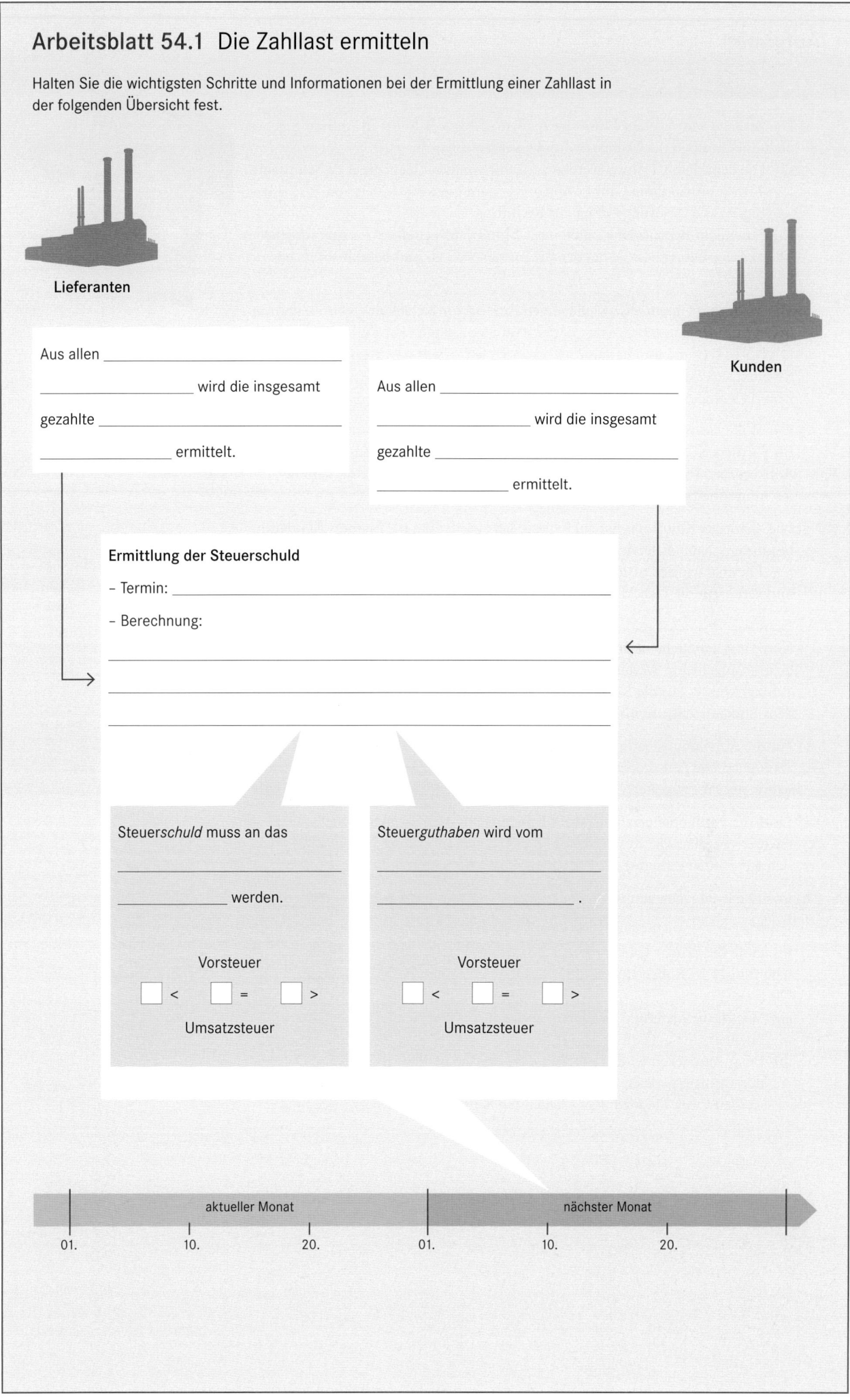

Lieferanten

Aus allen _____

_____ wird die insgesamt

gezahlte _____

_____ ermittelt.

Kunden

Aus allen _____

_____ wird die insgesamt

gezahlte _____

_____ ermittelt.

Ermittlung der Steuerschuld

– Termin: _____

– Berechnung:

_____

_____

_____

Steuer*schuld* muss an das

_____

_____ werden.

Vorsteuer

☐ < ☐ = ☐ >

Umsatzsteuer

Steuer*guthaben* wird vom

_____

_____ .

Vorsteuer

☐ < ☐ = ☐ >

Umsatzsteuer

aktueller Monat | nächster Monat

01. 10. 20. 01. 10. 20.

Aufgaben

1 Wie lauten die Buchungssätze zu den folgenden Geschäftsfällen?

a) Der örtliche Musikverein Musikspatzen hat 45 blaue T-Shirts in Auftrag gegeben, die mit dem Logo des Vereins bedruckt werden sollen.

   aa) Die benötigten T-Shirts werden zunächst von der Eulenberger & Samtmann Textilgroßhandlung GmbH & Co. KG zum Nettostückpreis von 3,25 € bezogen. Die Lieferung erfolgt auf Rechnung.

   ab) Nach dem Bedrucken können die T-Shirts dem Leiter des Vereins ausgeliefert werden. Dieser holt sie bei der BE Partners KG ab und bezahlt sofort bar 337,66 €.

b) Das Stadtkino Cinema hat wieder einen Auftrag zur Herstellung von Programmflyern in Auftrag gegeben. Das Auftragsvolumen beläuft sich auf 800 gefaltete DIN-A4-Flyer, die im Digitaldruckverfahren hergestellt werden. Die Kosten belaufen sich dafür auf 355,20 € zzgl. Umsatzsteuer. Der Kunde erhält wie gewöhnlich eine Ausgangsrechnung zugestellt.

c) Das Willibald-Römer-Gymnasium in Köln lässt seine Abschlusszeitung bei der BE Partners KG drucken. Für die hergestellte Menge von 250 Stück werden dem Auftraggeber 165,00 € zzgl. Umsatzsteuer berechnet. Bei Abholung wird der Rechnungsbetrag gleich bar beglichen.

d) Die Sparkasse KölnBonn hat auch dieses Jahr wieder die BE Partners KG damit beauftragt, 2 500 Kalender mit Wandaufhängung für ihre Kunden zu produzieren. Diesmal wurden historische Altstadtmotive von Köln und Bonn verwendet und verteuern die Druckkosten (netto) damit auf insgesamt 993,00 €.

e) Es ist wieder so weit und die Goldregen Einkaufszentrum GmbH beginnt in Kürze mit der Suche nach neuen Azubis. Doch vorher soll noch eine für Jugendliche ansprechende Werbung gestaltet werden, mit der die BE Partners KG beauftragt wurde. Für die Konzeption und Realisierung (inkl. dem Druck) werden dem Einkaufszentrum insgesamt 2.375,00 € (netto) in Rechnung gestellt.

f) Für die Abteilung Kreation wurde die Fachzeitschrift *Moderne Medien 3.0* abonniert. Die Jahresrechnung über insgesamt 251,45 € (inkl. Umsatzsteuer) wurde per Post zugestellt.

g) Eines der Farbkopiergeräte bei der BE Partners KG musste diese Woche repariert werden. Die Kosten einschließlich der Monteurstunden belaufen sich auf 318,50 € (netto). Der Monteur wurde direkt bar bezahlt.

h) Das Dienstfahrzeug von Rolf Bastian wurde betankt (siehe nebenstehenden Beleg).

i) Im Laufe der Woche lieferte die apv Augsburger Papierveredelungsgesellschaft mbH 25 Rollen Papier zum Gesamtlieferpreis von 4.586,00 € zzgl. Umsatzsteuer.

   ia) Wie ist die Lieferung und Übernahme des Papiers in die Druckerei zu buchen?

   ib) Beim Auspacken wird erkennbar, dass eine der gelieferten Rollen durchgängig gerissen ist und somit nicht zum Druck verwendet werden kann. Sie wird dem Lieferanten beim nächsten Mal wieder mitgegeben.

```
SHELL STATION
Benjamin Lerchel GmbH
      Maarstraße 3
       53227 Bonn
Obj.-Nr.: 0000000837
   Tel. 0228 393282
   Fax. 0228 393290

Steuer-Nr. Station: 119/83758428
Steuer-Nr. Gesellschaft: DE 8111127597
Beleg-Nr. 8429/002/000020
03.11.20XX  16:05

Barzahlung
*00004 Diesel                  72,28 EUR
*Zp 06    43,57 l  1,66 EUR/1

 Gesamtbetrag   72,28 EUR

Typ     Netto     Mwst      Brutto
A:19.00%  60,74   11,54       72,28
-----------------------------------
        ** Kundenbeleg **

Das o. g. Datum entspricht dem
Rechnungs- und Leistungsdatum.

    Pro Tank 1 Liter sparen
      *Shell Fuel Save*
-----------------------------------

  CLUBSMART-Karte   Bonus-Beleg

Dieser Einkauf hätte Ihnen 44 Bonus-
punkte gebracht!
```

2 Für einen besonderen Kundenauftrag wurde heute Morgen von der ColorDiamond KG ein Kanister Goldfarbe angeliefert. Der Rechnungsbetrag lautet 695,50 € zzgl. Umsatzsteuer. Nennen Sie den Buchungssatz für den Geschäftsfall.

3 Es liegt der folgende Kontoauszug für das Geschäftskonto der BE Partners KG vor. Erstellen Sie die notwendigen Buchungen für die aufgeführten Kontobewegungen.

Konto-Nr.: 920613740   BLZ 380 601 86
IBAN: DE10 3806 0186 0920 6137 40   BIC: GENODED1BRS

Volksbank Bonn Rhein-Sieg eG

Buchungstag	Buchungstext	Wert	Betrag	
28.10.	Traumbild Model Köln GmbH, Re-Nr. 098300038	28.10.	932,96 €	S
03.11.	Re-Nr. 27473 Kd-Nr. 09383	03.11.	139,46 €	H
03.11.	Telekom AG Kd-Nr. 046457999 Abrechnungsmonat Oktober	03.11.	188,02 €	S
08.11.	Deutsche Post AG Re-Nr. 8373784939 Postwertzeichen	08.11.	375,00 €	S

Alter Kontostand	8.250,90 €	H
Neuer Kontostand	6.894,38 €	H

BE Partners KG
Schlesienstraße 490-492
53119 Bonn

80	1	10.11.
Nummer	Blatt	Datum

4 Im aktuellen Monat hatte die BE Partners KG umsatzsteuerpflichtige Beschaffungsvorgänge von insgesamt 178.976,00 € (brutto). Demgegenüber standen Absatzgeschäfte von 272.878,95 € (netto). Ermitteln Sie die Höhe der Steuerschuld und geben Sie auch an, ob es sich um eine Zahllast oder einen Vorsteuerüberhang handelt.

5 Für den Vormonat erhielt die BE Partners KG eine Umsatzsteuerrückerstattung in Höhe von 2.509,50 €. Im gleichen Zeitraum wurden steuerpflichtige Anschaffungen von insgesamt 44.427,71 € (brutto) getätigt. In welcher Höhe wurden bei der BE Partners KG in diesem Zeitraum Verkäufe (netto und brutto) vorgenommen?

6 Ermitteln Sie ausgehend von den vorliegenden Daten die Steuerschuld bzw. das -guthaben der BE Partners KG.

WZ (soll)	Vorsteuer		WA (Haben)	WZ (soll)	Umsatzsteuer		WA (Haben)
diverse	18.849,50	46	98,25	54	890,35	diverse	27.045,60
36	702,45	63	382,90			38	2.405,00
51	1.384,00					47	1.550,45
60	3.087,50					58	4.085,25

7 Damit die BE Partners KG die ausgewiesene Umsatzsteuer auf ihren Eingangsrechnungen auch als Vorsteuer geltend machen kann, muss die Rechnung bestimmte Anforderungen erfüllen.

a) Beschreiben Sie diese kurz.
b) Weshalb hat der Gesetzgeber diese umfangreichen Vorschriften erlassen? Diskutieren Sie mögliche Gründe

8　Entscheiden Sie bei den folgenden Antworten, ob sie richtig (R) oder falsch (F) sind. Verbessern Sie fehlerhafte Aussagen entsprechend.

a)　☐　Zu den steuerpflichtigen und -baren Umsätzen zählen grundsätzlich alle Lieferungen und Leistungen von Unternehmen. Diese werden ausnahmslos mit 19 % besteuert.

b)　☐　Die Umsatzsteuer ist ein durchlaufender Posten, da die vereinnahmte Umsatzsteuer im Absatzbereich der BE Partners KG vom Kunden eingenommen und später an das Finanzamt abgeführt wird.

c)　☐　Die gezahlte Umsatzsteuer stellt eine Vorauszahlung auf die abzuführende Vorsteuer dar und darf daher von dieser abgezogen werden.

d)　☐　Da der Kunde die auf der Rechnung ausgewiesene Umsatzsteuer zu zahlen hat, ist er rechtlich gesehen der Steuerschuldner.

e)　☐　Der Voranmeldezeitraum für Unternehmen ist gewöhnlich das Kalendervierteljahr. Überschreitet jedoch die zu zahlende Zahllast des vergangenen Jahres die Grenze von 7.500,00 €, so verkürzt sich der Zeitraum auf einen Kalendermonat.

9　In der Praxis werden Buchungen grundsätzlich ohne Steuerausweis erfasst. Das führt zu einer Reduzierung des Arbeitsaufwandes. Dennoch kann die abzuführende Zahllast exakt und termingerecht ermittelt werden.
Gehen Sie in Ihrem Ausbildungsbetrieb auf Erkundungstour und ergründen Sie, wie die Erfassung der Umsatzsteuer dort gelöst wurde.

10　Die Umsatzsteuer gibt es nicht nur in Deutschland, sondern in vielen anderen Ländern auch. Recherchieren Sie im Internet oder mithilfe einer anderen geeigneten Quelle die Höhe des Umsatzsteuersatzes in den europäischen Ländern. Notieren Sie auch Besonderheiten wie z. B. steuerbefreite Waren und Dienstleistungen.

Deutschland: 7 / 19 %

Lernsituation 55

Buchungen im Beschaffungsbereich durchführen

Im Beschaffungsbereich ist viel zu tun …

Es ist Montag, der 28. März 20XX, und Tanja Wagner freut sich auf ihre Arbeit. Dies liegt wohl daran, dass sie einen sehr entspannten Urlaub hinter sich hat und nun wieder gut erholt zurück in die BE Partners KG kommt.

Ihre Vorfreude schwindet allerdings rascher als gedacht, als sie an ihrem Arbeitsplatz einen Stapel unterschiedlicher Belege und Briefe vorfindet. Nun heißt es wohl, ran an die Arbeit und keine Zeit verlieren …

ColorDiamond KG | Offenbacher Landstraße 49 | 60599 Frankfurt/Main

BE Partners KG
Schlesienstraße 490 – 492
53119 Bonn

Datum: 25.03.20XX

Zahlungserinnerung

Sehr geehrte Damen und Herren,

bei Durchsicht unserer Buchungsdaten ist aufgefallen, dass wir für die nachfolgend genannten Vorgänge noch keinen Zahlungseingang feststellen konnten:

Re–Nr.	fällig seit	Zahlungsbetrag
0005726	20.03.20XX	1.772,51 EUR
0005902	22.03.20XX	1.116,22 EUR

Es wurden Zahlungseingänge bis zum 24.03.20XX berücksichtigt.

Sollten Sie zwischenzeitlich die ausstehenden Rechnungen beglichen haben, betrachten Sie bitte dieses Schreiben als gegenstandslos.

apv Augsburger Papierveredelungsgesellschaft mbH
Postfach 110782, 86032 Augsburg

BE Partners KG
Schlesienstraße 490 – 492
53119 Bonn

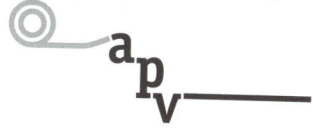

Augsburger
Papierveredelungsgesellschaft mbh

Re-Datum / Nr.: 28.03.20XX / 58373
Kd-Nr.: 847

Art.Nr.	Menge	Bezeichnung	Einzelpreis (netto)	Gesamtpreis
185t	2 Pk.	Hochglanzpapier, weiß, glatt	478,50 €	957,00 €
293x	15 R.	Druckpapier CX15, weiß	1.576,40 €	23.646,00 €
		+ 19 % USt.		4.674,57 €
		Rechnungsbetrag		29.277,57 €

Die Lieferung erfolgte frei Haus.
Zahlbar ohne Abzug bis 28.04.20XX.

Legende: R. Rollen, Pk. Packungen (lose)

Hochglanzpapier war nicht bestellt, wird apv wieder zurückgesandt.

L. Ferrara / 28.03.20XX

```
DataS    BE Partners KG              Nutzer: T. Wagner
09:30:45 F8=Suche allgemein         F9=Suche Kreditoren

DATENSATZ KREDITOR
Name:    ColorDiamond KG            Lieferanten-Nr.: 440067
Adresse: Offenbacher Landstraße 49  PLZ: 60599   Ort: Frankfurt / Main

ZAHLUNGSBEDINGUNGEN
Skontosatz: 2,5 %                   Skontofrist: 8 Tage

OFFENE POSTEN LISTE
- - - - - - - - - - - - - - - - - - - - - - - - - - - - - - - - - - - - - -
 #  Re-Nr.     fällig am    Re-Betrag (n.)   Skontofrist    Zahlungstermin
- - - - - - - - - - - - - - - - - - - - - - - - - - - - - - - - - - - - - -
01  0005726    20.03.20XX   1.489,50 EUR     28.02.20XX
02  0005902    22.03.20XX     938,00 EUR     01.03.20XX     24.04.20XX
03  0006103    28.03.20XX   2.063,75 EUR     06.03.20XX
04  0006355    20.04.20XX   1.920,65 EUR     28.03.20XX
05  0006413    20.04.20XX     639,35 EUR     28.03.20XX
```

1 Verschaffen Sie sich zunächst einen Überblick über die vorhandenen Daten und Informationen.

2 Führen Sie alle notwendigen Buchungen im Zusammenhang mit der Eingangsrechnung der apv durch.

 Vorlagen/Journal

3 Machen Sie sich mit dem Inhalt des Schreibens der ColorDiamond KG vertraut. Führen Sie alle notwendigen und sinnvollen Bearbeitungsschritte sowie Buchungen durch.

Folgesituation

Soll Lieferantenskonto in Anspruch genommen werden?

Die Auszubildende Tüley Öztürk hat heute Morgen Tanja Wagner bei der Bearbeitung verschiedener Zahlungsvorgänge über die Schulter geschaut. Bei der Ablage der Kontoauszüge für das Geschäftskonto wundert sie sich jetzt allerdings umso mehr, dass trotz fehlender Kontodeckung Zahlungen zulasten des Kontos durchgeführt wurden. Tanja Wagner findet, dass dies eine prima Feststellung ist, und bittet Tüley, sich anhand der Rechnung Nr. 6355 der ColorDiamond KG gleich einmal selbst damit auseinanderzusetzen. Als Hilfestellung zeichnet sie ihr folgendes Schema auf:

Zinssatz für die Überziehung des Bankkontos: 6,5 % p. a.

		Re-Nr. 6355 / ColorDiamond KG
1) Rechnungsbetrag		
2) Skontoabzug in EUR		
3) benötigtes Geld für Bezahlung		
4) Dauer der Überziehung in Tagen		
5) Zinsen für die Überziehung	$\dfrac{Kapital \cdot Tage \cdot Zinssatz}{100 \cdot 360}$	
6) Ersparnis	Skonto − Zinsen für Überziehung = Ersparnis	

1 Machen Sie sich mit der Rechenhilfe von Tanja Wagner vertraut.

2 Führen Sie alle notwendigen Berechnungen durch und ziehen Sie dann Ihr Fazit: Lohnt sich die frühzeitige Bezahlung der offenen Rechnung der ColorDiamond KG trotz überzogenem Geschäftskonto oder nicht?

Arbeitsblatt 55.1 Beschaffungsvorgänge richtig buchen

Sie haben sich im Rahmen der Lernsituation mit verschiedenen Buchungen bei Beschaffungsvorgängen beschäftigt. Halten Sie die wichtigsten Fakten in der folgenden Strukturübersicht fest.

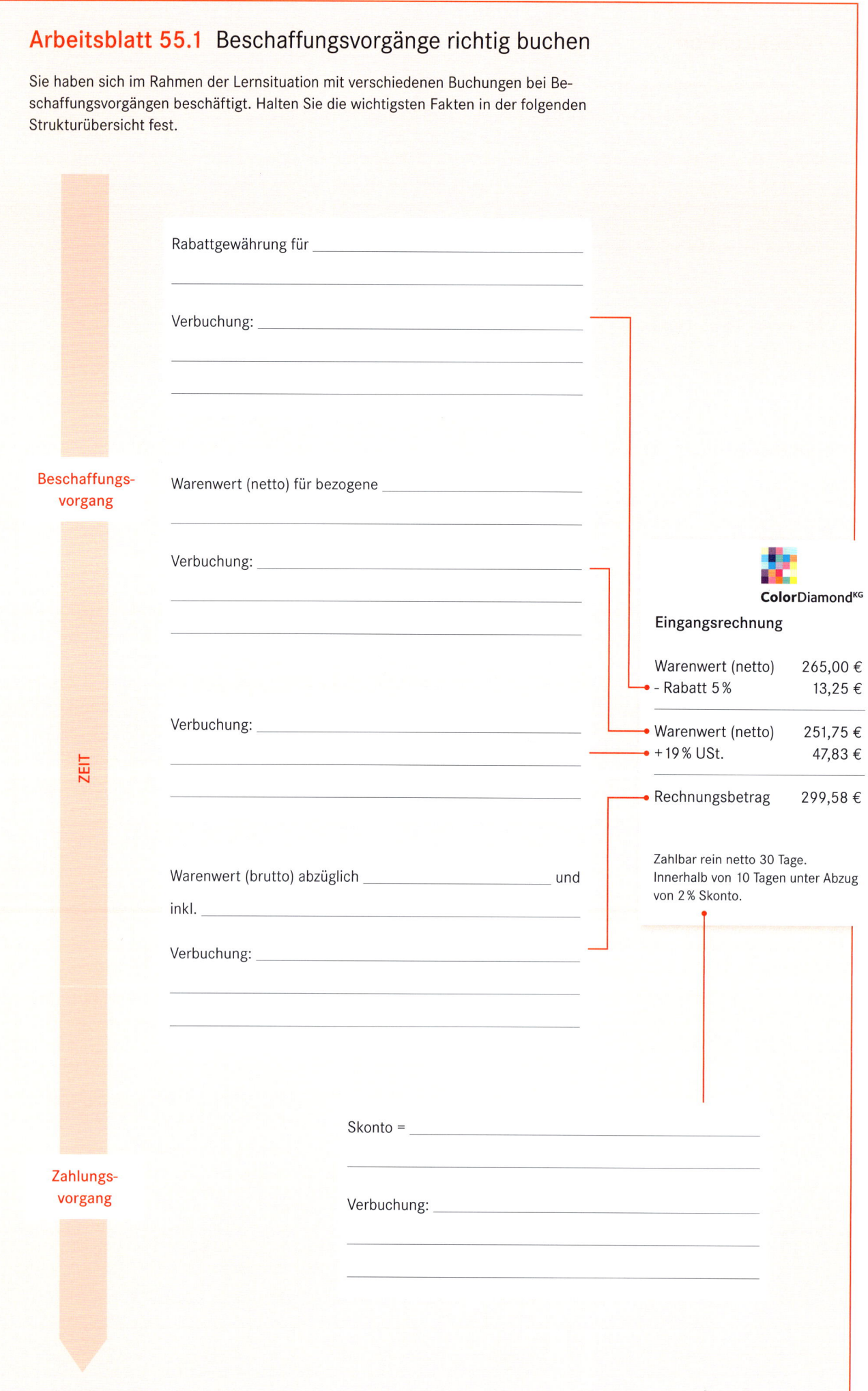

Beschaffungsvorgang

Rabattgewährung für _____

_____

Verbuchung: _____

_____

_____

Warenwert (netto) für bezogene _____

_____

Verbuchung: _____

_____

_____

Verbuchung: _____

_____

_____

ZEIT

Warenwert (brutto) abzüglich _____ und

inkl. _____

Verbuchung: _____

_____

_____

Zahlungsvorgang

Skonto = _____

_____

Verbuchung: _____

_____

_____

ColorDiamond^{KG}

Eingangsrechnung

Warenwert (netto)	265,00 €
- Rabatt 5 %	13,25 €
Warenwert (netto)	251,75 €
+ 19 % USt.	47,83 €
Rechnungsbetrag	299,58 €

Zahlbar rein netto 30 Tage.
Innerhalb von 10 Tagen unter Abzug
von 2 % Skonto.

Aufgaben

1 Für einen Kundenauftrag benötigt die BE Partners KG bestimmte Werbeartikel und hat sich daher von drei Anbietern entsprechende Angebote zuschicken lassen.

	Listeneinkaufspreis (netto)	gewährter Rabatt
Anbieter 1	560,95 €	3 %
Anbieter 2	545,75 €	1,5 %
Anbieter 3	621,50 €	4 %

Treffen Sie begründet eine Entscheidung, welchen Anbieter die BE Partners KG wählen sollte.

2 Die BE Partners KG erhielt kürzlich nebenstehendes Schreiben und bestellte daraufhin 1 500 Blatt Fotokarton in verschiedenen Farben. Der angegebene Listeneinkaufspreis beträgt 3,15 € / Stück.

a) Welche Buchung ist bei Lieferung der Ware vorzunehmen?

b) Bei der Wareneingangskontrolle wurde kurze Zeit später festgestellt, dass 200 Stück erhebliche Verfärbungen aufweisen und nicht verwendet werden können. Sie werden daher dem Lieferanten zurück gegeben. Wie wird diese Rückgabe gebucht?

Winter & Kämmerer Fotohandel oHG
Bahnhofstraße 128 a · 50389 Wesseling · Telefon 02236 908872-0 · Fax 02236 908872-20

Winter & Kämmerer · Bahnhofstraße 128 a · 50389 Wesseling

BE Partners KG
Schlesienstraße 490 – 492
53119 Bonn

Ihr Zeichen:
Ihre Nachricht vom:
Unser Zeichen:
Unsere Nachricht vom:

Name: Anneliese Winter
Telefon: 02236 908872-144
Telefax: 02236 908872-0
E-Mail: a.winter@fotohandelwk.de

Datum: 20.03.20XX

Greifen Sie jetzt zu!

Sehr geehrte Damen und Herren,

wir räumen unsere Lager und gewähren unseren Stammkunden auf alle Bestellungen im Januar 5 % Rabatt.

3 Erläutern Sie verschiedene Aspekte, weshalb die BE Partners KG angebotene Rabatte grundsätzlich bei ausreichender Liquidität in Anspruch nehmen sollte.

4 Für einen Kundenauftrag wurde eine größere Menge Papier vom Stammlieferanten der BE Partners KG bezogen. Kurz darauf ging die folgende Rechnung ein.

a) Buchen Sie die Lieferung des Papiers.

b) Buchen Sie die Zahlung.

Bergisches Papierkontor GmbH
Elberfelder Straße 85 — 42285 Wuppertal

BE Partners KG
Schlesienstraße 490 – 492
53119 Bonn

Rechnung Nr. 13644

Bearbeiter	Kundennummer	Ihre Bestellung Nr.	vom	Rechn.-Datum
Schneider	32084	47-393	28.11.20XX	30.11.20XX
Versandart/Freivermerk		Verpackungsart	geliefert am	
Lkw		Karton à 1 000 Bogen	30.11.20XX	

Pos.-Nr.	Artikel-Nr.	Warenbezeichnung	Menge	Preis/Einheit €	Gesamtpreis €
1	40212	BPK Ecostar, 70 × 100	30	49,10	1.473,00
2	40313	BPK Euro Albio, 70 × 100	25	131,25	3.281,25
					4.754,25
		Nettorechnungsbetrag			903,31
		+ 19 % Umsatzsteuer			5.657,56
		Bruttorechnungsbetrag			
		Bitte überweisen Sie unter Angabe der Rechnungsnummer			

5 Von einem Lieferanten erhielt die BE Partners KG eine Gutschrift für nicht bestellte und zurückgesandte Ware in Höhe von 285,35 € (netto). Nach Rücksprache erklärte sich der Lieferant bereit, den Gutschriftsbetrag umgehend auf das Geschäftskonto der BE Partners KG zu überweisen. Welche Buchung ist vorzunehmen?

6 Ein Lieferant stellte der BE Partners KG gelieferte Handelswaren im Wert von 2.550,00 € (netto) in Rechnung.

a) Buchen Sie den Eingang der Rechnung.
b) Buchen Sie die Bezahlung dieser Lieferung durch Überweisung vom Geschäftskonto.

7 Für einen gerade begonnenen Kundenauftrag ist der Bedarf an Verpackungsmaterial (Folien, Kartons usw.) beachtlich, so dass eine Großbestellung bereits aufgegeben wurde. Die Lieferung mit einem Warenwert (netto) von 18.450,00 € traf heute Morgen ein.

a) Buchen Sie die Lieferung der Verpackungsmaterialien.
b) Die Bezahlung der offenen Rechnung erfolgt unter Abzug von 3 % Skonto. Buchen Sie.

8 Bei der BE Partners KG wurden in letzter Zeit folgende Skontoabzüge (netto) geltend gemacht:

a) 875,60 €   (2 % Skonto)
b) 140,75 €   (3 % Skonto)
c) 1.056,25 €   (2,5 % Skonto)

Ermitteln Sie die Rechnungsbeträge (netto und brutto) sowie die Zahlungsbeträge für diese Vorgänge.

9 Aus der aktuellen Kreditorenbuchhaltung sind die noch offenen Lieferantenverbindlichkeiten ersichtlich.

Lieferant	offener Rechnungsbetrag (brutto)	Skontosatz
apv Augsburger Papierveredelungsgesellschaft mbH	3.905,45 €	2 %
Teleradio 99 GmbH	370,50 €	3 %
ColorDiamond KG	1.430,25 €	2,5 %

Wie lauten die Buchungen für diese Zahlungen?

10 Auf dem aktuellen Kontoauszug befindet sich eine Abbuchung zugunsten der Bergischen Papierkontor GmbH in Höhe von 5.670,35 € und der Hinweis „Zahlung abzüglich von 3 % Skonto". Buchen Sie diese Zahlung.

11 Für die Verwaltung der BE Partners KG wurde eine größere Menge an diversem Büromaterial bei der Bürobedarf Knärtler & Hoppe KG bezogen. Der Rechnungsbetrag (netto) lautet über 295,60 €.

a) Erstellen Sie die Buchung zur erhaltenen Eingangsrechnung.
b) Innerhalb der Skontofrist wird unter Abzug von 2 % Skonto der ausstehende Zahlungsbetrag beglichen.

12 Für in Auftrag gegebene Fotografien erhielt die BE Partners KG die nebenstehende Rechnung.

a) Welche Buchung ergibt sich durch Erhalt der Eingangsrechnung?

b) Buchen Sie die Bezahlung innerhalb der Skontofrist.

TIM RITTLERNER FOTOGRAFIE

Tim Rittlerner Fotografie   Rosenstraße 96   53111 Bonn

BE Partners KG
Schlesienstraße 490–492
53119 Bonn

Re-Nr. 00847
Kd-Nr. 00114

20.11.20XX

Leistung	Menge	Preis
Erstellung Bildmaterial nach Auftrag	4	154,00 €
+19 % USt.		29,26 €
Summe		183,26 €

Das erstellte Bildmaterial bleibt bis zur vollständigen Bezahlung im Eigentum des Fotografen. Bei Zahlung innerhalb von 20 Tagen gewähren wir 2 % Skonto auf den gesamten Warenwert. Rein netto 30 Tage.

13 Eine offene Lieferantenrechnung wurde unter Abzug von 2 % Skonto durch Banküberweisung beglichen. Der Skontobetrag (netto) belief sich auf 175,80 €. Ermitteln Sie den Überweisungsbetrag sowie den ursprünglichen Rechnungsbetrag (brutto).

14 Für einen Kundenauftrag vergleicht der Einkäufer Luigi Ferrara gerade Angebote verschiedener Lieferanten. Die maximale Höhe des Beschaffungspreises darf dabei 785,00 € (netto) nicht übersteigen. Für die beiden infrage kommenden Lieferanten liegen folgende Daten vor:

	Beschaffungspreis (netto)	Skonto
Lieferant 1	809,28 €	2 %
Lieferant 2	813,47 €	3,5 %

a) Für welchen Lieferanten sollte sich Luigi Ferrara entscheiden?

b) Wie hoch müsste der Skonto bei dem nicht gewählten Lieferanten mindestens sein, um ebenfalls für diesen Kundenauftrag in Frage zu kommen?

15 Bei der BE Partners KG gingen im aktuellen Monat verschiedene Rechnungen für folgende in Anspruch genommene Leistungen ein. Buchen Sie.

	Rechnungsbetrag	Zahlungsform
a) Eine externe Spedition übernahm vor längerer Zeit einen Warentransport zu einem Kunden der BE Partners KG.	1.350,00 € (netto)	auf Ziel
b) Eine der Offsetdruckanlagen läuft seit Kurzem sehr störanfällig. Der Kundendienst des Herstellers hat sich die Anlage näher angesehen, den Fehler behoben und die Kosten hierfür in Rechnung gestellt.	615,25 € (netto)	auf Ziel
c) Die Erstellung einer Grafikanimation für die Webseite eines Kunden wurde durch ein externes Programmierteam erstellt.	571,20 € (brutto)	Banküberweisung
d) Ein ehemaliger Außendienstmitarbeiter der BE Partners KG erhält noch seine letzte Provisionsabrechnung gutgeschrieben.	720,00 €	Banküberweisung

16 Die BE Partners KG bezog bei einem neuen Lieferanten für Hochglanzfarben verschiedene Druckerfarben im Gesamtwert (netto) von 922,80 € und erhielt als Neukunde einen Preisnachlass von 5 %.

    a) Berechnen Sie den in Rechnung gestellten Zieleinkaufspreis (netto).

    b) Buchen Sie die Lieferung der Farben.

    c) Die Zahlung erfolgt innerhalb der Skontofrist unter Abzug von 2 % Skonto auf den gesamten Rechnungsbetrag. Buchen Sie.

17 Im aktuellen Journal sind die folgenden Vorgänge verbucht:
Welche Geschäftsfälle lagen diesen Buchungen jeweils zugrunde?

#	Beleg-Nr.	Soll (Wertzufluss)	€	Haben (Wertabfluss)	€
123	Kto.78	4400 Verbindlichkeiten LuL	1.890,50	2800 Bankguthaben	1.852,69
				6002 Nachlässe Rohstoffe	31,77
				2600 Vorsteuer	6,04
124	ER906	6000 Aufwand für Rohstoffe	3.230,00	4400 Verbindlichkeiten LuL	3.843,70
		2600 Vorsteuer	613,70		
125	ER907	6760 Provisionsaufwand	156,00	2800 Bankguthaben	156,00
126	ER910	6800 Aufwand für Büromaterial	78,50	2880 Kasse	91,55
		2600 Vorsteuer	14,92	6802 Nachlässe Büromaterial	1,57
				2600 Vorsteuer	0,30
127	Kto.79	6810 Aufwand für Fachzeit-schriften	125,00	2800 Bankguthaben	133,75
		2600 Vorsteuer	8,75		

18 Nach all den Buchungssätzen soll Ihnen das abschließende Wiederholungsspiel nun eine Abwechslung verschaffen. Entscheiden Sie, ob die folgenden Aussagen richtig oder falsch sind. Für jede Entscheidung erhalten Sie einen Lösungsbuchstaben. Alle Buchstaben zusammen ergeben ein sinnvolles Lösungswort. Viel Spaß dabei!

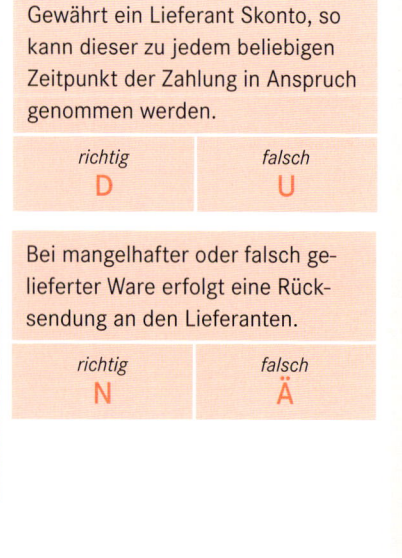

Die Höhe des Skontos darf jeder Händler selbst festlegen.

richtig	*falsch*
K	**H**

Fremdleistungen anderer Unternehmen können u. a. für den Produktions- und Materialbereich genutzt werden.

richtig	*falsch*
A	**L**

Wird fehlerhafte Ware zurückgesandt und durch einwandfreie später ersetzt, muss keine Rücksendung gebucht werden.

richtig	*falsch*
N	**I**

Die BE Partners KG kann nur Werkstoffe und andere für die Produktion notwendige Materialien beschaffen.

richtig	*falsch*
E	**F**

Durch Ausnutzung von Skonto reduziert sich nachträglich der Anschaffungspreis und damit die Höhe der zu zahlenden Vorsteuer.

richtig	*falsch*
E	**R**

Gewährt ein Lieferant Skonto, so kann dieser zu jedem beliebigen Zeitpunkt der Zahlung in Anspruch genommen werden.

richtig	*falsch*
D	**U**

Bei mangelhafter oder falsch gelieferter Ware erfolgt eine Rücksendung an den Lieferanten.

richtig	*falsch*
N	**Ä**

Lernsituation 56

Buchungen im Absatzbereich durchführen

Über eingehende Zahlungen von Kunden freut man sich bei der BE Partners KG immer. Aber auch nur dann, wenn damit keine weitere Arbeit verbunden ist. Heute scheint kein solcher Tag zu sein, denn das EDV-System hat eine Reihe von Zahlungseingängen beanstandet, die nicht automatisch verbucht werden konnten.

Tüley Öztürk soll sich heute diesem Problem widmen und hat sich hierfür schon einige Unterlagen bereitgelegt …

→ Vorlagen/Journal

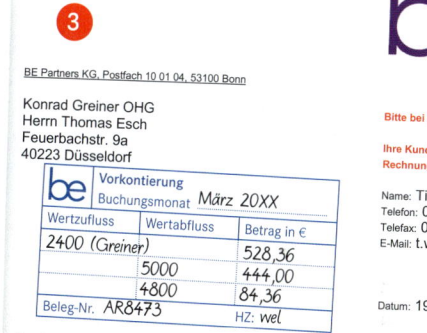

1

```
BE Partners KG     D46-x / Bearbeiter: T. Wagner
Abfrage                                          Seite: 1

      * * *  O F F E N E   Z A H L U N G S E I N G Ä N G E  * * *

Bu.-Tag  Verwendungszweck                         Betrag

17.04.   Kd-Nr. 29387, G&P KG                     456,90 EUR

18.04.   Müller Friedrich e. K., 2,5 % Skonto gez.  275,00 EUR

18.04.   Greiner OHG, Kd-Nr. 30893, Re-Nr. divers  1.254,85 EUR

EOQ (Ende der Abfrage)
```

2

BE Partners KG, Postfach 10 01 04, 53100 Bonn

Konrad Greiner OHG
Herrn Thomas Esch
Feuerbachstr. 9a
40223 Düsseldorf

be Vorkontierung Buchungsmonat	März 20XX	
Wertzufluss	Wertabfluss	Betrag in €
2400 (Greiner)		752,91
	5000	632,70
	4800	120,21
Beleg-Nr. AR8680		HZ: wel

Bitte bei Zahlung immer angeb

Ihre Kundennummer: **30893**
Rechnungsnummer: **27506/20XX**

Name: Tina Welkenbach
Telefon: 0228 1236-0
Telefax: 0228 1236-111
E-Mail: t.welkenbach@bepartners.de

Datum: 26.03.20XX

Rechnung zum Auftrag Nummer 8680/20XX vom 20.03.20XX
Leistungsmonat: März

Pos.	Art.-Nr.	Bezeichnung	Menge	Einzelpreis €	Rabatt %	Betrag €
1	81-884	Werbeflyer (Konzeptentwicklung, DIN A5, gefalzt)	1 500 St.	444,00/ 1000 St.	5 %	632,70
		Hinweis: Ware wird vom Kunden abgeholt.				

Summe Positionen	632,70
Lieferkosten	0,00
Rechnungsbetrag (exkl. USt)	632,70
Umsatzsteuer 19 %	120,21
Rechnungsbetrag (inkl. USt)	**752,91**

Die Ware bleibt bis zur vollständigen Bezahlung im Eigentum der BE Partners KG.

Bei Zahlung innerhalb von 10 Tagen gewähren wir 2 % Skonto (=15,06 €) auf den Wert der Ware oder Dienstleistung. Rein netto binnen 30 Tagen.

3

BE Partners KG, Postfach 10 01 04, 53100 Bonn

Konrad Greiner OHG
Herrn Thomas Esch
Feuerbachstr. 9a
40223 Düsseldorf

be Vorkontierung Buchungsmonat	März 20XX	
Wertzufluss	Wertabfluss	Betrag in €
2400 (Greiner)		528,36
	5000	444,00
	4800	84,36
Beleg-Nr. AR8473		HZ: wel

Bitte bei Zahlung immer angeben:

Ihre Kundennummer: **30893**
Rechnungsnummer: **27473/20XX**

Name: Tina Welkenbach
Telefon: 0228 1236-0
Telefax: 0228 1236-111
E-Mail: t.welkenbach@bepartners.de

Datum: 19.03.20XX

Rechnung zum Auftrag Nummer 8473/20XX vom 10.03.20XX
Leistungsmonat: März

Pos.	Art.-Nr.	Bezeichnung	Menge	Einzelpreis €	Rabatt %	Betrag €
1	78-634	Werbebanner (mehrfarbig)	1 000	444,00	5 %	421,80

Summe Positionen	421,80
Lieferkosten	0,00
Rechnungsbetrag (exkl. USt)	421,80
Umsatzsteuer 19 %	80,14
Rechnungsbetrag (inkl. USt)	**501,94**

Die Ware bleibt bis zur vollständigen Bezahlung im Eigentum der BE Partners KG.

Bei Zahlung innerhalb von 10 Tagen gewähren wir 2 % Skonto (=10,04 €) auf den Wert der Ware oder Dienstleistung. Rein netto binnen 30 Tagen.

4

```
BE Partners KG     D46-x / Bearbeiter: T. Wagner
Abfrage                                          Seite: 1

      *** O F F E N E   P O S T E N   D E B I T O R E N ***

                              Skontofrist /     offener
  d-Nr.  Name                 Endfälligkeit   Forderungsbetrag
  --------------------------------------------------------------
  9387   G&P KG, Bonn              01.04.20XX     456,90 EUR
                                   16.04.20XX
  9805   Hillmann GmbH, Köln       20.04.20XX     924,75 EUR
                                   01.05.20XX
  0893   Konrad Greiner OHG, Düsseldorf  29.03.20XX  528,36 EUR
                                   18.04.20XX
  0893   Konrad Greiner OHG, Düsseldorf  05.04.20XX  752,91 EUR
                                   25.04.20XX
  0992   Müller Friedrich e. K.    20.04.20XX     283,05 EUR
                                   30.04.20XX
  --------------------------------------------------------------
                                                  2.945,97 EUR

EOQ (Ende der Abfrage)
```

1 Verschaffen Sie sich zunächst einen Überblick über die Situation und die darin enthaltenen Informationen und Problemstellungen.

2 Prüfen Sie, welche der noch offenen Forderungsbestände mittlerweile beglichen wurden und nehmen Sie entsprechende Buchungen vor.

Arbeitsblatt 56.1 Absatzvorgänge richtig buchen

Bei der Bearbeitung der Lernsituation haben Sie sich mit verschiedenen Formen der Absatzbuchungen beschäftigt. Halten Sie die wichtigsten Fakten in der folgenden Strukturübersicht fest.

Absatz-vorgang

Rabattgewährung für _____

_____

Verbuchung: _____

_____

_____

Warenwert (netto) für verkaufte _____

_____

Verbuchung: _____

_____

_____

Verbuchung: _____

_____

_____

ZEIT

Warenwert (brutto) abzüglich _____ und

inkl. _____

Verbuchung: _____

_____

_____

Zahlungs-vorgang

Skonto = _____

_____

Verbuchung: _____

_____

_____

be

Ausgangsrechnung

Warenwert (netto)	850,00 €
- Rabatt 10 %	85,00 €
Warenwert (netto)	765,00 €
+ 19 % USt.	145,35 €
Rechnungsbetrag	910,35 €

Zahlbar rein netto 30 Tage. Innerhalb von 10 Tagen unter Abzug von 2 % Skonto.

Aufgaben

1 Ein ortsansässiger Buchladen veranstaltet in zwei Wochen eine große Lagerräumung und möchte bereits im Vorfeld hierfür kräftig die Werbetrommel rühren. Daher hat er bei der BE Partners KG eine große Stückzahl an Flyern in Auftrag gegeben. Nach Fertigstellung werden sie an den Empfänger verschickt. Für die Herstellung berechnet die BE Partners KG insgesamt 314,00 € (netto).

a) Verbuchen Sie die Ausgangsrechnung.
b) Noch innerhalb der Zahlungsfrist begleicht der Kunde die offene Rechnung.

2 Für ein Familienfest erhielt die BE Partners KG den Auftrag, 250 farbige T-Shirts mit dem Logo der Veranstaltung zu bedrucken. Für den Druck (einschl. der T-Shirts) werden dem Kunden 2,25 €/Stück in Rechnung gestellt. Da er die fertigen T-Shirts nicht abholen kann, werden sie ihm zugesandt.

a) Erstellen Sie die Buchung für die Ausgangsrechnung.
b) Kurze Zeit später geht auf dem Geschäftskonto der Rechnungsbetrag ohne Abzug ein.

3 Für die Belieferung der Jansen Import B. V. in den Niederlanden wurde ein externes Speditionsunternehmen beauftragt. Für die Hin- und Rückfahrt und in Abhängigkeit von der transportierten Menge werden der BE Partners KG insgesamt 675,50 € (netto) in Rechnung gestellt.

a) Buchen Sie zunächst den Eingang der Rechnung.
b) Verbuchen Sie die Überweisung der offenen Verbindlichkeit.

4 Der Veranstalter Live in Bonn beauftragte die BE Partners KG mit der Anfertigung mehrerer großflächiger Leinwände, die auf das bald stattfindende Konzertevent in Bonn hinweisen. Für die Erstellung der Druckvorlage und Produktion der Leinwände wurden dem Kunden insgesamt 3.460,00 € (netto) in Rechnung gestellt. Für den Transport zum Veranstalter wurde ein externer Spediteur beauftragt. Dieser berechnet 161,25 € (brutto).

a) Welche Buchung ist bei Erhalt der Speditionsrechnung vorzunehmen?
b) Buchen Sie die Ausgangsrechnung an den Kunden, wenn diesem die Transportkosten unverändert weiterbelastet werden.
c) Am Ende der Zahlungsfrist überweist Live in Bonn die noch ausstehende Forderung.
d) Auch die BE Partners KG muss die Speditionsrechnung noch begleichen.

5 Welche der folgenden Aussagen zum angegebenen Buchungssatz ist/sind richtig?

5100 Umsatzerlöse Handelsware	330,00	an	2400 Forderungen LuL	392,70
4800 Umsatzsteuer	62,70			

a) ☐ Bei diesem Buchungsvorgang handelt es sich um die Rückgabe von fehlerhafter Ware an den Lieferanten.

b) ☐ An einen Kunden werden Handelsware auf Ziel (Rechnung) verkauft.

c) ☐ Einer der Kunden gab mangelhafte Handelsware zurück und erhielt eine Gutschrift auf seinem Kundenkonto.

d) ☐ Der Buchungssatz ist fehlerhaft, da bei Steuerbuchungen im Soll immer die Vorsteuer verwendet werden muss.

6 Aus dem Debitorenmanagement sind die folgenden noch offenen Forderungen ersichtlich:

	Forderungsbetrag (brutto)	Skontosatz	Skonto (brutto)	Zahlungsbetrag
Kunde 1	1.458,20 €	2 %		
Kunde 2	6.730,00 €		168,25 €	
Kunde 3		3 %	513,40 €	
Kunde 4			58,25 €	3.825,50 €
Kunde 5	14.280,00 €			13.780,20 €

Ermitteln Sie die fehlenden Angaben.

7 Der aktuelle Kontoauszug zeigt folgende Buchungsvorgänge:

Konto-Nr.: 920613740   BLZ 380 601 86
IBAN: DE10 3806 0186 0920 6137 40   BIC: GENODED1BRS

Volksbank Bonn Rhein-Sieg eG

Buchungstag	Buchungstext	Wert	Betrag	
❶ 20.11.	Re-Nr. 28734/20XX, Gerit Müller Friseurladen	20.11.	451,75 €	S
❷ 26.11.	Beska GmbH, Re-Nr. 27909/20XX Zahlung unter Abzug von 3 % Skonto	26.11.	2.350,25 €	H
❸ 05.12.	Bäckerei Özcal, 3 % Skonto abgezogen	05.12.	308,75 €	H

Alter Kontostand	4.560,70 €	H
Neuer Kontostand	6.767,95 €	H

BE Partners KG
Schlesienstraße 490-492
53119 Bonn

78	1	05.12.
Nummer	Blatt	Datum

Verbuchen Sie diese Zahlungsvorgänge.

8 Eine noch offene Kundenrechnung für eine erbrachte Werbeleistung weist als Gesamtrechnungsbetrag 950,00 € aus. Welche Buchung nimmt die BE Partners KG vor, wenn der Kunde vereinbarungsgemäß 2 % Skonto abzieht?

9 Bei der Kontrolle der Zahlungseingänge wurde im Debitorenmanagement festgestellt, dass dem Kunden Bäckerei Özcal keine Skontogewährung eingeräumt wurde.

a) Erstellen Sie eine entsprechende Korrekturbuchung.
b) Wie sollte sich die BE Partners KG dem Kunden gegenüber verhalten?

10 Für die große Neueröffnung der Goldregen Einkaufszentrum GmbH in Sankt
    Augustin ist die BE Partners KG gerade dabei, unzählige Flyer, Werbebanner und
    einiges mehr an Werbematerial zu produzieren. Das Highlight dieses Auftrages ist
    diesmal der eigens konzeptionierte und produzierte Radiospot. Für die einzelnen
    Druckerzeugnisse sind insgesamt Kosten in Höhe von 8.625,00 € (netto) entstan-
    den. Die Herstellung des Radiospots wurde an das örtliche Filmproduktionsunter-
    nehmen übergeben, wofür die BE Partners KG eine Rechnung über 2.980,00 €
    (netto) erhielt. Nachdem nun das gesamte Werbematerial fertig ist, kann es zum
    Kunden transportiert werden. Das damit beauftragte Speditionsunternehmen stellte
    275,00 € (netto) in Rechnung.

    a) Verbuchen Sie den Rechnungseingang des Filmproduktionsunternehmens.
    b) Erstellen Sie die Buchung für die Speditionsrechnung.
    c) Die Ausgangsrechnung an das Goldregen Einkaufszentrum wurde verschickt.
       Buchen Sie, wenn alle entstandenen Kosten weiterbelastet wurden.
    d) Berechnen Sie den noch offenen Forderungsbetrag an das Einkaufszentrum.
    e) Noch innerhalb der Zahlungsfrist überweist der Kunde die ausstehende
       Forderung unter Abzug von 2 % Skonto. Buchen Sie den Zahlungseingang.
       Beachten Sie: Es sind nur die Druckererzeugnisse skontierfähig!
    f) Begleichen Sie die offene Rechnung an das Filmproduktionsunternehmen.
    g) Verbuchen Sie die Zahlung der noch offenen Speditionsrechnung.

11 Die nachfolgenden Kästchen enthalten Satzfragmente, die zusammen einen sinn-
    vollen Text ergeben. Finden Sie die zusammengehörenden Teile aus den jeweils
    vorgegebenen beiden Alternativen?

    1 Kunden erhalten im Absatzgeschäft …

    R ausschließlich selbst erstellte Waren

    S hauptsächlich Waren

    2 …, aber auch …

    K unterschiedliche Dienstleistungen.

    A verschiedenartige Werkstoffe wie Hilfsstoffe.

    3 Der Warenwert für diese Unternehmens-
       leistungen wird dem Kunden in Rechnung
       gestellt und …

    B muss unter Abzug von Rabatt

    O kann sofort meist bar oder

    4
    A sofort bar bezahlt werden.

    N später z. B. unbar bezahlt werden.

    5 Bei Zahlung innerhalb …

    T der vorgegebenen Skontofrist

    T der gesetzlich nicht vorgeschriebenen
       Skontofrist

    6 … wird dem Kunden meist …

    T ein Rabatt gewährt.

    O ein Preisnachlass gewährt.

    | 1 |
    | 2 |
    | 3 |
    | 4 |
    | 5 |
    | 6 |

    Und wie dieser Preisnachlass
    genannt wird, sollte sich aus
    dem Lösungswort erkennen
    lassen. Oder?

Lernsituation 57

Eine Finanzierungsentscheidung treffen

Von: b.finke@bepartners.de
An: r.bastian@bepartners.de
Betreff: Digitaldruckanlage fällt schon wieder aus ...
Datum: 08.12.20XX

Hallo Herr Bastian,

unsere Digitaldruckmaschine XE4 ist heute abermals ausgefallen und wir konnten sie bislang nicht wieder zum Laufen bringen. Der Techniker hat sich das Ganze angeschaut, aber wenig Hoffnung auf eine lang anhaltende Reparatur gemacht.

Die Anlage ist jetzt schon so alt und sollte endlich durch eine moderne und leistungsfähigere Druckmaschine ersetzt werden.

Beste Grüße

Bernhard Finke

BE Partners KG
(Druckerei)

Der Tag beginnt ja gut heute, schießt es Rolf Bastian beim Öffnen der E-Mail durch den Kopf. Diese Druckanlage verweigert in den letzten Monaten immer häufiger den Dienst und er hatte eigentlich gehofft, sie mit Reparaturen noch eine Weile weiter einsetzen zu können.

Bereits bei der letzten Reparatur hat er sich vorsorglich Angebote über moderne und leistungsfähige Druckanlagen eingeholt. Eines der interessanteren Angebote belief sich auf Anschaffungsausgaben einschließlich Transport und Montage in Höhe von 75.500,00 € (netto).

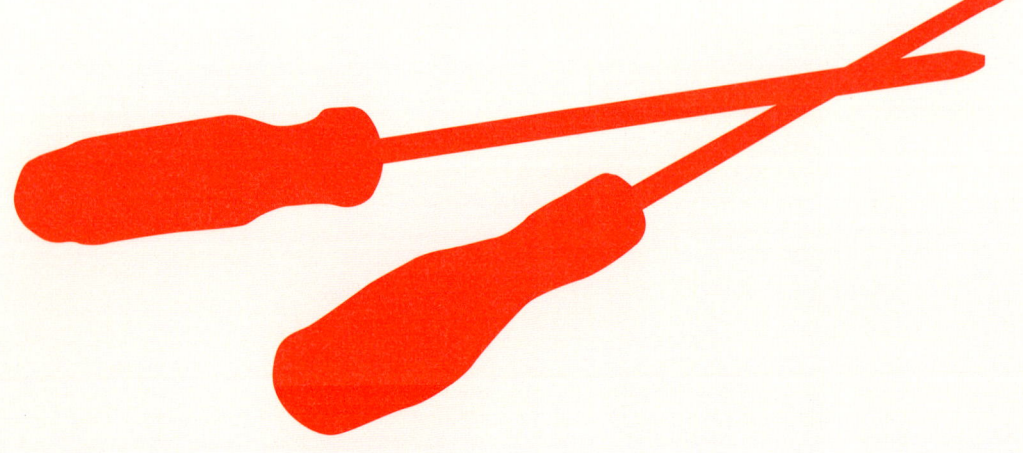

Rolf Bastian gerät ins Grübeln, bleibt doch eine wesentliche Frage offen: Woher soll das Geld für die neue Anlage kommen?

1 Versetzen Sie sich in die Lage von Rolf Bastian und machen Sie sich das Problem in dieser Situation bewusst.

2 Finden Sie sinnvolle und realisierbare Möglichkeiten zur Kapitalbeschaffung für die BE Partners KG.

 Arbeitsblatt 57.1

3 Wie verändert sich jeweils die Eigentums- und Haftungssituation von Rolf Bastian und Dörthe Epstein durch die einzelnen Möglichkeiten der Kapitalbeschaffung?

4 Bewerten Sie Ihre Vorschläge anhand von Vor- und Nachteilen und treffen Sie ausgehend davon eine Entscheidung.

Folgesituation

Auswirkungen der Finanzierungsentscheidung

Nach längerem Hin- und Herüberlegen entscheidet sich Rolf Bastian, die neue Druckanlage teilweise über eigene private Mittel in Höhe von 20.000,00 € zu finanzieren. Der restliche Kapitalbedarf soll über einen weiteren Kredit bei der Hausbank abgedeckt werden.

Da diese Entscheidung Einfluss auf die bisherigen Eigentums- und Haftungsverhältnisse der BE Partners KG und damit u. a. auch auf die künftigen Gewinnansprüche hat, möchte er seiner Mitgesellschafterin Dörthe Epstein die Auswirkungen kurz darstellen.

1 Ermitteln Sie, um welchen Betrag sich sowohl das Eigen- als auch das Fremdkapital verändern wird.

2 Stellen Sie die Auswirkungen auf die Eigentums- (Eigenkapital) und Haftungsverhältnisse (Fremdkapital) der BE Partners KG dar.

Mögliche Kapital-
beschaffung

Auswirkung auf
Eigentums-
verhältnisse

Auswirkung auf
Haftungs-
situation

Vorteile

Nachteile

Arbeitsblatt 57.2 Das Kapital des Unternehmens verändert sich

Sie haben nun einiges zum Thema Eigenkapital und private Einlagen und Entnahmen bearbeitet.
Halten Sie in der folgenden Übersicht die wichtigsten Erkenntnisse dazu fest.

Gründung der BE Partners KG ⟶ Die Gründer und Eigentümer des Unternehmens leisten ihre Einlage:

– _____

– _____

– _____

Eigentümer

Anlage-/Vorratsvermögen

_____

_____

Leistungsbereich

Zahlungs-/Finanzmittelbereich

_____

⟶ Der Eigentümer erwirbt damit einen künftigen Rückzahlungsanspruch =

_____

Während des Jahres kann mit dem Eigenkapital gearbeitet werden, z. B.

_____

_____

_____.

Für den Verzicht auf das Eigenkapital erhält der Eigentümer am Jahresende

den _____ als Verdienst hierfür, der zum Eigenkapital

hinzugerechnet wird.

Eigentümer

Private*einlagen* während des Jahres verändern das EK:

= _____

_____

_____

_____

_____

_____

Private*entnahmen* während des Jahres verändern das EK:

= _____

_____

_____

_____

_____

_____

Zeitverlauf

Auflösung der BE Partners KG ⟶ Die Eigentümer erhalten das noch vorhandene

_____ z. B. in Form von _____

_____

_____ zurück.

Aufgaben

1   Auf dem aktuellen Kontoauszug der BE Partners KG befindet sich eine Abbuchung über 451,50 € für eine Reparaturleistung im Privathaus von Rolf Bastian. Erfassen Sie diesen Vorgang buchhalterisch.

2   In letzter Zeit hat Rolf Bastian öfter private Besorgungen mit Geld vom Geschäftskonto bezahlt. Um dies auszugleichen, zahlt er heute 550,00 € auf das Konto bar ein.

3   Nachdem sich Rolf Bastian gestern 50,00 € aus der betrieblichen Portokasse geliehen hatte, legt er heute entsprechenden Ersatz wieder hinein. Buchen Sie die Entnahme am gestrigen Tag sowie die Wiedereinzahlung heute.

4   Um die Kreativität in der Werbeagentur zu fördern, soll ein Tapetenwechsel durchgeführt und die mittlerweile sehr in die Jahre gekommenen Möbel durch eine moderne und ansprechende Ausstattung ersetzt werden. Einige der noch gut erhaltenen Schreibtische werden an die Mitarbeiter zum Gesamtpreis von 400,00 € (netto) ohne Gewinn verkauft. Da sich Dörthe Epstein immer sehr wohl an ihrem Schreibtisch gefühlt hat, möchte Rolf Bastian ihr eine Freude machen und ihr den Tisch schenken. Er zahlt dafür insgesamt 560,00 € (brutto) aus seinem Geschäftsvermögen.

   a) Buchen Sie den Verkauf der gebrauchten Möbel an die Mitarbeiter, wenn diese sofort bar bezahlen.
   b) Welche Buchung ergibt sich durch Übernahme des Schreibtisches durch Dörthe Epstein?

5   Wie viele andere, so hat auch Rolf Bastian eine private Webseite. Diese soll wieder einmal aktualisiert und dabei auch gleich im Layout erneuert werden. Damit beauftragt er die Kollegen der Werbeagentur, die hierfür insgesamt 8 Stunden benötigten. Buchen Sie die Erbringung dieser Leistung, wenn ein Stundensatz von 95,00 € (netto) zugrunde gelegt wird.

6   Nachdem die Werbeagentur neu gestaltet wurde, ist Rolf Bastian auf die Idee gekommen, auch sein Büro etwas schöner werden zu lassen. Daher möchte er ein Gemälde aus seinem Privatbesitz dort aufhängen. Aus versicherungstechnischen Gründen soll das Bild aber in den Besitz der BE Partners KG übergehen. Buchen Sie den Erwerb des Bildes im Wert von 18.700,00 € (netto) durch die BE Partners KG.

7   Im vergangenen Jahr hat Rolf Bastian häufiger private und geschäftliche Vorgänge vermischt und die Zahlungen nicht immer strikt voneinander getrennt. Welche Auswirkung haben die folgenden Vorgänge jeweils auf seinen Kapitalanteil bei der BE Partners KG?

(alle Angaben netto)	a)	b)	c)
Privateinlagen bar	375,00 €	830,00 €	480,00 €
Privatentnahmen bar	500,00 €	125,00 €	295,50 €
eingebrachte Sachwerte	1.875,00 €	0,00 €	675,00 €
entnommene Sachwerte und Leistungen	1.650,00 €	705,00 €	1.585,00 €

8   In den letzten Monaten nutzte Rolf Bastian das Dienstfahrzeug häufiger für private Fahrten und Besorgungen. Da für alle Fahrzeuge der BE Partners KG grundsätzlich ein Fahrtenbuch geführt wird, lassen sich die privat gefahrenen km leicht ermitteln:

Fahrtenbuch   Juni 20XX

Datum	Zweck	gefahrene km	Name
18.09.	Kundenbesuch	41 km	D. Epstein
20.09.	Besorgung	55 km	R. Bastian
28.09.	Kundenbesuch Gelke KG	5 km	M. Thomas
05.10.	Besprechung Kunde	7 km	U. Fuchs
09.10.	privat	12 km	R. Bastian
11.10.	Kundentermin	8 km	D. Epstein
17.10.	Besuch	21 km	R. Bastian
22.10.	Lieferung Druckerz.	35 km	M. Thomas
30.10.	Auslieferung an Müller	6 km	M. Thomas
30.10.	Auslieferung an Karet	10 km	M. Thomas
06.11.	privat	143 km	R. Bastian
13.11.	Auslieferung Drucke	18 km	Hamm F.
16.11.	Dienstfahrt	16 km	D. Epstein
24.11.	privat	8 km	R. Bastian
30.11.	privat	14 km	R. Bastian
03.12.	Kundentermin	22 km	U. Fuchs

a) Ermitteln Sie die Summe der insgesamt mit dem Auto zurückgelegten sowie der privat gefahrenen km von Rolf Bastian.

b) Berechnen Sie den Benzinverbrauch in € je gefahrenen km, wenn hierfür insgesamt 378,38 € (brutto) an Kosten entstanden sind. Welche Kosten können für die Privatfahrten auf Rolf Bastian umgelegt werden?

c) Buchen Sie den Privatverbrauch von Rolf Bastian.

9   Entscheiden Sie bei den folgenden Aussagen, ob sie richtig (R) oder falsch (F) sind. Verbessern Sie falsche Aussagen entsprechend.

a) ☐   Da der Inhaber des Unternehmens durch die Bereitstellung des Fremdkapitals gewisse Risiken eingeht, steht ihm der jährlich erwirtschaftete Gewinn als Ausgleich und Entlohnung zu.

b) ☐   Sowohl Eigentümer als auch Mitarbeiter können Waren oder Dienstleistungen des Unternehmens privat nutzen. Daher handelt es sich dabei stets um private Vorgänge, die zu Eigenkapitalveränderungen führen.

c) ☐   Private Vorgänge verändern grundsätzlich das Eigenkapital des Unternehmensinhabers.

d) ☐   Damit das Eigenkapitalkonto während eines Geschäftsjahres übersichtlich bleibt, werden alle privaten Buchungsvorgänge auf einem eigenen Privatkonto erfasst. Private Entnahmen werden dabei als Wertabfluss und private Einlagen entsprechend als Wertzufluss erfasst.

e) ☐   Private Einlagen können vom Eigentümer sowohl in bar als auch in Form von Sachmitteln (z. B. Maschinen) oder Rechten (Patente, Lizenzen) vorgenommen werden.

f) ☐   Die Entnahme von Geld aus der Kasse oder dem Geschäftskonto als auch die private Nutzung unternehmerischer Leistungen stellen einen privaten Vorgang (Wertabfluss) dar und erhöhen das Eigenkapital.

Lernsituation 58

Aus und vorbei – das Geschäftsjahr wird abgeschlossen

Die Arbeiten zum Jahresabschluss laufen auf vollen Touren und in der Buchhaltung wird jeder Mitarbeiter gebraucht. Urlaub wird in dieser Zeit nicht genehmigt und zudem fallen viele Überstunden an.

Aber Tanja Wagner und ihre Kollegen sind zuversichtlich, dass sie bald fertig sind, denn es müssen nur noch die Bestände sowie der erwirtschaftete Erfolg ermittelt werden. Und nicht vergessen werden darf die Übersicht für Rolf Bastian, wie sich u. a. das Eigenkapital und die Rentabilität im Vorjahresvergleich entwickelt haben …

```
BE Partners KG    D46-x / Bearbeiter: T. Wagner

Abfrage                                    Seite: 1

* * *  J A H R E S A B S C H L U S S   V E R G L E I C H  * * *

                          GJ 20XV          GJ 20XW
Eigenkapital              595.870,00 EUR   608.560,00 EUR
             Veränderung  2,50%            2,13%

Jahresüberschuss         50.847,00 EUR     53.895,00 EUR
             Veränderung  5,46%            5,99%

Erträge                   3.084.730,00 EUR 2.864.980,00 EUR
             Veränderung  8,63%            -7,12%

Aufwendungen              3.033.883,00 EUR 2.811.085,00 EUR
             Veränderung  6,45%            -7,34%

Rentabilität              8,53%            8,86%

Wirtschaftlichkeit        0,95             0,97

EOQ (Ende der Abfrage)
```

1 Bereiten Sie den Abschluss des aktuellen Geschäftsjahres vor, indem Sie alle Unterkonten über die jeweiligen Hauptkonten abschließen.

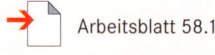 Arbeitsblatt 58.1

2 Ermitteln Sie den erwirtschafteten Erfolg des Geschäftsjahres und stellen Sie fest, ob es sich um einen Gewinn oder einen Verlust handelt.

3 Schließen Sie das Geschäftsjahr vollständig ab, indem Sie das Schlussbestandskonto aufstellen.

4 Analysieren Sie den Jahresabschluss, indem Sie die von Rolf Bastian gewünschten Kennzahlen ermitteln und mit den Vorjahreswerten vergleichen. Welche Aussage über die wirtschaftliche Situation der BE Partners KG lässt sich treffen?

Arbeitsblatt 58.1 Das Hauptbuch abschließen

WZ	0500 Grundstücke und Gebäude	WA
SaBu	450.000,00	

WZ	0700 Maschinen	WA
SaBu	370.000,00	SaBu 68.450,00

WZ	0830 Lagereinrichtung	WA
SaBu	125.500,00	SaBu 23.218,00

WZ	0840 Fuhrpark	WA
SaBu	67.500,00	SaBu 12.488,00

WZ	0850 BGA	WA
SaBu	283.400,00	SaBu 52.429,00

WZ	0860 Büromaschinen	WA
SaBu	52.800,00	SaBu 9.768,00

WZ	1500 Wertpapiere	WA
SaBu	28.500,00	

WZ	2400 Forderungen LuL	WA
SaBu	5.384.098,00	SaBu 4.441.881,00

WZ	2600 Vorsteuer	WA
SaBu	261.639,00	SaBu 9.942,00

WZ	2800 Bankguthaben	WA
SaBu	345.800,00	SaBu 299.901,00

WZ	2880 Kasse	WA
SaBu	34.200,00	SaBu 28.560,00

WZ	3000 Eigenkapital	WA
		SaBu 640.000,00

WZ	3001 Privatkonto	WA
SaBu	2.384,00	SaBu 9.385,00

WZ	4250 Langfristige Bankdarlehen	WA
SaBu	232.364,00	SaBu 859.700,00

WZ	4400 Verbindlichkeiten LuL	WA
SaBu	3.017.200,00	SaBu 3.847.500,00

WZ	4800 Umsatzsteuer	WA
SaBu	334.983,00	SaBu 612.068,00

Hinweis: „SaBu" steht für Sammelbuchung und fasst mehrere Buchungsvorgänge während des Geschäftsjahres zusammen. Bei den Bestandskonten ist darin auch der Anfangsbestand enthalten.

Arbeitsblatt 58.1 Das Hauptbuch abschließen (Fortsetzung)

WZ	5000 Umsatzerlöse für eigene Erzeugnisse		WA
		SaBu	2.262.226,00

WZ	5001 Erlösberichtigung für eigene Erzeugnisse		WA
SaBu	29.409,00		

WZ	5100 Umsatzerlöse für Handelsware		WA
		SaBu	959.184,00

WZ	5101 Erlösberichtigung für Handelsware		WA
SaBu	10.551,00		

WZ	5420 Eigenverbrauch		WA
		SaBu	1.848,00

WZ	5400 Erlöse aus Vermietung		WA
		SaBu	8.100,00

WZ	6010 Aufwand für Vorprodukte		WA
SaBu	39.108,00	SaBu	1.476,00

WZ	6000 Aufwand für Rohstoffe		WA
SaBu	510.720,00	SaBu	6.468,00

WZ	6020 Aufwand für Hilfsstoffe		WA
SaBu	56.232,00	SaBu	804,00

WZ	6030 Aufwand für Betriebsstoffe		WA
SaBu	60.876,00	SaBu	1.164,00

WZ	6040 Aufwand für Verpackungsmaterial		WA
SaBu	22.728,00	SaBu	4.140,00

WZ	6080 Aufwand für Handelswaren		WA
SaBu	613.008,00	SaBu	6.876,00

WZ	6140 Aufwand für Ausgangsfrachten		WA
SaBu	30.840,00	SaBu	456,00

WZ	6160 Aufwand für Fremdinstandhaltung		WA
SaBu	26.760,00		

WZ	6300 Aufwand für Gehälter		WA
SaBu	893.568,00		

WZ	6200 Aufwand für Löhne		WA
SaBu	225.480,00		

Arbeitsblatt 58.1 Das Hauptbuch abschließen (Fortsetzung)

WZ	6400 Aufwand Soz. Vers. AG (Lohn)	WA
SaBu	78.918,00	

WZ	6410 Aufwand Soz. Vers. AG (Gehalt)	WA
SaBu	312.749,00	

WZ	6520 Abschreibungen Sachanlagen	WA
SaBu	127.616,00	

WZ	6540 Abschreibung GWG	WA
SaBu	8.606,00	

WZ	6700 Aufwand für Miete	WA
SaBu	6.240,00	

WZ	6800 Aufwand für Büromaterial	WA
SaBu	38.160,00	

WZ	6900 Aufwand für Versicherungen	WA
SaBu	25.200,00	

WZ	7510 Aufwand für Zinsen	WA
SaBu	60.895,00	

WZ	8010 GuV	WA

WZ	8020 SBK	WA

Arbeitsblatt 58.2 Die Buchführung im Laufe eines Jahres

Die Jahresabschlussarbeiten sind umfangreich. Halten Sie die wichtigsten Schritte in der folgenden Strukturübersicht fest.

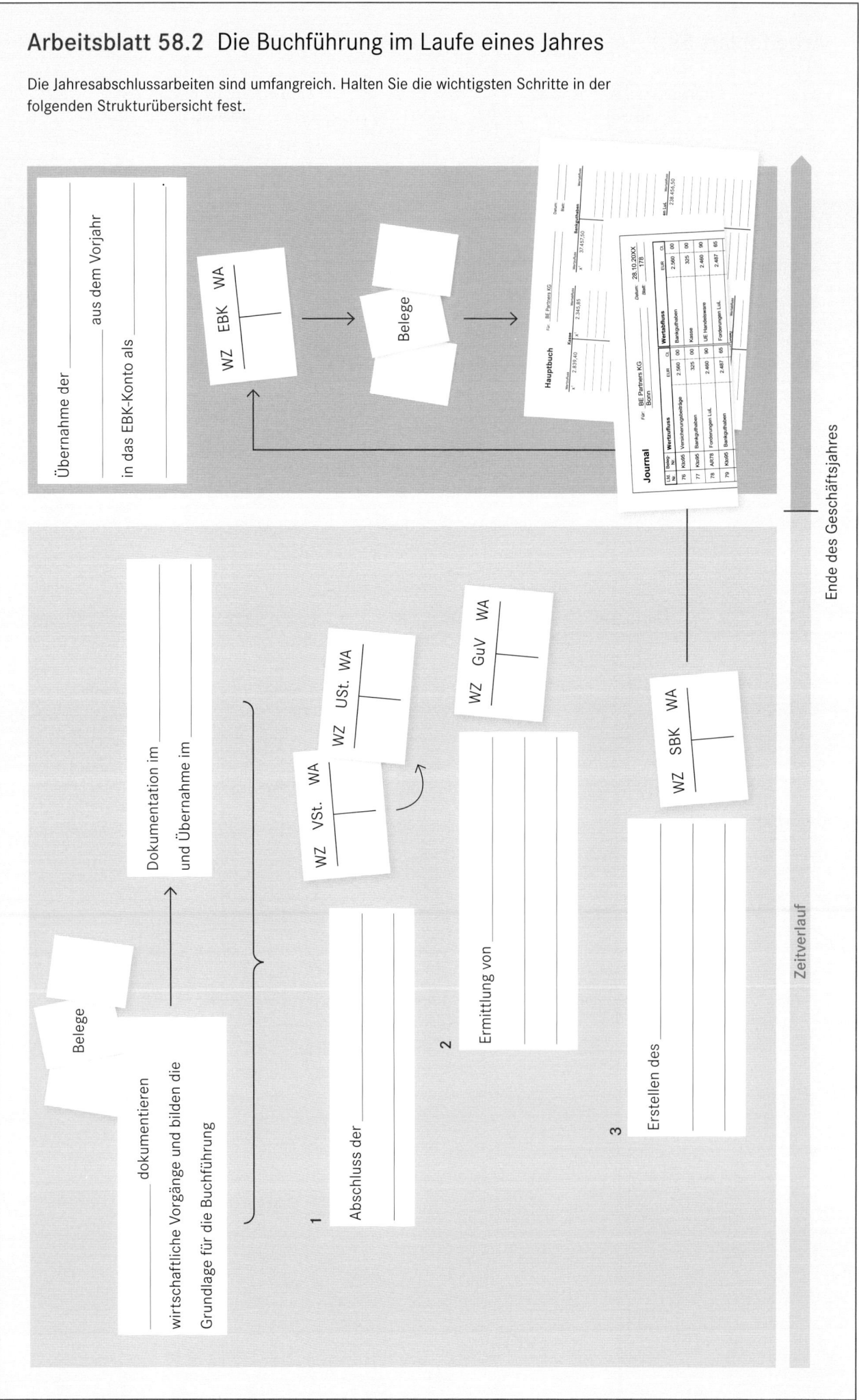

Aufgaben

1 Die vorläufigen Daten des Jahresabschlusses zeigen, dass die Summe der Aktivkonten bei 2.780.500,00 € liegt. Berechnen Sie die Höhe des Eigenkapitals, wenn die folgenden Schulden vorhanden sind.

Verbindlichkeiten LuL 837.250,00 €
Bankdarlehen 1.230.800,00 €

2 Es liegen verschiedene Daten aus der Analyse des Jahresabschlusses vor. Berechnen Sie die jeweils fehlenden Größen.

	Eigenkapital Vorjahr	Eigenkapital aktuelles Jahr	Veränderung des Eigenkapitals
a)	780.350,00 €	821.900,00 €	
b)		3.780.000,00 €	+ 15,75 %
c)	2.500.720,00 €		+ 6,35 %
d)		635.600,00 €	+ 8,25 %

3 In der Anfangszeit der BE Partners KG lag der erwirtschaftete Gewinn gerade einmal bei 25.600,00 € im Jahr. Ermitteln Sie die Eigenkapitalrentabilität, wenn das damalige Eigenkapital bei 375.000,00 € lag.

4 Die Eigenkapitalrendite lag vor einigen Jahren bei 8,25 %. Der erwirtschaftete Gewinn belief sich auf 31.250,00 €. Wie hoch war zu diesem Zeitpunkt das eingesetzte Eigenkapital?

5 Bringen Sie die folgenden Arbeitsschritte bei der Erstellung des Jahresabschlusses in die richtige Reihenfolge, indem Sie die Ziffern ① bis ⑧ in die Kästchen eintragen.

a) ☐ Erstellen der Gewinn- und Verlustrechnung und Ermittlung des erwirtschafteten Gewinns oder Verlustes.

b) ☐ Abschluss der Unterkonten wie z.B. Vorsteuer (→ Umsatzsteuer) oder Erlösberichtigungen (→ Umsatzerlöse) auf den entsprechenden Hauptkonten.

c) ☐ Abschluss aller Bestandskonten durch Ermittlung der Endsalden.

d) ☐ Alle Geschäftsvorfälle müssen vollständig im Grundbuch und Hauptbuch erfasst sein.

e) ☐ Erstellen des Schlussbestandskontos.

f) ☐ Ermittlung der Salden in den Erfolgskonten (Aufwendungen und Erträge).

g) ☐ Übernahme des Erfolges in das Eigenkapitalkonto.

h) ☐ Bildung des Saldos in allen Unterkonten.

Lernsituation 59

Sachanlagen verlieren an Wert – jetzt investieren oder noch warten?

Rolf Bastian und Dörthe Epstein sitzen entspannt bei einem Kaffee im Büro …

Rolf Bastian „Wie schnell das Jahr doch wieder vorbeigegangen ist; in wenigen Wochen ist der Jahresabschluss auch erledigt."

Dörthe Epstein „Nach diesem turbulenten Jahr ist das auch gut so. Und die vorläufige Gewinnprognose aus der Buchhaltung hört sich auch sehr gut an … ca. 75.400,00 € dürften es dieses Jahr werden."

Rolf Bastian „Ja, aber vergiss bitte nicht, dass wir 25.000,00 € für die geplante Modernisierung im Druckbereich zurücklegen wollten. Und da fällt mir ein, wir hatten doch noch einige Anschaffungen ausstehen … wo ist denn dieser Zettel wieder … ah hier."

Dörthe Epstein „Das hätte ich ja auch fast vergessen … und wenn ich das mal überschlage, kommen da nochmal gute 8.000,00 € zusammen. *(seufzt)* Ich habe bisher fest mit einem Gewinn von 9.000,00 – 10.000,00 € für mich gerechnet – den habe ich privat eigentlich schon verplant! *(nach kurzer Pause)* Und wenn wir diese Anschaffungen jetzt noch im alten Jahr tätigen, wie wirken sie sich dann auf die Gewinnprognose aus? Kannst Du das bitte mal überschlagen … Du bist doch viel besser im Umgang mit Zahlen als ich …"

Rolf Bastian *(lacht)* „Ich bitte Frau Wagner einmal, das für uns durchzurechnen, sie ist ja sowieso gerade mit den Abschlussarbeiten beschäftigt. Und dann können wir immer noch entscheiden, was wir machen …"

(Wechsel in die Buchhaltung)

Es macht „Gong" als die E-Mail von Rolf Bastian eingeht und Tanja Wagner mit einem kurzen Seufzer auf den Monitor blickt. Rolf Bastians Bitte ist zwar mit mehr Arbeit verbunden, aber wenigstens passt es jetzt ganz gut, denn sie hat sich gerade die Unterlagen für die Abschreibungen zurechtgelegt …

> – baldiger Ersatz vorhandener Kopier- und Druckergeräte; gewünscht Multifunktionsgerät mit Scan-/Kopiereinheit … Angebot über 1.295,90 € vorhanden
> – Nachbestellen von Büromaterial spätestens im Januar, ca. 145,00 €

Anlagenkarte 1

	Anlagenkarte			Inventar-Nr.:	274

be

Inventarposition:	Technische Anlagen (Druck) 0700
Bezeichnung:	Offsetdruckanlage CX56, Bromberger Druckmaschinen GmbH; Sollleistung lt. Hersteller 50 Mio. Druckeinheiten

Anschaffungs-datum:

18.07.20XU

Abschreibungs-methode:
[ ] linear
[X] leistungs-bezogen
[ ] degressiv

Nutzungsdauer:

10 Jahre

Buchungsdatum	Buchungstext	Betrag €	Restbuchwert
18.07.20XU	Anschaffung lt. Kaufvertrag	46.730,00	46.730,00
31.12.20XU	Abschreibung	936,40	45.793,60
31.12.20XV	Abschreibung	1.859,20	43.934,40
31.12.20XW	Abschreibung	2.305,80	41.628,60

20XX lt. Heike Kolder
2.475.498 Drucke

Anlagenkarte 2

	Anlagenkarte			Inventar-Nr.:	308

be

Inventarposition:	Technische Anlagen (Druck) 0700
Bezeichnung:	Stanzmaschine EXCUTER-5, Maschinenfabrikant Gröll OHG

Anschaffungs-datum:

21.04.20XX

Abschreibungs-methode:
[X] linear
[ ] leistungs-bezogen
[ ] degressiv

Nutzungsdauer:

8 Jahre

Buchungsdatum	Buchungstext	Betrag €	Restbuchwert
21.04.20XX	Anschaffung lt. Kaufvertrag	53.850,00	53.850,00
01.05.20XX	Zahlung unter Abzug von Skonto	-1.077,00	52.773,00

1 Setzen Sie sich mit der Situation auseinander und versuchen Sie, die Befürchtungen von Dörthe Epstein nachzuvollziehen.

2 Ermitteln Sie zunächst die noch nicht erfassten Abschreibungen für das Jahr 20XX, die zwingend vorgenommen werden müssen. Welche Auswirkungen haben diese auf die Gewinnprognose für dieses Jahr?

3 Entscheiden Sie bei den geplanten Anschaffungen, wie diese jeweils buchhalterisch behandelt werden müssen und zu welchen Abschreibungen sie dann führen. Nehmen Sie alle notwendigen Berechnungen vor.

4 Wie verändert sich der prognostizierte Gewinn für die beiden Gesellschafter? Und welche Empfehlung hinsichtlich der Anschaffungen sollten Rolf Bastian und Dörthe Epstein gegeben werden?

Tipp: Für die Verteilung des Gewinns können Sie den Gesellschaftsvertrag der BE Partners KG von S. 6 heranziehen.

Sonderfall:

Anschaffungskosten (netto):

Erfassung als

z. B. auf dem Konto

Anschaffungskosten (netto):

Erfassung als

(= _____) und

Abschreibung über

Abschreibungsmethode:

=

Höhe der Restbuchwerte

Abschreibungsmethode:

=

Höhe der Restbuchwerte

Arbeitsblatt 59.2 Bestandteile der Anschaffungskosten

Ordnen Sie die nachfolgenden Begriffe den Bestandteilen der Anschaffungskosten für ausgewählte Anlagegüter zu (Mehrfachnennungen sind möglich).

1. Einbauteile und Einbaukosten (nachträglich)	12. Preisnachlässe nach Mängelrügen
2. Einbauten (nachträglich)	13. Rabatt
3. Fundamentierungskosten	14. Renovierungskosten
4. Grunderwerbsteuer	15. Skonto
5. Kosten der Anlieferung (z.B. Fracht, Be- und Entlade- kosten, Anfuhr, Abfuhr, Transportversicherung)	16. Überführungskosten
6. Kreditfinanzierungskosten	17. Umbauten (nach dem Erwerb)
7. Listenpreis	18. Gezahlte Vorsteuer
8. Maklergebühr	19. Zoll
9. Montagekosten	20. Zubehörteile (beim Kauf)
10. Notarieller Kaufpreis	21. Zulassungskosten
11. Notarkosten (Eigentumsübertragung)	22. Notarkosten (Grundschuldeintragung)

Bestandteile des Anschaffungspreises	Anschaffungs- nebenkosten	Anschaffungs- preisminderungen	Nachträgliche Anschaffungskosten
Ermittlung der Anschaffungskosten für ein Grundstück mit bestehendem Gebäude			
Ermittlung der Anschaffungskosten für eine importierte Maschine			
Ermittlung der Anschaffungskosten für ein Fahrzeug (kein Import)			
Ermittlung der Anschaffungskosten für einen Büroschrank (kein Import)			
Nicht zu den Anschaffungskosten gehören:			

Aufgaben

1   Für das Personalbüro der BE Partners KG wurden fünf neue feuerfeste Akten-
    schränke zu einem Stückpreis von 1.090,00 € (netto) beschafft. Der Verkäufer
    gewährte einen Neukundenrabatt von 5 %. Für den Transport stellte er allerdings
    45,00 € (netto) in Rechnung.

    a) Ermitteln Sie die aktivierungspflichtigen Anschaffungskosten (netto und brutto)
       bei Eingang der Rechnung.
    b) Ermitteln Sie die aktivierungspflichtigen Anschaffungskosten (netto und brutto)
       nach Bezahlung.
    c) Buchen Sie sowohl den Kauf als auch die Bezahlung der Aktenschränke.

2   Endlich ist es soweit und bei der BE Partners KG wird ein neuer Lieferwagen an-
    geschafft, nachdem der alte vor Kurzem verschrottet wurde. Der Listenverkaufspreis
    des Händlers liegt bei 18.365,00 € (netto), wobei er noch einen Rabatt von 3 %
    gewährt. Für Zulassung und Überführung fallen weitere 265,00 € an. Nach dem
    Abholen beim Händler wird der Lieferwagen an der nächsten Tankstelle auch gleich
    für 54,96 € (brutto) betankt.

    a) Ermitteln Sie die aktivierungspflichtigen Anschaffungskosten (netto und brutto).
    b) Führen Sie alle notwendigen Buchungen für den Kauf sowie für die Abschrei-
       bung durch.

3   Im Rahmen der Jahresabschlussarbeiten muss noch der
    bilanzielle Wert der erworbenen Aktenschränke (siehe
    Aufgabe 1) ermittelt werden.

    a) Berechnen Sie ausgehend von der steuerrechtlich
       zulässigen Nutzungsdauer die Höhe der linearen Ab-
       schreibung sowie den Bilanzwert zum 31.12.20XX.
    b) Buchen Sie die Abschreibung.
    c) Welcher Restbuchwert ergibt sich am Ende
       des 3. Jahres?

Auszug aus der amtlichen AfA-Tabelle:

Vermögenswert	Nutzungsdauer in Jahren
Aktenschrank	14
Lieferwagen	9
Computer	3
Druckmaschinen (Offset, Digital)	10
Frankiermaschine	8
Software	3
Drucker (mit Scan-/Kopierfunktion)	3

4   Mit welchem Wert wird der neu gekaufte Lieferwagen aus Aufgabe 2 bei Anwen-
    dung der linearen Abschreibung bilanziert?

5   Für die Werbeabteilung der BE Partners KG wurde ein neuer Hochleistungscom-
    puter mit Grafiksoftware und diversen Peripheriegeräten (Maus, Tastatur, Zeichen-
    board) angeschafft. Die Anschaffungskosten (netto) beliefen sich auf insgesamt
    2.365,00 €. Berechnen Sie den Bilanzansatz zum 31.12.20XX und buchen Sie
    sowohl den Kauf als auch die lineare Abschreibung.

6   Eine der Offsetdruckmaschinen wurde vor mehreren Jahren neu beschafft. Seitdem
    wurde sie 4 Jahre lang linear abgeschrieben und steht nun noch mit einem Rest-
    buchwert von 23.112,00 € in den Büchern. Berechnen Sie die lineare Abschrei-
    bungsrate für das aktuelle Jahr und buchen Sie diese.

7   Gehen Sie davon aus, dass die Computeranlage aus Aufgabe 5 am 16.08. des
    aktuellen Jahres erworben wurde. Ermitteln Sie den linearen Abschreibungsbetrag
    und führen Sie die notwendige Buchung durch.

8 Berechnen Sie für die folgenden Beispiele die Anzahl an Abschreibungsmonaten.

Datum des Erwerbs	Anzahl an Abschreibungsmonaten
03.04.20XX	
19.07.20XX	
30.11.20XX	
28.12.20XX	

9 Die Offsetdruckmaschine (siehe Aufgabe 6) wurde im Jahr der Anschaffung am 07. April erworben. Ermitteln Sie die Höhe der linearen Abschreibungsrate im aktuellen Jahr und führen Sie die entsprechende Buchung durch.

10 Eine der Hochglanzdigitaldruckmaschinen wird nur bei Spezialdruckaufträgen eingesetzt und weist für das aktuelle Jahr eine Nutzungsintensität von 251 730 Druckbögen auf. Die vom Hersteller garantierte Laufleistung liegt bei 375 000 000 Bögen.

a) Ermitteln Sie die Höhe der Abschreibung, wenn die Anschaffungskosten (brutto) ursprünglich bei 43.725,00 € lagen.
b) Buchen Sie die aktuelle Abschreibung.

11 Der Dienstwagen von Rolf Bastian unterliegt seit seiner Anschaffung einer leistungsbezogenen Abschreibung. Gemäß dem geführten Fahrtenbuch wurden in diesem Jahr insgesamt 38 189 km zurückgelegt. Die laut Hersteller angegebene Sollleistung liegt bei 260 000 km. Berechnen Sie die Abschreibung für das aktuelle Jahr und buchen Sie diese.

12 Ordnen Sie die folgenden Diagramme durch Pfeile den jeweiligen Abschreibungsarten zu.

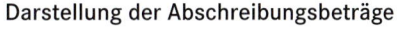

Darstellung der Abschreibungsbeträge

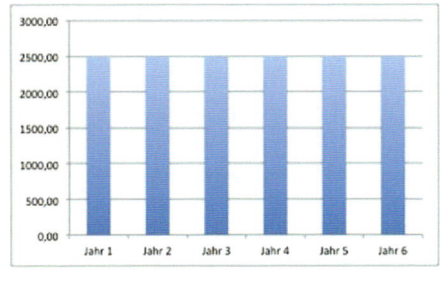
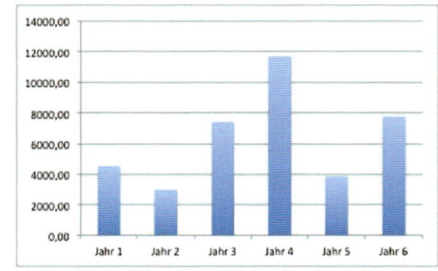

lineare Abschreibung	leistungsbezogene Abschreibung

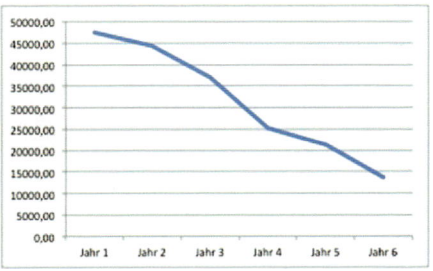
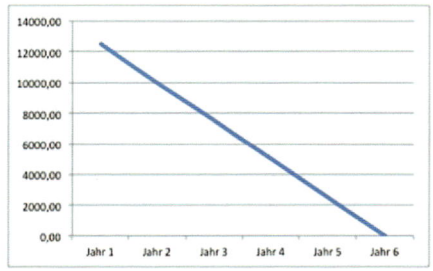

Darstellung der Restbuchwerte

Lernsituation 60

Eine Inventur durchführen – die BE Partners KG wird auf den Kopf gestellt …

In der Buchhaltung laufen gerade die letzten Arbeiten für den Jahresabschluss und so musste auch bei der BE Partners KG die diesjährige Inventur durchgeführt werden.

Wie immer haben alle Mitarbeiter geholfen, sodass dieses Großereignis in kurzer Zeit bewältigt werden konnte. Bei Tanja Wagner liegen nun die Ergebnisse der Bestandsaufnahme in Form vieler einzelner Inventurlisten auf dem Schreibtisch und warten auf die Auswertung … und das sollte nicht mehr allzu lange dauern. Denn Rolf Bastian möchte so schnell wie möglich die diesjährigen Daten mit den Bilanzwerten des Vorjahres vergleichen, um Rückschlüsse auf die wirtschaftliche Entwicklung der BE Partners KG zu ziehen. Also auf geht's.

```
Bilanzwerte (Vorjahr)

prozentualer Anteil an der Bilanzsumme von:
- Eigenkapital                          25,40 %
- Verbindlichkeiten                     43,25 %
- Forderungen                           38,77 %

Verhältnis Anlage- zu Umlaufvermögen: 1,435
```

Inventurliste BE Partners KG
Bereich: Schulden

Offene Positionen/Rückzahlungsverpflichtung

Bankdarlehen (über 4 Jahre Laufzeit):	716.417,00 €
Lieferantenverbindlichkeiten lt. Aufstellung	830.300,00 €
Zahllast	25.388,00 €

wag

Inventurliste BE Partners KG
Bereich: Vorräte/Lager

Lagervorrat

Vor Jahresende komplett verbraucht;
Neubestellung angestoßen,
Lieferung im Januar erwartet;

fer

Inventurliste BE Partners KG
Bereich: Forderungen aus Lieferungen und Leistungen

Ermittelter Bestand:

zum Stichtag noch ausstehend: 961.096,00 €
Nachtrag (28.12.20XX): Zahlungseingänge
offener Rechnungen i. H. v. 18.879,00 €

wag

Inventurliste BE Partners KG
Bereich: Zahlungsmittel

Daten:

Portokasse	193,50 €
Handkasse Absatz	1.850,00 €
Tresorbestand	3.596,50 €
Sparkasse KölnBonn	33.640,00 €
Volksbank Rhein-Sieg eG	12.259,00 €

wag

Inventurliste BE Partners KG
Bereich: Immobilien

Vermögen

Grundstück an der Schlesienstraße 490–402 in Bonn, einschließlich der Gebäudeanlagen (Druckerei und Verwaltungsgebäude), Verkehrswert 450.000,00 €

sey

Inventurliste BE Partners KG
Bereich: Betriebliche Ausstattung

Büroausstattung lt. sep. Listen	€
Druckerei	23.560,00
Verwaltung/Einkauf	15.770,00
Verwaltung/Wareneingang	8.950,00
Verwaltung/Post	14.569,00
Verwaltung/Rechnungswesen	25.580,00
Verwaltung/Personal	19.730,00
Werbeagentur:	
– Einkauf/Produktion	31.450,00
– Kreation	28.938,00
– Kundenbetreuung	9.075,00
Geschäftsleitung	17.850,00
sonstiges	35.499,00

sey

Inventurliste BE Partners KG
Bereich: Maschinen und sonstige technische Einrichtungen

Maschinenpark und Lagereinrichtung

– Druckanlage Offset XDO89/3, Buchwert lt. Anlagendatei	48.560,00 €
– Druckanlage Offset YZ9C/64, Buchwert lt. Anlagendatei	21.750,00 €
– Druckanlage Digital, Inventar-Nr. 299387/3	61.660,00 €
– Falzanlage, Inventar-Nr. 293830	8.300,00 €
– Falzanlage, Inventar-Nr. 003487	5.188,00 €
– Anlage für Zuschnitt, Inventar-Nr. 737474 und 288372	31.432,00 €
– Sortier- und Förderbänder lt. Aufstellung	85.450,00 €
– Transportgeräte	
+ Hubwagen (Inventar-Nr. 38347, 39387, 85743)	15.380,00 €
+ Gabelstapler (Inventar-Nr. 00998)	7.400,00 €
– Gitterboxen und andere Aufbewahrungsbehälter (lt. Aufstellung)	32.560,00 €
– Regaleinrichtung lt. Aufstellung	86.153,00 €

kol / fin

Inventurliste BE Partners KG
Bereich: Fuhrpark

Fahrzeuge

Lkw (MAN, Kennzeichen BN–BEP 387) lt. Anlagendatei	32.688,00 €
Transportvan (Mercedes, Kennzeichen BN–BEP 557), lt. Anlagendatei	18.450,00 €
Pkw (Kennzeichen BN–BEP 334) lt. Anlagendatei	3.875,00 €

fer

Inventurliste BE Partners KG
Bereich: Finanzanlagen

Bestand

– Aktien Automotive AG, 176 Stück, Bewertungskurs 57,50 €
– Aktien Bankhaus Römer AG, 50 Stück, Kurs für Bewertung 367,60 €

wag

Inventurliste BE Partners KG
Bereich: Büromaschinen u. Ä.

Vermögenswerte lt. sep. Aufstellung

Druckerei	3.850,00 €
Verwaltung	25.770,00 €
Werbeagentur	8.235,00 €
Geschäftsleitung	2.385,00 €
sonstiges	2.792,00 €

ars

1 Verschaffen Sie sich zunächst einen Überblick über die erhobenen Daten der Inventur.

2 Fassen Sie die Daten der Inventur zu einem aussagekräftigen Inventar zusammen. — Vorlagen/Inventar

3 Leiten Sie aus dem erstellten Inventar eine ordnungsgemäß gegliederte Bilanz ab und vergleichen Sie die Daten mit den Vorjahreswerten. Welche Information zur Entwicklung dieser Daten können Sie Rolf Bastian geben? — Vorlagen/Bilanz

Arbeitsblatt 60.1 Von der Inventur zur Bilanz

Halten Sie sich die wichtigsten Schritte bei der Durchführung einer Inventur sowie dem Erstellen des Inventars und der Bilanz in der folgenden Strukturübersicht fest.

INVENTUR

– _____ aller vorhandenen Werte des Unternehmens, d. h. _____

und _____ (= _____ Inventur)

– Ermittlung des _____ Bestandes (_____)

– Die Ermittlung des Bestandes kann auch anhand von _____ oder anderen Unterlagen erfolgen

(= _____ Inventur).

Zeitpunkt

– Zu _____ und am _____ eines jeden Geschäftsjahres, meist _____

– Zur Vereinfachung kann der Zeitpunkt einer Inventur verändert werden:

  – _____
  _____

  – _____
  _____

  – _____
  _____

Die ermittelten Bestände müssen auf den _____ vor- oder zurückgerechnet werden.

↓

INVENTAR

Inventar zum 31.12.20XX

A _____

  I _____

  II _____

B _____

  I _____

  II _____

C _____

  = Differenz zwischen Vermögen und Schulden

Gliederungsprinzip:

_____

_____

_____

Gliederungsprinzip:

_____

_____

_____

↓

BILANZ

= verkürzte Darstellung des _____ mit Angabe des jeweiligen _____ ,

jedoch ohne _____ der einzelnen Positionen.

Aufgaben

1 Entscheiden Sie bei den folgenden Werten, welche Form von Inventur sinnvoll angewendet werden kann.

Bankguthaben

Bargeld in der Portokasse

offene Verbindlichkeiten

Druckerfarbe

Grundstücke

Papiervorräte, ein Teil davon ist bereits in der Produktion

2 Bei der diesjährigen Inventur wurden für Papier und Druckerfarbe die nebenstehenden Bestände festgestellt.

Aus der Buchhaltung sind außerdem die folgenden Beschaffungs- und Verbrauchsmengen bekannt:

Papier (Lager B 1)

Beschaffung	25.11.20XX	2,5 Rollen zu je 2.480,50 €
Verbrauch	15.12.20XX	9 Rollen
Verbrauch	07.01.20X1	2 Rollen

Lager für Offsetdruckfarben

Verbrauch	20.12.20XX	Cyan (5 Dosen), Yellow (2 Dosen), Magenta (4 Dosen)
Beschaffung	05.01.20X1	Cyan (3 Dosen zu je 4,85 €)
Verbrauch	08.01.20X1	Magenta (4 Dosen), Yellow (4 Dosen)

Ermitteln Sie die verwertbaren Inventurbestände zum Ende des Geschäftsjahres 31.12.20XX in €.

Inventurliste BE Partners KG

Bereich: Papier, Lager B 1

Lagervorrat
8,5 Rollen Papier 250 g/m², white/excellent, beidseitig bedruckbar, 250 m x 2,5 m
Einstandspreis: 2.625,50 €/Rolle

Datum: 08.11.20XX

Inventurliste BE Partners KG

Bereich: Lager für Farben, Abtl. Offsetdruck

Lagervorrat
Cyan brilliant, 18 L in 9 Dosen,
Einstandspreis: 5,75 €/l
Yellow brilliant, 25 L in 5 Dosen,
Einstandspreis: 3,81 €/l
Magenta brilliant, 12,5 L in 5 Dosen,
Einstandspreis: 4,20 €/l

Datum: 11.01.20X1

3 Während in der Buchhaltung die Ermittlung der (Soll-)Endbestände erfolgt, werden die tatsächlichen Istbestände im Rahmen der Inventur erhoben. Durch einen laufenden Abgleich der gewonnenen Daten können schon frühzeitig Inventurdifferenzen festgestellt und bereinigt werden.

a) Finden Sie allgemeine Gründe für Inventurdifferenzen.
b) Welche Gründe könnten in den folgenden Abteilungen für Inventurdifferenzen maßgeblich sein?
   ba) Lager (Beschaffung oder Absatz)
   bb) Kantine
   bc) Lager für Büromaterial

4 Bei der Inventur der Papiervorräte stellte ein Mitarbeiter der BE Partners KG fest, dass 2 Rollen weißes Papier durch einen Wasserschaden unbrauchbar sind. Der lt. Lagerdokumentation ermittelte Wert (netto) beläuft sich insgesamt auf 536,50 €. Welche Auswirkung hat diese Feststellung auf die Buchhaltung des Unternehmens? Erstellen Sie ggf. alle notwendigen Buchungen hierzu.

5 Die Mitarbeiterin in der Poststelle des Unternehmens führt ebenfalls eine Inventur durch und stellte fest, dass in der Portokasse ein Überschuss von 1,42 € vorhanden ist. Zu welcher buchhalterischen Auswirkung führt dieses Ergebnis?

6 Entscheiden Sie bei den folgenden Aussagen, ob sie richtig (R) oder falsch (F) sind. Verbessern Sie falsche Aussagen entsprechend.

a) ☐ Bei einer zeitlich verlegten bzw. verlagerten Inventur müssen die ermittelten Inventurbestände nur dann auf den Stichtag vor- oder zurückgerechnet werden, wenn es sich um für die Produktion wesentliche Materialien wie z. B. Rohstoffe handelt. In allen anderen Fällen können die gewonnenen Daten als Schätzwerte beibehalten werden.

b) ☐ Der Gesetzgeber verpflichtet jedes Unternehmen, mindestens einmal im Geschäftsjahr eine Inventur durchzuführen.

c) ☐ Zur Vereinfachung der Inventur und der damit verbundenen Arbeiten kann sie bereits bis zu drei Monate vor dem eigentlichen Stichtag und/oder bis zu zwei Monate danach durchgeführt werden.

d) ☐ Von einer Stichtagsinventur spricht man immer dann, wenn diese direkt am Stichtag oder bis zu 15 Tage vor bzw. nach diesem durchgeführt wird.

e) ☐ Eine körperliche Inventur kann abweichend von der gesetzlichen Regelung zu jedem beliebigen Zeitpunkt während des Jahres durchgeführt werden.

f) ☐ Der Gesetzgeber ermöglicht die Nutzung bestimmter vereinfachter Inventurverfahren wie das Schätzen oder mathematisch-statistische Verfahren, um die Bestände im Vorfeld zu erheben. Für eine exakte Ermittlung muss dennoch stets eine körperliche Inventur durchgeführt werden.

g) ☐ Für umfangreichere Inventurarbeiten erlaubt der Gesetzgeber einen Zeitraum von bis zu fünf Monaten zur Erhebung aller notwendigen Daten.

7 Bringen Sie die Hauptbestandteile eines Inventars in die richtige Gliederungsfolge.

Inventar der BE Partners KG zum 31.12.20XX

Umlaufvermögen

kurzfristige Verbindlichkeiten

Vermögen

Reinvermögen

Anlagevermögen

Schulden

Langfristige Verbindlichkeiten

8 Geben Sie die jeweilige Bezeichnung an, unter der die Vermögens- und Schuldenwerte der linken Spalte in einem Inventar zu finden sind.

Kredit bei einer Bank	
Bargeld in der Kasse	
Papiervorräte für die Druckerei	
Gebäude mit den Verwaltungsräumen	
Offsetdruckfarben	
offene Eingangsrechnungen gegenüber Lieferanten	
Druckmaschinen (Offset, Digital)	
ausstehende Rechnungen von Kunden	

9 Aus der Inventur ergeben sich für ein Unternehmen die folgenden Bestände:
Erstellen Sie aus diesen Daten ein ordnungsgemäßes Inventar.

langfristige Schulden	295.500,00 €
Wertpapiere	5.600,00 €
Bankguthaben	7.300,00 €
Fuhrpark	43.800,00 €
Grundstücke und Gebäude	231.500,00 €
Vorräte	26.750,00 €
Bargeld	880,00 €
Maschinen und andere technische Anlagen	187.500,00 €
kurzfristige Schulden	173.400,00 €
Forderungen	98.400,00 €

10 Eine Inventur wird zu einem bestimmten Stichtag durchgeführt. Die Daten des
gewonnenen Inventars beziehen sich somit auf diesen Tag und eine Interpretation
bzw. Auswertung der Daten kann dadurch eingeschränkt oder schwierig sein.

a) Nennen Sie verschiedene Positionen eines Inventars, deren stichtagsbezogene
Auswertung problemlos möglich ist. Begründen Sie Ihre Antwort.
b) Finden Sie weitere Positionen, deren Auswertung anhand der stichtagsbezogenen
Daten nur eingeschränkt möglich ist. Nennen Sie mögliche Gründe hierfür.

11 Am Ende eines Geschäftsjahres ist die zu erstellende Bilanz ein wichtiges Dokument für den Unternehmer. Skizzieren Sie die wesentlichen Positionen einer ordnungsgemäßen Bilanz in nachstehendem T-Konto.

Bilanz

12 Wie lange muss eine Bilanz mindestens aufbewahrt werden, die für dieses Kalenderjahr erstellt wird? Finden Sie Argumente, die für diese gesetzliche Aufbewahrungsfrist spricht.

13 Das Wort Bilanz stammt aus dem Italienischen und bedeutet so viel wie Waage. Aus diesem Grund wird für die grafische Darstellung einer Bilanz immer wieder eine Waage wie nebenstehend gewählt. Erläutern Sie den Zusammenhang der beiden Waagschalen. Gehen Sie dabei auch auf die Begriffe Finanzierung und Investition ein.

14 Welche der folgenden Aussagen zur Bilanz ist/sind richtig? Verbessern Sie die falschen Aussagen entsprechend.

a) ☐ Die Passivseite einer Bilanz eines Industrieunternehmens folgt immer dem Prinzip der fallenden Fristigkeit, d. h., es werden zunächst die längerfristigen Schuldenpositionen und danach erst die kurzfristigen aufgelistet.

b) ☐ Eine Bilanz ist die verkürzte Darstellung der Schlussbestände aus der Finanzbuchhaltung.

c) ☐ Da eine Bilanz aus den Werten des Inventars entsteht, liegen die Gliederungsprinzipien des Inventars auch der Bilanz zugrunde.

d) ☐ In einer Bilanz werden alle Vermögens- und Schuldenwerte des Unternehmens gegenübergestellt. Dabei gibt die Passivseite Auskunft über die Verwendung der eingesetzten finanziellen Mittel und die Aktivseite die Quellen dieser Finanzmittel.

e) ☐ Das Anlagevermögen stellt das längerfristig für das Unternehmen vorhandene und daher fest gebundene Vermögen dar. Das in der Bilanz darunter aufgelistete Umlaufvermögen weist eher einen kurzfristigen Charakter auf und kann schneller in flüssige Mittel, wie z. B. Bar- oder Buchgeld (Bankguthaben), umgewandelt werden. Diese Gliederung bezeichnet man daher auch als Prinzip der steigenden Liquidität.

15 Bei der jährlichen Analyse des Jahresabschlusses und der erstellten Bilanz ergaben sich folgende Veränderungen gegenüber dem Vorjahr. Geben Sie die Art und Höhe der jeweiligen Bilanzveränderung an.

a) Durch die Aufnahme eines mittelfristigen Bankkredits konnten Lieferantenverbindlichkeiten in Höhe von 5.000,00 € zurückgezahlt werden.

b) Für private Zwecke entnimmt der Eigentümer des Unternehmens eigene Erzeugnisse im Gesamtwert von 500,00 € (netto) und 125,00 € bar aus der Kasse. Die Bezahlung erfolgt durch Verrechnung mit seinem Kapitalanteil.

c) Während der Kassenbestand gegenüber dem Vorjahr um 1.500,00 € sank, ist das Bankguthaben um 4.650,00 € gestiegen. Auch die Lieferantenverbindlichkeiten sind um 3.150,00 € gestiegen.

d) Kurz vor Ende des Geschäftsjahres gab ein Kunde die Erstellung einer Internetpräsenz in Auftrag. Die erbrachte und fakturierte Leistung beläuft sich auf 5.290,00 € (netto).

e) Nach Abschluss der Renovierungsarbeiten im Personalbüro wurde die alte, bereits vollständig abgeschriebene Büroausstattung entsorgt und durch eine neue im Gesamtwert von 18.350,00 € ersetzt. Die ausstehenden Lieferantenrechnungen wurden noch vor Jahresende beglichen.

f) Der Eigentümer des Unternehmens möchte einen mittelfristigen Kredit mit ungünstigem Zinssatz und dem eingeräumten Sonderkündigungsrecht kündigen und sofort zurückzahlen. Hierfür leistet er eine Einlage aus dem privaten Vermögen in Höhe von 25.600,00 €.

Lernsituation 61

Sich über Grundlagen der Kommunikation informieren

Florian Hamm begegnet Frau Epstein auf dem Gang:

Florian: Guten Morgen, Frau Epstein.

Frau Epstein: Guten Morgen, Florian, gut, dass ich Sie sehe. Sie haben doch vor Kurzem an einem Kommunikationstraining teilgenommen?

Florian: Ja, das stimmt.

Frau Epstein: Können Sie sich vorstellen, dass Sie den Kollegen beibringen, was Sie dort gelernt haben?

Florian: Das kann ich machen. Ich brauche nur ein wenig Zeit, damit ich das vorbereiten kann.

Frau Epstein: Die bekommen Sie. Reichen Ihnen zwei Wochen aus, wenn Sie jeden Nachmittag für die Vorbereitung freigestellt werden?

Florian: Ja, ich denke, das reicht.

Frau Epstein: Gut. Dann bereiten Sie das Thema bitte vor. Ich informiere Ihre Ausbilder, dass Sie nachmittags an der Schulung arbeiten und von den normalen Tätigkeiten freigestellt sind. Den genauen Termin und die Anzahl der Teilnehmer teile ich Ihnen spätestens übermorgen mit.

Florian hat vor, zunächst allen Teilnehmern die Grundlagen der Kommunikation zu erklären.

1 Was ist Kommunikation?

2 Worin liegt der Unterschied zur Telekommunikation?

3 Welche Art von Gespräch führt Florian mit Frau Epstein? Beschreiben Sie die Gesprächsart genauer.

4 Welche Kommunikationsart liegt vor, wenn Florian die Kollegen schult?

5 Florian möchte das Gespräch zwischen Frau Epstein und ihm in einem einfachen Kommunikationsmodell auf Folie darstellen, um es den Teilnehmern bei der Schulung zu zeigen. Vervollständigen Sie das Modell, das er vorbereitet hat.

6 Gestalten Sie das Kommunikationsmodell mithilfe einer Präsentationssoftware (z. B. Microsoft Office PowerPoint®) nach und animieren Sie es dem Ablauf entsprechend. Fügen Sie auf der Eingangsfolie alle Firmeninformationen der BE Partners KG ein und erwähnen Sie sich selbst als Ansprechpartner.[1]

1 Folien gestalten

 in FK 2, IT-Trainer, PowerPoint, Kap. 4

 Vorlagen/ Logo BE Partners KG

7 Florian hat für die Schulung eine weitere Folie vorbereitet. Was steckt hinter den Aussagen auf der Folie?

8 Als Einstieg hat Florian überlegt, mit seinen Kursteilnehmern ein Brainstorming zu den Distanzzonen[1] zu veranstalten und sie danach zu befragen, welche Redewendungen zum Thema „Abstand" es gibt. Welche acht bis zehn Redewendungen fallen Ihnen zu diesem Thema ein?

9 Florian hat den Teilnehmern der Schulung erklärt, dass die Körperhaltung das eigene Verhalten und auch das Verhalten anderer Personen zur eigenen Person beeinflusst. Er gibt den Teilnehmern zwei Hausaufgaben:

a) Stellen Sie sich jeden Morgen vor den Spiegel und sagen Sie die beiden Sätze: „Ich fühle mich wohl." und „Ich freue mich auf die Arbeit." Welche Wirkung hat das auf Sie und Ihre Kommunikation mit Ihren Kollegen und den Kunden?[1]

b) Gehen Sie am Samstag durch die Fußgängerzone und schauen Sie dabei auf den Boden. Zählen Sie, wie oft Sie von anderen Personen angerempelt werden.

c) Begeben Sie sich danach auf den Rückweg durch die Fußgängerzone und schauen Sie die Menschen dabei mit einem leichten Lächeln an. Zählen Sie, wie oft Sie jetzt angerempelt werden. Wie reagieren die Menschen auf Sie?

d) Welche Schlüsse ziehen Sie in Bezug auf die Kommunikation und die Körperhaltung?

10 Neben der nonverbalen Kommunikation gibt es viele Möglichkeiten der sprachlichen Kommunikation, je nach dem Zweck, der mit dem Gespräch verfolgt werden soll. Überlegen Sie, welche Arten von Gesprächen es im beruflichen Leben gibt. Nutzen Sie hierzu Arbeitsblatt 61.1.

11 Um beim Workshop das Thema Sprachstil zu verdeutlichen, macht Florian einen seiner Lehrer nach und übertreibt dabei stark: „Hey, was geht ab, alles klar bei euch? Am Wochenende voll fett weg gewesen? Was geht heut, Mann? Holt mal euer Zeug raus, jetzt machen wir voll krass konkreten Fachunterricht. Boah, ihr habt echt voll abgelost, ich schwör's, Mann … Die Arbeit, boah. Ich muss euch noch krass viel Zeugs in die Birne beamen, damit ihr das packt. Ihr solltet die Kiste beiseite lassen und Rechnen pauken! Wenn's nicht bald abgeht mit euch, dann versagt ihr so was von absolut in der Prüfung, da ist Rechnen nämlich voll krass angesagt."

Die anderen fallen bei Florians Parodie vor Lachen fast von den Stühlen. Diskutieren Sie in der Klasse,

a) warum dieser offensichtliche Jugend-Jargon von vielen Ihrer Altersgruppe verwendet wird und

b) warum dieser Lehrer eine Ihrer Meinung nach für seine Altersgruppe und seinen Beruf unübliche Sprache spricht.

c) Schreiben Sie auf, bei welchen Gesprächen dieser Jugend-Jargon verwendet werden kann, wann aber nicht.

d) Schreiben Sie den Text so um, dass er Ihnen auf das Lehrer-Schüler-Verhältnis bezogen angemessen erscheint. Verbessern Sie Ihre Texte wechselseitig.

12 Während des Workshops ist das Fenster geöffnet und Natalie friert. Sie sitzt aber ein Stück vom Fenster entfernt. Es gibt verschiedene Möglichkeiten, wie sie ihr Ziel, ein geschlossenes Fenster, erreichen kann:

verbal	nonverbal
direkt	indirekt
Frage	Aufforderung
selbst handeln	Lösung durch andere

BE Partners KG

Grundprinzipien der Kommunikation

1. Man kann nicht nicht kommunizieren.
2. Der Empfänger bestimmt den Sinn der Nachricht.
3. Jede Kommunikation ist durch die Perspektive des Empfängers geprägt.
4. Jede Kommunikation läuft auf einer Sachebene und auf einer Beziehungsebene ab.

1 Distanzzonen

 FK 1, LF 2, Kap. 3.5

Arbeitsblatt 61.1

a) Erläutern Sie, welche der genannten Möglichkeiten Natalie bei den folgenden Situationen nutzt.

Sie fragt: „Stört es jemanden, wenn ich das Fenster schließe?"

Sie nimmt Blickkontakt zu einer Person auf, die neben dem Fenster sitzt, und signalisiert, ohne zu sprechen, dass diese Person bitte das Fenster zumachen soll.

Sie sagt: „Mir ist kalt."   verbal – indirekt

Sie ruft: „Mach mal's Fenster zu!"

Sie spricht jemanden an der Fensterseite an:
„Würdest du bitte das Fenster schließen? Vielen Dank."

Sie sagt: „Alter, schließ die Luke!"

b) Je nach Sprachebene, die wir verwenden, wirken Äußerungen unterschiedlich höflich. Erstellen Sie eine Rangfolge der oben vorgestellten Möglichkeiten: Welche davon sind besonders höflich, welche weniger respektvoll?

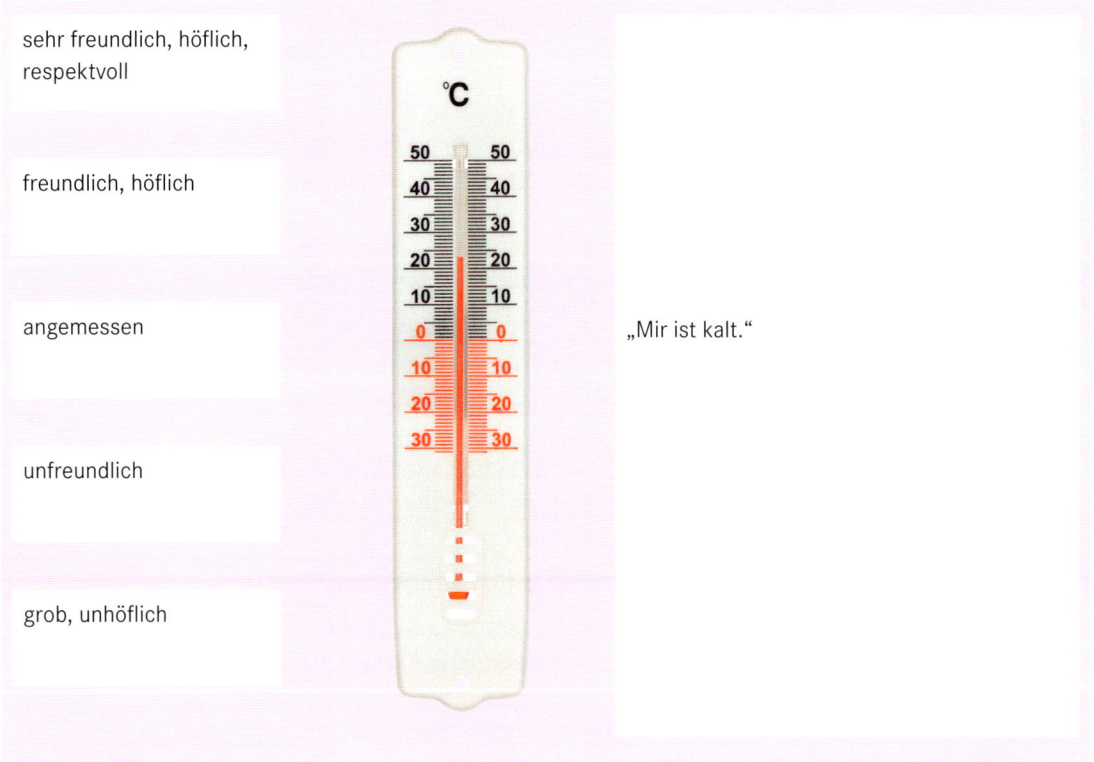

sehr freundlich, höflich, respektvoll

freundlich, höflich

angemessen   „Mir ist kalt."

unfreundlich

grob, unhöflich

13 Florian erklärt im Workshop das Vier-Ohren-Modell nach Schulz von Thun. Danach wird jede Botschaft auf vier Ebenen gesendet und empfangen. Jede Botschaft enthält:

Ebene	Leitfrage
Sachebene	
	Was soll der andere tun?
Selbstoffenbarung	

14 Um das Ganze etwas anschaulicher zu machen, verwendet Florian ein Beispiel, das er letzte Woche selbst erlebt hat: Herr Seydlitz hat ihm gesagt, es sei schon wieder kein Papier mehr im Drucker. Ergänzen Sie, was auf den verschiedenen Ebenen bei Sender und Empfänger passiert.

Franz Seydlitz sagt auf der …

Sachebene: „Es ist kein Papier im Drucker."

Franz Seydlitz sagt:

„Es ist schon wieder kein Papier mehr im Drucker."

Florian Hamm hört auf der …

Sachebene:

15 Beantworten Sie im Arbeitsblatt 61.2 die Fragen zu den beschriebenen Gesprächssituationen.

 Arbeitsblatt 61.2

16 Der Workshop dauert nun schon ziemlich lange und Florian merkt, dass die Aufmerksamkeit der Teilnehmer nachlässt. Beschreiben Sie die Situation im Raum mithilfe der folgenden Arbeitsaufträge:

a) Welches Verhalten kann Florian bei seinen Zuhörern beobachten?
b) Welche Reaktion Florians auf das Verhalten der Zuhörer können Sie sich vorstellen? Nennen Sie in Arbeitsblatt 61.3 Reaktionen und überlegen Sie, mit welchen nichtsprachlichen Äußerungen Florian reagieren könnte.
c) Erstellen Sie in Ihrem Textverarbeitungsprogramm eine Tabelle[1] nach dem Muster in Arbeitsblatt 61.3 und halten Sie die Ergebnisse darin fest.

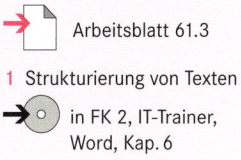 Arbeitsblatt 61.3

[1] Strukturierung von Texten in FK 2, IT-Trainer, Word, Kap. 6

Arbeitsblatt 61.1 Um welche Gesprächsart handelt es sich?

Beispiel	Gesprächsart	Begründung
Tina Welkenbach läuft im Lager zufällig Kerstin Voigt über den Weg. Sie kommen auf ein Konzert zu sprechen, das sie zusammen am nächsten Wochenende besuchen wollen.		
Der geschäftsführende Gesellschafter Rolf Bastian leitet die Abteilungsleiter-Besprechung. Gerade gibt er das Wort an Frank Seydlitz: „Bitte, Herr Seydlitz, stellen Sie uns die neuesten Zahlen zur Umsatzentwicklung im letzten Quartal vor!"	gelenktes Gespräch	
Der Bäckermeister Burak Özcal stürmt in den Raum, den sich Uwe Dittmer mit seinen anderen Kollegen aus der Kundenbetreuung teilt. Er fragt ihn empört: „Seit wann bekomme ich nur noch 2 % Barzahlungsskonto? So geht das nicht!" Herr Dittmer klärt die Sachlage und stellt fest, dass Tanja Wagner beim Stellen der Rechnung aus Versehen statt 3 % nur 2 % geschrieben hat, und korrigiert es.		
Die Personalassistentin Laura Deneke hat heute ein Personalgespräch. Um 10:00 Uhr kommt der Junior-Texter Michael Meier und fragt, was denn da plötzlich der höhere Abzug für die Rentenversicherung auf seiner Gehaltsliste solle? Sie erklärt ihm, dass der Beitragssatz zum 1. Januar gestiegen ist.		Laura Deneke informiert sachlich über den Anstieg des Beitragssatzes.
Der Junior-Kontakter Jens Wagner hat Probleme mit der neuen Software auf seinem PC. Er ruft den Systemadministrator Peter Müller an, der vorbeikommt, sich neben ihn setzt und mit ihm die einzelnen Fragen durchgeht.		
Am Nachmittag hat Jens Wagner ein schwieriges Telefongespräch mit der Drogerie AG in Wuppertal. Das Unternehmen hatte eine Verkaufsförderungsaktion für ihre Biolebensmittel-Linie bei der BE Partners KG bestellt. Bei der ersten Probieraktion von pflanzlichem Schmalz ist jedoch aufgefallen, dass der Preis auf den Prospekten falsch gedruckt ist. Die Drogerie AG hatte dadurch zusätzliche Kosten und will diese nun ersetzt haben.		

Beispiel	Aus welchem der möglichen vier Münder kommt die Äußerung? Was will der Sprecher ausdrücken?	In welchem Ohr kommt die Äußerung beim Gegenüber an? Was hört der Gesprächspartner?	Machen Sie einen Verbesserungsvorschlag, um wieder eine entspannte Atmosphäre zu erreichen.
Eigentlich sind die Personalsachbearbeiterin Laura Deneke und Kerstin Voigt aus dem Versand befreundet. Heute aber, als Laura die Eingangspost für die Personalverwaltung aus ihrem Postfach holt, sagt sie wie nebenbei zu Kerstin Voigt mit Zorn in der Stimme: „Super, dass du wieder die ganzen Bewerbungen geöffnet hast!" Sie sagt das sarkastisch, weil innerbetrieblich bei BE Partners KG die Regel gilt, dass Post für die Personalverwaltung in der Poststelle nicht geöffnet werden soll, Kerstin Voigt sich aber nicht daran gehalten hat.			
Der Drucker Bernhard Finke steht an seiner Digital-Druckmaschine, als die Offset-Druckerin Cornelia Gruber an ihm mit einem Satz Druckfahnen vorbeiläuft. Er ruft ihr hinterher: „Na, wie geht's deiner Analog-Schildkröte?" Cornelia Gruber ist beleidigt und sagt: „Lass mich bloß in Ruhe mit deinen Nullen und Einsen."	Aus Herrn Finkes Selbstoffenbarungsmund: „Ich bin stolz auf meinen modernen Digitaldrucker."		
Der Texter Jacques Schneider und der Junior-Texter Michael Meier, die sich montags sonst immer lebhaft über ihren Lieblingsfußballverein austauschen, sitzen beim Mittagessen zusammen. Diesmal eröffnet Jacques Schneider das Gespräch mit der Bemerkung: „Na, gestern mal wieder nur auf der Couch gelegen?" und will ihm eigentlich sagen, dass er als junger Mensch doch sportlicher sein sollte.			

Beispiel	Aus welchem der möglichen vier Münder kommt die Äußerung? Was will der Sprecher ausdrücken?	In welchem Ohr kommt die Äußerung beim Gegenüber an? Was hört der Gesprächspartner?	Machen Sie einen Verbesserungsvorschlag, um wieder eine entspannte Atmosphäre zu erreichen.
Ayshe Arslan vom Wareneingang und die Auszubildende Tüley Öztürk tauschen sonst in der Mittagspause gerne Kochrezepte aus. Heute aber sagt Ayshe: „Die jungen Mädchen sind heutzutage alle viel zu stark geschminkt!" Tüley ist beleidigt und antwortet gereizt: „Was hast du nun schon wieder an meinem Make-up auszusetzen?"			
Der Geschäftsführer Rolf Bastian führt gerade ein sachliches Gespräch mit dem Systemadministrator Peter Müller über ein neues Anti-Viren-Programm, sagt dann aber: „Die Programme taugen alle nichts." Peter Müller ist beleidigt, weil er denkt, sein Chef kritisiere seine fachliche Kompetenz.		In Peter Müllers Beziehungsohr: „Der Chef hält mich für fachlich inkompetent." Aber der Chef wollte nur seine sachliche Meinung und ein wenig seine Enttäuschung über die Programme äußern.	
Die Grafik-Designerin Sabine Meyer hat zurzeit Natalie Fiedler bei sich und will ihr gerade das Besondere an einer neuen Schrifttype naheringen, als ihr herausrutscht: „Diese Schrifttype ‚Showcard Gothic' müsste gerade Ihnen doch gut gefallen, Sie sind doch so ein Gothic-Fan!"			

Arbeitsblatt 61.3 Verhalten der Zuhörer

Beschreiben Sie das Verhalten der Zuhörer und überlegen Sie, was dieses Verhalten bedeutet und wie Florian darauf verbal und nonverbal reagieren könnte.

Verhalten der Zuhörer	Aussage (Mitteilung)	Florians innere Reaktion	mögliche nichtsprachliche Äußerung Florians
Ein Zuhörer wendet Florian den Rücken zu und unterhält sich mit anderen.	„Sich zu unterhalten ist interessanter, als Florian zuzuhören."	Empörung	Florian hält die Luft an und schlägt mit der Faust auf den Tisch.

Aufgaben

1 Beurteilen Sie folgende Gesten bzw. Äußerungen von Schülern, die eine Präsentation halten:

   a) Viola dreht sich einen Zopf aus ihren Haaren, während sie redet.
   b) Ben hält sich am Tisch fest und blickt an die Decke. Die Hände bewegt er nur, wenn er seine Karteikarte weglegt.
   c) Marion lächelt ihr süßestes Lächeln, sogar wenn eine kritische Frage kommt.
   d) Alex steht cool auf seinem Platz und verschränkt die Arme vor der Brust.
   e) Toni zappelt auf seinen Füßen hin und her, als wolle er davonlaufen.
   f) Anna zuckt jedes Mal mit der Schulter, wenn ihr eine Frage gestellt wird.
   g) Martin baut in jeden Satz ein „sozusagen" ein.
   h) Susanne führt ihre Sätze nicht zu Ende oder sagt am Ende jeden Satzes: „Nee?"

2 Deuten Sie die Redewendung „Auf diesem Ohr bin ich taub!".

3 Stellen Sie in geeigneter Weise (verbal und/oder nonverbal) die folgenden Gefühle vor der Klasse dar. Verraten Sie Ihren Mitschülern nicht, welches Gefühl Sie darstellen, denn das müssen sie erraten: Wut, Angst, Ekel, Trauer, Zorn, Ohnmacht, Einfühlungsvermögen, Machtgefühl, Aufgebrachtheit, Aggressionen, Wohlbefinden, Verzweiflung.

4 Eine Lehrerin spricht einen Schüler auf dem Pausenhof an: „Der Unterricht beginnt in zwei Minuten." Welche vier Botschaften finden sich in dieser Äußerung?

5 Sie möchten Ihrem Gesprächspartner mit „nein" antworten. Beurteilen Sie: Welche Antwort ist jeweils angemessen? Ordnen Sie zu und begründen Sie.

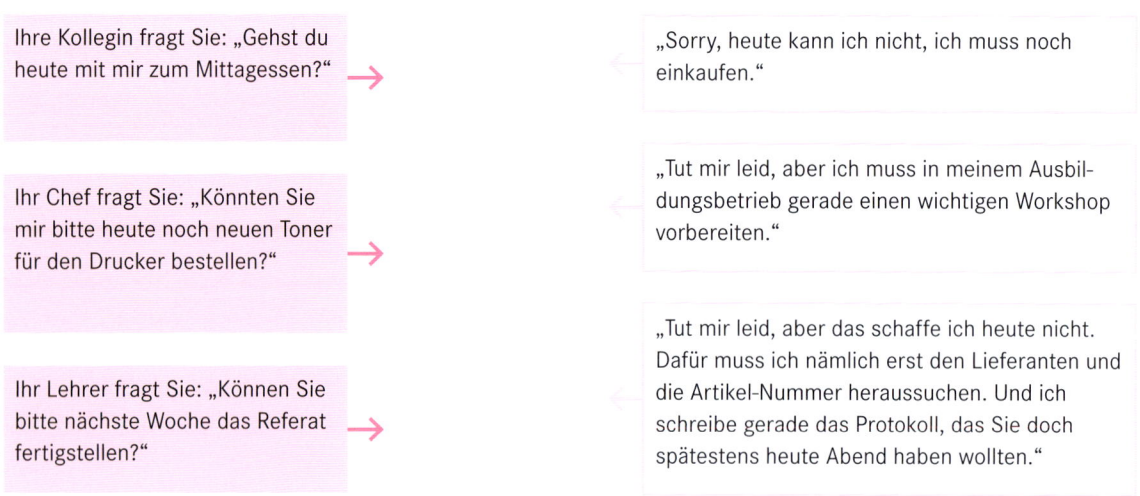

Ihre Kollegin fragt Sie: „Gehst du heute mit mir zum Mittagessen?" →

Ihr Chef fragt Sie: „Könnten Sie mir bitte heute noch neuen Toner für den Drucker bestellen?" →

Ihr Lehrer fragt Sie: „Können Sie bitte nächste Woche das Referat fertigstellen?" →

← „Sorry, heute kann ich nicht, ich muss noch einkaufen."

← „Tut mir leid, aber ich muss in meinem Ausbildungsbetrieb gerade einen wichtigen Workshop vorbereiten."

← „Tut mir leid, aber das schaffe ich heute nicht. Dafür muss ich nämlich erst den Lieferanten und die Artikel-Nummer heraussuchen. Und ich schreibe gerade das Protokoll, das Sie doch spätestens heute Abend haben wollten."

6 Ordnen Sie zu, um welchen Kommunikationsweg es sich jeweils handelt:[1]

   ① Der Leiter der Kundenbetreuung, Marius Schurns, gibt dem Junior-Kontakter Jens Wagner einen Auftrag.
   ② Der Mediengestalter Kemal Aydin und der Texter Jacques Schneider unterhalten sich über eine neue Werbekampagne.
   ③ Heike Kolder, die Leiterin der Sparte Druckerei, benötigt eine Personalakte und bittet Laura Deneke, sie ihr zu bringen.

   a) vertikal   b) diagonal   c) horizontal

1 Ziehen Sie hierzu das Organigramm der BE Partners KG zurate:

 Kap. „Das Modellunternehmen BE Partners KG"

Lernsituation 62

Bedürfnisse, Interessen und Emotionen des Gesprächspartners ermitteln

Natalie soll sich um die Auszubildende im ersten Jahr, Tüley Öztürk, kümmern und sie in die Grundlagen der Kommunikation mit Kunden einweisen. Bei der BE Partners KG ist es üblich, dass sich die Auszubildenden nachmittags um die Kunden im Verkaufsraum kümmern. Heute soll Tüley zum ersten Mal diese Aufgabe übernehmen.

1 Geben Sie fünf unterschiedliche Arbeiten an, die Tüley in diesem Zusammenhang erledigen muss:

_____

_____

_____

_____

_____

2 Welche Fertigkeiten und Kenntnisse braucht sie dafür?

3 Natalie hat Tüley immer wieder darauf hingewiesen, dass sie kundenorientiert arbeiten soll.[1] Was versteht man unter diesem Begriff?

1 Kundenorientierung
→ FK 2, LF 5, Kap. 3.2

4 Natalie hat erklärt, dass jede Botschaft eine Sachebene und eine Beziehungsebene[2] hat. Notieren Sie in Arbeitsblatt 62.1 die Bedürfnisse, die ein Kunde jeweils auf der Sachebene und der Beziehungsebene haben kann, wenn er den Verkaufsraum der BE Partners KG betritt.

2 Sach- und Beziehungsebene
→ FK 2, LF 7, Kap. 1.1

→ Arbeitsblatt 62.1

5 Tüley hat gelernt, dass sie die Kunden in der Regel ansprechen soll, wenn sie in den Verkaufsraum kommen. Beschreiben Sie im Arbeitsblatt 62.2 in kurzen Worten die Bedürfnisse der Kunden und machen Sie jeweils einen Vorschlag, wie Tüley die Kunden begrüßen und ansprechen kann.

→ Arbeitsblatt 62.2

6 Natalie hat Tüley erklärt, dass sowohl die Kleidung als auch die Haltung sehr aussagekräftig sind und dass sie deshalb immer darauf achten soll, gut gekleidet zu sein, wenn sie im Verkaufsraum arbeitet. Außerdem soll sie auf eine offene Haltung achten. Deshalb hat sie Tüley angewiesen,

a) nicht hinter dem Tresen auf Kunden zu warten,
b) ordentliche Kleidung zu tragen, wobei ein Kostüm nicht erforderlich ist; die Farben sollen nicht zu schrill sein und der Schnitt sollte angemessen sein,
c) den Kunden anzuschauen.

Begründen Sie diese Anweisungen.

7 Gerade hat ein Kunde Tüley angesprochen: „Entschuldigen Sie. Gehören Sie zum Haus? Kann ich Sie etwas fragen?" Da ihr das schon öfter passiert ist, überlegt sie sich, wie sie erreichen kann, dass die Kunden sofort erkennen, dass sie Mitarbeiterin der BE Partners KG ist. Welche beiden Vorschläge könnte sie zur Verbesserung dieser Situation machen?

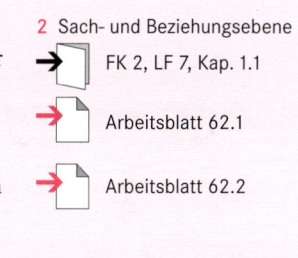

8 Natalie erklärt Tüley, dass eine gezielte Fragestellung der halbe Weg zur gelungenen Kundenkommunikation ist. Sie legt Tüley ein Blatt mit verschiedenen Fragen
vor und bittet sie zu beantworten, um welche Art von Fragen es sich handelt:

Frage	Frageart
Was kann ich für Sie tun?	W-Frage offene Frage
Welche Farbe sollen wir für den Aufdruck verwenden?	
Könnten Sie sich vorstellen, neben dem Logo auch Ihre Firmeninformationen auf dem Kugelschreiber aufdrucken zu lassen?	
Wollen Sie wirklich die Chance verstreichen lassen, mehr Werbung für wenig Geld machen zu können?	
Können Sie mir bitte das Problem beschreiben?	
Habe ich es richtig verstanden, dass Sie das Regencape in der Farbe Rot möchten?	
Sind Sie sicher, dass Sie nicht doch die Firmen-informationen aufdrucken lassen wollen?	

9 Tüley fragt Natalie: „Sag mal, kannst du mir sagen, was man unter ‚aktivem Zuhören' versteht? Das hat vor Kurzem eine Mitschülerin gesagt, konnte es mir aber
auch nicht erklären. Wenn man zuhört, ist man doch aktiv, oder?"

a) Stimmt Tüleys Aussage, dass man beim Zuhören aktiv ist?
b) Erklären Sie Tüley, was man unter aktivem Zuhören versteht.
c) Geben Sie an, was man beim aktiven Zuhören vermeiden sollte.

10 Tüley fragt Natalie ganz erstaunt: „Ich habe letzte Woche bei Frau Welkenbach
gesessen und von ihr gelernt, wie man richtig telefoniert. Die Gespräche hier im
Verkaufsraum laufen irgendwie anders ab. Die Kunden verstehen besser, was ich
sagen will. Woran liegt das?"

Beantworten Sie Tüleys Frage.

11 Kurz vor Ladenschluss kommt noch ein älterer Kunde zur Tür herein und schaut
sich suchend um. Tüley geht auf ihn zu und fragt ihn freundlich: „Kann ich Ihnen
helfen?" Der Kunde schaut sie daraufhin erstaunt an und antwortet: „Wohl kaum.
Bitte holen Sie Ihren Vorgesetzten, damit ich kompetent beraten werde."

a) Welcher Ich-Zustand ist bei dem Kunden gerade vorherrschend?
b) Wie könnte eine mögliche Antwort von Tüley lauten, wenn sie aus einem
   Erwachsenen-Ich-Zustand heraus spricht? Und wie antwortet sie aus dem
   Kind-Ich-Zustand heraus?

Folgesituation

Die BE Partners KG bekommt Besuch aus China, von der Chang Lung Group. Rolf Bastian hat Herrn Chang auf der drupa in Düsseldorf kennengelernt, der weltweit größten Messe für Printmedien. Herr Chang und seine Kollegen interessieren sich für den Ablauf in einer großen Druckerei in Deutschland und würden gerne ihr Marketing auf den neuesten Stand bringen. Natalie Fiedler und Tüley Öztürk sollen Herrn Bastian bei diesem Besuch unterstützen und lernen, wie man Gäste aus dem Ausland empfängt.

Die fünfköpfige Delegation wird von Herrn Bastian persönlich empfangen. Er begrüßt die Gäste mit festem Händedruck und wundert sich etwas über ihren seiner Meinung nach eher „schlaffen" Händedruck. Er wickelt gleich ihre Gastgeschenke aus und bedankt sich überschwänglich – seine Gäste lächeln etwas verschämt, aber ausnehmend höflich.

Danach führt er sie durch den Betrieb, mittags gibt es ein gemeinsames Essen in einem vornehmen Restaurant. Natalie und Tüley haben extra dafür gesorgt, dass auf den weiß gedeckten Tischen frische Blumensträuße stehen. Beim Essen geht alles recht laut zu, der Dolmetscher hat genug zu tun, und die beiden Auszubildenden sind erstaunt über die ihrer Meinung nach recht „rustikalen" Tischsitten. Herr Bastian wundert sich außerdem, dass seine Gäste ihm nicht so richtig in die Augen sehen und während des Essens nicht über Geschäfte reden wollen. Nach dem Essen nimmt sich Natalie Fiedler ein Herz, blickt Herrn Chang direkt in die Augen und fragt: „Herr Chang, hat es Ihnen an irgendetwas gefehlt, das wir nächstes Mal verbessern könnten?" Herr Chang lächelt nur freundlich und entschuldigt sich tausend Mal. Nachmittags gibt es Vorträge zu Marketingmaßnahmen.

Am späten Abend fragt Herr Bastian, der sich nach diesem Tag sehr wohl eine Partnerschaft mit einem chinesischen Unternehmen vorstellen kann, seine Gäste, wie es ihnen gefallen habe. Die chinesischen Geschäftsleute sind voll des Lobes über die deutsche Ordentlichkeit und Gründlichkeit. Dennoch hört Herr Bastian nie wieder etwas von Herrn Chang und seinen Kollegen.

Nach dem Besuch sind Herr Bastian und die beiden Auszubildenden verunsichert, weil ihnen manche Verhaltensweisen ihrer Gäste doch etwas ungewöhnlich vorkamen. So nimmt Herr Bastian die Einladung der IHK Bonn an, sich über chinesische Kultur zu informieren. Dabei gehen ihm „einige Lichter auf".

12 Diskutieren Sie in einer Kleingruppe, was hier alles schiefgelaufen sein könnte. Listen Sie im Arbeitsblatt 62.4 die unterschiedlichen Verhaltensformen in Deutschland und in China auf und versuchen Sie, eine Erklärung für das chinesische Verhalten zu finden.

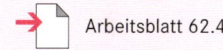 Arbeitsblatt 62.4

13 Was ist Ihre allgemeine Schlussfolgerung aus dieser Begegnung für ein interkulturelles Zusammentreffen, vor allem mit einer für uns so fremdartigen Kultur wie der chinesischen?

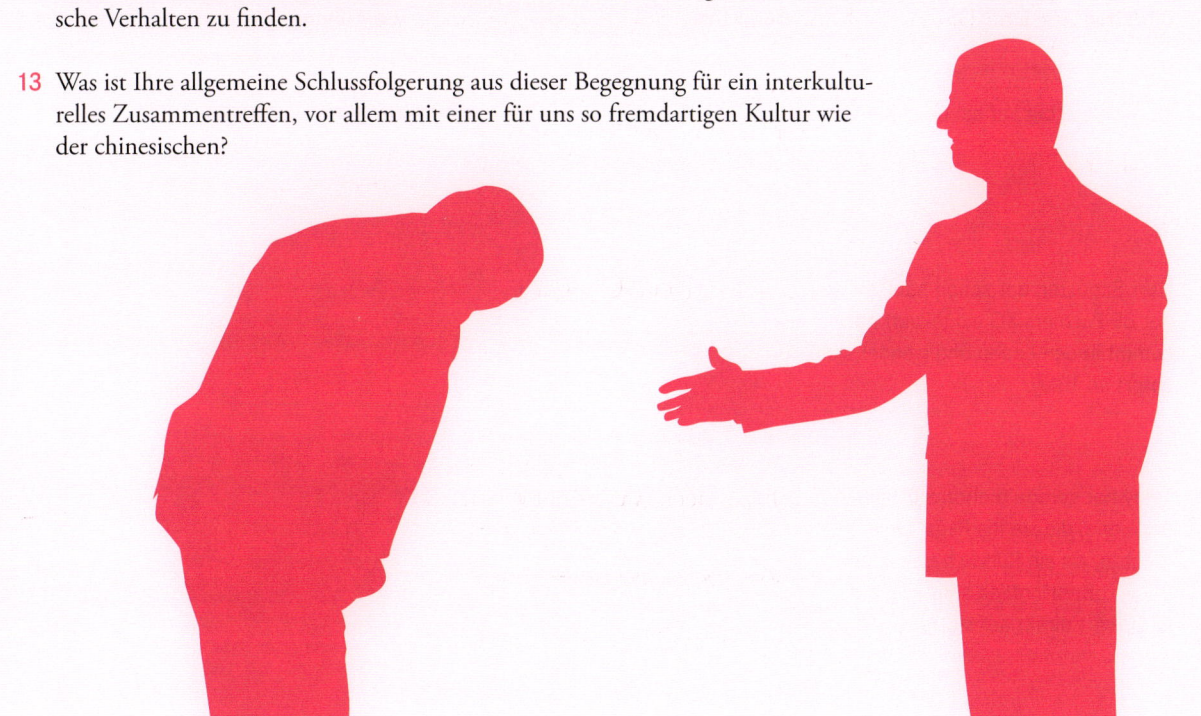

Arbeitsblatt 62.1 Kundenbedürfnisse auf der Sach- und Beziehungsebene

Notieren Sie die Bedürfnisse, die ein Kunde jeweils auf der Sachebene und der
Beziehungsebene haben kann, wenn er den Verkaufsraum betritt.

Kundenbedürfnis auf der Sachebene	Kundenbedürfnis auf der Beziehungsebene
Der Kunde kann etwas kaufen wollen.	Der Kunde könnte beraten werden wollen.
Der Kunde möchte etwas reklamieren.	Der Kunde möchte seine Unzufriedenheit mitteilen.
Der Kunde läuft ein Regal auf und ab	Der braucht Beratung oder Hilfe

Arbeitsblatt 62.2 Bedürfnisse von Kunden erkennen und angemessen auf sie reagieren

Beschreiben Sie die Bedürfnisse der Kunden und machen Sie einen Vorschlag,
wie Tüley die Kunden begrüßen und ansprechen kann.

Situation	Bedürfnis	Begrüßung
Ein Kunde kommt zur Tür herein und läuft zielstrebig auf ein bestimmtes Regal zu.	Der Kunde möchte etwas bestimmtes kaufen	„Guten Tag."
Herr Schuster, der schon häufiger bei der BE Partners KG eingekauft hat, kommt in den Laden und wendet sich sofort an Tüley.	Er möchte eine Beratung	„Hallo Herr Schuster. Suchen Sie etwas bestimmtes?"
Tüley hat gerade mehrere Tassen in der Hand, die sie ins Regal stellen möchte, als ein Kunde hereinkommt, der es offensichtlich sehr eilig hat. Er steuert direkt auf sie zu.	Der Kunde benötigt schnell etwas.	Hallo. Ich bin gleich für Sie da."

Tüley hat gerade mehrere Kunden im Verkaufsraum. Alle Kunden sehen sich die Auslage des Ladens an.
Soll Tüley den Kunden jeweils ansprechen und ihre Hilfe anbieten? Begründen Sie Ihre Meinung.

Situation	ansprechen?	Begründung
Der Kunde kam vorhin in den Laden und steuerte direkt auf das Regal mit den Tassen zu. Jetzt steht er schon seit mehreren Minuten da und hat in jeder Hand eine Tasse.	☒ ansprechen ☐ nicht ansprechen	Der Kunde kann sich offensichtlich nicht entscheiden und braucht Beratung.
Der Kunde hat einen Prospekt der BE Partners KG in der Hand und schaut sich suchend die Regale an.	☒ ansprechen ☐ nicht ansprechen	Der Kunde findet offensichtlich ein Regal nicht, welches er sich zuvor im Prospekt ausgesucht hat. Er braucht Hilfe beim finden dieses Regals.
Ein Kunde schaut sich intensiv die Waren in allen Regalen an. Er dreht Tüley den Rücken zu.	☐ ansprechen ☒ nicht ansprechen	Der Kunde schaut sich offensichtlich genau die Regale an. Erbraucht keine Hilfe, da er wahrscheinlich in Ruhe eine Auswahl treffen möchte.
Ein Pärchen streitet sich laut über das beste Geschenk für einen Kollegen. Der Mann möchte eine Tasse kaufen, die Frau einen Kugelschreiber. Die anderen Kunden schauen sich schon nach dem streitenden Pärchen um.	☒ ansprechen ☐ nicht ansprechen	Das Pärchen kann sich nicht entscheiden und braucht Beratung.
Ein Kunde kommt in den Laden, nimmt Blickkontakt auf und wendet sich Tüley zu.	☒ ansprechen ☐ nicht ansprechen	Der Kunde hat offensichtlich ein genaues Anliegen und geht direkt zu Tüley um sich nicht willen/warten zu lassen

Arbeitsblatt 62.4 Interkulturelle Unterschiede

Listen Sie die unterschiedlichen Verhaltensformen in Deutschland und in China auf und
versuchen Sie, eine Erklärung für das chinesische Verhalten zu finden.

Verhalten	in Deutschland	in China	Erklärung
Händedruck	fest, „zupackend"	weich, sanft	Ein fester Händedruck gilt in China als zu aggressiv.
Gastgeschenke			
lachen			
Tischsitten	Es wird bei geschäftlichen Essen sehr auf Etikette geachtet.		
Nein-Sagen			
weiße Tischdecken			Weiß ist in China die Farbe des Todes.
frische Blumen auf dem Tisch			
Gespräche beim Essen	Small Talk, aber gerade bei Arbeitsessen auch Gespräche über strittige Punkte		
Blickkontakt			
Feedback-Kultur			

Aufgaben

1 Setzen Sie sich mit den interkulturellen Unterschieden auseinander:

   a) Untersuchen Sie, welche Gesprächsdistanz als angenehm empfunden wird. Vergleichen Sie etwa Nordeuropa mit Mittelmeerländern.
   b) Diskutieren Sie, wie die Begrüßung durch Wangenküsse, z. B. in Frankreich oder Tunesien, auf Deutsche wirken kann.

2 Unterhalten sich Spanierinnen und Spanier, geht es oft laut und lebhaft zu, manchmal sprechen mehrere Personen gleichzeitig und fallen sich gegenseitig ins Wort. Untersuchen Sie, welche Verstehens- und Verständigungsprobleme mit anderen Kulturkreisen auftauchen können.

   a) Erklären Sie, welchen Eindruck ein deutscher Gesprächspartner, der zum ersten Mal dabei ist, gewinnen kann.
   b) Erläutern Sie, wie ein „typisch deutsches" Gesprächsverhalten auf diese Gruppe wirken würde.

3 Auch dem Verhalten kommt eine besondere Bedeutung zu. In Südamerika z. B. gilt eine Ablehnung als unhöflich. Wenn dort europäische Vertragspartner eine zu kurze Lieferfrist vorgeben, stimmen die südamerikanischen Vertragspartner zu, da es nach ihrer Vorstellung unhöflich wäre, den Wunsch eines wichtigen Gesprächspartners abzulehnen.

   a) Beschreiben Sie, wie das Verhalten der südamerikanischen Vertragspartner auf deutsche Mitarbeiter wirken könnte.
   b) Beurteilen Sie, ob diese Einschätzung berechtigt ist.
   c) Befragen Sie Freunde und Verwandte nach Erfahrungen mit interkulturellen Missverständnissen im Alltag und auf Reisen. Diskutieren Sie die Beispiele in Ihrer Klasse. Was könnte die Missverständnisse verursacht haben?

4 Was bedeuten die Abkürzungen FAQ und NQ? Geben Sie jeweils ein Beispiel.

5 Nennen Sie die drei Zustände der Transaktionsanalyse und beschreiben Sie, bei welcher Grundeinstellung ein ausgeglichener Austausch möglich ist.

6 Was ist der Unterschied zwischen Hören, Hinhören und aktivem Zuhören?

7 Welche Elemente unterstützen das aktive Zuhören?

   _____

   _____

   _____

   _____

   _____

   _____

   _____

   _____

Lernsituation 63

Informations- und Beratungsgespräche vorbereiten, führen und nachbereiten

Tüley Öztürk sitzt heute neben Frau Bernle und unterstützt diese im Vorzimmer von Herrn Bastian.

Der Großkunde Heinrich GmbH stellt Konserven her und hat eine neue Produktlinie „Essiggurken" entwickelt. Das Unternehmen hat der BE Partners KG vor vier Monaten den Auftrag für eine komplette Werbekampagne erteilt. Die geplanten Werbeaktionen sind bereits besprochen worden und die Linie wurde festgelegt. Als nächste Aktion steht ein Werbespot auf dem Plan, der in den nächsten zwei Wochen gedreht werden soll. Die BE Partners KG hat dazu einige Produktionsfirmen angeschrieben, von denen zwei für das Projekt infrage kommen. Gleichzeitig hat die BE Partners KG zwanzig Models gecastet, von denen zwei im Film mitspielen sollen. Zehn Bewerber und Bewerberinnen kommen infrage. Der Kunde soll jetzt entscheiden, welche Firma den Film drehen soll und welche Models eingesetzt werden sollen. Herr Bastian hat morgen um 10:00 Uhr einen Besprechungstermin beim Kunden.

1 Welche vorbereitenden Tätigkeiten muss Tüley durchführen, um eine gelungene Besprechung zu garantieren?[1]

1 Vorbereitung einer Besprechung

→ FK 1, LF 2, Kap. 4.1 und 4.2

2 Welche vorbereitenden Tätigkeiten muss Herr Bastian durchführen, um eine gelungene Besprechung zu garantieren?[1]

3 Welche Ziele hat Herr Bastian für dieses Gespräch? Bitte kreuzen Sie an. Mehrfachnennungen sind möglich. Fallen Ihnen weitere Ziele ein?

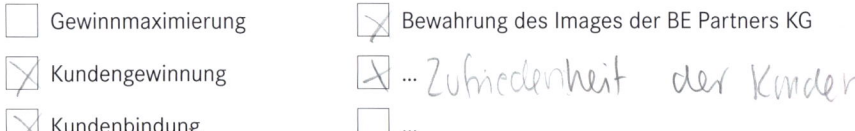

- ☐ Gewinnmaximierung
- ☒ Kundengewinnung
- ☒ Kundenbindung
- ☒ Bewahrung des Images der BE Partners KG
- ☒ ... *Zufriedenheit der Kunden*
- ☐ ...

4 Inzwischen klingelt das Telefon und Frau Zöllitsch von der Firma Heinrich GmbH ist am Apparat. Sie teilt Tüley mit, dass Frau Heinrich, die geschäftsführende Gesellschafterin der Heinrich KG, für den Termin am nächsten Tag etwas dazwischen gekommen ist. Da sie weiß, dass es eilt, möchte sie einen neuen Termin am gleichen Tag für 15:00 Uhr festlegen. Tüley schaut in den Kalender.

a) Beschreiben Sie den Verlauf des Telefongesprächs, wenn Sie wissen, dass die Fahrt vom Ulmengymnasium zur Heinrich GmbH ca. 30 Minuten dauert.

b) Begründen Sie mit zwei Argumenten, warum Tüley nicht 15:30 Uhr mit Frau Zöllitsch vereinbaren sollte.

c) Welche nachbereitenden Tätigkeiten muss Tüley erledigen?

Arbeitsblatt 63.1

5 Herr Bastian möchte sich auf das Gespräch mit Frau Heinrich gut vorbereiten. Erstellen Sie im Arbeitsblatt 63.1 einen Leitfaden für ein Informations- bzw. Beratungsgespräch mit einem Kunden. Bedenken Sie anhand von W-Fragen einerseits die organisatorische, andererseits die inhaltliche Seite, und vergessen Sie nicht die Nachbereitung des Gesprächs.

6 Herr Bastian hat es geschafft, 45 Minuten vor der vereinbarten Zeit bei der Heinrich GmbH anzukommen. Frau Zöllitsch kennt Herrn Bastian aus verschiedenen Besprechungen und heißt ihn willkommen.

a) Machen Sie drei Vorschläge, wie Frau Zöllitsch Herrn Bastian begrüßen kann.
b) Frau Heinrich telefoniert noch. Frau Zöllitsch weiß, dass das Gespräch noch eine Weile dauern kann. Was macht sie?
c) Welche Themen bieten sich für einen Small Talk an?
d) Welche Themen sollte Frau Zöllitsch beim Small Talk vermeiden?

7 Schließlich führen Frau Heinrich und Herr Bastian das folgende Beratungsgespräch:

Frau Heinrich:	Guten Tag, Herr Bastian, schön, dass wir uns heute noch sehen und dass Sie den Termin verschieben konnten.
Herr Bastian:	*(mit einem Lächeln)* Guten Tag, Frau Heinrich, wir tun, was wir können.
Frau Heinrich:	Ich habe gehört, dass Sie einige interessante Vorschläge für uns haben.

Begrüßungsphase

Herr Bastian:	Ja. Wir nähern uns jetzt der heißen Phase und können den Werbespot drehen, wenn Sie uns sagen, welche Produktionsfirma wir für Sie beauftragen sollen und welche beiden Modelle im Film agieren sollen. Als Produktionsfirmen kommen die Firmen „Kugler-Film" und „Die Filmwerkstatt" infrage.
	„Kugler-Film" bringt alles mit, was wir für einen Werbefilm brauchen. Maske, Garderobe usw. sind im Preis enthalten. Bei „Die Filmwerkstatt" ist die Maske dabei, um die Garderobe müssten wir uns selbst kümmern.
Frau Heinrich:	Okay. Da wir ja einfache Straßenkleidung brauchen, sollte das kein Problem sein.
Herr Bastian:	Das haben wir uns auch überlegt. Insofern könnte der Preis entscheidend sein. „Kugler-Film" berechnet 5.000,00 €, wobei zeitliche Verzögerungen extra kosten. „Die Filmwerkstatt" ist ein neueres Unternehmen und möchte sich am Markt positionieren. Sie haben uns einen Festpreis von 4.500,00 € genannt.
Frau Heinrich:	Haben Sie von den beiden Produktionsfirmen schon etwas gehört? Ich tendiere zur günstigeren Variante. 5.000,00 € kommen mir sehr teuer vor und wenn ich nicht sicher sein kann, dass der Preis so bleibt …
Herr Bastian:	Mit „Kugler-Film" haben wir schon mehrfach gearbeitet und sehr gute Ergebnisse erzielt. Wenn es mal zu Verzögerungen kam, lag das nicht an der Produktionsfirma, sondern am Modell. „Die Filmwerkstatt" haben wir bisher noch nicht gebucht. Sie machen jedoch einen recht guten Eindruck.
Frau Heinrich:	Okay. Dann entscheide ich mich doch lieber für die etwas teurere Variante. Wenn Sie sagen, dass Sie die Firma „Kugler-Film" kennen und deren Arbeit schätzen, verlasse ich mich lieber darauf.
Herr Bastian:	Gut. Dann machen wir das so. Jetzt kommen wir zu den Models.
…	

Teilen Sie das Gespräch in seine Gesprächsphasen ein. Orientieren Sie sich dabei an den ersten acht (von zwölf) Phasen, die in der Fachkunde genannt werden.

8 Nennen Sie Beispiele, welche Einzelkompetenzen Herr Bastian in diesem Gespräch benötigt:

Dimensionen der Handlungskompetenz	Beispiel 1	Beispiel 2
Fachkompetenz	Erfahrungswert	
Selbstkompetenz	Zuverlässigkeit	Motivation
Sozialkompetenz	gute Umgangsformen	Problemlösekompetenz

9 a) Welche Argumente nennt Herr Bastian für die zwei Produktionsfirmen?
   b) Erläutern Sie in Arbeitsblatt 63.2 die Methode der Argumentationskette.
   c) Geht Herr Bastian nach dieser Methode vor?

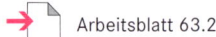 Arbeitsblatt 63.2

10 a) Welche Kundeneinwände bringt Frau Heinrich vor?
   b) Wie begegnet Herr Bastian diesen Einwänden?
   c) Erläutern Sie in Arbeitsblatt 63.4 vier Einwandbehandlungstechniken.

Arbeitsblatt 63.4

11 Im zweiten Teil ihres Gesprächs verhandeln Frau Heinrich und Herr Bastian über die Schauspieler (Models), die in dem Werbespot auftreten sollen. Helfen Sie ihnen dabei: Bilden Sie kleine Arbeitsgruppen, in denen zwei Schüler Frau Heinrich und Herrn Bastian spielen und zwei andere den Dialog beobachten. Überlegen Sie zunächst gemeinsam:

a) Welche Ihnen bekannten Schauspieler würden Sie Frau Heinrich vorschlagen?
b) Sammeln Sie die zwei wichtigsten Argumente für diese Schauspieler und bauen Sie die Argumentationskette auf.
c) Welche Einwände könnte Frau Heinrich gegen diese Schauspieler vorbringen? Welche Schauspieler könnte sie mit welchen Argumenten bevorzugen?
d) Wie könnte Herr Bastian auf Frau Heinrichs Einwände und ihre Alternativvorschläge reagieren?
e) Spielen Sie dann diese Situation mit verteilten Rollen durch.
f) Werten Sie das Gespräch aus. Achten Sie dabei vor allem auf die Argumentation und die Einwandbehandlung, aber auch auf körpersprachliche Signale, die Verständlichkeit der Sprache und den Einsatz von „Gesprächsförderern".

12 Am nächsten Morgen gibt Herr Bastian Tüley Öztürk im Vorbeigehen die folgenden Anweisungen: „Bitte schreiben Sie eine kurze E-Mail an Frau Zöllitsch und bedanken Sie sich bei ihr für die freundliche Aufnahme. Sie soll Frau Heinrich bitte mitteilen, dass wir den Auftrag schon erledigen. Dann muss noch eine Aktennotiz getippt werden, dass Kugler-Film den Spot dreht und Matthias Poulsen und Jana Ibrahim als Schauspieler verpflichtet werden. Es muss kurzfristig eine Besprechung mit Herrn Dittmer von der Kundenbetreuung und mit Frau Bernle organisiert werden. Schaffen Sie das heute Vormittag?"

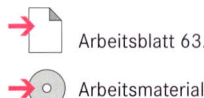 Arbeitsblatt 63.3

Arbeitsmaterial/ E-Mail-Formular

a) Wie kann Tüley diese Anweisungen auf der Sachebene und auf der Beziehungsebene auffassen? Antworten Sie auf Arbeitsblatt 63.3.
b) Formulieren Sie die E-Mail an Frau Zöllitsch (irene-zoellitsch@heinrich-cv.de) mithilfe Ihres E-Mail-Programms (oder des PDF-Formulars auf der CD).
c) Gestalten Sie zunächst ein Formular „Aktennotiz" und erfassen Sie dann Herrn Bastians Gespräch mit Frau Heinrich.[1] Am Gespräch nahm auch Frau Zöllitsch teil. Es begann um 15:30 Uhr und endete um 16:30 Uhr. Herr Bastian will die Aktennotiz selbst unterschreiben.

1 Bei Zeitmangel können Sie auch die in Arbeitsblatt 63.5 wiedergegebene Aktennotiz handschriftlich ausfüllen.

Füllen Sie mithilfe von W-Fragen diesen Gesprächsleitfaden aus.

Die organisatorische Seite

Gesprächsthema	Worum soll das Gespräch gehen? (die Sache)
mögliche Ansprechpartner (bei Telefon mit Durchwahl)	Wer nimmt an dem Gespräch teil?
Uhrzeit, Tag, Dauer	Wann wird das gespräch stattfinden? wie lange wird es dauern?
Ort	Wo wird das gespräch stattfinden?

Die inhaltliche Seite

Gesprächsziel	Zustimmigkeit des Kunden, um den Auftrag abschließen zu können
Einstieg und Abschluss	
Argumentebaren	

Nachbereitung des Gesprächs

Notizen nachbereiten

Arbeitsblatt 63.2 Vorgehensweise bei der Verkaufsargumentation (Argumentationskette)

Ablauf:	1. Schritt Produktmerkmal	2. Schritt Produktvorteil	3. Schritt Kundennutzen
Erläuterung:			
Beispiel:	Auto mit Sitzheizung	Eine Kunde muss in den Wintermonaten immer zu Seminaren fahren, die weit entfernt liegen	Wärme während den langen Fahrten

Arbeitsblatt 63.3 Aussagen auf der Sach- und der Beziehungsebene

So kann Tüley Herrn Bastians Anweisungen auf der Sachebene und auf der Beziehungsebene verstehen:

Sachebene	Beziehungsebene
Es ist zu erledigen:	
– E-Mail an Frau Zöllitsch schreiben	

Arbeitsblatt 63.4 Methoden der Einwandbehandlung

1. Erläutern Sie kurz die aufgeführten Methoden.

2. Formulieren Sie zu jedem Einwand des Kunden und zu jeder Methode ein Beispiel aus Ihrem Ausbildungssortiment.

1. Methoden der Einwandbehandlung	2. Beispiel
Ja-aber-Methode:	Einwand des Kunden:
	Ihre Antwort:
Bumerangmethode:	Einwand des Kunden:
	Ihre Antwort:
Rückfragemethode: (Umkehrmethode)	Einwand des Kunden:
	Ihre Antwort:
Nachteil-Vorteil-Methode:	Einwand des Kunden:
	Ihre Antwort:

Arbeitsblatt 63.5 Aktennotiz

Erfassen Sie die Aktennotiz über das Gespräch von Herrn Bastian mit Frau Heinrich.

BE Partners KG
Schlesienstraße 490 – 492
53119 Bonn
☎ +49 228 1236-0
✆ +49 228 1236-111
✉ info@bepartners.de
🖵 www.bepartners.de

Aktennotiz

Aufgaben

1   Vervollständigen Sie die folgende Checkliste für eine erfolgreiche Kommunikation
    mit folgenden Begriffen: Distanz, Körpersprache, Beziehungsebene, Selbstbild,
    höflich, Rücksicht, vier Seiten, Appell.

   – Nutze ich im Gespräch eine angemessene _____ (Mimik, Gestik,
     Blickkontakt, Körperhaltung)?

   – Wahre ich eine angemessene _____ zu meinem Gegenüber?

   – Verhalte ich mich der Situation angemessen und spreche ich _____?

   – Nehme ich _____ auf unterschiedliche kulturelle Gewohnheiten?

   – Habe ich die _____ einer Nachricht wahrgenommen (Sachinformation,

     _____ Selbstoffenbarung und _____)?

   – Bin ich mir über mein _____ und das meines Gegenübers im
     Klaren?

2 Bei der BE Partners KG steht im Leitbild, dass eine der Prioritäten der Firma die Zufriedenheit der Kunden ist. Machen Sie für jedes aufgeführte Kommunikationsmittel einen Vorschlag, wie die Mitarbeiter des Unternehmens herausfinden können, ob der Kunde zufrieden ist.

Kommunikations-mittel	Erforschung der Kundenzufriedenheit
Telefon	Durch Zusammenfassung des Gesprächs kann man herausfinden, ob alle Fragen geklärt sind.
Brief	
Internet	
persönliches Gespräch	

3 Im Leitbild der BE Partners KG wird der Firmenname erneut aufgegriffen und „partnerschaftliches Verhalten" als Ziel definiert. Beschreiben Sie, wie die Mitarbeiter der BE Partners KG dieses Ziel im allgemeinen Geschäftsgebaren und speziell in Gesprächen mit Geschäftspartnern verwirklichen können.

unser Geschäftsgebaren allgemein	unser Kommunikationsverhalten	unsere Maßstäbe
Wir streben eine langfristige Bindung zu unseren Geschäftspartnern an.	Bereitschaft zur Kommunikation	Ehrlichkeit, Offenheit

Lernsituation 64

Mit Geschäftspartnern telefonieren

Sophie Fischer: Hallo!

Kunde: Guten Morgen, hier ist Konstantin Romanos von der Beska GmbH in Berlin. Entschuldigen Sie, bin ich hier nicht mit der BE Partners KG verbunden?

Sophie Fischer: Doch, da sind Sie bei mir schon richtig.

Kunde: Sie haben doch gerade so eine Angebotswoche mit bedruckten T-Shirts, nicht wahr?

Sophie Fischer: Ja, ich glaube schon, allerdings nicht in unserer Abteilung.

Kunde: Aber in der Tageszeitung stand doch, dass Sie den Preis für alle T-Shirts gesenkt haben!

Sophie Fischer: Sie sind aber hier in der Abteilung Kreation.

Kunde: Oh, das wusste ich nicht. Könnten Sie mich bitte dann mit Ihrer Kundenbetreuung oder Auftragsabwicklung verbinden?

Sophie Fischer: Da müssten Sie sich an die Zentrale wenden. Ich habe die entsprechende Nummer nicht vorliegen.

Kunde: Ist denn alles bei Ihnen so umständlich? Ich glaube, ich werde jetzt ein Unternehmen anrufen, das kundenorientierter ist als Ihres!

1 Sophie Fischer ist es offensichtlich nicht gelungen, in dem Telefonat ein effektives und menschlich angenehmes Gespräch zu führen. Notieren Sie stichwortartig die Fehler von Sophie Fischer.

2 Formulieren Sie Verbesserungsvorschläge in wörtlicher Rede.

3 Stellen Sie Ihren Verbesserungsvorschlag im Rollenspiel vor.

4 Entwickeln Sie je zwei ausformulierte Verbesserungsvorschläge für jede Verkäuferaussage am Telefon, die Sie im Arbeitsblatt 64.1 finden.   Arbeitsblatt 64.1

5 Entscheiden Sie sich im Fragebogen im Arbeitsblatt 64.2 für das richtige Verhalten.   Arbeitsblatt 64.2

6 Notieren Sie sich die Ihnen am wichtigsten erscheinenden Tipps im Arbeitsblatt 64.3 zum richtigen Telefonieren.   Arbeitsblatt 64.3

7 Beschreiben Sie, welche Regeln bzw. Verhaltensweisen Sie am Telefon in Ihrem Ausbildungsbetrieb befolgen sollten.

8 Beim Freitagstreffen im Raum der Auszubildenden spricht Sophie Fischer Florian Hamm an: „Du hast doch ein Kommunikationsseminar besucht. Manchmal habe ich Probleme mit Formulierungen am Telefon. Kannst du mir weiterhelfen?" Tüley ergänzt: „Stimmt. Manchmal fallen einem keine guten Formulierungen ein, wenn man sie braucht!" Florian sagt: „Okay! Lasst uns sammeln, was euch an schwierigen Gesprächssituationen aufgefallen ist. Gemeinsam finden wir bestimmt Lösungen."

Bilden Sie jeweils zu viert eine Arbeitsgruppe. Suchen Sie im Arbeitsblatt 64.4 mindestens vier alternative Formulierungen für die Telefonsituationen, von denen die Auszubildenden berichten.   Arbeitsblatt 64.4

Statt:	Verbesserungsvorschlag 1	Verbesserungsvorschlag 2
„Wer ist da?"	Mit wem spreche ich?	Können Sie mir nochmal den Namen sagen?
„Worum geht es?"	Was für ein Anliegen haben Sie?	Wie kann ich Ihnen weiterhelfen.
„Welches Angebot? Ich weiß nichts von einem Angebot!"	Welches Angebot wenen Sie genau.	Wie lautet die Angebotsnummer?
„Da sind Sie in der falschen Abteilung gelandet!"	In der Abteilung Kundenbetreuung kann man Ihnen besser weiterhelfen.	
„Ich kann Ihnen nicht helfen."	Ich werde versuchen Sie durchzustellen.	Ich kann Ihnen gerne die telefo Durchwahl der Kunden- betreuung geben.
„Da müssen Sie später noch mal anrufen!"	Leider erreiche ich momentan in der Kunden betreung, aber ich kann Ihnen gerne die Durchwahl geben. Dann können Sie es in einer halben Stunde nochmal probieren.	Ich notiere mir gern Ihre telefonnummer und wir rufen Sie dann zurück.

Arbeitsblatt 64.2 Richtiges Verhalten am Telefon

So melde ich mich richtig am Telefon,

wenn ich jemanden anrufe: _Guten Tag, Weiß mein Name. Ich würde_
gern mit X YZ sprechen

wenn mich jemand anruft: _Guten Tag, IHK zu Lübeck, Sie sprechen_
mit Name Weiß

Was muss ich tun, wenn ...?

(Kreuzen Sie die richtige Antwort mit Bleistift an. Es ist immer nur eine Antwort richtig!)

Situation	Verhalten
Ich habe gerade genüsslich von einem Apfel abgebissen, als das Telefon klingelt.	☐ Ich kaue weiter, während ich mich melde. ☒ Ich kaue fertig und hebe dann ab. ☐ Ich lasse es klingeln und esse weiter.
Im Radio läuft gerade mein Lieblingssong.	☐ Ich lasse es klingeln und höre den Song zu Ende. ☒ Ich mache das Radio aus und hebe ab. ☐ Ich hebe ab und lasse das Radio an.
Mein Chef Herr Bauer hat mich gerade völlig ohne Grund angeschnauzt. Jetzt klingelt auch noch das Telefon!	☐ Ich lasse das Telefon klingeln. ☐ Ich hebe ab und frage den Gesprächsteilnehmer, was er will. ☒ Ich hebe ab und melde mich mit einem Lächeln.
Meine Freundin Svenja ist von ihrem Freund verlassen worden. Ich überlege gerade, wie ich ihr helfen kann, als das Telefon klingelt.	☐ Ich hebe ab und erzähle der netten Dame am Ende der Leitung mein Problem. ☒ Ich hebe ab und beantworte die Frage der Frau am Ende der Leitung. ☐ Ich warte, bis es aufhört zu klingeln, und rufe Svenja an.
Meine Kollegin Jessica erzählt mir gerade den neuesten Büroklatsch. Oh weh – jetzt ruft auch noch Herr Berger an! Der hat doch so eine komische Art, über die ich immer lachen muss!	☐ Ich stelle den Lautsprecher an, damit Jessica auch etwas zum Lachen hat. ☒ Ich beantworte die Fragen des Kunden sachlich. ☐ Ich decke mit der Hand die Sprechmuschel zu und lästere mit Jessica über den Kunden.
Ich soll bei unserem Partnerunternehmen Printport ein Produkt bestellen, weiß aber die Rufnummer nicht.	☒ Ich schaue in den Unterlagen nach. ☐ Ich frage meinen Kollegen Jochen. ☐ Ich rufe die Auskunft an.

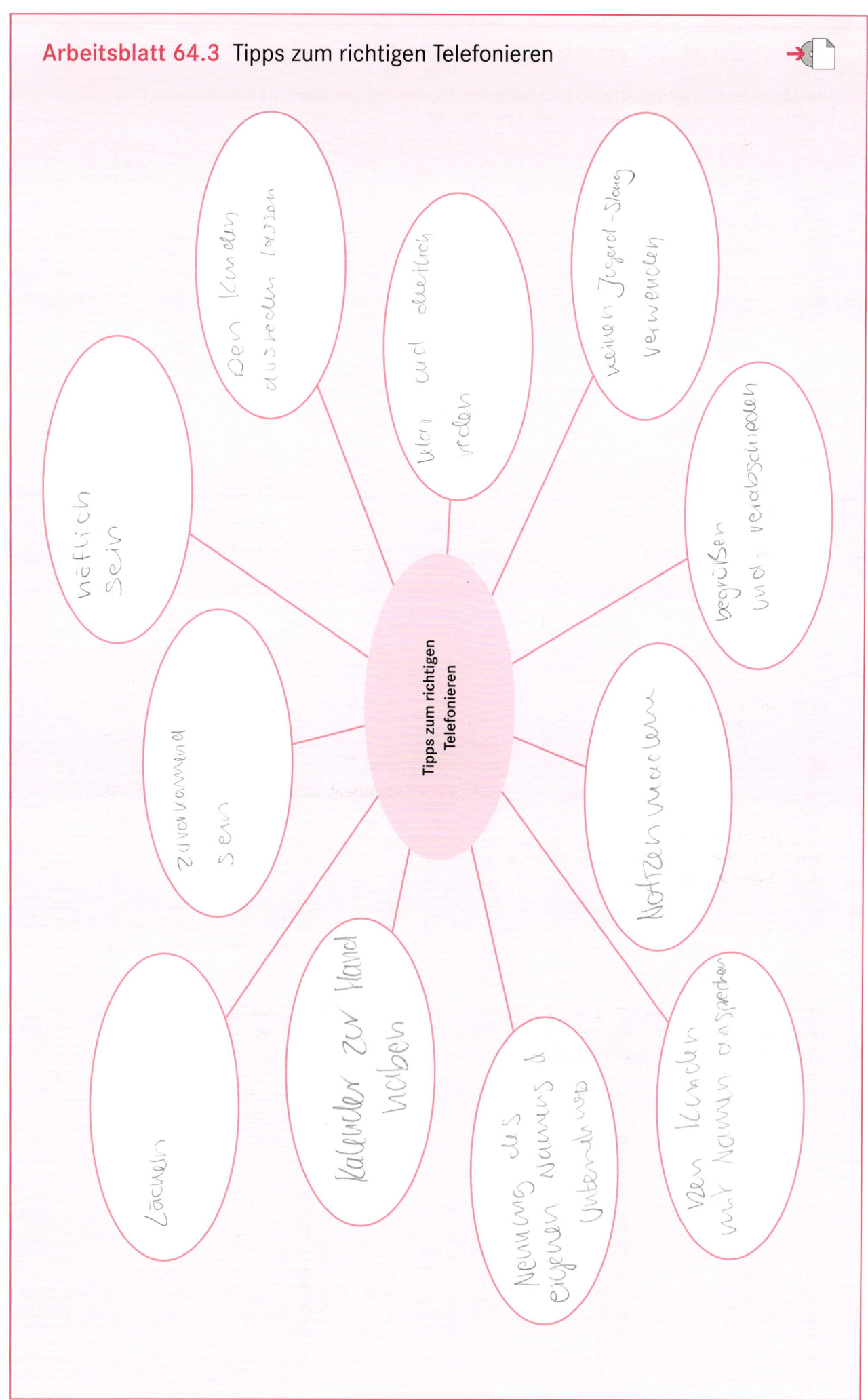

Arbeitsblatt 64.4 Formulierungshilfen fürs Telefonieren

Bilden Sie jeweils zu viert eine Arbeitsgruppe und finden Sie mindestens vier alternative Formulierungen für folgende Situationen, von denen die Auszubildenden berichten:

Situation am Telefon	Formulierungsalternative 1	Formulierungsalternative 2	Formulierungsalternative 3	Formulierungsalternative 4
„Ich muss nachfragen, weil ich den Namen des Gesprächspartners nicht richtig verstanden habe."	Wie war noch gleich Ihr Name?	Können Sie bitte nochmal Ihren Namen wiederholen.	Entschuldigen Sie, Ich habe Ihren Namen nicht ganz verstanden	
„Ich werde dauernd von meinem Gesprächspartner unterbrochen."	Dürfte ich bitte meinen Satz zuende führen.			
„Manchmal gerate ich an einen Gesprächspartner, der alles besser weiß!"				
„Das Gespräch ufert aus. Ich möchte es höflich, aber bestimmt beenden."	Das Gespräch wird mit an dieser Stelle beenden. Ich würde noch einen schönen Tag			
„Mein Gesprächspartner ist aggressiv und beschimpft mich."				

Aufgaben

1 Die Auszubildende Natalie erhält heute einen Anruf von Mary-Ann Coldfield von der Drogerie AG in Wuppertal. Herr Aydin hat für die AG eine Zeitungskampagne entworfen und es müssen noch einige kleine Änderungen vorgenommen werden. Natalie will Frau Coldfield an Herrn Aydin weiterverbinden und stellt fest, dass dieser gerade nicht an seinem Platz ist.

Formulieren Sie den Verlauf des Telefongesprächs und überlegen Sie sich eine Lösung, die Frau Coldfield, die den ganzen Tag zu erreichen ist, zufriedenstellen wird.

2 Eine Kundin ruft bei der BE Partners KG an, um Collegeblöcke zu bestellen. Tüley Öztürk nimmt das Gespräch entgegen. Tragen Sie in der Tabelle ein, wie Tüley ihre Aussagen am besten formuliert, nachdem sie sich gemeldet hat:

Kundin	Tüley
„Dikme-Reisen, mein Name ist Kundakci, guten Tag."	*(hat den Namen der Kundin nicht richtig verstanden)*
„Ja, richtig: Kundakci. Ich möchte gerne zwanzig Stück von den neuen Collegeblöcken bestellen, die neu in Ihrem Programm sind."	*(Produkt ist erst in 2 Wochen wieder lieferbar, trotzdem bestellen?)*
„Ja. Ich hab's nicht eilig, aber die Blöcke finde ich so interessant, dass ich sie gerne hätte. Ich interessiere mich übrigens auch für eine Folienwerbung auf meinem Auto. Wie funktioniert das genau?"	*(kennt sich mit Folienwerbung nicht aus und will Kundin an Kemal Aydin weiterleiten, der Folienwerbung betreut)*
„Sehr gerne. Sie haben meine Bestellung notiert? Würden Sie mir bitte Ihren Namen buchstabieren, damit ich ihn mir aufschreiben kann?"	*(bestätigt, die Bestellung notiert zu haben, und buchstabiert ihren Namen)*
„Vielen Dank, Frau Öztürk! Auf Wiederhören."	*(verabschiedet sich und verbindet Frau Kundakci weiter)*

3 Das Telefon klingelt und Natalie Fiedler hebt ab. Bevor sie sich melden kann, schreit der Gesprächspartner sie an: „Hören Sie! Ich stehe hier auf der Messe und der Messestand ist noch nicht aufgebaut. Ihre Firma hat mir zugesagt, dass das erledigt ist, wenn ich hier ankomme, und jetzt ist noch nichts getan! Was ist das denn für ein Laden, den Sie da haben!"

Wie verhält sich Natalie richtig, um den Kunden zu beruhigen und die Situation in den Griff zu bekommen?

4   Rollenspiele sind eine gute Methode, auch um den Umgang mit Geschäftspartnern am Telefon spielerisch zu simulieren und z. B. Verkaufsgespräche zu üben. Dabei entwickeln Sie Ihre verkäuferischen Fähigkeiten weiter.

Vorbereitung

– Bilden Sie eine Gruppe zu jeweils drei bis vier Personen.
– Zwei Personen erhalten jeweils ein Rollenkärtchen und bereiten sich mit diesen ca. drei Minuten lang vor.
– Sollte ein Telefonat nachgestellt werden, müssen Sie zwischen den beiden Spielern eine Trennwand aufstellen.
– Eine oder zwei Personen sind die neutralen Beobachter und erhalten einen Beobachtungsbogen. Bei zwei Beobachtern können die nonverbalen und verbalen Bausteine des Rollenspiels jeweils von einer Person beobachtet werden.

Durchführung

– Beide Mitspieler nehmen eine solche Position ein, dass sie von den Mitspielern gut beobachtet werden können.
– Jedes Rollenspiel sollte mithilfe einer Videokamera aufgenommen werden.

Reflexion/Auswertung

– Die Spielsituation wird mithilfe der ausgefüllten Beobachtungsbögen[1] und des gedrehten Videos analysiert und besprochen.
– Die Beobachter geben ein Feedback zum Spiel und die Spieler geben ein Feedback zur Beobachtung.

1 Einen Beobachtungsbogen finden Sie im Arbeitsblatt 65.5.

Rollenkarten

Arbeitsmaterialien/
Lernsituation 64/
Rollenspiel 1

Situation 1

Sie arbeiten bei der Unternehmensberatung RFS GmbH in Bonn. Sie sollen die Mitarbeiterinnen und Mitarbeiter der BE Partners KG fortbilden. Sie rufen bei der BE Partners KG an, um noch einige Dinge zu klären:

– Termin am 25. (des nächsten Monats) bestätigen
– Beginn: 9 Uhr
– Wiederholung der geplanten Fortbildungsinhalte, wie besprochen:
  · Arten von Zeitfressern und Umgang damit (Herr Grüninger)
  · Methoden des Zeitmanagements (Herr Grüninger)
  · ca. 1 Stunde Mittagspause
  · Workshop „Erkenne dich selbst" (Frau Feßter)
  · Workshop „Tagesplanung" (Herr Grüninger)
– Restaurant in der Nähe?
– Wegbeschreibung per Fax?
– Wie viele Teilnehmer?
– Beamer?

Situation 1

Sie arbeiten im Sekretariat der BE Partners KG. Das Unternehmen RFS GmbH ruft an. Sie geben die folgenden Antworten auf die Fragen, die Ihnen gestellt werden:

– Dank für die Information
– Termin ist eingetragen
– Kolleginnen und Kollegen informiert und Programm ausgeteilt, Mittagspause mit 1 Stunde geplant
– Restaurant nicht nötig, Catering bereits bestellt
– Wegbeschreibung per Fax sofort
– 25 Teilnehmer
– Beamer und Präsentationsfläche sind da

Auf der CD-ROM dieses Arbeitsbuchs finden Sie eine weitere Situation für ein Rollenspiel.

Arbeitsmaterialien/
Lernsituation 64/
Rollenspiel 2

Lernsituation 65

Gespräche über Beschwerden und Reklamationen führen

Herr Rösner, ein Stammkunde der BE Partners KG, kommt aufgebracht in den Verkaufsraum. Heute Nachmittag hat Florian Hamm Dienst. Es ist kurz vor Ladenschluss und er will pünktlich Feierabend machen.

Florian Hamm: Guten Tag, Herr Rösner! Wie kann ich Ihnen …

Daniel Rösner: *(unterbricht ihn)* Schauen Sie mal! *(Er zieht ein blaues Regencape aus der Tasche.)* Das Regencape habe ich hier bei BE Partners gekauft. Als ich es neulich auf einer Fahrradtour anziehen wollte, habe ich festgestellt, dass eine Naht kaputt ist. Ich bin total nass geworden. Was für ein Schrott ist das denn?

Florian Hamm: Nun beruhigen Sie sich erst mal, geben Sie mir bitte das Regencape, damit ich es mir anschauen kann. *(Prüft das Regencape.)* Das habe ich mir schon gedacht, so schlimm ist das gar nicht. Ein Schneider kann die Naht bestimmt nähen, dann ist das Cape wie neu.

Daniel Rösner: *(empört)* Hören Sie mal, das Cape war noch originalverpackt! Ich hatte es vorher nie an, wie kann es sein, dass es schon kaputt ist? Ich will auf jeden Fall mein Geld zurück.

Florian Hamm: *(unsicher)* Ja … Das müsste ich erst prüfen, ob das geht. Haben Sie denn die Quittung aufgehoben?

Daniel Rösner: Natürlich. *(Holt sein Portemonnaie heraus und beginnt zu suchen.)*

Florian Hamm: *(schaut auf die Uhr)* Wissen Sie, wir schließen gleich, vielleicht könnten Sie ein anderes Mal wiederkommen …

Daniel Rösner: Jetzt reicht es mir aber! Holen Sie sofort Ihren Vorgesetzten, damit wir das klären können. Sonst kaufe ich nie wieder hier ein!

Florian Hamm: *(kleinlaut)* Selbstverständlich. *(Er geht durch die Tür zu den Büros und holt Herrn Schurns.)*

Marius Schurns: *(geht auf Herrn Rösner zu, gibt ihm die Hand und lächelt)* Guten Tag, Herr Rösner! Wie ich höre, gibt es ein Problem. Wie kann ich Ihnen helfen?

Daniel Rösner: *(etwas freundlicher)* Hallo, Herr Schurns. Das Regencape hier taugt nichts. Ich wollte es neulich anziehen und bin komplett nass geworden, weil eine Naht kaputt ist.

Marius Schurns: Dürfte ich einmal die Quittung sehen?

Daniel Rösner: *(zeigt sie verlegen vor)* Ich habe sie gerade gefunden.

Marius Schurns: *(sieht sich den Beleg gründlich an)* Danke. Ich sehe gerade, dass Sie das Regencape vor 2 Jahren und 3 Monaten gekauft haben.

Daniel Rösner: Hm, ja. Aber es war trotzdem nagelneu und ungetragen!

Marius Schurns: Normalerweise können wir nach einer so langen Zeit nichts mehr machen. Aber für Sie als Stammkunden machen wir gerne eine Ausnahme. Hätten Sie gerne ein neues Regencape oder lieber Ihr Geld zurück?

1 Handelt es sich bei diesem Beispiel um eine Reklamation oder eine Beschwerde?

2 Wie sähe die rechtliche Situation aus, wenn Herr Rösner das Regencape innerhalb der Gewährleistungsfrist zurückgebracht hätte?[1] Beschreiben Sie die rechtliche Lage im Arbeitsblatt 65.1.

1 Kaufvertragsstörungen

FK 1, LF 4, Kap. 7

Arbeitsblatt 65.1

3 Notieren Sie stichwortartig Florians Fehler.

4 Formulieren Sie einen Verbesserungsvorschlag in wörtlicher Rede.

5 Nachdem Herr Rösner zufrieden gegangen ist, fragt Florian Hamm Herrn Schurns erstaunt: „Aber der Kauf lag doch schon über zwei Jahre zurück! Normalerweise tauschen wir doch nach so langer Zeit nicht mehr um. Wieso haben Sie da eine Ausnahme gemacht?" Beantworten Sie Florians Frage.

6 Warum betont Herr Schurns die kulante Entscheidung dem Kunden gegenüber so?

7 Rekapitulieren Sie in den Arbeitsblättern 65.2 und 65.3, wie man mit Beschwerden und Reklamationen umgeht und wie man Reklamationsansprüche prüft.

Arbeitsblatt 65.2

Arbeitsblatt 65.3

8 Anhand welcher Unterlagen können Sie einen Sachverhalt klären und prüfen, ob eine Reklamation rechtmäßig ist? Kreuzen Sie die sieben richtigen Begriffe an.

☐ Lieferschein	☐ Quittung	☐ Bedienungsanleitung	☐ E-Mail
☐ Kundendatenbank	☐ Telefonnotiz	☐ Fax	☐ Protokoll
☐ Auftragsbestätigung	☐ Kundenadresse	☐ Bestellung	☐ Ausbildungsvertrag

9 Aus welchen Beweggründen trägt Herr Rösner sein Anliegen vor? Kreuzen Sie an (Mehrfachnennungen sind möglich).

☐ Machtstreben	☐ Streitsucht/Rechthaberei
☐ Kostenersparnis	☐ berechtigter Beweggrund
☐ Gerechtigkeitsempfinden	☐ _____

10 Am nächsten Nachmittag kommt Florian in eine ähnliche Situation, als eine Kundin aufgeregt zur Tür hereinkommt und erbost sagt: „Was haben Sie mir denn da für einen Schrott verkauft? Mit diesem Kugelschreiber kann ich gar nichts anfangen!" Wie sollte Florian reagieren?

11 In der folgenden Zeit gibt es einige unzufriedene Kunden. Florian versucht, über die nonverbalen Anteile wie Mimik, Gestik und Körperhaltung die Stimmung der Kunden richtig einzuschätzen. Denn er hat gemerkt, dass speziell bei unzufriedenen Kunden diese nonverbalen Ausdrucksweisen besonders beachtet werden müssen.

a) Helfen Sie Florian: Wie deuten Sie folgende Körpersignale?

Körpersignal	Interpretation
Hände in den Hosentaschen	wirkt unsicher
verschränkte Arme	
zur Decke blicken	
Augenbrauen anheben	
erhobener Zeigefinger	

b) Stellen Sie die folgenden Aussagen vor der Klasse ohne Worte dar. Die Beobachter erraten die dargestellten Gefühle. Denken Sie sich noch weitere Beispiele aus.

- Das kann ja wohl nicht wahr sein!
- Ich stehe unter Zeitdruck.
- So geht das aber nicht!
- Ich bin fassungslos.
- Ich bin erstaunt.
- Ich freue mich über die angebotene Lösung.

Folgesituation

Florian wird am 24.11.20.. von Herrn Bastian beauftragt, bei der PC Notes GmbH anzurufen und nachzufragen, wo der am 15.11.20.. bestellte PC bleibt. Herr Bastian benötigt ihn dringend.

12 Florian will sich vergewissern, wie die rechtliche Situation ist. Welchen Beleg benötigt er, um das zu beurteilen?

13 Stellen Sie in einem Rollenspiel anhand der Rollenkarten die Situation nach.

14 Spielen Sie verschiedene Möglichkeiten durch: Was passiert, wenn man höflich fragt? Was passiert, wenn man sein Gegenüber sofort angreift und unfreundlich wird?

Vorbereitung
- Bilden Sie Gruppen zu jeweils drei bis vier Personen.
- Zwei Personen erhalten jeweils ein Rollenkärtchen und bereiten sich damit ca. drei Minuten lang vor.
- Eine oder zwei Personen sind die neutralen Beobachter und erhalten einen Beobachtungsbogen.[1] Bei zwei Beobachtern können die nonverbalen und verbalen Bausteine des Rollenspiels jeweils von einer Person beobachtet werden.

1 Einen Beobachtungsbogen finden Sie im Arbeitsblatt 65.5.

Durchführung
- Beide Mitspieler nehmen eine solche Position ein, dass sie von den Mitspielern gut beobachtet werden können.
- Jedes Rollenspiel sollte mithilfe einer Videokamera aufgenommen werden.

Reflexion/Auswertung
- Die Spielsituation wird mithilfe der ausgefüllten Beobachtungsbögen und des gedrehten Videos analysiert und besprochen.
- Die Beobachter geben ein Feedback zum Spiel und die Spieler geben ein Feedback zur Beobachtung.

Arbeitsmaterialien/ Lernsituation 65/ Rollenspiel 3

Situation 3

Sie arbeiten bei der BE Partners KG in Bonn.

Sie haben bei der Firma PC Notes GmbH in Bonn einen Computer bestellt. Das Unternehmen hat fest zugesagt, bis gestern zu liefern. Bis heute ist der PC nicht da.

Sie rufen bei der Firma an:

- Ansprechpartner (Name des Spielpartners)
- Reklamation des Liefertermins
- Computer muss bis spätestens übermorgen da sein
- wenn nicht: Rücktritt vom Kauf

Situation 3

Sie arbeiten im Verkauf der PC Notes GmbH.

Sie geben die folgenden Antworten:

- Computer ist verschickt, Datum: vor drei Tagen
- wenn Computer morgen nicht da ist, nochmal telefonieren
- Ersatzgerät am selben Tag per hauseigenem Kurier, wenn bestelltes Gerät nicht da ist, Kurier hilft beim Aufbau

Arbeitsblatt 65.1 Rechtliche Situation bei Wahrung der Gewährleistungsfrist

Lesen Sie sich das Einstiegsbeispiel erneut durch und entscheiden Sie, welche Antwort
jeweils richtig ist, wenn die Gewährleistungsfrist gewahrt wäre. Begründen Sie Ihre Auswahl.

Kriterium	Auswahl	Begründung
Kaufvertragsart	Es handelt es sich um einen … ☐ zweiseitigen Handelskauf ☒ Verbrauchsgüterkauf	Produkt dient zum Gebrauch
Art des Sachmangels	Welcher Sachmangel liegt hier vor? ☒ Qualitätsmangel ☐ Montagemangel ☐ fehlerhafte Montageanleitung ☐ Falschlieferung ☐ Fehlmenge ☐ Abweichung von Werbeaussagen	
Erkennbarkeit des Sachmangels	Es handelt sich um einen … ☐ offenen Mangel ☒ versteckten Mangel ☐ arglistig verschwiegenen Mangel	
Umfang des Sachmangels	Es handelt sich um einen … ☒ erheblichen Mangel ☐ geringfügigen Mangel	Das Regencape hat ein Loch und der Kunde ist nass geworden.
Rechte des Käufers	Welche Rechte kann ein Kunde prinzipiell geltend machen, wenn die Gewährleistungsfrist gewahrt ist? Vorrangige Rechte: – Neulieferung – Reparatur – Schadensersatz neben d. Leistung Nachrangige Rechte: – _____ – Minderung des Kaufpreises – _____	
Gewährleistungsfrist beim Verbrauchsgüterkauf	Bei neu hergestellten Waren hat der Käufer eine Gewährleistungsfrist von … 2 Jahren	

Vorgehensweise	Warum?	Wie? (wörtliche Rede)
① Beruhigen Sie den Kunden.		„Das ist wirklich ärgerlich für Sie. Nehmen Sie doch bitte hier Platz."
②	– zeigt Einfühlungsvermögen – Identifikation mit dem Kunden – Kunde fühlt sich ernst genommen.	
③		
④		
⑤		

Arbeitsblatt 65.3 Prüfen von Reklamationsansprüchen

Vervollständigen Sie diese Übersicht, indem Sie folgende Begriffe sinnvoll einsetzen:

- ~~einigen~~
- ~~stimmt~~
- ~~Verschulden~~
- ~~Kulanzumtausch~~
- ~~berechtigt~~
- ~~Gutschrift~~

- ~~Ersatzware~~
- ~~einverstanden~~
- ~~lehnt~~
- ~~Preisminderung~~
- ~~Kaufdatum~~
- ~~Reparatur~~

- ~~nicht~~
- ~~Kaufbeleg~~
- ~~fehlerhafte~~
- ~~Geldrückgabe~~
- ~~Lösungswege~~
- ~~Wiederverkäuflichkeit~~

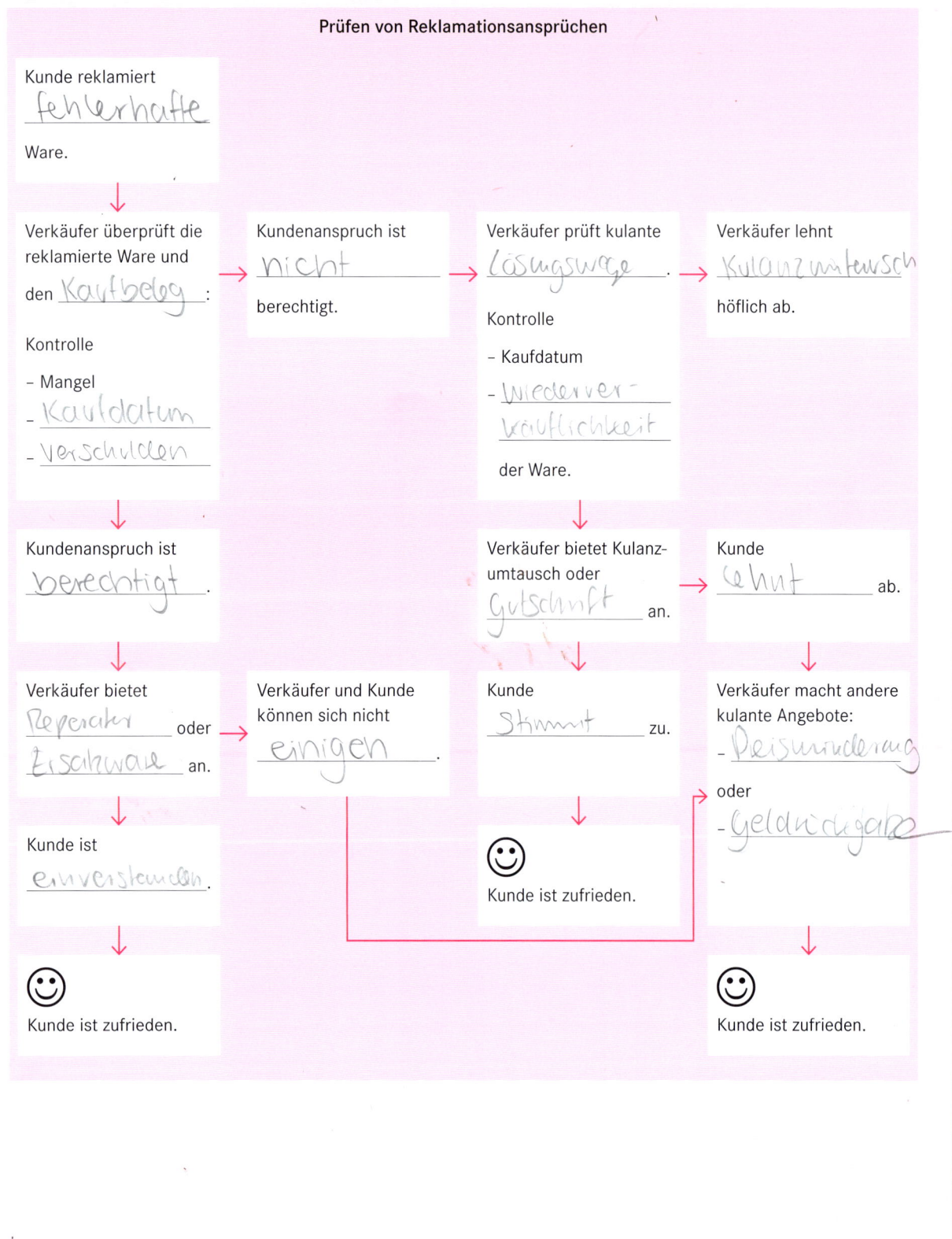

Prüfen von Reklamationsansprüchen

Kunde reklamiert _fehlerhafte_ Ware.

↓

Verkäufer überprüft die reklamierte Ware und den _Kaufbeleg_:

Kontrolle
- Mangel
- _Kaufdatum_
- _Verschulden_

→ Kundenanspruch ist _nicht_ berechtigt.

→ Verkäufer prüft kulante _Lösungswege_.

Kontrolle
- Kaufdatum
- _Wiederver-käuflichkeit_

der Ware.

→ Verkäufer lehnt _Kulanzumtausch_ höflich ab.

↓

Kundenanspruch ist _berechtigt_.

↓

Verkäufer bietet _Reparatur_ oder _Ersatzware_ an.

→ Verkäufer und Kunde können sich nicht _einigen_.

↓

Kunde ist _einverstanden_.

↓

☺ Kunde ist zufrieden.

Verkäufer bietet Kulanzumtausch oder _Gutschrift_ an.

→ Kunde _lehnt_ ab.

↓

Kunde _stimmt_ zu.

↓

☺ Kunde ist zufrieden.

Verkäufer macht andere kulante Angebote:
- _Preisminderung_

oder
- _Geldrückgabe_

↓

☺ Kunde ist zufrieden.

Arbeitsblatt 65.4 Kundenfreundliche Gespräche

Sind folgende Verkäuferaussagen bei Reklamationen kundenfreundlich?
Formulieren Sie ggf. Verbesserungsvorschläge.

Verkäuferaussage	kundenfreundlich?	Begründung	möglicher Verbesserungsvorschlag
„Regen Sie sich bitte nicht so auf, wir finden schon eine Lösung."	☐ ja ☒ nein		
„Am besten regeln wir die Angelegenheit nebenan im Büro, die anderen Kunden geht das schließlich nichts an."	☐ ja ☐ nein		
„Das ist nicht unsere Schuld. Wenden Sie sich an den Hersteller; die Adresse kann ich Ihnen geben."	☐ ja ☒ nein		
„Es tut mir leid, dass Sie in unserem Hause falsch beraten wurden. Bitte haben Sie Verständnis, Sie wurden von einer Auszubildenden im ersten Ausbildungsjahr bedient, die noch nicht viel Ahnung hatte."	☒ ja ☐ nein		
„Die anderen Kunden waren aber alle sehr zufrieden mit diesem Artikel."	☐ ja ☒ nein		

Arbeitsblatt 65.5 Beobachtungsbogen zum Rollenspiel

Beobachten Sie Ihre Mitschüler beim Rollenspiel und kreuzen Sie die Ihrer Meinung nach zutreffenden Aussagen an.

Teil 1: Verbale Bausteine der Sprache

		angemessen		Bemerkung
Lautstärke	zu leise	angemessen	zu laut	Bemerkung
Tempo	zu schnell	angemessen	zu langsam	Bemerkung
Betonung	übertrieben	angemessen	monoton	Bemerkung
Satzbau	Sätze zu lang	angemessen	Sätze zu kurz	Bemerkung

Teil 2: Nonverbale Bausteine der Sprache

		angemessen		Bemerkung
Blickkontakt	zu wenig	angemessen	übertrieben	Bemerkung
Mimik	zu wenig	angemessen	zu viel	Bemerkung
Mimik am Telefon	nicht spürbar	angemessen	spürbar	Bemerkung
Gestik	übertrieben	angemessen	zu wenig	Bemerkung
Distanz	zu nah	angemessen	zu weit	Bemerkung

Aufgaben

1 Eine Kundin hat am 8. November 20.. bei der BE Partners KG für ihre achtjährige
   Tochter ein Kapuzensweatshirt gekauft. Die Kundin reklamiert dieses Sweatshirt
   und kann Ware und Kassenbon vorlegen. Ist die Reklamation berechtigt?
   Begründen Sie Ihre Entscheidung.

   a) Das Kapuzensweatshirt gefällt der Tochter nicht.
   b) Das am 30. November 20.. reklamierte Sweatshirt hat aufgeplatzte Nähte.
   c) Das Sweatshirt ist der Tochter zu groß.
   d) Das Sweatshirt hat sich beim ersten Waschen bei 30 °C verfärbt.
   e) Das stark verschmutzte Sweatshirt wird am 10. Dezember 20.. reklamiert.
      Es weist im Ellbogenbereich große Risse auf.

2 Welche Lösungen bieten Sie in den folgenden Verkaufssituationen an? Begründen Sie
   Ihre Entscheidungen.

   a) Eine Stammkundin hat einen Sattelschutz mit 10 % Preisnachlass gekauft. Auf dem
      Kassenbon steht: Reduzierte Ware ist vom Umtausch ausgeschlossen. Die Kundin
      möchte den Sattelschutz umtauschen, weil er farblich nicht zu ihrem Fahrrad passt.

   b) Ein Kunde hat am 28. April 20.. eine Taschenlampe gekauft, er möchte diese am
      6. Mai 20.. umtauschen, weil sie nicht leistungsstark genug ist. Der vorgelegte Kas-
      senbon enthält den Vermerk: Umtausch innerhalb von 14 Tagen gegen Vorlage des
      Kassenbons.

   c) Eine aufgebrachte Kundin kommt mit einem nach der ersten Wäsche eingelaufen
      und verblichenen T-Shirt in den Verkaufsraum. Den Kassenbon kann sie nicht vor-
      legen.

3 Unter dem Motto „Sind Sie zufrieden mit unseren Leistungen, sagen Sie es allen
   Freunden und Bekannten! Sind Sie mit unseren Leistungen unzufrieden, teilen Sie
   es uns mit!" sollen die Kunden der BE Partners KG demnächst Gelegenheit haben,
   ihre Beanstandungen und Wünsche schriftlich auf dafür vorbereiteten Handzetteln
   zu äußern. Die Kunden können diese Handzettel in eine bereitstehende Zettel-
   box einwerfen. Formulieren Sie für den Handzettel fünf Fragen mit vorbereiteten
   Auswahlantworten.

4 In der Beschwerdeliste der BE Partners KG tauchen folgende Kundenbeschwerden
   zum wiederholten Mal auf. Machen Sie Vorschläge zur Beseitigung und Vorbeugung solcher Beanstandungen.

Datum	Name des Kunden	angenommen durch den/die Mitarbeiter/-in	Grund der Beschwerde
06.01.20..	Christine Hänkel, Bonn	Ulrike Fuchs	zu späte Lieferung
07.01.20..	Christa Roser, Köln	Swenja Tobler	Rechtschreibfehler in Visitenkarten
19.01.20..	Niklas Berns, Troisdorf	Marius Schurns	wurde am Telefon immer weiterverbunden, niemand fühlte sich zuständig
20.01.20..	Vicky Klever, Bonn	Franz Seydlitz	unaufmerksames, in Privatgespräche vertieftes Personal

5 Manchmal kann es sinnvoll sein, in Beschwerde- und Reklamationsgesprächen zur
   Steigerung der Kundenbindung neben der eigentlichen Rechteerfüllung des Kunden
   (z. B. Nachbesserung) Zusatz- oder Serviceangebote anzubieten. Informieren Sie sich
   in Ihrem Ausbildungsbetrieb, ob es solche Angebote gibt und wie diese aussehen.

Lernsituation 66

Dealing with complaints

Tina Welkenbach is working in the customer service department of BE Partners KG. She is responsible for dealing with customer enquiries, advising them about the company's products and dealing with complaints. It's Monday morning and the phone is ringing. The display of the phone tells her that the caller is from the United Kingdom, as the country code is +44. She answers the phone.

1 Read the telephone conversations and decide which of the two responses is better.

☐ a) Good morning, Tina Welkenbach of BE Partners KG speaking. How can I help you?

☐ b) BE Partners, Tina Welkenbach.

> Good morning, Globefish Ltd, UK. This is Marc Hunter speaking. I'm calling because there is a problem with our last order.

☐ c) A problem? Really? Normally there are no problems with our deliveries. I need your order number.

☐ d) Mr Hunter, please tell me about the problem. It would be helpful to have your order number first so I can have a look at our documents.

> Our order number is BN 072371. We've ordered 500 cups with our logo printed on them. They should have arrived last week, but they only arrived yesterday.

☐ e) This can't be right. We always keep our delivery dates.

☐ f) First of all please accept my apologies for the delay. I'll find out why the goods didn't arrive in time.

> This is not the only problem. When we opened the boxes, we saw that two of the ten boxes were damaged and 20 cups were broken.

☐ g) Oh I'm sorry to hear that. When will you need the missing cups?

☐ h) They were in a good condition when we dispatched them. If they were damaged on arrival or in transit, it is not our problem.

> We expect the missing cups to arrive by Friday at the latest. Otherwise we will have to look for a new supplier for further orders.

i) ☐ OK! If we have some cups left over from this order, we'll send them to you. If not it will take longer and we will have to bill you for them.

j) ☐ Mr Hunter, I can assure you that we will make every possible effort to fix this problem. I'll let you know when the missing cups are dispatched.

Just send them as soon as possible. Otherwise my boss will be very unhappy.

k) ☐ I will personally see to this. We hope that despite this problem you will continue to do business with us. Is there anything else I can help you with?

l) ☐ Right. Anything else?

No. Goodbye.

m) ☐ Bye.

n) ☐ Thanks for informing us about the problem, Mr Hunter. I promise to resolve the matter. Goodbye.

2 Recently, Tina Welkenbach took part in a course on 'complaints in customer service'.

Customer service training 'complaints in customer service', ECBM London

How to deal with complaining customers

Be polite. In English speaking countries, it is extremely important to be polite in business situations. For Germans this is sometimes a problem, because traditionally Germans are a bit more straightforward in business. To make sure that the customer will feel better after the complaint, you have to be very polite. If appropriate, make small talk.	"I'm sorry, didn't catch your name, could you spell it for me, please?" "Tell me about the problem." "It might be that …" (e.g. "the ship was caught in bad weather.")
Be proactive. Try to create a positive atmosphere for the complaining person. Offer assistance.	"I will take care of this." "What can I do to help you?"
Be sympathetic. Listen to the complaint and ask questions to understand the problem. Show that you understand the customer's feelings, especially if he or she is angry.	"I'm sorry to hear that." "This must be inconvenient." "I understand your problem."
Apologize on behalf of your company. If the problem was caused or is likely to have been caused by your company, give an apology: this is the least your customer deserves.	"I'm very sorry that you've had these problems." "I really must apologize for this mistake."
Personalize the conversation. Treat the customer respectfully by addressing him or her personally; use their names to address them. If necessary, ask the caller to spell their name. At the end thank him/her for the call and the customer's feedback by using his / her name.	"Thank you, Ms/Mr Miller, for bringing the matter to our attention."
Suggest solutions. Make the customer's problem your problem; say you will now take care of it. If you can, suggest solutions, if not, say that you will take care of the matter and contact him / her again. Try to give more than one solution and let the customer decide which option suits him or her best.	"I will personally take care of this matter. In order to resolve the problem, I can offer you …"
Thank the customer. Customer feedback is extremely important for a company, a dissatisfied customer will not do further business with you. So thank the customer for bringing the problem to your attention.	"Thank you for bringing the matter to our attention." "Thank you for informing us about the problem. We assure you that we will resolve the problem."

If you are interested in learning more:
watch: http://www.youtube.com/watch?v=acAmHJfikNM

Read the dialogue again and the leaflet about dealing with complaints. Which strategies did Tina Welkenbach use? Highlight the strategies which were used.

Have a look at the problems customers may complain about.

– Name the problem described in the picture and translate it.
– With the help of a dictionary, phrase solutions to the problem.

Which problems can occur?	Suggest solutions to the customer.
Goods are damaged in transit. Translation: Ware wurde auf dem Transport beschädigt.	(Produkt wird erneut versendet.) "We promise to send replacements for the damaged goods." (Anderer Zustelldienst wird verwendet/beauftragt.) We will use another shipping service this time.
Translation:	(Preisminderung anbieten) (Wenn die Ware nicht mehr gebraucht wird, anbieten, sie auf unsere Kosten zurückzusenden.)
Translation:	(Bestellte Ware wird nachgesendet.) (Auf den nächsten Einkauf erhält Kunde 5 % Sonderrabatt für die Unannehmlichkeiten.)
Translation:	(Fehlende Ware wird so bald wie möglich nachgesendet.) (Auf den nächsten Einkauf erhält Kunde 5 % Sonderrabatt.)
Translation:	(Ersatz für kaputte Ware wird so bald wie möglich gesendet.) (Eine angemessene Verpackung wird sichergestellt.)
Translation:	(Rechnung wird sofort korrigiert.) (Entschuldigung für den Fehler, er wird nicht wieder passieren.)

Exercises

1 Match the sentences to their German translations.

1	Unfortunately, we didn't receive your email.	a	Wir werden die Angelegenheit untersuchen und zu Ihrer Zufriedenheit lösen.
2	We are willing to compensate you for the inconvenience which we have caused.	b	Es tut mir sehr leid, dass wir Ihre Erwartungen nicht erfüllt haben.
3	I'm sorry that you feel this way.	c	Ich fürchte, wir schulden Ihnen eine Entschuldigung.
4	I'm afraid we owe you an apology.	d	Wir bedauern, dass Sie solche Unannehmlichkeiten hatten.
5	I promise it won't happen again.	e	Wir hoffen, dass diese Lösung Ihre Zustimmung findet.
6	We will send you the missing products at our expense.	f	Wir sind bereit, Sie für die durch uns entstandenen Unannehmlichkeiten zu entschädigen.
7	We will investigate the matter and resolve it to your satisfaction.	g	Leider haben wir Ihre E-Mail nicht empfangen.
8	I'm truly sorry that we didn't fulfil your expectations.	h	Es tut mir leid, dass Sie so denken.
9	We hope this solution is to your satisfaction.	i	Wir senden Ihnen die fehlenden Produkte auf unsere Kosten.
10	We regret any inconvenience caused.	j	Ich verspreche Ihnen, dass es nie wieder passiert.

2 Sit back to back with a partner and act out the following dialogue with a partner.
Switch roles after you've finished.

Uwe Dittmer from 'BE Partners KG'	Susan Quirante from 'White Party Planning Ltd' in Manchester
Es klingelt.	Es klingelt.
Sie melden sich höflich.	Sie melden sich mit Ihrem Namen. Aufgebracht beschweren Sie sich darüber, dass die von Ihnen bestellten bedruckten Kerzen für eine Hochzeit nicht eingetroffen sind. Die Hochzeit findet in 3 Tagen statt, danach können Sie die Kerzen nicht mehr gebrauchen. *(prompts: wedding, printed candles)*
Sie zeigen Verständnis für den Kunden. Da Sie seinen Namen nicht richtig verstanden haben, bitten Sie Ihn darum, ihn zu buchstabieren.	Sie buchstabieren Ihren Namen und nennen die Auftragsnummer BN 456799.
Sie sehen jetzt im Auftrag, dass das Lieferdatum falsch eingetragen wurde. Sie teilen dies freundlich Ihrem Gegenüber mit und entschuldigen sich dafür.	Sie informieren Ihren Gesprächspartner darüber, dass Sie Schadenersatz fordern werden, falls die Ware nicht rechtzeitig eintrifft. *(prompts: in time, to claim compensation)*
Sie sagen, die Kerzen seien versandfertig. Sie bieten an, die Waren per Express zu senden, sodass sie innerhalb von 24 Stunden ankommen. Falls sie normal versendet werden, müssten sie innerhalb von 48 Stunden ankommen.	Sie entscheiden sich für die Expresslieferung und bestehen darauf, dass die zusätzlichen Kosten von der BE Partners KG übernommen werden.
Sie akzeptieren die Expresslieferung und versichern, dass die Produkte rechtzeitig ankommen. Sie fragen, ob Ihre Gesprächspartnerin noch ein Anliegen hat.	Sie verneinen das.
Sie versichern, dass Sie sich persönlich um die Sache kümmern werden, und wünschen einen schönen Tag.	Sie verabschieden sich.

Lernsituation 67

Konflikte vermeiden und bestehende Konflikte in Gesprächen lösen

Als Mitarbeiter der BE Partners KG in der Sparte Werbeagentur nehmen vier der Mitarbeiter auch Termine im Außendienst wahr. Die dazu geleasten Dienstwagen werden fast ausschließlich von ihnen genutzt, und jeder von ihnen sieht eines der Modelle als „seines" an.

Am Ende der heutigen Abteilungsbesprechung teilt Frau Epstein den vier Mitarbeitern mit, dass die Firma den Austausch eines der Dienstwagen plant. Sie sollen sich Gedanken machen, welches Modell ihren Anforderungen gerecht wird und welches Auto ausrangiert werden soll. Dieses Thema steht in der nächsten Besprechung auf der Tagesordnung.

Kurze Zeit darauf treffen sich die vier Kollegen in der Kantine. Natürlich hätte jeder von ihnen gerne den neuen Wagen und sie wissen auch schon, welches Modell sie sich aussuchen würden. Während des Essens entsteht eine heftige Diskussion.

1 Spielen Sie die Diskussion der Gruppe nach (Dauer: rund 30 Minuten). In diesem Rollenspiel haben die Protagonisten die Wahl zwischen Kooperation und Wettbewerb. Die Schwierigkeit der Übung liegt darin, zu einem Ergebnis zu kommen, mit dem alle zufrieden sind.

Beobachtet wird das Geschehen nach vorgegebenen Kriterien. Welches Verhalten wird gezeigt und prägt den Verlauf der simulierten Situation?

 Arbeitsblatt 67.1

Vorgehensweise:

Den Teilnehmern werden vorgegebene Rollen zugewiesen, die Argumente stehen zur freien Auswahl. Wichtig ist, dass sie sich in die Rolle hineindenken und ihre Argumentation vorbereiten.

Sachargumente	personenbezogene Argumente
– Alter der Wagen – Zustand der Wagen – Optik der Karosserie – Kilometerstand – Länge der Fahrstrecken – Robustheit des Wagens – Sitz- und Fahrkomfort – „Klapperkiste" – Motorschaden – Wartungsintensiv – Karosseriespannung wegen Unfallschaden	– Rangordnung/leitender Angestellter/Machtgrad – Fährt den Chef – Starverkäufer – Länge der Betriebszugehörigkeit – Gleichstellung unter den Kollegen (Azubi) – Repräsentationszwecke – Exklusivkunden – Erwartungshaltung der Kunden erfüllen – Braucht bequemeren Wagen wegen Rückenproblemen – Mag sein Auto nicht, weil ...

Mitarbeiter im Außendienst – Rollenbeschreibung

Arbeitsmaterialien/
Lernsituation 67/
Rollenspiel 4

Uwe Dittmer, 54, Kontakter
Dienstältester – seit 16 Jahren im Unternehmen

Er ist seriös, konservativ, erfahren. Sein Auto ist vorbildlich gepflegt und manchmal fährt er Herrn Bastian zu Außenterminen. Er betreut speziell regionale Kunden und hat solide Umsätze.
Herr Dittmer ist ein guter Unterhalter. Manchmal gehen seine Witze leider auf Kosten anderer.

Fahrzeugalter: 4 Jahre, Kilometerstand: 105 000 km, guter technischer Zustand.

Irene Schmitt, 22, Art Buyer
Übernommene Azubi – seit 6 Jahren im Unternehmen

Fühlt sich als Jüngste nicht ernst genommen und immer noch wie eine Auszubildende behandelt. Speziell Uwe Dittmer tituliert sie gerne als „Küken". Sie hat ein einnehmendes Wesen und häufig Erfolg durch ihre jugendliche Unbekümmertheit und ihren Enthusiasmus. Sie ist sehr stolz darauf, dass sie vor drei Jahren als einzige Auszubildende übernommen wurde, und sie will beweisen, dass ihre Beförderung zum Art Buyer richtig war.

Fahrzeugalter: 5 Jahre, Kilometerstand: 133 000 km, zeigt Verschleißerscheinungen.

Jens Wagner, 32, Junior-Kontakter
seit 2 Jahren im Unternehmen

Wurde über einen Headhunter als Starverkäufer angeworben und hat sehr schnell neue Kunden akquiriert.
Er ist sehr von sich überzeugt, fühlt sich aber benachteiligt, weil seiner Meinung nach seine Leistung nicht ausreichend (materiell) gewürdigt wird. Herr Wagner ist ein freundlicher und hilfsbereiter Kollege, gibt sich aber auch gerne mal machohaft. Frauen traut er in puncto Autofahren weniger zu als Männern. Allerdings hat er kürzlich den Wagen von Tina Welkenbach angefahren, als er rückwärts aus seinem Parkplatz fuhr.

Fahrzeugalter: 2 Jahre, Kilometerstand: 54 000 km, gelegentlich gibt es Probleme mit der Elektrik.

Tina Welkenbach, 44, Kontakterin
seit 12 Jahren im Unternehmen

Sie hat das Auftreten einer eleganten Dame und ausgezeichnete Manieren. Sie ist verbindlich, weiß aber genau, was sie will.
Aufgrund ihrer Biografie spricht sie mehrere Sprachen (deutsch, englisch, polnisch, russisch) und hat einen festen exklusiven Kundenstamm aus dem In- und Ausland.
Sie fährt die längsten Strecken und braucht einen robusten, komfortablen Wagen. Außerdem hat die Karosserie ihres Wagens gelitten, weil Jens Wagner in die Seite ihres Autos gerauscht ist.

Fahrzeugalter: 2 Jahre, Kilometerstand: 70 000 km, abgesehen vom Karosserieschaden in gutem Zustand.

2 Diskutieren Sie nach dem Rollenspiel:

   a) Wie hat sich jeder Rollenspieler in seiner Rolle gefühlt?
   b) Was ist den Beobachtern besonders aufgefallen?
   c) Welche Lösung ist herausgekommen?

3 Sie haben nun eine Art von Konflikt durchgespielt, einen Verteilungskonflikt. Nennen und beschreiben Sie weitere Konfliktarten und finden Sie Beispiele zu diesen.

 Arbeitsblatt 67.2

4 In der nächsten Abteilungsbesprechung soll noch einmal gemeinsam beraten werden, welches Fahrzeug ausrangiert werden soll. Die Harvard-Methode bietet eine Möglichkeit zur Konfliktvermeidung und -bewältigung. Wie lassen sich die hier formulierten Voraussetzungen für ein erfolgreiches Konfliktmanagement in der kommenden Besprechung umsetzen?

Folgesituation

In einer möglichen Konfliktsituation zeigt sich, wie wichtig eine geeignete Wortwahl ist. Das gilt im beruflichen und im privaten Bereich gleichermaßen.

Tüley und Sophie verstehen sich nicht nur auf der Arbeit sehr gut, sondern unternehmen auch häufig in ihrer Freizeit etwas und sind gute Freundinnen geworden. Bei einem gemeinsamen Kinobesuch erzählt Sophie, wie toll sie es fände, wenn sie beide nach der Ausbildung übernommen und so auch weiter Kolleginnen bleiben würden. Heute aber findet sie auf Tüleys Schreibtisch das Antwortschreiben der Freien Universität Berlin und bekommt mit, dass sie sich für ein BWL-Studium nach ihrer Ausbildung interessiert. Sophie hatte bisher keine Ahnung davon und fühlt sich überrumpelt. Sie beklagt sich bei Tüley:

„Warum musst du immer alles allein entscheiden? Nie redest du mit mir über deine Zukunftspläne! Und zuhören tust du mir ja offenbar auch nicht. Überhaupt hast du nie Zeit für mich. Du machst echt alles kaputt zwischen uns!"

Tüley ist ehrlich überrascht …

5 Der Verlauf eines Konflikts wird stark davon beeinflusst, wie die Botschaften formuliert sind.

 Arbeitsblatt 67.3

   a) Formulieren Sie den Text in der Sprechblase in Ich-Botschaften um.
   b) Vergleichen Sie die verbesserten Sätze mit dem Ausgangstext und überlegen Sie sich, wie Erstere nun wirken.
   c) Formulieren Sie eine Reaktion von Tüley darauf. Verwenden Sie auch hierbei Ich-Botschaften.

6 Im Eisberg-Modell wird zwischen der Sachebene und der Beziehungsebene eines Konfliktes unterschieden. Welche offenen und verborgenen Konflikte könnten auf Sophies Seite bestehen? Notieren Sie diese neben dem Modell.

Folgesituation

Am Nachmittag soll Tüley wieder im Verkaufsraum arbeiten. Auf dem Weg dorthin trifft sie Florian.

Florian: „Hallo Tüley, wie geht's?"

Tüley: „Hallo Florian. Geht so. Irgendwie ist die Stimmung heute echt konflikt-geladen. Hast du diese Diskussion über den neuen Dienstwagen mit-bekommen? Und dann war auch noch Sophie total sauer auf mich, weil ich ihr nicht gesagt habe, dass ich vielleicht nach der Ausbildung für ein Studium nach Berlin gehen will. Wir haben das aber geklärt und es ist alles wieder gut. Trotzdem, von Diskussionen habe ich für heute genug. Hoffent-lich läuft es gleich im Verkaufsraum ruhig."

Florian: „Na, das wünsche ich dir auch. Und viele Konflikte lassen sich doch auch von vornherein vermeiden, wenn du die Situation richtig einschätzt und ent-sprechend reagierst."

Tüley: „Ja, ich weiß. Aber ich habe halt einfach noch nicht so viel Erfahrung mit schwierigen Kundengesprächen."

Florian: „Geht mir genauso. Was hältst du davon, wenn wir in unserem Kommuni-kations-Workshop eine Art Leitfaden erstellen, wie wir solche Gespräche elegant meistern können?"

Tüley: „Tolle Idee! Ich muss jetzt leider los. Mach's gut."

Kaum ist Tüley im Laden, kommt eine ältere Dame mit ihrem Hund herein, obwohl Hunde im Geschäft nicht erlaubt sind.

7 Beschreiben Sie, welches Problem Tüley nun hat und wie die Kundin reagieren könnte. Wie könnte Tüley die Situation lösen?

8 Im Workshop erarbeiten die Teilnehmer den von Florian angedachten Leitfaden, um künftig eine Hilfestellung bei schwierigen Kundengesprächen zu haben. Sie sammeln zunächst Situationen, die sie selbst oder Kollegen schon erlebt haben. Außerdem befragen Sie die „alten Hasen" unter den Kollegen, wie sie heikle Gespräche geschickt und zur Zufriedenheit der Kunden gemeistert haben. Sie kommen auf die Idee, einzelne Splitter solcher Gespräche zusammenzutragen und jeweils eine Argumentations- bzw. Verhaltenshilfe anzubieten.

Helfen Sie ihnen, geeignete Lösungen zu finden. Spielen Sie die Situationen aus dem Leitfaden mit verteilten Rollen durch.

 Arbeitsblatt 67.4

Arbeitsblatt 67.1 Beobachtungskriterien

Bitte überlegen Sie vorweg: Wem würden Sie das neue Auto geben, wenn Sie entscheiden könnten?
Bitte begründen Sie Ihre Entscheidung.

Frage	Begründung
Wie ist das Gesprächsverhalten? 1. diszipliniert 2. alle gleichzeitig 3. mehrere Parallelgespräche	
Verläuft das Gespräch eher a) sachlich oder b) eher emotional?	
Übernimmt jemand die Gesprächsleitung?	
Ist jemand der Wortführer?	
Fasst jemand die Wortbeiträge zusammen? Wenn ja, wer?	
Greift jemand die Ideen auf und führt sie weiter?	
Wer hat die besten Sachargumente?	
Entstehen Rivalitäten und, wenn ja, zwischen wem?	
Entstehen Bündnisse zwischen Personen?	
Wer hat die größte Anspruchshaltung?	
Heizt jemand die Diskussion an?	
Ist jemand besonders aggressiv?	
Wer dominiert?	
Wer ist verbindlich/versöhnlich und versucht auszugleichen?	
Gibt es Personen, die selten oder nie ausreden dürfen?	
Wer kann sich a) gut oder b) nicht gut vertreten?	
Worüber wird diskutiert? Entspricht das Gespräch der Vorgabe der Teamleitung?	

Ergänzen Sie die jeweils in den Beispielen beschriebenen Konfliktarten und beschreiben Sie diese.
Finden Sie anschließend je ein weiteres Beispiel für die verschiedenen Konfliktarten.

Konfliktart	Kurzbeschreibung	Beispiel 1	Beispiel 2
Rollenkonflikte	Entstehen aus Erwartungen, die wir an uns und/oder andere stellen.	Florian hat Schwierigkeiten mit seinem Berichtsheft. Die anderen will er aber nicht fragen, weil er sich dann dumm vorkommt.	
Beziehungskonflikte		Tüley ärgert sich über Florian, weil der an ihrem Schreibtisch gegessen hat und seine Verpackungsreste liegen ließ. Sie will es sich aber nicht mit ihm verderben, weil sie ihn sehr mag.	
Zielkonflikt		Jens Wagner möchte gerne weiterkommen und akquiriert deshalb einen neuen Kundenkreis. Dafür investiert er viel Zeit, spricht das aber nicht konkret mit Susanne Herrmann, seiner Vorgesetzten, ab.	
Bewertungskonflikt		Susanne Herrmann ist verärgert über Herrn Wagner, da er ihrer Meinung nach mehr im Büro zu sein hätte. Über den Umfang seiner Außenaufträge ist sie auch nicht informiert.	
Verteilungskonflikt		Zwischen der Kreativdirektorin Susanne Herrmann und dem Produktioner Matthias Schneider gibt es regelmäßig Reibereien, weil entwickelte Ideen als „nicht finanzierbar" abgelehnt worden sind.	
Interkulturelle Konflikte		Tüley schwärmt von der Hochzeit ihrer Schwester. Natalie findet das blöde, weil sie denkt, dass türkische Frauen nach der Heirat alle eigenen Rechte verlieren.	

Arbeitsblatt 67.3 Ich- und Du-Botschaften

a) Formulieren Sie Sophies Aussagen aus der Sprechblase in Ich-Botschaften um.

Sophies Du-Botschaft	Formulierung als Ich-Botschaft
„Warum musst du immer alles allein entscheiden?"	„Ich fühle mich von dir so ausgegrenzt, wenn du deine Entscheidungen triffst, ohne mit mir vorher darüber zu sprechen."
„Nie redest du mit mir über deine Zukunftspläne!"	
„Und zuhören tust du mir ja offenbar auch nicht."	
„Überhaupt hast du nie Zeit für mich."	
„Du machst echt alles kaputt zwischen uns!"	

b) Vergleichen Sie Sophies Du-Botschaften und umformulierte Ich-Botschaften: Wie verändert sich die Wirkung des Gesagten?

_____

_____

_____

_____

_____

c) Mögliche Antworten von Tüley (in Form von Ich-Botschaften):

_____

_____

_____

_____

_____

Arbeitsblatt 67.4 Leitfaden für schwierige Gesprächssituationen

Überlegen Sie hilfreiche Argumentations- und Verhaltensweisen für die beschriebenen Situationen.

Schwierige Situationen (z. B. bei Beschwerden, bei Reklamationen, bei unangenehmen Kunden)

Ein Kunde ist wütend und schreit mich an.

Der Kunde beschimpft mich.

Der Kunde gibt mir die Schuld an dem Problem.

Der Kunde redet meiner Ansicht nach nur „wirres Zeug".

Der Kunde wird sarkastisch oder ironisch.

Der Kunde verallgemeinert seinen Vorwurf auf alle Mitarbeiter und alle unsere Artikel oder Dienstleistungen.

Es stellt sich heraus, dass der Kunde sich geirrt hat.

Aufgaben

1   Dr. Thomas Heintze, Rektor der Nelson-Mandela-Grundschule in Bonn, ruft bei der BE Partners KG an und bittet um ein Angebot für 75 Kinder-Reflektoren-Sets. Leider muss ihm die Kontakt-Assistentin Ulrike Fuchs mitteilen, dass der Artikel bereits ausverkauft ist. Der Kunde wird daraufhin wütend und erklärt unter anderem, dass er es unmöglich findet, dass der Artikel zu dieser Jahreszeit, also kurz vor der Einschulung, in so geringen Mengen vorrätig sei. Tragen Sie zusammen, wie in dieser Situation ein Konflikt zu vermeiden wäre.

   a) An welchen Zeichen können Sie erkennen, dass sich ein Konflikt anbahnt?
   b) Was könnte man als Verkäufer zur Vorbeugung des Konflikts unternehmen?

2   Formulieren Sie für die folgenden Du-Botschaften alternative Ich-Botschaften:

   a) Der geschäftsführende Gesellschafter Ralf Bastian hatte eine schlechte Nacht. Er stürzt morgens in das Büro seiner Assistentin Edith Bernle, sieht Tüley und ruft: „Es ist kein Briefpapier vorhanden, das Protokoll der letzten Sitzung liegt noch immer nicht vor und haben Sie schon das Meeting der Abteilungsleiter organisiert? Fühlen Sie sich Ihrem Beruf überhaupt gewachsen?"
   b) Der Kollege Uwe Dittmer sagt zum Junior-Kontakter Jens Wagner: „Mit dir kann man wirklich nicht zusammenarbeiten. Du bist immer so langsam und auch die Qualität deiner Arbeiten ist unterirdisch. Ich muss dich immer kontrollieren und dann nacharbeiten. Wofür wirst du eigentlich bezahlt? Vielleicht sollte ich mal zum Chef gehen und ein Wörtchen über dich verlieren."
   c) Tüley hat sich mit Florian verabredet. Sie kommt 40 Minuten nach der verabredeten Uhrzeit. Florian: „Du kommst immer zu spät!"
   d) Die Leiterin der Druckerei Heike Kolder sagt zur Hilfskraft Hans Scherrer: „Dauernd muss man Ihnen die Dinge zwei Mal erklären!"
   e) Tina Welkenbach rügt ihren Kollegen Uwe Dittmer: „Ständig muss ich mir von der Putzfrau am Freitagnachmittag anhören, dass du deinen Schreibtisch nicht leer geräumt hast!"

3   Denken Sie an einen Konflikt, den Sie z. B. mit Ihren Eltern, einem Lehrer oder einer Freundin hatten. Wie haben Sie sich dabei verhalten? Haben Sie in anderen Situationen ähnlich reagiert? Beschreiben Sie Ihre emotionale Reaktionstendenz. Wie könnten Sie Ihr Verhalten ändern, um in schwierigen Situationen künftig besser zu reagieren?

4   Waren Sie schon einmal Zeuge eines Konfliktes, der so eskaliert ist, dass er in Gewalttätigkeiten endete? Schildern Sie die Situation und erläutern Sie, wie die vier Stufen der gewaltfreien Kommunikation nach Marshall B. Rosenberg die Eskalation hätten verhindern können.

5   Wann spricht man von Streitkultur?

6   Sophie hat zum Geburtstag ein neues Parfüm geschenkt bekommen, das sie nun täglich ausgiebig auflegt. Überall folgt ihr eine Duftwolke und die Luft in ihrem Büro riecht zunehmend penetrant. Nun kommt Natalie zu Sophie, weil sie etwas für eine Anzeige besprechen will. Kaum ist sie durch die Tür, stürzt sie zum Fenster, reißt dieses weit auf und sagt: „Du stinkst. Dein Parfüm verpestet die ganze Luft."

   a) Auf welchen Symptomebenen spielt sich diese Störung ab?
   b) Wie könnte Sophie reagieren, um einen Konflikt von vornherein zu vermeiden?
   c) Wie hätte Natalie diese Störung formulieren können, ohne Sophie zu verletzen?
   d) Wenn Sie z. B. im Sommer verschwitzt riechen würden oder Mundgeruch hätten, wäre es Ihnen lieb, wenn man Ihnen das sagt? Wer sollte es Ihnen sagen und wie?

Lernsituation 68

Gesprächssituationen anhand eines Kriterienkatalogs auswerten

Die BE Partners KG verfügt nicht über eine gesonderte Beschwerdestelle. Wenn Probleme im Umgang mit Kunden auftauchen, ist jeder Sachbearbeiter für die Lösung seiner Probleme selbst verantwortlich.

Als Tüley Öztürk heute (5. April 20..) zur Arbeit kommt, wird sie von Frau Deneke angesprochen:

Tüley: Guten Morgen, Frau Deneke.

Frau Deneke: Guten Morgen, Frau Öztürk, schön, dass ich Sie sehe! Heute Morgen hat sich Frau Fuchs krank gemeldet. Bitte übernehmen Sie für die Zeit, in der Frau Fuchs nicht da ist, ihren Platz und ihre Kunden.

Tüley: Ich hoffe, es ist nichts Schlimmes? Natürlich kümmere ich mich um die Kunden von Frau Fuchs.

Frau Deneke: Sie hat sich wohl eine sehr üble Erkältung eingefangen und ist mindestens diese Woche nicht da. Genaueres weiß ich noch nicht, aber ich informiere Sie, sobald ich weiß, wie lange Sie sie vertreten müssen.

Tüley: Alles klar. Ich mache mich gleich an die Arbeit.

1 Tüley begibt sich sofort an den Platz von Frau Fuchs, öffnet deren Terminkalender und holt sich die Wiedervorlagemappe.

   a) Warum beginnt sie mit dieser Maßnahme?
   b) Welche Arbeiten muss Tüley noch erledigen, wenn sie Frau Fuchs vertritt?

2 Tüley muss bei sieben Kunden anrufen, die in dieser Woche einen Termin mit Frau Fuchs gehabt hätten. Legen Sie für Tüley eine Checkliste an, die sie den Telefonaten zugrunde legen kann. Teilen Sie die Checkliste in die Bereiche „Gesprächsvorbereitung", „Gesprächsführung" und „Gesprächsnachbereitung" auf.

3 Bislang wurden die Kunden der BE Partners KG mit der folgenden E-Mail über die Abwesenheit einer Person informiert.

   a) Welche Fehler wurden bei dieser Abwesenheitsnotiz gemacht?
   b) Verfassen Sie eine neue, gut formulierte, vollständige und DIN-gerechte Abwesenheitsnotiz.

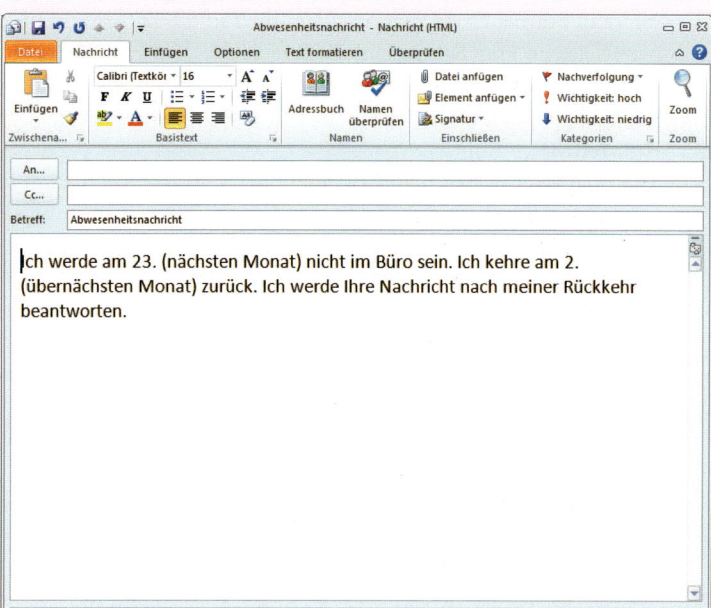

4 Als Tüley den Wiedervorlageordner öffnet, liegt der folgende Brief obenauf:

AUTOHAUS
Wünschle KG

Autohaus Wünschle KG, Fröbelstraße 90, 50823 Köln

BE Partners KG
Frau Ulrike Fuchs
Schlesienstraße 480 – 492
53119 Bonn

Ihr Zeichen:
Ihre Nachricht vom:
Unser Zeichen: SO
Unsere Nachricht vom: 13.03.20..
Name: Frau Sohnemann
Telefon: 0221 30070088-10
Telefax: 0221 30070088-40
E-Mail: sohnemann@wuenschle-autos.de

Datum: 3. April 20..

Unser Telefongespräch vom 27.03.20..

Sehr geehrte Frau Fuchs,

unsere Anfrage nach einer Werbeaktion für unser Autohaus liegt seit nahezu drei Wochen bei Ihnen.

Da wir in den letzten Jahren immer gute Erfahrungen mit Ihrer Firma gemacht haben, hofften wir natürlich, auch dieses Mal wieder sehr gut versorgt zu werden. Deshalb habe ich Sie letzte Woche angerufen und Sie darum gebeten, unsere Anfrage so schnell wie möglich zu beantworten, da wir uns sonst an einen anderen Anbieter wenden müssen.

Sie sagten uns zu, dass wir binnen zwei Tagen ein Angebot erhalten. Die Frist von zwei Tagen sei nötig, weil ein anderer Sachbearbeiter, der sich im Thema besser auskennt, das Angebot erstellt.

Leider haben Sie Ihr Versprechen nicht eingehalten. Können wir noch mit Ihrem Angebot rechnen? Bitte melden Sie sich so schnell wie möglich bei uns.

Mit freundlichen Grüßen

Autohaus Wünschle

i. A. Helga Sohnemann

Sofort an Herrn Dittmar zur Bearbeitung weiterleiten!

a) Welche Maßnahmen sollte Tüley ergreifen?

b) Tüley hat in den Unterlagen nichts zum Telefonat zwischen Frau Fuchs und Frau Sohnemann gefunden. Auch in der Wiedervorlagemappe waren keine weiteren Informationen vorhanden. Herr Dittmer hat die Anfrage in seinem Posteingangskorb gefunden, sie aber noch nicht bearbeitet. Persönlich hat er nicht mit Frau Fuchs oder Frau Sohnemann gesprochen. Er verspricht Tüley, das Angebot sofort zu bearbeiten, in zwei Stunden (bis 11:00 Uhr) fertig zu haben und sofort per Telefax an Frau Sohnemann weiterzuleiten. Um Frau Sohnemann nicht weiter zu verärgern oder die Firma Wünschle als Kunden zu verlieren, ruft Tüley bei Frau Sohnemann an. Wie kann sich Tüley auf dieses schwierige Gespräch vorbereiten?

c) Tüley hat gelernt, dass man Reklamationen und Beschwerden immer mit demselben Kommunikationsmittel beantworten soll, wie man sie erhalten hat. Warum sollte Tüley im vorliegenden Fall keinen Brief schreiben?

d) Tüley ruft bei Frau Sohnemann an, entschuldigt sich für die Verspätung und sagt das Angebot bis 11:00 Uhr zu. Frau Sohnemann akzeptiert die Vereinbarung mit dem eindringlichen Hinweis, dass sie den Auftrag an eine andere Firma vergibt, wenn diese letzte Frist nicht eingehalten wird. Stellen Sie mit einem Partner/einer Partnerin das Telefongespräch im Rollenspiel nach.

e) Um zu verhindern, dass wieder Informationen verloren gehen, helfen Sie Tüley dabei, eine Aktennotiz über den gesamten Vorgang anzulegen. Sie gestalten dazu ein Formular „Aktennotiz", das später von Hand mit dem vorgegebenen Sachverhalt ausgefüllt wird.[1]

f) Wie stellt Tüley sicher, dass das Angebot fristgerecht bei Frau Sohnemann eintrifft?

[1] Falls Sie bereits in Lernsituation 63 zu Auftrag 12 c ein Formular „Aktennotiz" entwickelt haben, benutzen Sie bitte dieses.

5 Tüley hat in der Berufsschule gelernt, wie Beratungsgespräche aufgebaut werden. Sie soll heute in einem kurzen Vortrag während einer Teamsitzung erklären, worauf es bei Beratungsgesprächen ankommt. Sie hat dazu aus dem Internet einen Film herausgesucht, den sie als Beispiel zeigen möchte.

a) Schauen Sie sich das Video „Das Spargelessen" an und arbeiten Sie die Fehler heraus, die die Verkäuferin gemacht hat.

→ Arbeitsmaterialien/ Lernsituation 68/ Video Spargelessen

b) Machen Sie Vorschläge, wie die Verkäuferin sich besser verhält. Legen Sie dabei besonderen Wert

– auf die Argumentationskette,
– auf die Behandlung etwaiger Einwände der Kundin und
– auf mögliche Ergänzungsangebote.

c) Entwickeln Sie einen Kriterienkatalog zur Auswertung von Beratungsgesprächen vor Ort (im Laden). Achten Sie darauf, dass dieser Auswertungsbogen die folgenden Inhalte abfragt:

– die vier wichtigsten Kriterien zur Begrüßung
– die vier wichtigsten Kriterien zur Bedarfsermittlung
– die fünf wichtigsten Kriterien zum Beratungsgespräch
– drei Kriterien zur Kaufentscheidung

d) Bereiten Sie mit einer Mitschülerin oder einem Mitschüler ein Rollenspiel zum vorgegebenen Fall vor, das das richtige Verhalten zeigt. Spielen Sie dann das Rollenspiel durch. Nehmen Sie es auf Video auf und präsentieren Sie es vor der Klasse. Verwenden Sie den Kriterienkatalog aus Aufgabe 5 c, um das Gespräch auszuwerten.

e) Besprechen Sie das Ergebnis und ziehen Sie daraus Konsequenzen für Ihr zukünftiges Gesprächsverhalten.

f) Worin unterscheidet sich ein Beratungsgespräch von einem Reklamationsgespräch?

6 Tüley wird Zeugin des folgenden Telefongesprächs von Kemal Aydin mit einem Lieferanten (Großhändler):

> Kemal Aydin: Hallo. Ich möchte sofort mit Herrn Fogelmann sprechen! … Das bespreche ich am besten direkt mit Herrn Fogelmann! … Das ist mir egal, ob er in einer Besprechung ist. Verbinden Sie mich bitte sofort weiter. Es ist wichtig! … Hallo Herr Fogelmann! … Klar bin ich ungehalten! Sie haben die bestellten T-Shirts alle eine Nummer zu klein geliefert! Sie wissen doch, dass der Auftrag eilig war! … Um welche Auftragsnummer es geht? Na um unsere letzte Bestellung. Die müssen Sie doch vorliegen haben! … Bitte schicken Sie die T-Shirts – natürlich auf Ihre Kosten – in der richtigen Größe per Kurier an uns ab! Unser Kunde wartet! *(schmeißt den Hörer auf)*

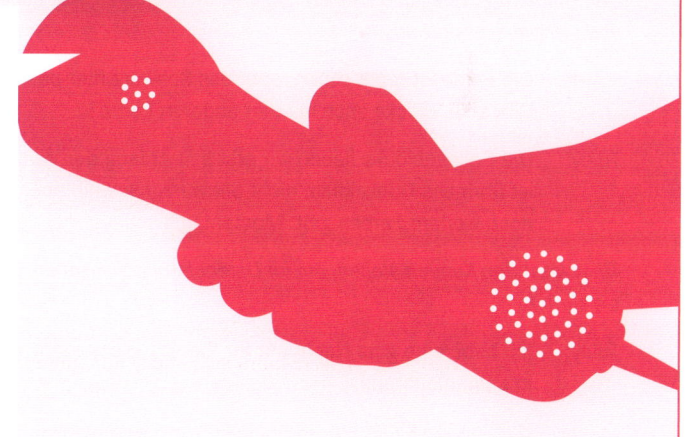

a) Entwickeln Sie für telefonische Reklamationsgespräche bei Lieferanten einen Kriterienkatalog zur Gesprächsauswertung. Fragen Sie dafür die sechs wichtigsten Kriterien aus verschiedenen Bereichen ab und lassen Sie Platz für weitere Eintragungen.

b) Analysieren Sie das Telefonat von Herrn Aydin mithilfe des erstellten Kriterienkatalogs.

c) Wie hätte Herr Aydin das Gespräch besser führen können?

d) Simulieren Sie das verbesserte Telefongespräch. Legen Sie dazu eine Tabelle mit zwei Spalten (Aussagen Aydin, Aussagen Fogelmann) an. Ziehen Sie zur Lösung der Aufgabe den Kriterienkatalog heran.

e) Bewerten Sie Ihren Kriterienkatalog auf Handling, Übersicht und Vollständigkeit und verbessern Sie ihn gegebenenfalls.

Aufgaben

1 Tüley berät einen Kunden, der sich für Werbemittel für sein Unternehmen interessiert. Der Kunde wünscht sich ein Werbemittel, das nicht sehr kostenintensiv ist. Tüley und der Kunde führen das folgende Gespräch:

Tüley: Guten Morgen, kann ich etwas für Sie tun?

Kunde: Guten Morgen. Ich wollte mich mal umsehen, was Sie so für Werbemittel haben.

Tüley: Oh, da haben wir sehr viele Dinge im Programm. Ganz beliebt sind unsere Kugelschreiber.

Der Kunde unterbricht Tüley abrupt.

Kunde: Bitte keine Kugelschreiber! Die sind doch so langweilig!

Tüley fasst den Kunden am Arm.

Tüley: Ich sag's ja nicht gern, aber Sie haben recht. Wie wäre es dann mit unseren neuen Collegeblöcken? Die haben wir ganz neu im Programm. Sie sind der erste Kunde, dem ich die Blöcke zeigen kann.

Kunde: Sind das nicht einfach nur Papierblöcke? Die sind doch genauso langweilig!

Tüley: Das stimmt so nicht. Wann haben Sie das letzte Mal von einem Geschäftspartner einen Block erhalten?

Kunde: *(überlegt)* Stimmt. Das habe ich noch gar nicht bedacht. Blöcke bekommt man eher selten oder nur auf Tagungen oder so.

Tüley: Genau. Aber auch Ihre Kunden freuen sich sicher über einen wertigen Block, mit dem sie was anfangen können. *(Mit einem breiten Lächeln)* Die langweiligen Kugelschreiber erhalten sie dann von jemandem anderen.

Kunde: *(lächelt zurück)* Und wie sehen die Dinger aus? Kann ich mal einen sehen?

Tüley: Kommen Sie mit. Die Blöcke liegen dort drüben im Regal.

Der Kunde folgt Tüley durch einen langen dunklen Regalgang, schaut sich die Blöcke an und sieht interessiert aus.

Kunde: Die Farbe ist recht schön, aber das Schwarz hier passt nicht zu meiner Firma. Gibt's die Blöcke auch in einer anderen Farbe?

Tüley: Die Collegeblöcke haben wir erst seit Anfang der Woche im Laden. Das hier ist übrigens Dunkelblau, nicht Schwarz. Ich weiß aber gerade nicht, ob es da noch weitere Farben gibt. Moment, ich schaue mal nach.

Tüley lässt den Kunden stehen, um im Datenblatt nachzusehen. Nach einiger Zeit kehrt sie zurück.

Tüley: Ich habe eine gute Nachricht für Sie. Die Blöcke gibt's auch in Dunkelgrün und in Kastanienbraun.

Kunde: Dunkelgrün klingt gut. Dunkelblau wäre auch okay. Das muss ich mir mal bei Licht ansehen. Was kosten die denn? Ich würde gerne 500 Stück mit meinem Logo bedrucken, um sie dann an meine Kunden zu verteilen.

Tüley schaut auf das Preisschild am Regal.

Tüley: Die Blöcke kosten 2,50 € das Stück. Wenn Sie mehr als zwanzig Stück abnehmen, erhalten Sie sie für 1,89 € das Stück.

Der Kunde überlegt und zieht sich langsam in Richtung Ausgang zurück.

Kunde: Das muss ich mir nochmal überlegen und in Ruhe durchrechnen. Vielen Dank für Ihre Beratung. Auf Wiedersehen.

Tüley: Sehr gerne. Auf Wiedersehen.

a) Werten Sie das Beratungsgespräch aus. Nutzen Sie dazu den in Auftrag 5 c) entwickelten Kriterienkatalog zur Auswertung von Beratungsgesprächen.

– Was hat Tüley in dem Beratungsgespräch gut gemacht?
– Welche Fehler hat Tüley bei der Beratung gemacht?

b) Erarbeiten Sie in Partnerarbeit, wie das Gespräch hätte verlaufen können. Verwenden Sie dazu das folgende Datenblatt. Stellen Sie der Klasse Ihr Ergebnis vor und besprechen Sie Ihre Lösung.

Collegeblock - *Datenblatt*

Unser Collegeblock besticht durch sein neutrales und wertiges Design und macht dadurch einen professionellen Eindruck. Das Design überzeugt mit klaren Linien, klassischen Außenfarben und einer hochwertigen Hülle. Das Papier im Inneren des Blocks ist in neutralem Weiß oder in den gedeckten Farben Hellgelb, Hellgrün oder Hellblau erhältlich. Der Block ist ideal für Notizen geeignet und bietet eine Ablagemöglichkeit für lose Unterlagen.

Merkmale des Blocks

- hochwertige, gelochte weiße oder farbige Blätter
- Mikroperforation zum Heraustrennen der einzelnen Blätter
- Drahtbindung für einfaches Umblättern
- fest eingebundene Sichthülle für lose Unterlagen
- passt in alle Ablageboxen, Stehsammler und Briefkörbe
- 100 Blatt (80 g/m²)

Übersicht

Artikel	3641355
Außenfarbe	Dunkelgrün, Dunkelblau, Kastanienbraun
Abmessungen (mm)	18 x 302 x 240
Format	A4
Blattanzahl	100
Ausführung	kariert, liniert, leer
Material Umschlag	PP
Material Inhalt	holzfreies Papier 80 g/m²
Lochung	ja
Perforation	Mikroperforation
Weitere	zur Außenfarbe passende farbige Drahtbindung
Gewicht (kg)	0,55

Preisstaffelung

ab 1 Stück	2,50 € zzgl. USt.
ab 5 Stück	2,09 € zzgl. USt.
ab 10 Stück	1,99 € zzgl. USt.
ab 20 Stück	1,89 € zzgl. USt.

Sollten Sie größere Mengen einkaufen oder die Collegeblöcke mit Ihrem Logo und Ihren Firmendaten bedrucken lassen wollen, kalkulieren wir die Preise für Sie neu.

c) Tüley hat den Kunden so gut beraten, dass dieser jetzt 250 Collegeblöcke bestellen möchte, die mit seinem Firmenlogo und den Firmeninformationen bedruckt sein sollen. Tüley weiß, dass in der nächsten Woche genau diese Blöcke speziell beworben werden sollen und dass in der Werbewoche besonders günstige Preise gelten. Was macht sie? Begründen Sie Ihre Meinung.

2   Denken Sie sich zusammen mit einer Mitschülerin oder einem Mitschüler eine Situation aus, in der ein Gesprächspartner den anderen berechtigt kritisiert. Schreiben Sie für diese Situation.

a) einen kurzen Dialog, in dem der Kritisierende destruktive Kritik übt und die kritisierte Person angemessen, aber nicht konfliktverschärfend reagiert,
b) einen kurzen Dialog, in dem der Kritisierende konstruktive Kritik übt und die kritisierte Person angemessen reagiert.

Lernsituation 69

Ziele und Aufgaben der Personalwirtschaft erkennen

BE Partners KG

be

Kurzmitteilung

von: *Franz Seydlitz*

an: *Auszubildende*
Datum: *<heute>*

Betreff: *Präsentation „Aufgaben und Ziele der Personalabteilung" für Praktikanten*

Anlage(n): *—*

Bitte um:

- ☒ Bearbeitung
- ☐ Anruf
- ☒ Rücksprache
- ☐ Ablage
- ☐ Kenntnisnahme
- ☐

Liebe Auszubildende,

ab kommendem Montag werden wieder einige Schüler der Ludwig-Erhard-Schule ein zweiwöchiges Schülerpraktikum bei uns absolvieren. Wie in den vergangenen Jahren auch, habe ich Einsatzpläne für die einzelnen Praktikanten erstellt, damit sie einen möglichst umfassenden Einblick in unsere Betriebsabläufe bekommen.

Mit Herrn Bastian habe ich mich darauf verständigt, dass die Praktikanten nicht in der Personalabteilung eingesetzt werden sollen, da wir großen Wert auf den Schutz der personenbezogenen Daten unserer Mitarbeiter legen.

Weil die Aufgaben in der Personalabteilung aber unserer Meinung nach wichtige betriebliche Supportprozesse darstellen, möchten wir die Praktikanten trotzdem über diesen Unternehmensbereich informieren. Bitte bereiten Sie zu diesem Zweck eine kurze Präsentation zu den Aufgaben und Zielen der Personalwirtschaft vor.

Vielen Dank im Voraus für Ihre Unterstützung.

Franz Seydlitz

---

1 Bearbeiten Sie den Arbeitsauftrag von Herrn Seydlitz in Gruppenarbeit.

   a) Informieren Sie sich über die verschiedenen Aufgaben und Ziele der Personalwirtschaft.

   b) Besprechen Sie in der Gruppe die einzelnen Ziele und Aufgabenbereiche und erläutern Sie die einzelnen Aufgabenbereiche der Personalwirtschaft mithilfe des Arbeitsblatts 69.1.

 Arbeitsblatt 69.1

   c) Nutzen Sie Medien (Projektor-Folien, Plakate, PC usw.), um Ihre Ergebnisse übersichtlich und anschaulich darzustellen (z. B. mithilfe einer Mind-Map).

   d) Präsentieren Sie Ihre Arbeitsergebnisse.

Arbeitsblatt 69.1 Aufgaben der Personalwirtschaft

Aufgabe	Erläuterung
Personalbestands-analyse	
Personalbedarfs-planung	
Personal-beschaffung und -auswahl	
Personaleinstellung	
Personaleinführung, -betreuung und -verwaltung	
Personalentlohnung	
Personalförderung und -motivation	
Personalbeurteilung	
Personalfreisetzung	

Aufgaben

1 Die Rheintaler Brunnen GmbH & Co. KG, ein mittelständischer Getränkeproduzent, plant die Anschaffung einer vollautomatischen Abfüllanlage im Wert von
1,4 Mio. € für den Bereich der kohlensäurehaltigen Erfrischungsgetränke. Diese
Maßnahme hätte zur Folge, dass in dem Arbeitsbereich „Abfüllung" statt acht
angelernter Arbeiter nur noch eine Fachkraft erforderlich ist.

   a) Wägen Sie die Vor- und Nachteile dieser geplanten Veränderung unter Berück-
      sichtigung der Ziele der Personalwirtschaft gegeneinander ab.
   b) Erläutern Sie, welche Aufgabenbereiche des Personalwesens durch die geplante
      Maßnahme berührt werden.

2 Eines der wichtigsten Ziele der Personalarbeit besteht darin, das Unternehmen
(auch zukünftig) mit Fachkräften zu versorgen.

   a) Beschreiben und interpretieren Sie die untenstehende Grafik.
   b) Erklären Sie, welche Aufgaben der Personalwirtschaft in der Grafik besonders
      angesprochen werden.
   c) Erläutern Sie vor dem Hintergrund der Grafik die Bedeutung des „lebenslangen
      Lernens".

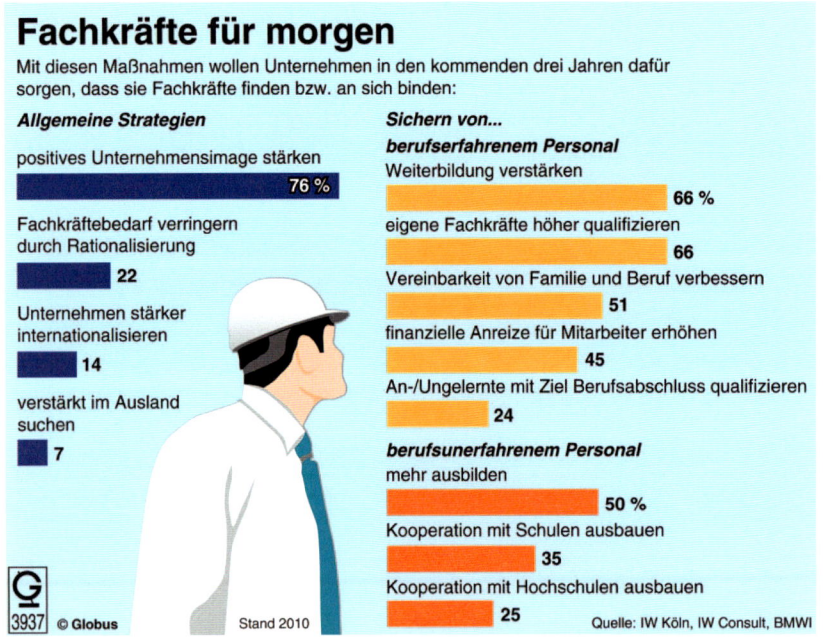

3 Vervollständigen Sie den folgenden Lückentext zu den Aufgaben des Personalwesens.

   a) Eine typische Aufgabe der _____ ist die Berechnung
      der Nettogehälter und -löhne der Mitarbeiter.

   b) Durch gezielte _____ werden den Mitarbeitern
      Aufstiegschancen ermöglicht.

   c) Für die ersten Arbeitstage eines neuen Mitarbeiters sollten Maßnahmen der

      _____ vorbereitet werden.

   d) Zu den unangenehmen, aber manchmal nicht vermeidbaren Aufgaben des

      Personalwesens gehört die _____ .

   e) Im Rahmen der _____ muss berücksichtigt werden,
      welche Zu- und Abgänge beim Personal für die kommende Zeitperiode schon
      bekannt sind.

4 Nennen Sie für die folgenden Vorgänge jeweils den zugehörigen Aufgabenbereich der Personalwirtschaft.

a) Am 1. August 20.. werden die neuen Auszubildenden Juri Schiljakov und Aziza Weber von Herrn Seydlitz in der BE Partners KG herumgeführt und den Mitarbeitern vorgestellt.

b) Laura Deneke gibt auf Anweisung von Herrn Bastian für die Mitarbeiter Susanne Herrmann, Sabine Meyer und Kemal Aydin eine Prämie von jeweils 300,00 € in die EDV ein, die die Mitarbeiter im folgenden Monat erhalten sollen.

c) Tanja Wagner gibt bei Herrn Seydlitz ihre Kündigung ab, da sie nach Berlin zieht.

d) Franz Seydlitz formuliert für die ausscheidende Mitarbeiterin Tanja Wagner ein Arbeitszeugnis.

e) Um die Arbeitsstelle von Frau Wagner neu zu besetzen, formuliert Herr Seydlitz eine Stellenanzeige für die Bonner Zeitung.

f) Herr Seydlitz liest einige Personalakten, um sich einen Überblick über die Qualifikationen der Mitarbeiter in der Druckerei zu verschaffen.

g) Herr Bastian und Herr Seydlitz planen Schulungsmaßnahmen für verschiedene Mitarbeiter der Druckerei.

h) Herr Seydlitz bespricht mit der Personalsachbearbeiterin Laura Deneke, anhand welcher Kriterien sie die Bewerbungsunterlagen für die frei gewordene Stelle im Rechnungswesen beurteilen soll.

i) Laura Deneke bereitet den Arbeitsvertrag für den neuen Mitarbeiter Torsten Klingenberg vor.

j) Herr Seydlitz ermittelt anhand von Daten aus dem Personalinformationssystem, ob in nächster Zeit in der BE Partners KG mit Personalabgängen (z. B. wegen Renteneintritts oder Mutterschutz bzw. Elternzeit) zu rechnen ist. Er berücksichtigt zudem die Umsatzentwicklung des Unternehmens und ermittelt, in welchen Unternehmensbereichen zukünftig Personalbedarf bestehen wird.

k) Herr Bastian und Herr Seydlitz besprechen, ob die Mitarbeiter zukünftig auch eine finanzielle Beteiligung am Unternehmenserfolg erhalten sollen. Herr Seydlitz schlägt in diesem Zusammenhang vor, eine Jahresprämie einzuführen, die sich am Unternehmensgewinn und an der Dauer der Betriebszugehörigkeit der Mitarbeiter orientiert.

l) Laura Deneke plant den alljährlichen Betriebsausflug.

m) Herr Seydlitz legt die Teilnahmebescheinigung von Luigi Ferrara, der an der Fortbildung „Neuerungen in MS Office" teilgenommen hat, in dessen Personalakte.

Lernsituation 70

Den derzeitigen Personalbestand analysieren

Franz Seydlitz analysiert einmal im Jahr sehr genau die Personalsituation der BE Partners KG, da er die Informationen als Grundlage für die Personalbedarfsplanung für das nächste Jahr benötigt. Natalie Fiedler absolviert zurzeit ihren Ausbildungsabschnitt in der Abteilung von Herrn Seydlitz.

	✕

Von: Franz Seydlitz [f.seydlitz@bepartners.de]
An: Natalie Fiedler [n.fiedler@bepartners.de]
Betreff: Personalbestandsanalyse 20.6
Datum: 20.09.20.6

Liebe Frau Fiedler,

wie Sie wissen, muss ich im nächsten Monat die Personalbedarfsplanung für 20.7 durchführen. Zur Vorbereitung habe ich damit begonnen, unsere derzeitige Personalsituation zu analysieren. Bitte unterstützen Sie mich dabei. Ich stelle Ihnen im Anhang dieser Mail ein paar Daten und Informationen zur Verfügung, die Sie bitte auswerten. Fassen Sie Ihre Analyse in einer Präsentation zusammen und achten Sie dabei darauf, dass Sie die Daten anschaulich darstellen. Berücksichtigen Sie bei der Analyse bitte nur die Arbeitnehmerinnen und Arbeitnehmer. Lassen Sie die beiden Gesellschafter außen vor.

Insbesondere interessieren mich die folgenden Aspekte:

1. Ist-Situation unseres Personalbestands

– Wie viele Mitarbeiter haben wir in den einzelnen Abteilungen? Berücksichtigen Sie Teilzeitkräfte bitte anteilig (z. B. 50 %-Stelle = 0,5 Mitarbeiter).
– Wie ist die Altersstruktur unserer Belegschaft?
– Wie hoch ist die Quote der befristeten Arbeitsverträge?
– Erfüllen wir zurzeit die gesetzlichen Vorgaben bezüglich der Beschäftigung schwerbehinderter Menschen?
– Welches Qualifikationsniveau haben unsere Mitarbeiter? Unterscheiden Sie bitte ungelernte (ohne Ausbildung oder Studium), gelernte (abgeschlossene Berufsausbildung) und hochqualifizierte Mitarbeiter (abgeschlossenes Studium oder umfangreiche Weiterbildung, z. B. Staatlich geprüfter Betriebswirt).

2. Einflussfaktoren des zukünftigen Personalbedarfs

– Wie ist unsere Umsatzentwicklung? Vergleichen Sie bitte die verschiedenen Leistungs- bzw. Warengruppen.
– Wie ist die Konjunkturprognose für das nächste Jahr? Bitte recherchieren Sie!
– Gibt es Besonderheiten in der demografischen Entwicklung der Arbeitsbevölkerung?

Herzliche Grüße

Franz Seydlitz

1 Helfen Sie Natalie Fiedler und erstellen Sie die Präsentation.

Personalliste (Auszug ohne Auszubildende)

Nr.	Name	Vorname	Abteilung/Gruppe	Teilzeit	Alter	Arbeitsvertrag	Behinderung	Berufliche Qualifikation
100	Bastian	Rolf	Geschäftsführung	-	61	- (Gesellschafter)	-	Diplom-Kaufmann
243	Müller	Peter	Geschäftsführung	-	32	unbefristet	-	Bachelor of Science Informatik
109	Bernle	Edith	Geschäftsführung	75 %	66	unbefristet	30 %	Bürokauffrau
200	Epstein	Dörthe	Werbeagentur	-	52	- (Gesellschafterin)	-	Master of Arts in Creative Communication & Brand Management
239	Schurns	Marius	Kundenbetreuung	-	35	unbefristet	-	Bachelor of Science Betriebswirtschaft/Werbung
183	Welkenbach	Tina	Kundenbetreuung	-	54	unbefristet	-	Industriekauffrau, Diplom-Medienökonomin (FH)
212	Dittmer	Uwe	Kundenbetreuung	-	52	unbefristet	-	Veranstaltungskaufmann, Staatlich geprüfter Betriebswirt
284	Wagner	Jens	Kundenbetreuung	-	26	befristet bis 31.12. nächsten Jahres	-	Handelsfachwirt (IHK)
196	Fuchs	Ulrike	Kundenbetreuung	-	50	unbefristet	-	Bürokauffrau
222	Herrmann	Susanne	Kreation	-	31	unbefristet	-	Diplom-Designerin
215	Meyer	Sabine	Kreation	-	43	unbefristet	-	Bachelor of Arts Kommunikationsdesign
263	Aydin	Kemal	Kreation	-	29	unbefristet	-	Mediengestalter Digital und Print
253	Schneider	Jacques	Kreation	-	64	unbefristet	-	Diplom-Journalist
295	Meier	Michael	Kreation	-	28	unbefristet	-	Bachelor of Arts Germanistik, Anglistik/Amerikanistik
232	Hansen	Oliver	Einkauf/Produktion Medien	-	65	unbefristet	50 %	Diplom-Betriebswirt (FH)
240	Schneider	Matthias	Einkauf/Produktion Medien	-	54	unbefristet	-	Fotograf
177	Foss	Anna	Einkauf/Produktion Medien	-	52	befristet bis 30.09. nächsten Jahres	-	Kauffrau für Bürokommunikation
247	Schmitt	Irene	Einkauf/Produktion Medien	60 %	24	unbefristet	-	Kauffrau für Marketingkommunikation
273	Kolder	Heike	Druckerei	-	58	unbefristet	-	Diplom-Wirtschaftsingenieurin
256	Martin	Thomas	Druckerei	-	34	unbefristet	-	Kaufmännischer Betriebsassistent für Druck und Papierverarbeitung
168	Tobler	Swenja	Druckerei	-	29	befristet bis 31.08. nächsten Jahres	-	Bachelor of Arts Print-Media-Management
136	Gruber	Cornelia	Druckerei	-	31	unbefristet	-	Druckerin, Fachrichtung Flachdruck
287	Finke	Bernhard	Druckerei	-	43	unbefristet	-	Drucker, Fachrichtung Digitaldruck
121	Scherrer	Hans	Druckerei	-	51	unbefristet	-	ohne Ausbildung
151	Seydlitz	Franz	Allgemeine Verwaltung	-	54	unbefristet	-	Bürokaufmann/Technischer Betriebswirt (IHK)
166	Ferrara	Luigi	Allgemeine Verwaltung	-	33	befristet bis 31.03. nächsten Jahres	-	Kaufmann für Bürokommunikation, Werbefachwirt (IHK)
277	Arslan	Ayshe	Allgemeine Verwaltung	50 %	26	unbefristet	-	Kauffrau im Einzelhandel
125	Voigt	Kerstin	Allgemeine Verwaltung	-	47	unbefristet	80 %	Bürokauffrau
129	Wagner	Tanja	Allgemeine Verwaltung	-	36	unbefristet	-	Steuerfachangestellte
281	Deneke	Laura	Allgemeine Verwaltung	-	26	unbefristet	-	Bürokauffrau

BE Partners KG

Umsatzstatistik nach Leistungs- bzw. Warengruppen

	20.1	20.2	20.3	20.4	20.5
1. Dienstleistungen	1.190.000	1.295.000	1.410.000	1.515.000	1.635.000
davon Konzept und Kreation	625.000	680.000	760.000	725.000	765.000
davon Entwurf v. Druckerzeugnissen	205.000	190.000	200.000	175.000	145.000
davon Public Relations	210.000	235.000	195.000	215.000	205.000
davon Internet, Homepage-Erstellung	70.000	85.000	120.000	220.000	310.000
davon Präsentationen	80.000	105.000	135.000	180.000	210.000
2. Druckereierzeugnisse	640.000	670.000	685.000	710.000	695.000
davon Offsetdruck	510.000	480.000	405.000	360.000	240.000
davon Digitaldruck	130.000	190.000	280.000	350.000	455.000
3. Handelswaren	520.000	555.000	685.000	585.000	598.000
Summe	2.350.000	2.520.000	2.780.000	2.810.000	2.928.000

Auszüge aus dem Sozialgesetzbuch IX

§ 2 Behinderung
(1) Menschen sind behindert, wenn ihre körperliche Funktion, geistige Fähigkeit oder seelische Gesundheit mit hoher Wahrscheinlichkeit länger als sechs Monate von dem für das Lebensalter typischen Zustand abweichen und daher ihre Teilhabe am Leben in der Gesellschaft beeinträchtigt ist. (...)
(2) Menschen sind im Sinne des Teils 2 schwerbehindert, wenn bei ihnen ein Grad der Behinderung von wenigstens 50 % vorliegt (...).

§ 71 Pflicht der Arbeitgeber zur Beschäftigung schwerbehinderter Menschen
(1) Private und öffentliche Arbeitgeber (Arbeitgeber) mit jahresdurchschnittlich monatlich mindestens 20 Arbeitsplätzen (...) haben auf wenigstens 5 % der Arbeitsplätze schwerbehinderte Menschen zu beschäftigen. Dabei sind schwerbehinderte Frauen besonders zu berücksichtigen.

§ 74 Berechnung der Mindestzahl von Arbeitsplätzen und der Pflichtarbeitsplatzzahl
(1) Bei der Berechnung der Mindestzahl von Arbeitsplätzen und der Zahl der Arbeitsplätze, auf denen schwerbehinderte Menschen zu beschäftigen sind (§ 71), zählen Stellen, auf denen Auszubildende beschäftigt werden, nicht mit.
(2) Bei der Berechnung sich ergebende Bruchteile von 0,5 und mehr sind aufzurunden, bei Arbeitgebern mit jahresdurchschnittlich weniger als 60 Arbeitsplätzen abzurunden.

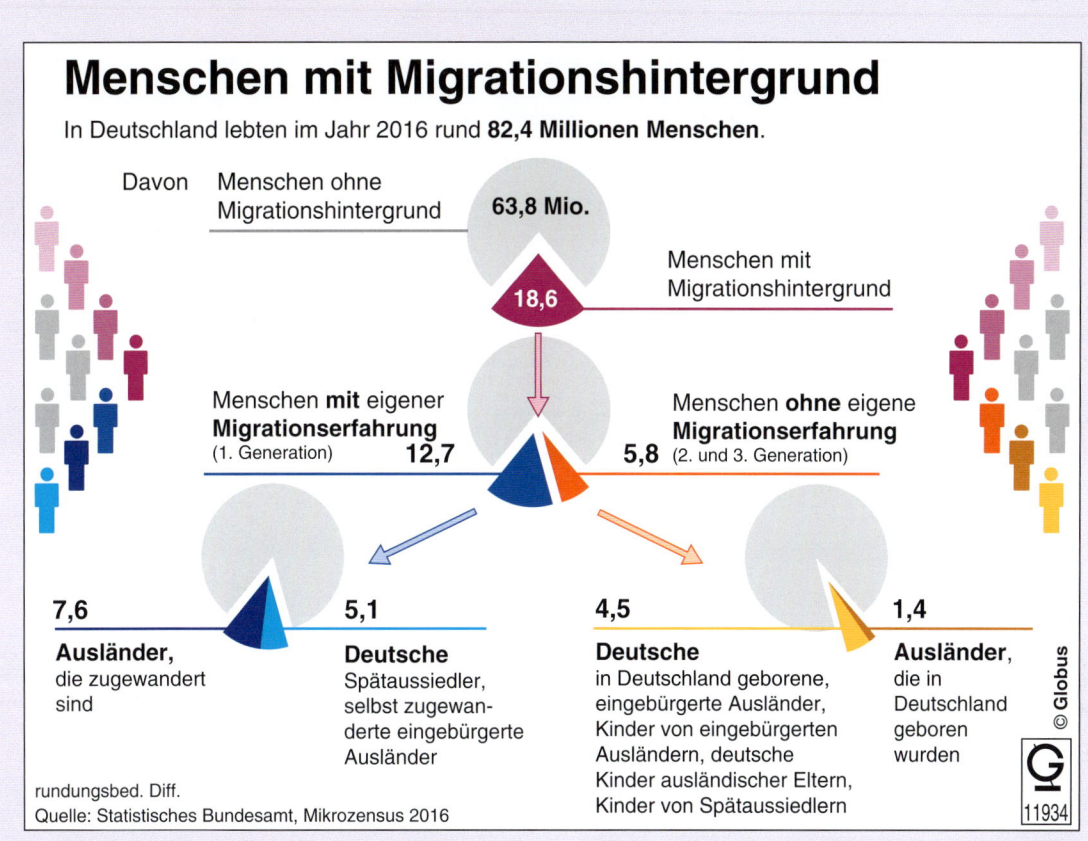

Menschen mit Migrationshintergrund

In Deutschland lebten im Jahr 2016 rund **82,4 Millionen Menschen**.

Davon Menschen ohne Migrationshintergrund **63,8 Mio.**

Menschen mit Migrationshintergrund **18,6**

Menschen **mit** eigener **Migrationserfahrung** (1. Generation) **12,7**

Menschen **ohne** eigene **Migrationserfahrung** (2. und 3. Generation) **5,8**

7,6
Ausländer, die zugewandert sind

5,1
Deutsche Spätaussiedler, selbst zugewanderte eingebürgerte Ausländer

4,5
Deutsche in Deutschland geborene, eingebürgerte Ausländer, Kinder von eingebürgerten Ausländern, deutsche Kinder ausländischer Eltern, Kinder von Spätaussiedlern

1,4
Ausländer, die in Deutschland geboren wurden

rundungsbed. Diff.
Quelle: Statistisches Bundesamt, Mikrozensus 2016

© Globus
11934

Arbeiten im Alter

So viel Prozent der Personen in diesem Alter waren in Deutschland erwerbstätig:

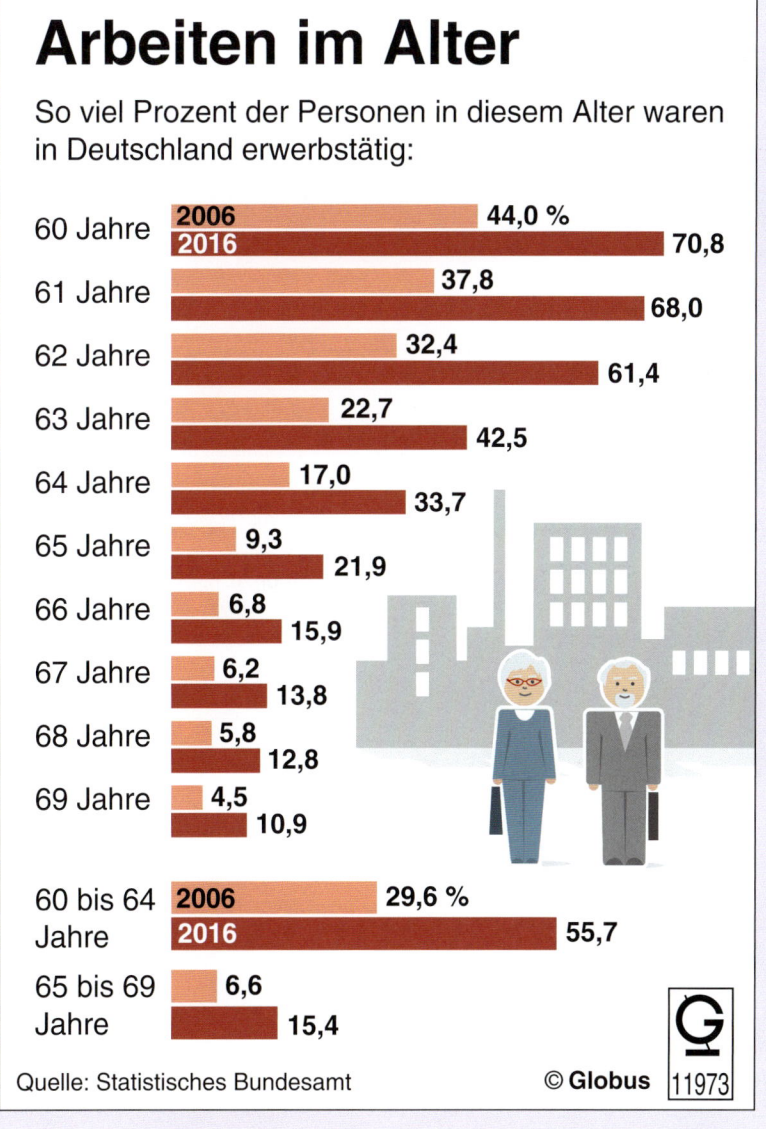

Alter	2006	2016
60 Jahre	44,0 %	70,8
61 Jahre	37,8	68,0
62 Jahre	32,4	61,4
63 Jahre	22,7	42,5
64 Jahre	17,0	33,7
65 Jahre	9,3	21,9
66 Jahre	6,8	15,9
67 Jahre	6,2	13,8
68 Jahre	5,8	12,8
69 Jahre	4,5	10,9
60 bis 64 Jahre	29,6 %	55,7
65 bis 69 Jahre	6,6	15,4

Quelle: Statistisches Bundesamt

© **Globus**
11973

Arbeitsblatt 70.1 Personalbestandsanalyse und Personalbedarfsplanung

1. Personalbestandsanalyse
Eine Analyse des derzeitigen Personalbestands wird vorgenommen anhand ...

quantitativer Kriterien, z. B.   qualitativer Kriterien, z. B.

2. Analyse der Einflussfaktoren des Personalbedarfs
Zusätzlich müssen Faktoren analysiert werden, die die (zukünftige) Personalsituation
des Unternehmens beeinflussen. Hierbei werden unterschieden ...

innerbetriebliche Faktoren, z. B.   außerbetriebliche Faktoren, z. B.

3. Wahrnehmen der gesellschaftlichen Verantwortung
Unternehmen sollten durch Maßnahmen im Personalwesen auch ihre gesellschaftliche
Verantwortung wahrnehmen, insbesondere hinsichtlich ...

Inklusion, d. h.   Migration, d. h.

4. Personalbedarfsplanung
Unter Berücksichtigung des derzeitigen Personalbestands (1.), der Einflussfaktoren
auf den Personalbedarf (2.) und der gesellschaftlichen Verantwortung (3.) kann
der Personalbedarf für die Zukunft geplant werden (vgl. Lernsituation 71).

Aufgaben

1   Bei ihrer Internetrecherche zur Lage der Konjunktur ist Natalie Fiedler auf die Informationen zum Außenhandel auf dieser und der folgenden Seite gestoßen.

a) Erläutern und interpretieren Sie die einzelnen Grafiken.
b) Beschreiben Sie, welche Auswirkungen die außenwirtschaftlichen Entwicklungen auf den (zukünftigen) Personalbestand der Unternehmen in den besonders vom Außenhandel betroffenen Branchen in Deutschland haben.

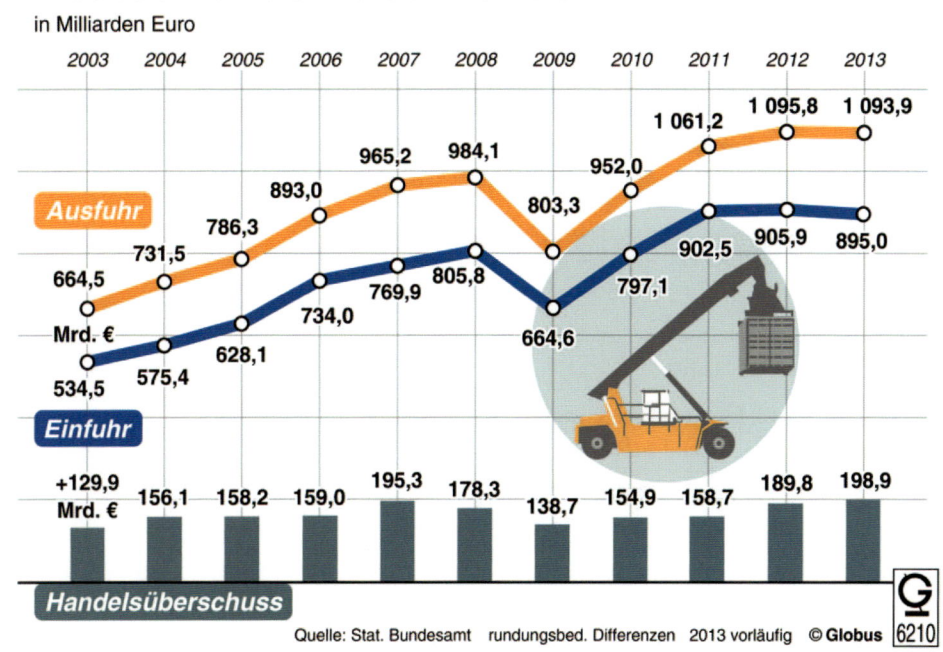

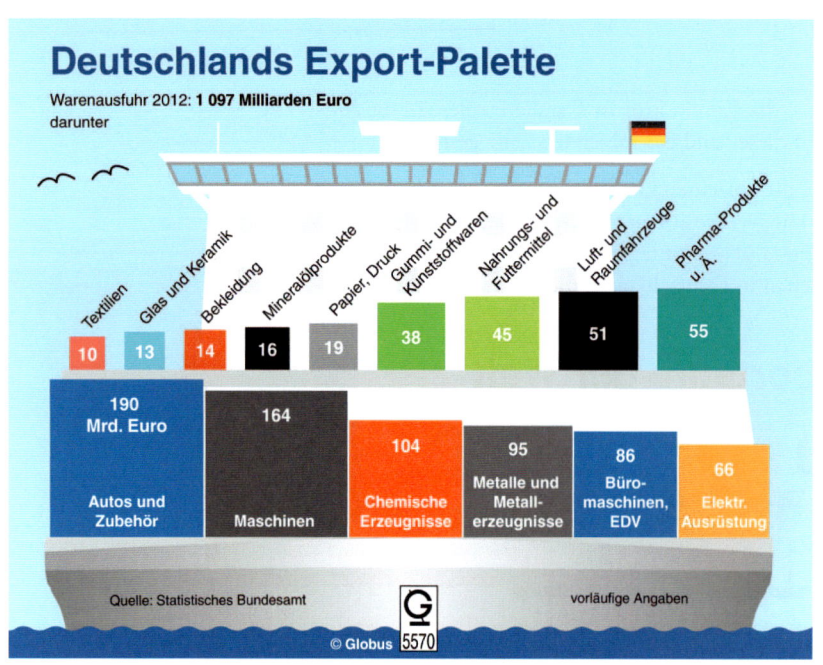

Deutschlands Export-Palette

Warenausfuhr 2012: **1 097 Milliarden Euro**
darunter

Textilien	Glas und Keramik	Bekleidung	Mineralölprodukte	Papier, Druck	Gummi- und Kunststoffwaren	Nahrungs- und Futtermittel	Luft- und Raumfahrzeuge	Pharma-Produkte u. Ä.
10	13	14	16	19	38	45	51	55

190 Mrd. Euro – Autos und Zubehör	164 – Maschinen	104 – Chemische Erzeugnisse	95 – Metalle und Metallerzeugnisse	86 – Büromaschinen, EDV	66 – Elektr. Ausrüstung

Quelle: Statistisches Bundesamt   vorläufige Angaben

© Globus 5570

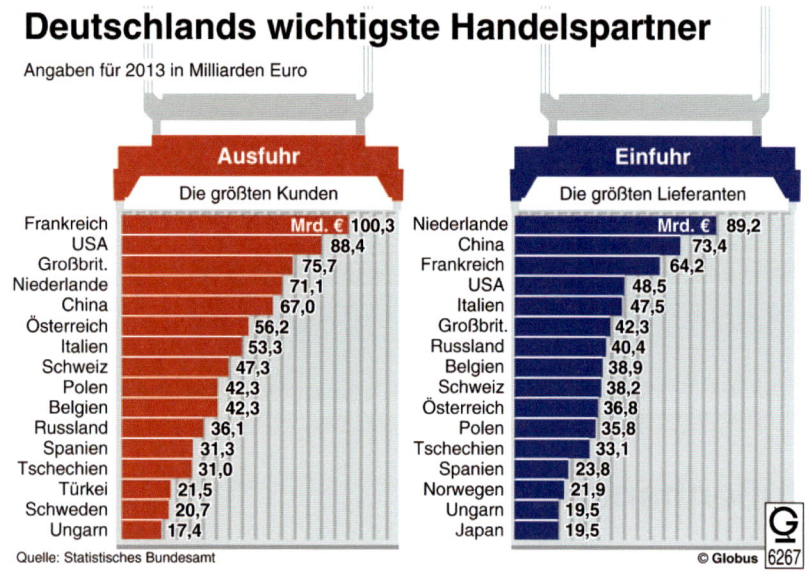

Deutschlands wichtigste Handelspartner

Angaben für 2013 in Milliarden Euro

Ausfuhr — Die größten Kunden

	Mrd. €
Frankreich	100,3
USA	88,4
Großbrit.	75,7
Niederlande	71,1
China	67,0
Österreich	56,2
Italien	53,3
Schweiz	47,3
Polen	42,3
Belgien	42,3
Russland	36,1
Spanien	31,3
Tschechien	31,0
Türkei	21,5
Schweden	20,7
Ungarn	17,4

Einfuhr — Die größten Lieferanten

	Mrd. €
Niederlande	89,2
China	73,4
Frankreich	64,2
USA	48,5
Italien	47,5
Großbrit.	42,3
Russland	40,4
Belgien	38,9
Schweiz	38,2
Österreich	36,8
Polen	35,8
Tschechien	33,1
Spanien	23,8
Norwegen	21,9
Ungarn	19,5
Japan	19,5

Quelle: Statistisches Bundesamt   © Globus 6267

---

2 Entscheiden Sie, ob in den folgenden Beispielen eher ① *ein quantitativer Aspekt* oder ② *ein qualitativer Aspekt* der Personalbestandsanalyse angesprochen wird. Tragen Sie die jeweils richtige Ziffer ein.

a) ☐ In der BE Partners KG wird erhoben, wie viele Mitarbeiter eine Schwerbehinderung haben.

b) ☐ Außerdem wird in Gesprächen ermittelt, welche Anwenderkenntnisse die Auszubildenden in MS® Office® haben.

c) ☐ Bei der Maschinenbau GmbH wird erhoben, welche Fremdsprachenkenntnisse die Mitarbeiter im Verkauf haben.

d) ☐ Bei der Drogerie AG wird der Anteil weiblicher Führungskräfte ermittelt, da die Geschäftsleitung zukünftig eine Quote von 50 % erfüllen möchte.

e) ☐ Bei der Eulenberger & Samtmann Textilgroßhandel GmbH & Co KG, einem Lieferanten der BE Partners KG, wird ermittelt, ob es Mitarbeiter mit chinesischen Sprachkenntnissen gibt.

f) ☐ Herr Seydlitz liest sich die Personalakten der Mitarbeiter in der Abteilung Kreation durch, da er wissen möchte, ob es Mitarbeiter mit Kenntnissen in Social Media Marketing gibt.

3 Die Globalisierung der Wirtschaft und der demografische Wandel stellen die Personalarbeit in deutschen Unternehmen vor besondere Herausforderungen. Beantworten Sie nach der Lektüre des abgedruckten Artikels die folgenden Fragen.

a) Erläutern Sie, aus welchen Gründen Auszubildende an einem internationalen Austausch, beispielsweise im Rahmen von Erasmus+, teilnehmen sollten.

b) Erläutern Sie, aus welchen Gründen deutsche Ausbildungsbetriebe ihren Auszubildenden einen Auslandsaufenthalt ermöglichen sollten.

Auslandstrips für Berufstätige – Azubis auf der Walz

Stipendien für ein Austauschjahr in den USA gibt es viele – wenn man Schüler oder Student ist. Lehrlinge und Berufsanfänger mussten bisher länger suchen. Doch die Unterstützung für sie wächst. Die wichtigsten Förderprogramme im Überblick.

Dass es nicht nur für Schüler und Studenten sinnvoll ist, eine Zeit lang im Ausland zu leben, spricht sich langsam auch in den Ausbildungsbetrieben herum. Die Zahl der Azubis, die einen Teil ihrer Ausbildung im Ausland verbringt, habe sich in den vergangenen fünf Jahren mehr als verdoppelt, sagt Jacqueline März, Leiterin der Mobilitätsberatung beim Deutschen Industrie- und Handelskammertag. [...]

„Berufliche Auslandsaufenthalte sind für viele Menschen persönliche Bereicherung und Karrieresprungbrett zugleich", sagt Markus Fels vom Bundesministerium für Bildung und Forschung. Azubis rät er, zunächst beim eigenen Ausbildungsbetrieb oder bei der Berufsschule nachzufragen, ob es Angebote für Auslandsaufenthalte gibt.

Die Handwerks- und die Industrie- und Handelskammern, der Bund und die Europäische Union stecken viel Geld in Beratungsprojekte und Förderprogramme. Das bekannteste war bislang „Leonardo da Vinci", mit dem Azubis für drei Wochen bis neun Monate ins europäische Ausland gehen konnten. Das Programm lief Ende Dezember aus, unter der Dachmarke „Erasmus+" werden Auslandsaufenthalte von Azubis aber weiterhin gefördert.

Einen Überblick über die Azubi-Förderprogramme bietet die Homepage der Nationalen Agentur Bildung für Europa (www.na-bibb.de). Dort werden sogenannte „Leonardo da Vinci Pool-Projekte" in allen Ländern der EU, in Island, Liechtenstein, Norwegen und der Türkei vorgestellt. Junge Kaufmänner können sich etwa auf einen 13 Wochen langen Online-Marketing-Workshop auf Teneriffa bewerben, Gastronomen auf ein Praktikum in Großbritannien oder Handwerker auf eine Weiterbildung in Italien. [...]

Laut Berufsbildungsgesetz dürfen Azubis bis zu neun Monate der Ausbildung im Ausland absolvieren. Den Lehrstoff, den sie währenddessen in der Berufsschule versäumen, müssen sie eigenständig nachholen. [...]

„Die Unternehmen sehen das als eine Investition in die Zukunft", sagt Handelskammer-Beraterin März. Zwar müssten sie eine Weile auf ihren Azubi verzichten, doch sie erhöhten ihre internationale Kompetenz und fänden für ihre Ausbildungsplätze auch bessere Bewerber. [...]

Quelle: http://www.spiegel.de/karriere/ausland/ austauschprogramme-fuer-auszubildende-lernen-und-arbeiten-im-ausland-a-941510.html

4 Melanie Naruhn ist Personalleiterin beim Zeitungsverlag „Der Tagespegel" in Bonn. Zur Vorbereitung der Personalplanung für das nächste Jahr ermittelt sie, ob sich bestimmte Einflussfaktoren auf den Personalbedarf verändern. Ihre Erkenntnisse werden im Folgenden unter a) bis d) zusammengefasst. Erläutern Sie jeweils möglichst konkret, welchen Einfluss die einzelnen Sachverhalte auf den quantitativen und/ oder qualitativen Personalbedarf haben.

a) Immer mehr Zeitungsverlage bieten ihre Tageszeitung auch als App an. Auch der „Tagespegel" möchte im nächsten Jahr diese Möglichkeit anbieten.

b) Der Umsatz im Anzeigengeschäft nimmt zurzeit stark zu.

c) Die Werbebeilagen, die bisher in der eigenen Druckerei produziert wurden, werden ab dem nächsten Jahr in Polen gedruckt.

d) Der Tarifvertrag, an den sich das Unternehmen hält, sieht ab nächstem Jahr eine Wochenarbeitszeit von 41 statt 40 Stunden vor.

Lernsituation 71

Den zukünftigen Personalbedarf planen

Die Auszubildende Natalie Fiedler hat inzwischen die Personalbestandsanalyse durchgeführt und die Ergebnisse dem Abteilungsleiter Franz Seydlitz und der Personalsachbearbeiterin Laura Deneke präsentiert. Franz Seydlitz wendet sich nun per interner Mail an Laura Deneke.

Von: Franz Seydlitz [f.seydlitz@bepartners.de]
An: Laura Deneke [l.deneke@bepartners.de]
Betreff: Personalbedarfsplanung 1. Halbjahr 20.7
Datum: 28.09.20.6

Liebe Frau Deneke,

Frau Fiedler hat uns ja gestern ihre Personalbestandsanalyse präsentiert. Schön, dass Sie bei der Präsentation von Frau Fiedler dabei sein konnten. Jetzt kennen wir unseren Ist-Personalbestand.

In der übernächsten Woche muss ich mit Herrn Bastian die Personalbedarfsplanung für das nächste Halbjahr besprechen, um eventuell erforderliche Personalbeschaffungen oder -freisetzungen in den einzelnen Abteilungen rechtzeitig vorbereiten zu können. Bitte helfen Sie mir dabei.

Alle uns zurzeit bekannten Informationen bezüglich absehbarer Personalveränderungen habe ich dieser Mail im Anhang beigefügt. Beziehen Sie sie bitte in Ihre Planung mit ein.

Berücksichtigen Sie bitte auch, dass wir angesichts unserer derzeitigen Marktposition in der Sparte Werbeagentur weiterhin mit steigenden Umsätzen rechnen. Wir gehen aktuell von einer Umsatzsteigerung um 10 % aus. Für die Abteilungen Kundenbetreuung, Kreation und Einkauf/Produktion Medien unterstellen wir eine direkte Wirkung der Umsatzsteigerung auf den Personalbedarf. Für die anderen Abteilungen gehen wir davon aus, dass sich der Soll-Personalbestand nicht verändert.

Falls sich in einzelnen Abteilungen Ersatz-, Neu- oder Freistellungsbedarf ergibt, bitte ich Sie darum, bereits Vorschläge zur Lösung bei mir einzureichen.

Herzliche Grüße

Franz Seydlitz

PS: Melden Sie sich bitte, falls Sie das Organigramm nicht zur Hand haben.

---

1 Helfen Sie Laura Deneke bei dieser Aufgabe und führen Sie die Personalbedarfsplanung mithilfe des Arbeitsblatts 71.1 und der Informationen aus dem E-Mail-Anhang durch.

 Arbeitsblatt 71.1

E-Mail-Anhang:

Informationen zur Personalbedarfsplanung für das 1. Halbjahr 20.7

1. Allgemeine Informationen:

- Der aktuelle Ist-Personalbestand entspricht dem derzeitigen Soll-Personalbestand.
- Auszubildende werden beim aktuellen Ist-Bestand nicht erfasst.
- Frau Schmitt hat zurzeit eine 60-%-Stelle.
- Frau Arslan hat zurzeit eine 50-%-Stelle.

2. Folgende Personalveränderungen sind zurzeit absehbar bzw. bekannt:

- Ich (Franz Seydlitz) gehe zum 30.04.20.7 in den Ruhestand.
- Die Auszubildenden Natalie Fiedler und Tüley Öztürk beenden im Januar ihre Ausbildung. Für Frau Fiedler könnten wir uns eine Übernahme vorstellen. Die Gruppenleiter Marius Schurns und Oliver Hansen haben für ihre Bereiche Interesse bekundet. Frau Fiedler ist sehr an einer Übernahme interessiert. Frau Öztürk möchte uns verlassen, da sie zum kommenden Sommersemester ein BWL-Studium beginnen wird.
- Der befristete Arbeitsvertrag von Herrn Ferrara läuft am 31.03.20.7 aus. Er hat sich in dem einen Jahr bei uns sehr bewährt und hervorragende Beurteilungen von mir bekommen. Allerdings kehrt Herr Andreas Albrecht, dessen Stelle Herr Ferrara vertritt, am 01.02.20.7 aus der Elternzeit zurück.
- Die Mutterschutzfrist von Cornelia Gruber beginnt am 14.04.20.7 Sie hat mir bereits mitgeteilt, dass sie mindestens 2 Jahre Elternzeit nehmen wird.
- Die Mitarbeiterin Valentina Marowski kehrt am 15.06.20.7 aus der Elternzeit zurück. Sie war vor ihrer Elternzeit mit einer vollen Stelle in der Abteilung Einkauf/Produktion Medien beschäftigt.
- Für die Kundenbetreuung wurde bereits mit der neuen Mitarbeiterin Jasmin Dammeyer ein Arbeitsvertrag für eine halbe Stelle zum 01.02.20.7 abgeschlossen.
- Frau Tobler hat um eine Halbierung ihrer Stelle gebeten. Ihrem Wunsch werden wir zum 01.01.20.7 nachkommen.
- Da Herr Martin sein Arbeitsverhältnis zum 01.05.20.7 gekündigt hat, wird Frau Fuchs zu diesem Termin seine Stelle übernehmen.
- Herr Jacques Schneider hat um eine Reduzierung seiner Stelle gebeten, da er sich zurzeit viel um seine pflegebedürftige Ehefrau kümmern muss. Wir planen erst einmal mit einer Reduzierung auf 60 %.

Franz Seydlitz, 28.09.20.6

BE Partners KG

Personalbedarfsplan 1. Halbjahr 20.7

		Abteilung				
		Kunden-betr.	Kreation	Eink./Prod./Medi.	Druckerei	Allg. Verw.
	aktueller Ist-Personalbestand	5	5	3,6	6	5,5
voraussichtliche Personalabgänge	– Renteneintritt					
	– Arbeitnehmerkündigungen					
	– Arbeitgeberkündigungen					
	– Ablauf befristeter Arbeits-verträge					
	– Versetzung					
	– Beginn Mutterschutz/Eltern-zeit					
	– Stundenreduzierungen im Rahmen der Teilzeitarbeit					
	– sonstige Gründe					
	= Personalbestand nach Abgängen					
voraussichtliche Personalzugänge	+ Übernahme von Auszubildenden					
	+ Versetzung					
	+ Rückkehr aus Mutterschutz/Elternzeit					
	+ feststehende Einstellungen					
	+ Stundenaufstockungen von Teilzeitarbeitkräften					
	+ sonstige Gründe					
	= voraussichtlicher Personal-bestand					
Ergebnis der Personalbe-darfsrechnung	Neu- bzw. Ersatzbedarf					
	Freisetzungsbedarf					
	zukünftiger Soll-Personal-bestand					

Folgesituation

Eine Stellenbeschreibung erstellen

Laura Deneke hat die Personalbedarfsplanung der BE Partners KG für das nächste Halbjahr inzwischen erstellt und Herrn Seydlitz vorgelegt. Am nächsten Tag kommt Herr Seydlitz zu ihr ins Büro und es ergibt sich das folgende Gespräch.

Hr. Seydlitz: Frau Deneke, toll, dass Sie die Personalbedarfsplanung so schnell fertig hatten. Ich habe sie mir gestern Nachmittag angesehen und heute bereits kurz mit Herrn Bastian darüber gesprochen.

Fr. Deneke: Sehen Sie denn schon dringenden Handlungsbedarf?

Hr. Seydlitz: Herr Bastian und ich sind uns darüber einig, dass wir eine neue Stelle für einen Web-Designer schaffen müssen. Sie haben in der Personalbedarfsplanung ja auch festgestellt, dass wir in der Abteilung Kreation Neubedarf haben. Haben Sie Zeit, mit Frau Herrmann die Stellenbeschreibung zu erstellen?

Fr. Deneke: O.K. Ich rufe sie gleich an.

Herr Seydlitz verlässt das Büro und Laura Deneke ruft Susanne Herrmann an.

Fr. Deneke: Hallo, Frau Herrmann. Herr Seydlitz hat mich informiert, dass Ihre Abteilung vergrößert werden soll.

Fr. Herrmann: Ja, Gott sei Dank! Wir können dringend Verstärkung gebrauchen.

Fr. Deneke: Können Sie mir ein paar Informationen zu der Stelle geben? Dann könnte ich die Stellenbeschreibung vorbereiten.

Fr. Herrmann: Der neue Mitarbeiter soll vor allem Herrn Aydin entlasten und unsere neue Spezialkraft für die Gestaltung von interaktiven Produkten wie Internet- oder Intranetauftritten werden. Außerdem soll er für unsere Kunden Unternehmensauftritte in sozialen Netzwerken gestalten. Er muss dabei sehr gut im Team mit den Textern und Kontaktern arbeiten.

Fr. Deneke: Ich verstehe, Herr Aydin kann sich dann wieder auf die traditionellen Marketingprojekte konzentrieren.

Fr. Herrmann: Er hat zwar auch etwas Ahnung von Webdesign, wir brauchen aber einen Spezialisten. Die beiden Stellen sind sich dennoch so ähnlich, dass sich die beiden Mitarbeiter bei Abwesenheiten gut gegenseitig vertreten können.

Fr. Deneke: Was sind denn die genauen Aufgaben?

Fr. Herrmann: Der neue Mitarbeiter soll Online-Auftritte kreativ gestalten, Internetseiten programmieren und Bild, Texte, Farben und interaktive Web-Inhalte aufeinander abstimmen. Hierbei muss er die Benutzerfreundlichkeit von Internetseiten beachten. Außerdem wird er unser Ansprechpartner sein, wenn Kunden grafische oder designtechnische Anfragen zu Online-Auftritten haben. Er muss in vielen Projekten mit den beiden anderen Abteilungen der Sparte Werbeagentur kooperieren. Letztendlich ist er dafür verantwortlich, Aufträge zu Online-Auftritten so abzuwickeln, dass die Wünsche des Auftraggebers, die Ansprüche der Internetnutzer und die technischen Möglichkeiten optimal berücksichtigt werden.

Fr. Deneke: Können Sie mir etwas zu den gewünschten Qualifikationen sagen?

Fr. Herrmann: Es tut mir leid, ich bekomme gerade Kundenbesuch. Sie können ja ein wenig recherchieren oder sich mit den anderen Mitarbeitern austauschen.

2 Erstellen Sie mithilfe von Arbeitsblatt 71.2 die erforderliche Stellenbeschreibung. Arbeitsblatt 71.2

BE Partners KG

be

Stellenbeschreibung

1. Stellenbezeichnung	
2. Abteilung	
3. Stelleninhaber	
4. Vorgesetzter	
5. Weisungsberechtigt gegenüber	
6. Vertritt	
7. Wird vertreten von	
8. Hauptaufgaben und Stellenziel	
9. Einzelaufgaben	
10. Verantwortung und Befugnisse	
11. Anforderungen	

BE Partners KG

Arbeitsblatt 71.3 Quantitative Personalbedarfsplanung – Stellenplanmethode

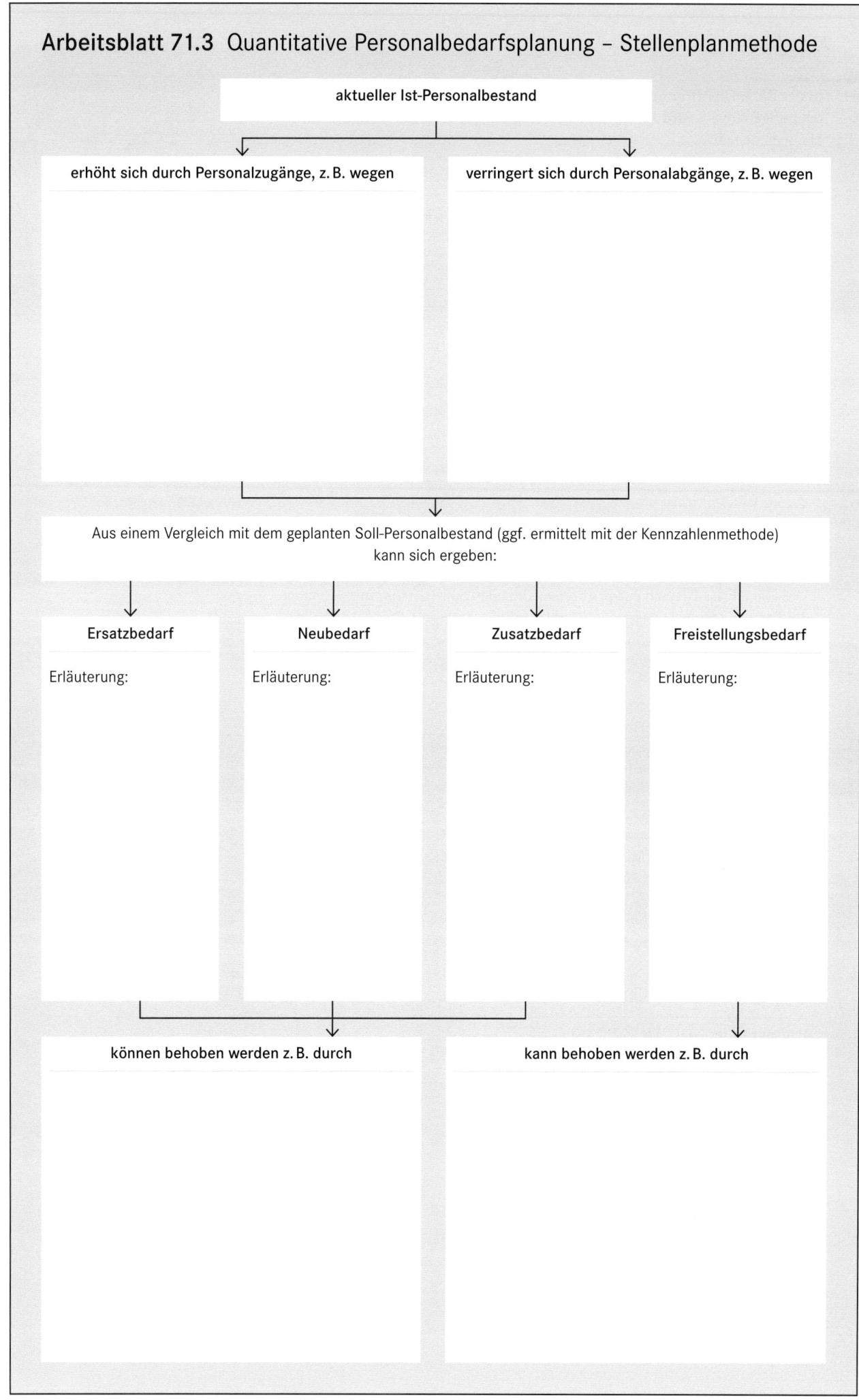

aktueller Ist-Personalbestand

erhöht sich durch Personalzugänge, z. B. wegen

verringert sich durch Personalabgänge, z. B. wegen

Aus einem Vergleich mit dem geplanten Soll-Personalbestand (ggf. ermittelt mit der Kennzahlenmethode) kann sich ergeben:

Ersatzbedarf

Erläuterung:

Neubedarf

Erläuterung:

Zusatzbedarf

Erläuterung:

Freistellungsbedarf

Erläuterung:

können behoben werden z. B. durch

kann behoben werden z. B. durch

Aufgaben

1 In der Rheintaler Brunnen GmbH & Co. KG, einem Produzenten von Erfrischungsgetränken, wird zurzeit die Personalbedarfsplanung für das kommende Halbjahr erstellt.

   a) Nennen und erläutern Sie die vier Informationen, die die Personalbedarfsplanung liefern sollte.

   b) Erläutern Sie, welche innerbetrieblichen und außerbetrieblichen Einflüsse bei der Planung berücksichtigt werden sollten.

2 Da in der Rheintaler Brunnen GmbH & Co. KG im letzten Jahr ein Betriebsrat gegründet wurde, sollen Sie ermitteln, welche Rechte der Betriebsrat im Rahmen der Personalplanung hat.

3 Unterteilen Sie die verschiedenen Gründe für Personalveränderungen in planbare und nicht bzw. schwer planbare Gründe. Welche Auswirkungen hat dies auf die Zuverlässigkeit der Personalbedarfsplanung?

4 Im Rahmen der Personalbedarfsplanung der Möblia AG, einem Produzenten von Büromöbeln, haben Sie die Aufgabe, den Stellenplan der Verkaufsabteilung auf Grundlage folgender Informationen zu aktualisieren.

- Der aktuelle Ist-Bestand entspricht dem aktuellen Soll-Bestand, mit Ausnahme des Bereichs „Sachbearbeiter/-in Marketing", der aufgrund einer kurzfristigen Arbeitnehmerkündigung um eine Vollzeitstelle unterbesetzt ist.
- Für die Planungsperiode wird mit einem Umsatzrückgang von 8 % gerechnet, der sich direkt auf den Personalbedarf der Sachbearbeiterebene „Auftragsbearbeitung" auswirken soll. Für die weiteren Stellenarten wird davon ausgegangen, dass der Umsatzrückgang den Personalbedarf nicht beeinflusst.
- Marlies Gosda (Sachbearbeiterin Kalkulation) kehrt mit einer vollen Stelle aus der Elternzeit zurück. Sie hat Interesse daran geäußert, mit reduzierter Stundenzahl zu arbeiten.
- Werner Wichers (Gruppenleiter Auftragsbearbeitung) geht zum Ende der Planungsperiode in Ruhestand.
- Die Auszubildende Marina Lewandowski (wurde im Stellenplan bisher nicht erfasst) soll als Sachbearbeiterin (geplant ist der Bereich Auftragsbearbeitung) übernommen werden.

Möblia AG			Stellenplan „Abteilung Verkauf"		
Stellenart	Tarifgruppe	Ist-Bestand	Zu-/Abgänge	Soll-Bestand	Personalbedarf
Abteilungsleiter/-in	G8	1			
Gruppenleiter/-in	G5 – 6	4			
Sachbearbeiter/-in Auftragsbearbeitung	G3 – 4	6			
Sachbearbeiter/-in Marketing	G3 – 4	2			
Sachbearbeiter/-in Reklamationen	G3 – 4	2			
Sachbearbeiter/-in Kalkulation	G3 – 4	2,5			

5 Geben Sie auf Grundlage des von Ihnen aktualisierten Stellenplans der Abteilung Verkauf in der Möblia AG (siehe Aufgabe 4) konkrete Handlungsempfehlungen.

6 In der Konzernzentrale der Centy AG, eines großen Handelsunternehmens, soll die Personalabteilung umorganisiert werden. Zukünftig sollen sich die zwölf Sachbearbeiter der Personalabteilung um spezielle Aufgabenfelder kümmern.
Im Zuge der Umorganisation möchte der Abteilungsleiter Sascha Mahler auch die Stellenbeschreibungen aller Mitarbeiter erneuern.

a) Erstellen Sie einen Vorschlag für eine mögliche Stellenbeschreibung von Amelie Seidel, die künftig als Sachbearbeiterin den Bereich „Personalplanung" bearbeiten wird. Berücksichtigen Sie, dass sich Amelie Seidel und die Sachbearbeiterin Personalverwaltung, Tanja Nagel, gegenseitig bei Krankheit oder Urlaub vertreten sollen.

b) Beschreiben Sie drei mögliche Situationen, in denen diese Stellenbeschreibung hilfreich ist.

7 Bei der Rheintaler Brunnen GmbH & Co. KG hat die Auszubildende Sabrina Hübner eine Stellenbeschreibung erstellt. Leider sind die Zeilen durcheinander geraten. Ordnen Sie die folgenden Elemente einer Stellenbeschreibung richtig zu, indem Sie die Ziffern in die untenstehende Tabelle eintragen.

① Stellenbezeichnung   ⑦ Wird vertreten von

② Abteilung   ⑧ Hauptaufgaben und Stellenziel

③ Stelleninhaber   ⑨ Einzelaufgaben

④ Vorgesetzter   ⑩ Verantwortung und Befugnisse

⑤ Weisungsberechtigt gegenüber   ⑪ Anforderungen

⑥ Vertritt

Stellenbeschreibung Rheintaler Brunnen GmbH & Co. KG	
Abteilungsleiter/-in Allgemeine Verwaltung	
Gruppenleiter/-in Einkauf	
Der Stelleninhaber ist dafür verantwortlich, dass eingehende und ausgehende Post im Unternehmen zügig, effizient und sicher bearbeitet wird. Er entscheidet über die Formen der Postbeförderung.	
Sachbearbeiter Posteingang und Sachbearbeiter Postausgang	
Organisation aller Arbeitsabläufe des Posteingangs und -ausgangs	
Sabine Heberle	
Gruppenleiter/-in Einkauf	
– kaufmännische Ausbildung – Organisationsfähigkeit – Mitarbeiterführung – Kenntnisse über die verschiedenen Möglichkeiten zur Beförderung von Ausgangspost – Verschwiegenheit	
Gruppenleiter/-in Postwesen	
– Personaleinsatzplanung der Sachbearbeiter Posteingang und Postausgang – Kontrolle der ordnungsgemäßen Kuvertierung und Frankierung – Beschaffung der Brief- und Versandumschläge – …	
Allgemeine Verwaltung	

Lernsituation 72

Personal beschaffen – Stellenanzeigen formulieren

Laura Deneke hat die neue Stellenbeschreibung für einen Web-Designer inzwischen in Absprache mit der Abteilungsleiterin Susanne Herrmann erstellt.

 Arbeitsblatt 71.2

Nun legt ihr Franz Seydlitz den folgenden Arbeitsauftrag auf den Schreibtisch.

> sef –> del
>
> Ein Web-Designer soll zum 01.01.20.7 eingestellt werden (Art der Bewerbung: Online-Bewerbung).
>
> Bitte
> – Vorschlag für Stellenanzeige entwerfen (Vorbereitung mit Leitfaden)
> – Medium für Stellenanzeige vorschlagen
> – auch interne Stellenausschreibung erstellen

BE Partners KG

Leitfaden zur Vorbereitung einer Stellenanzeige

zu besetzende Stelle	
Medium (ggf. mehrere)	
Informationen über unser Unternehmen	
Einstellungstermin und ggf. Befristung	
Aufgaben/Tätigkeiten	
gewünschte Qualifikationen	
Wir bieten	
Bewerbungsfrist	
gewünschte Art der Bewerbung	
Ansprechpartner/ Adresse für Bewerbung	

1 Bitte übernehmen Sie in Gruppen die Aufgaben von Frau Deneke.

Arbeitsblatt 72.1 Möglichkeiten der Personalbeschaffung

Möglichkeiten der Personalbeschaffung

innerbetrieblich (_____)

Erläuterung:

Beispiele:

Vorteile:

außerbetrieblich (_____)

Erläuterung:

Beispiele:

Vorteile:

Recht des Betriebsrats bei der Personalbeschaffung

Aufgaben

1 In der BE Partners KG soll zum 1. Januar 20.7 auch die Stelle der Sachbearbeiterin Post/Versand neu besetzt werden, da die derzeitige Stelleninhaberin Kerstin Voigt gekündigt hat. Wägen Sie ab, ob die Stelle intern oder extern besetzt werden sollte. Berücksichtigen Sie dabei vor allem auch Kostenaspekte.

2 Herr Seydlitz hat entschieden, dass neben einer internen Ausschreibung der Stelle (siehe Aufgabe 1) zeitgleich auch eine Stellenanzeige in einer Bonner Tageszeitung veröffentlicht werden soll. Laura Deneke hat die abgedruckte Stellenanzeige entworfen. Ordnen Sie die folgenden Bestandteile einer Stellenanzeige zu, indem Sie die Ziffern an den richtigen Stellen in die Kreise eintragen.

① Leistungen des Unternehmens
② Bewerbungsfrist
③ Adressat der Bewerbungsunterlagen
④ Anforderungen
⑤ Name des Unternehmens und Unternehmensvorstellung
⑥ Einstellungstermin
⑦ Stellenbezeichnung
⑧ Aufgaben/Tätigkeiten

BE Partners KG

( )

Wir sind eine mittelständische Werbeagentur und suchen zum 1. Januar 20.7 zur Verstärkung eine(n) **Sachbearbeiter(in) Post/Versand.** ( )

Ihr Aufgabengebiet umfasst die selbstständige Bearbeitung der ein- und ausgehenden Post sowie alle Tätigkeiten im Rahmen des Versands unserer Produkte. ( )

Sie haben

– eine abgeschlossene kaufmännische Ausbildung und
– können selbstständig und teamorientiert arbeiten. ( )

Dann freuen wir uns auf Ihre qualifizierte Bewerbung bis zum 15.10.20.6 per E-Mail an Herrn Franz Seydlitz (f.seydlitz@bepartners.de). ( )

Freuen Sie sich auf ein vielseitiges und erweiterbares Aufgabengebiet, eine leistungsgerechte Bezahlung und flexible Arbeitszeiten. ( )

3 Erläutern und interpretieren Sie das folgende Schaubild.

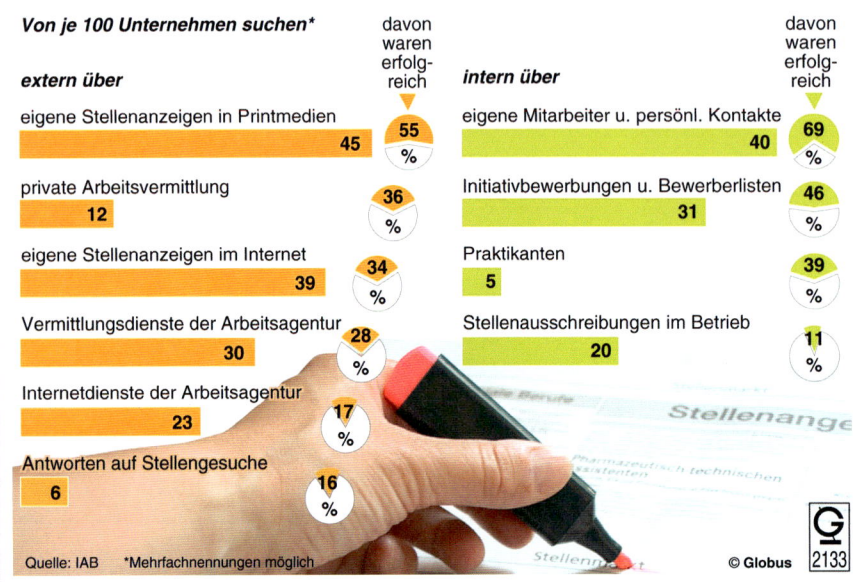

Wie Unternehmen offene Stellen besetzen

Von je 100 Unternehmen suchen*

extern über | davon waren erfolgreich
- eigene Stellenanzeigen in Printmedien **45** — 55 %
- private Arbeitsvermittlung **12** — 36 %
- eigene Stellenanzeigen im Internet **39** — 34 %
- Vermittlungsdienste der Arbeitsagentur **30** — 28 %
- Internetdienste der Arbeitsagentur **23** — 17 %
- Antworten auf Stellengesuche **6** — 16 %

intern über | davon waren erfolgreich
- eigene Mitarbeiter u. persönl. Kontakte **40** — 69 %
- Initiativbewerbungen u. Bewerberlisten **31** — 46 %
- Praktikanten **5** — 39 %
- Stellenausschreibungen im Betrieb **20** — 11 %

Quelle: IAB   *Mehrfachnennungen möglich   © Globus 2133

4 Herr Seydlitz möchte die Stelle (siehe Aufgabe 2) nun auch in der Online-Stellen-börse Jobstone veröffentlichen. Bitte füllen Sie das Formular aus.

J Jobstone

1. Angaben zum Stellenangebot

Art der Stelle	☐ Arbeitsstelle ☐ Ausbildungsstelle
Bezeichnung der Stelle	
Stellenbeschreibung (max. 1 000 Zeichen)	
Stellenanforderungen	
Tätigkeitsbeginn	TT MM JJJJ

2. Angaben zum Unternehmen

Firma	
Branche	
Straße und Hausnummer	
Postleitzahl	
Ort	
Land	

Lernsituation 73

Advertising a job

1 BE Partners KG is a fast-growing company, whose products and services are in high demand all over Europe. Florian Hamm, a trainee in his third year of training at BE Partners KG, is now working in the human resources department. Because of growth in Great Britain the management has decided to hire a sales account manager with experience in an English-speaking country. Florian Hamm is asked to prepare a draft of a job advertisement in English to be published on the internet. He finds three examples of job advertisements online, but none exactly match the needs of BE Partners KG. Therefore, he must put together his own draft. From his English teacher at school he receives a paper on important things to remember when writing a job advertisement. The department head Mr Seydlitz hands him a list of key duties and responsibilities of the future sales account manager. Help Florian to write the draft job advertisement.

 worksheet 73.1

Who we are	Our company, based in London, organizes shows and events.
What we need	We are looking for a student or someone recently qualified to deal with the public face-to-face, giving information and selling tickets.
Who you are	You are interested in seasonal work. You are friendly and are able to work when under pressure. You have standard software skills, excellent English and a good command of at least one other language.
What we offer	Shift work. Hourly payment.

Apply by email to ...

Our international company is looking for an office management assistant for our Berlin office.

Job responsibilities: purchasing and sales, inventory management, customer contact, both face-to-face and on the phone.

The ideal applicant will have successfully completed a period of training in a similar company. English, German and at least one other language required.

Salary: starting at € 20,000 and rising to € 25,000 over five years.

Opportunities for foreign travel.

Please send your CV to ...

WE ARE A MAJOR MANUFACTURER OF OFFICE EQUIPMENT

We have a vacancy in our Vienna office for a newly-qualified office management assistant.

Fluent German and a working knowledge of English desirable.
Good telephone manner important.

Qualifications required: relevant school leaving certificate.

Starting salary: € 20,000.

Training will be given to the right candidate. Excellent promotion prospects.

Please send your application together with your CV to ...

If your application is successful, you will be invited to take part in a telephone interview.

2 Read the job adverts above and find the advertisement(s) which

a) is for a job in the entertainment industry.
b) is looking for someone who has already been trained for this type of work.
c) is for a person who would like to grow and develop in his or her job.
d) might be attractive to someone who would like to visit a lot of other places.
e) might be for a job which involves making a lot of phone calls.
f) needs a person who does not mind working at different times of day ....

Sales account manager

Hauptaufgaben und Einzelaufgaben

- bestehenden Kundenstamm halten und weiter ausbauen
- neue Kunden akquirieren
- Übernahme der Kundenbetreuung für unsere Kunden in Großbritannien
- mit Kollegen aus anderen Geschäftsbereichen kommunizieren und Verbindung halten, um Informationen und Wissen auszutauschen

Anforderungen

- fließend Deutsch und Englisch sprechen, bevorzugt Erfahrung im englischsprachigen Ausland
- Ausbildung als Kaufmann/-frau für Büromanagement oder gleichwertig
- Erfahrungen beim Verkauf von Business zu Business über das Telefon oder bei Verkaufsgesprächen
- hoch motiviert mit einer positiven Einstellung zum Verkauf
- ausgezeichnete verbale und schriftliche Ausdrucksfähigkeit sowie Präsentations- fähigkeiten

Anfangsgehalt: 25.000 €

The language of job descriptions

Keep job descriptions simple so that they are easy for job applicants to understand. Avoid complicated phrases, company jargon or abbreviations. Below are some useful verbs to use when explaining key responsibilities:
to **develop** sales programmes
to **work** closely with colleagues
to **implement** new information programmes for client satisfaction
to **prepare** a presentation
to **carry out** a sales meeting face-to-face
to **assess** customer service

Other verbs commonly used in job descriptions are:
to contribute beitragen   to manage leiten
to ensure gewährleisten   to monitor kontrollieren
to involve mit sich bringen   to provide zur Verfügung stellen
to maintain aufrechterhalten   to support unterstützen

Remember...

- people work for or at a company
- they work in a department or team
- they are responsible for other staff and for (doing) their work
- they are responsible to or accountable to their boss/manager

---

3 A traineeship abroad is an excellent opportunity for you to gain valuable career and international experience. Usually trainees switch places with other trainees in a foreign country for a certain amount of time. Different websites, which are usually supported by the chamber of commerce and the european union, offer this service. Therefore, the first step towards a traineeship abroad is finding a trainee willing to switch jobs.

Write a job advertisement for your current trainee job. Make sure to include the company you work for, your job responsibilities and the skills a potential applicant needs to do your trainee job.

If you are interested in a traineeship abroad, ask your local chamber of commerce or visit these websites: www.mobilitaetscoach.de, www.erasmusplus.de

BE Partners KG

Sales account manager at BE Partners KG

Exercises

1   Complete the sentences with suitable modal auxiliaries from the box. There may be more than one correct answer.

> can | could | may | might | must | needn't | ought to | should

1   Successful candidates *may/could/might* get the opportunity to work abroad. (Möglichkeit)

2   Candidates _____ send a photo with their CV. (Wahl)

3   I think this job would be good for me because I _____ speak four languages. (Fähigkeit)

4   Candidates _____ have excellent communication skills. (Pflicht)

5   You _____ send us your application as soon as possible. (Empfehlung)

6   You _____ send us your CV by email or by post. (Erlaubnis)

7   _____ I ask you for help with my application? (Bitte)

8   Candidates _____ work on weekends. (Möglichkeit)

2   Yvonne Steffens has finished her training as an office management assistant. Since she qualified, Yvonne has been working in a rehabilitation clinic near Regensburg. She is interested in working abroad and has found the following advertisement on the internet.

Study the advertisement below and note …

1   what kind of job Yvonne is interested in.

2   what the main tasks are.

3   what the job requirements are.

4   what benefits are offered.

5   how Yvonne can apply.

Date 28 May	Advert #704	Job ref no 20229375

A B C

Recruiter: ABC Recruitment Agency
Job title: Office Management Assistant
Sector: Administration/Reception

Region: London
Salary: £18,000–£19,000 p.a.
Job Type: Permanent

We are a leading UK recruitment agency that is looking to recruit an office management assistant on a permanent basis. Our client is a leading private clinic located in London. The successful candidate will assist the clinic manager and work in reception.
Responsibilities include meeting and greeting international clients, providing secretarial support to the clinic manager, appointment management, updating the database and providing general office administration.

What we are looking for:
You will need to be a highly organized individual who is able to work when under pressure.
Strong administrative skills are essential. Office experience is necessary.
You will need to be a competent user of standard office software, have good typing skills and an excellent telephone manner. English and at least one foreign language essential.

What's on offer:
A salary between £18,000 to £19,000 p.a.
Luncheon vouchers.
Optional language training classes.

If you are interested in applying for this position, please complete our application form and attach your CV and a covering letter.

Initial interviews will be conducted by telephone.
Successful candidates will be invited to London for face-to-face interviews in July.

If you have any questions, see our FAQs or send an email to info@abc_recruitment.co.uk

Lernsituation 74

Die Personalauswahl organisieren und durchführen

BE Partners KG

Kurzmitteilung

von: *Franz Seydlitz*

an: *Laura Deneke*
Datum: *<heute>*

Betreff: *Personalauswahl „Web-Designer"*

Anlage(n): *Online-Bewerbungen, Entscheidungstabelle,*
Leitfaden für Vorstellungsgespräche

Bitte um:

☒ Bearbeitung
☐ Anruf
☒ Rücksprache
☐ Ablage
☐ Kenntnisnahme
☐

Liebe Frau Deneke,

auf unsere Stellenanzeige sind inzwischen drei Online-Bewerbungen eingegangen. Bitte übernehmen Sie die Personalauswahl und organisieren Sie die erforderlichen Maßnahmen. Insbesondere bitte ich Sie um Erledigung der folgenden Aufgaben:

1. *Treffen Sie bitte eine erste Vorauswahl anhand der Informationen aus den Online-Bewerbungen. Nutzen Sie für einen objektiven Vergleich bitte die Entscheidungstabelle zur Personalauswahl. Ergänzen Sie bei Bedarf weitere sinnvolle Kriterien zur Bewerberauswahl und vergleichen Sie dann die Bewerber mithilfe der Nutzwertanalyse.[1]*
2. *Ich möchte zur Gewinnung weiterer Informationen über die Bewerber gerne ein Assessment-Center (AC) durchführen. Bitte bereiten Sie dies vor, indem Sie einen Ablaufplan für ein eintägiges AC erstellen. Überlegen Sie sich sinnvolle, stellenbezogene Aufgaben, die wir mit den Bewerbern durchführen, und beschreiben Sie diese kurz in dem von Ihnen erstellten Ablaufplan. Erstellen Sie bitte auch schon einen gut einsetzbaren Beurteilungsbogen, der die zu beobachtenden Kriterien, eine Skala zur Beurteilung und Möglichkeiten zum Eintragen „offener Beobachtungen" enthält.*
3. *Das Assessment-Center sollte um 16:00 Uhr mit Vorstellungsgesprächen (Einzelgespräche) enden. Bereiten Sie hierfür bitte mögliche Fragen an die einzelnen Bewerber vor. Sie können unseren Leitfaden für Vorstellungsgespräche nutzen.*
4. *Bitte erstellen Sie ein einheitliches Einladungsschreiben für das Assessment-Center.*

Bitte stellen Sie mir Ihre Ergebnisse vor. Wir können dann ggf. noch ein paar Kleinigkeiten abstimmen.

Herzliche Grüße

Franz Seydlitz

 Arbeitsblatt
74.1

1 Nutzwertanalyse
→ FK 1, LF 4,
Kap. 4.3

 Arbeitsblatt
74.2

---

1 Übernehmen Sie die Aufgaben von Laura Deneke in Gruppenarbeit.

Online-Bewerbung

Bewerbung als: Web-Designerin
Anrede: Frau
Vorname: Nicole
Nachname: Krietenstein
Straße: Kirchgasse 37
PLZ: 53111
Ort: Bonn
Telefon: 0228 1234567
E-Mail: nici@krietenstein.de
früh. Eintrittstermin: 01.12.20.6
Anlagen: Lebenslauf, Zeugnisse

Weitere Informationen:

In meinem alten Ausbildungsbetrieb war eine Übernahme wegen „Schwierigkeiten" mit einem Abteilungsleiter leider nicht möglich. Deswegen befinde ich mich seit knapp einem Jahr in einer Aushilfsbeschäftigung in einem örtlichen Getränkemarkt.

Bitte laden Sie hier Ihre Anlagen (möglichst im pdf-Format) hoch.

[Upload]

Online-Bewerbung

Bewerbung als: Web-Designer
Anrede: Herr
Vorname: Jörg
Nachname: Möller
Straße: Kempstraße 156
PLZ: 53757
Ort: Sankt Augustin
Telefon: 02241 7654321
E-Mail: george_m@gmx.net
früh. Eintrittstermin: 01.03.20.7
Anlagen: Lebenslauf, Arbeitszeugnis, Zertifikat Fernstudium

Weitere Informationen:

Mit Freude bewerbe ich mich um die Stelle eines Web-Designers in Ihrer Werbeagentur.

Die Stelle passt ganz genau zu meinen Qualifikationen und ich würde meine Erfahrungen in der langjährigen Betreuung des Online-Shops eines großen deutschen Sanitärhandelsunternehmens gerne bei Ihnen einbringen.

Bitte laden Sie hier Ihre Anlagen (möglichst im pdf-Format) hoch.

[Upload]

Online-Bewerbung

Bewerbung als: Web-Designerin
Anrede: Frau
Vorname: Annina
Nachname: Kühme
Straße: Bergweg 12
PLZ: 50933
Ort: Köln
Telefon: 0221 9876543
E-Mail: ninakuehme@yahoo.de
früh. Eintrittstermin: 01.01.20.7
Anlagen: Lebenslauf, Zeugnis

Weitere Informationen:

Meine Qualifikationen entsprechen genau Ihren Anforderungen. Schon seit vielen Jahren beschäftige ich mich sehr intensiv mit dem Internet. Da ich in der 1. Damenfußballmannschaft des FC spiele, möchte ich zwar gerne in Köln wohnen bleiben, würde die tägliche Fahrt nach Bonn aber in Kauf nehmen.

Bitte laden Sie hier Ihre Anlagen (möglichst im pdf-Format) hoch.

[Upload]

Lebenslauf

Persönliche Daten

Name: Nicole Krietenstein
Geburtsdatum: 02.03.19V4
Geburtsort: Frankfurt/Main
Familienstand: verheiratet, eine Tochter (1 Jahr alt)

Berufstätigkeit

seit 20X5   Verkäuferin und Kassiererin in „Reinke's Getränkemarkt"
in Siegburg

Berufsausbildung

20X1 – 20X4   Dreijährige Ausbildung zur Mediengestalterin Digital und Print
bei der Kaufwelt AG in Wuppertal

Schulbildung

20W9 – 20X1   Höhere Berufsfachschule am Ludwig-Erhard-Berufskolleg in Bonn
und Erlangung der Fachhochschulreife (Durchschnitt: 2,1)

20W4 – 20W9   Anne-Frank-Gesamtschule in Frankfurt/Main und Erlangung
der Fachoberschulreife

20W0 – 20W4   Grundschule in Frankfurt/Main

Praktikum

20W8   Dreiwöchiges Schülerpraktikum in der „Drogerie Am Markt"
in Frankfurt/Main

Kenntnisse und Fähigkeiten

gute Kenntnisse in Englisch (Wort und Schrift)
sehr gute Kenntnisse in MS-Word, MS-Excel und MS-Access
Grundkenntnisse in MS-Publisher
Besuch des VHS-Kurses „Neuerungen in Office" im Jahr 20X4

Hobbys

Pferde
Hip-Hop
Lesen

Bonn, den 03.10.20X6

Nicole Krietenstein

KAUFWELT AG

Kaufwelt AG
Unternehmenszentrale
Kaiserstr. 1
42 369 Wuppertal

Frau
Nicole Krietenstein
Oberbarmener Damm 156
42 275 Wuppertal

Ausbildungszeugnis

Frau Nicole Krietenstein, geboren am 02.03.19V4 in Frankfurt am Main, hat in unserer Unternehmenszentrale vom 1. August 20X1 bis zum 18. Juni 20X4 ihre Ausbildung zur Mediengestalterin Digital und Print (Fachrichtung Gestaltung und Technik) absolviert.

Im Rahmen ihrer Ausbildung lernte Frau Krietenstein zunächst alle Abteilungen unseres Großhandelsunternehmens kennen. In allen Bereichen arbeitete sie zu unserer Zufriedenheit. Ihre schnelle Auffassungsgabe und ihre Selbstständigkeit zeichnen Frau Krietenstein in ganz besonderem Maße aus. Während der gesamten Ausbildung haben wir sie als sehr interessierte und engagierte Auszubildende kennengelernt.

Insbesondere in der Werbeabteilung konnte sie ihr hohes Maß an Kreativität in den verschiedenen Aufgaben einbringen. Ihre Tätigkeit umfasste die Konzeption, den Entwurf und die Realisierung von Print- und Onlinemedien. Zu ihren Aufgaben gehörte schwerpunktmäßig die Gestaltung unserer Auftritte im Internet und in sozialen Netzwerken. Sie realisierte hierbei die Webseiten in HTML. Ihre Stärken konnte Frau Krietenstein vor allem bei individuellen Tätigkeiten in Szene setzen.

Bei vielen Mitarbeitern war Frau Krietenstein wegen ihrer großen Kooperationsbereitschaft beliebt. Gegenüber ihren Vorgesetzten vertrat sie ihre Interessen und Meinungen stets sehr engagiert.

Frau Krietenstein verlässt uns aus beruflichen Gründen, da wir ihr in unserem Haus leider keine ihren Wünschen entsprechende Aufgabe anbieten können. Wir bedauern dies und wünschen ihr und ihrer Familie alles Gute.

Wuppertal, 18. Juni 20X4

Meliz Yilmaz
Abteilungsleiterin Personalwesen

IHK Wuppertal

Prüfungszeugnis
nach § 37 Berufsbildungsgesetz

Nicole Krietenstein,

geboren am 02.03.19V4 in Frankfurt am Main, hat die Abschlussprüfung
in dem staatlich anerkannten Ausbildungsberuf

Mediengestalterin Digital und Print
Fachrichtung Gestaltung und Technik

mit dem **Gesamtergebnis befriedigend (78 Punkte)** bestanden.

	Note	Punkte
Gestaltungsumsetzung und technische Realisierung	befriedigend	74
Konzeption und Gestaltung	gut	89
Medienproduktion	befriedigend	67
Kommunikation	sehr gut	95
Wirtschafts- und Sozialkunde	gut	85

Von der Berufsschule erteilte Note: gut (1,9)

Wuppertal, 18. Juni 20X4

Lebenslauf

Persönliche Daten
Name:	Jörg Möller
Geburtsdatum:	18.12.19U6
Geburtsort:	Bergisch Gladbach
Familienstand:	ledig

Berufstätigkeit
seit 20X3   Webbetreuer des Online-Shops bei der Sanifair GmbH in Köln, einem großen deutschen Handelsunternehmen für Sanitärkeramik und Armaturen

Studium
20X3 – 20X5   18-monatiges berufsbegleitendes Fernstudium zum Webdesigner an der Medienakademie Hamburg

Berufsausbildung
20X0 – 20X3   Dreijährige Ausbildung zum Bürokaufmann bei der Sanifair GmbH in Bergisch Gladbach

Schulbildung
20W4 – 20X0   Geschwister-Scholl-Realschule in Bergisch Gladbach (Abschluss mit Q-Vermerk)

20W0 – 20W4   Grundschule in Bergisch Gladbach

Praktikum
20W9   Schülerpraktikum bei dem PC-Dienstleister „PC-Experte" in Bergisch Gladbach

Kenntnisse und Fähigkeiten
sehr gute Kenntnisse im kompletten MS-Office-Paket
sehr gute Programmierkenntnisse in HTML und CSS
sehr gute Layout- und Satzkenntnisse in Adobe InDesign
sehr gute Kenntnisse in Bildbearbeitung mit Adobe Photoshop
gute Kenntnisse in JavaScript
Englisch in Wort und Schrift (Grundkenntnisse)

Hobbys
Fußball (aktiv im Verein)
Geocaching
Reisen

Sankt Augustin, den 07.10.20X6

Jörg Möller

SANIFAIR GMBH

Sanifair GmbH
Georg-Rost-Str. 2–8
51 427 Bergisch Gladbach

Herr
Jörg Möller
Kempstraße 156
53 757 Sankt Augustin

Arbeitszeugnis (Zwischenzeugnis)

Herr Jörg Möller, geb. am 18.12.19U6 in Bergisch Gladbach, hat vom 1. August 20X0 bis zum 20. Januar 20X3 in unserem Unternehmen seine Ausbildung als Bürokaufmann erfolgreich absolviert. Aufgrund der guten Leistungen in der Berufsschule und im Ausbildungsbetrieb konnte der ursprünglich auf 3 Jahre geschlossene Ausbildungsvertrag um ein halbes Jahr verkürzt werden.

Seit dem Ende der Ausbildung hat Herr Möller eine unbefristete Stelle als Sachbearbeiter in unserer Verkaufsabteilung. Er betreut eigenverantwortlich und eigenständig unseren Online-Shop. Seine Hauptaufgabe besteht in der Umsetzung von Design- und Textvorschlägen, die wir von einer Werbeagentur beziehen, in konkrete Online-Inhalte. Hierbei kommen Herrn Möller seine hervorragenden Programmierkenntnisse zugute.

Herr Möller führt die ihm übertragenen Aufgaben stets sorgfältig und gewissenhaft aus. Er besitzt eine schnelle Auffassungsgabe, ist belastbar und flexibel. Seine Arbeitsergebnisse sind immer von hervorragender Qualität, auch bei gesteigerten Anforderungen an seine Programmierfähigkeiten.

Seine Mitarbeiter schätzen ihn als ruhigen und ausgeglichenen Kollegen und auch bei den Vorgesetzten ist er außerordentlich beliebt.

Herr Möller hat uns darüber unterrichtet, dass er nach einem neuen Betätigungsfeld sucht, was wir bedauern. Unser Unternehmen ist leider nicht in der Lage, ihm ein seinen Wünschen entsprechendes Aufgabenfeld anzubieten.

Wir danken Herrn Möller für die bisher geleistete Arbeit und wünschen ihm für den weiteren beruflichen Werdegang viel Erfolg und alles Gute.

Bergisch Gladbach, 25. November 20X4

Werner Grabowski
Geschäftsführer

media-akademie
Alsterchaussee 320 · 22143 Hamburg

ZERTIFIKAT

Herr **Jörg Möller**, geboren am 18.12.19U6 in Bergisch Gladbach,

hat vom 01.04.20X3 bis zum 30.09.20X4

an dem Fernstudium

Geprüfter Webdesigner (Fernakademie)

teilgenommen und die Prüfung erfolgreich absolviert.

Der Lehrgang umfasste die folgenden Module:

- Einführung ins Web-Design
- Bildbearbeitung mit Adobe Photoshop
- Webseitenerstellung in HTML und CSS
- Programmierung interaktiver Inhalte mit JavaScript
- Programmierung dynamischer Websites
- Online-Marketing und Social Media Marketing
- Möglichkeiten der Suchmaschinenoptimierung
- Rechtliche Grundlagen des Internets

Die Abschlussprüfungen wurden mit der Gesamtnote gut (2,3) bewertet.

Hamburg, den 30.09.20X4

Dr. Astrid Seils
Dr. Astrid Seils
Direktorin

Michael Erker
Michael Erker
Lehrgangsleiter

Lebenslauf

Persönliche Daten

Name: Annina Kühme
Geburtsdatum: 14.12.19V4
Geburtsort: Bielefeld
Familienstand: verheiratet, zwei Söhne (2 und 4 Jahre)

Weiterbildung

20X6   Dreimonatiger Lehrgang zur IHK-Fachkraft Webdesign
bei der IHK zu Köln

Berufstätigkeit

seit Januar 20X6   Sachbearbeiterin im Personalwesen in der Werbeagentur
Mediasolutions KG in Köln

Berufsausbildung

20X3 – 20X6   Zweieinhalbjährige Ausbildung zur Kauffrau für Marketingkommunikation in der Werbeagentur „Mediasolutions KG" in Köln
(Gesamtprüfungsnote: 2,8)

Studium

20X2   Lehramtsstudium (Mathematik und Sport) in Bielefeld, ohne Abschluss

Schulbildung

20W4 – 20X2   Caspar-David-Friedrich-Gymnasium in Bielefeld (Erlangung der
Hochschulreife, Note: 1,4)

20W0 – 20W4   Gebrüder-Grimm-Grundschule in Bielefeld

Praktikum

20W8   Dreiwöchiges Schülerpraktikum in der „Drogerie Am Markt"
in Frankfurt/Main

Kenntnisse und Fähigkeiten

gute Englischkenntnisse
gute Kenntnisse in MS-Word und MS-Excel
Besuch des VHS-Kurses „Malen in der Natur" (20X2)
Trainerin der C-Mädchen (Fußball) beim 1. FC Köln

Hobbys

Fußball (aktiv in der 2. Bundesliga)
Malen
Internet

Köln, den 8. Oktober 20X6

Mediasolutions KG

Mediasolutions KG
Rheingasse 8
50667 Köln

Frau
Annina Kühme
Bergweg 12
50933 Köln

Ausbildungszeugnis

Frau Annina Kühme, geboren am 14. Dezember 19V4 in Bielefeld, wurde in unserer
Werbeagentur vom 1. September 20X3 bis zum 20. Januar 20X6 zur Kauffrau für
Marketingkommunikation ausgebildet. Aufgrund ihrer Vorbildung (Abitur) wurde
der Ausbildungsvertrag von vornherein auf 2,5 Jahre verkürzt.

Ihr wurden alle in der Ausbildungsordnung vorgeschriebenen Fertigkeiten und Kenntnisse
vermittelt. Von Beginn an zeichnete sich Frau Kühme durch großen Fleiß und Kreativität,
gepaart mit weit überdurchschnittlichem Leistungswillen, aus. Besonders hervorheben
möchten wir, dass wir Frau Kühme im dritten Ausbildungsjahr aufgrund ihrer sehr guten
Kommunikationsfähigkeiten und ihrer Teamfähigkeit bereits als vollwertige Fachkraft in
der Kundenbetreuung einsetzen konnten.

Insgesamt ist Frau Kühme für den Beruf der Kauffrau für Marketingkommunikation
außerordentlich befähigt. Sie besitzt eine sehr kommunikative Art, kann sich gegenüber
Kunden sehr geschickt artikulieren, hat kreative Ideen und verfügt über ein sehr ausge-
prägtes Denk- und Urteilsvermögen.

Wegen ihrer freundlichen und hilfsbereiten Art war Frau Kühme bei den Vorgesetzten und
Kollegen gleichermaßen beliebt. Auch gegenüber unseren Kunden und Geschäftspartnern
war ihr Verhalten jederzeit vorbildlich.

Leider können wir Frau Kühme im Anschluss an ihre erfolgreich abgeschlossene Berufsausbildung aufgrund unserer derzeitigen Auftragslage nur eine befristete Beschäftigung
in Teilzeit anbieten.

Köln, 20. Januar 20X6
Mediasolutions KG

Roswita Engels
Geschäftsführerin

Industrie- und Handelskammer zu Köln

Zertifikat

Annina Kühme

hat den

IHK-Zertifikatslehrgang

„IHK-Fachkraft Webdesign"

vom 02.03.20X6 bis 15.06.20X6

absolviert und am Abschlusstest mit Erfolg teilgenommen.

Inhaltliche Schwerpunkte:

– Konzeption, Designkonzept, Screendesign, Realisierung (20 Stunden)
– Adobe Photoshop (20 Stunden)
– Digitalfotografie (8 Stunden)
– Webdesign und HTML (8 Stunden)
– Interaktive Webseiten (8 Stunden)
– Animationstechniken und Streaming (20 Stunden)
– Projektpräsentation (20 Stunden)

Köln, 15.06.20X6

Natalie Schuster

Natalie Schuster

Geschäftsbereichsleitung Weiterbildung

Arbeitsblatt 74.1 Entscheidungstabelle zur Personalauswahl

Auswahlkriterium	Gewichtungs-faktor (GF)	Nicole Krietenstein		Jörg Möller		Annina Kühme	
		Einzelpunkte (EP)	Gesamtpunkte (GP)	Einzelpunkte (EP)	Gesamtpunkte (GP)	Einzelpunkte (EP)	Gesamtpunkte (GP)
Fachkenntnisse							
Berufserfahrung							
Teamfähigkeit							
Kreativität							
Eintrittstermin							
Summe							

Hinweise zur Durchführung:

Die grundsätzliche Vorgehensweise entspricht jener beim qualitativen Angebotsvergleich per Nutzwertanalyse im Rahmen der Beschaffung von Waren oder Werkstoffen (FK 1, LF 4, Kap. 4).

Bitte gehen Sie folgendermaßen vor:

1. Ergänzen Sie bei Bedarf weitere stellenbezogene Auswahlkriterien.
2. Überlegen Sie, welchen Stellenwert die einzelnen Auswahlkriterien für die durchzuführende Personalauswahl haben. Ordnen Sie den Auswahlkriterien entsprechende Prozentwerte als Gewichtungsfaktoren zu. Die Summe der Gewichtungsfaktoren muss 100 ergeben.
3. Vergeben Sie für jedes Kriterium Einzelpunkte an die Bewerber. Nutzen Sie bitte die Skala von 1 („Kriterium nicht erfüllt") bis 10 („Kriterium voll erfüllt").
4. Ermitteln Sie jeweils die Gesamtpunkte durch Multiplikation der Einzelpunkte mit den Gewichtungsfaktoren (GP = EP · GF).
5. Addieren Sie für jeden Bewerber die Gesamtpunkte und ermitteln Sie den „besten Bewerber" anhand der Summen.

Arbeitsblatt 74.2 Leitfaden für Vorstellungsgespräche

BE Partners KG

Leitfaden für Vorstellungsgespräche

---

1. Standardisierter Teil: Fragen an alle Bewerber

---

2. Offener Teil: Individuelle Fragen aufgrund der Bewerbungsunterlagen

Bewerberin 1: Nicole Krietenstein

Bewerber 2: Jörg Möller

Bewerberin 3: Annina Kühme

Arbeitsblatt 74.3 Instrumente der Personalauswahl

1. Analyse der Bewerbungsunterlagen

Zu den Bewerbungsunterlagen gehören z. B.:

Kriterien zur Bewertung der Unterlagen:

2. Einstellungstests oder Assessment-Center

Arten von Einstellungstests:

Erläuterung „Assessment-Center":

Vorteile gegenüber Einstellungstests:

Nachteile gegenüber Einstellungstests:

3. Vorstellungsgespräche

Informationen für das Unternehmen:

Informationen für den Bewerber:

Arbeitsblatt 74.4 Rechtliche Rahmenbedingungen der Personalbeschaffung und -auswahl

Ordnen Sie die folgenden Begriffe richtig ein:

Zustimmungsrecht – Behinderungen – Tests und Vorstellungsgespräche durchführen – Mitarbeiter – informiert – Mitarbeiter auswählen – geschlechtsneutral – Betriebsverfassungsgesetz – Stellenanzeige formulieren – Alter – Zustimmungsrecht – Bewerbungsunterlagen analysieren – Antidiskriminierungsgesetz – zustimmen – Bewerber – Rasse – Einladungen verschicken – Geschlecht – innerbetrieblich

Der Prozess der Personalbeschaffung und -auswahl umfasst mehrere Tätigkeiten und vollzieht sich in der Regel in mehreren Schritten, beispielsweise in der folgenden Reihenfolge:

1. _____

2. _____

3. _____

4. _____

5. _____

Während des gesamten Verfahrens müssen **rechtliche Rahmenbedingungen** beachtet werden.
Dazu gehören insbesondere die folgenden beiden Bereiche:

Das Allgemeine Gleichbehandlungsgesetz	Die Rechte des Betriebsrats
Mit diesem Gesetz wird das Ziel verfolgt, dass weder _____ noch _____ auf eine Stelle diskriminiert, d. h., aufgrund der im Gesetz genannten Merkmale benachteiligt, werden. Es wird deswegen umgangssprachlich auch als _____ bezeichnet. Vor allem im Rahmen der Personalbeschaffung und -auswahl dürfen Aspekte wie _____, die _____, das _____, oder das _____ eines Bewerbers keinen Einfluss auf die Einstellungsentscheidung haben. Deswegen müssen beispielsweise Stellenausschreibungen _____ und ohne Angabe eines gewünschten Alters formuliert werden.	Alle Rechte des Betriebsrats werden im _____ geregelt. Der Betriebsrat kann verlangen, dass eine freie Stelle zunächst _____ ausgeschrieben wird. Zudem hat er bei der Festlegung von Richtlinien für die Personalauswahl ein _____. Außerdem muss der Betriebsrat vor dem Einsatz eines Bewerberfragebogens der Nutzung _____. Von großer Bedeutung ist auch das Recht des Betriebsrats, über eine anstehende Einstellung _____ zu werden. Dieses Recht und das anschließende _____ hat ein Betriebsrat allerdings nur in Unternehmen mit mehr als 20 Mitarbeitern.

Aufgaben

1 Natalie Fiedler ist in einer Bonner Zeitung auf die folgende Stellenanzeige gestoßen. Sie zeigt sie heute Herrn Bastian, da sie der Meinung ist, dass es sich um ein sehr schlechtes Beispiel handelt.

a) Nennen Sie typische Inhalte einer Stellenanzeige, die in dem Beispiel fehlen.
b) Begründen Sie, ob die Stellenanzeige gegen das Allgemeine Gleichbehandlungsgesetz verstößt.

Huber + Wilms KG

Wir suchen zur Verstärkung unseres Kaufmännischen Bereichs eine attraktive

Sachbearbeiterin.

Wenn Sie eine abgeschlossene Ausbildung haben, nicht älter als 25 Jahre sind, Deutsch als Muttersprache sprechen und teamorientiert arbeiten können, freuen wir uns auf Ihre Bewerbung.

Da unsere kaufmännischen Mitarbeiter bei Bedarf auch im Lager eingesetzt werden, bevorzugen wir Bewerber, die körperlich uneingeschränkt belastbar sind. Haben Sie Interesse an einem attraktiven Aufgabengebiet und einer leistungsgerechten Bezahlung? Dann bewerben Sie sich am besten sofort!

2 Rolf Bastian überlegt, in der BE Partners KG zukünftig nur noch E-Mail-Bewerbungsverfahren durchzuführen und darauf in allen Stellenanzeigen deutlich hinzuweisen.

Wägen Sie die Vor- und Nachteile von E-Mail-Bewerbungen gegenüber traditionellen Bewerbungen per Post gegeneinander ab.

3 Laura Deneke schlägt Rolf Bastian vor, zukünftig auf der Internetseite des Unternehmens einen Bewerberfragebogen bereitzustellen, der von allen Bewerbern auszufüllen ist.

a) Formulieren Sie fünf mögliche Fragen für den Bewerberfragebogen.
b) Wägen Sie die Vor- und Nachteile solcher Bewerberfragebögen gegeneinander ab.

4 Die BE Partners KG stellt jedes Jahr mindestens eine(n) Auszubildende(n) als Kaufmann/-frau für Büromanagement ein. Erstellen Sie einen Katalog an Auswahlkriterien, die bei der Bewerberauswahl berücksichtigt werden könnten.

5 Svetlana Kowaltschik möchte sich bei der BE Partners KG um einen Ausbildungsplatz zur Kauffrau für Büromanagement bewerben. Auf der Internetseite des Unternehmens findet sie einen Bewerberfragebogen, aus dem hier einige Fragen wiedergegeben werden.

1. Sind Sie behindert?
2. Haben Sie eine Ersthelfer-Ausbildung?
3. Haben Sie Schulden?
4. Sind Sie Mitglied einer Gewerkschaft?
5. Welchen Schulabschluss haben Sie als Letztes erworben?
6. Sind Sie schwanger?
7. Haben Sie einen Pkw-Führerschein?
8. Welcher Religionsgemeinschaft gehören Sie an?
9. Sind Sie vorbestraft?
10. Haben Sie vor, Kinder zu bekommen?

a) Begründen Sie, welche Fragen nicht zulässig sind.
b) Erläutern Sie, wie Svetlana sich nun verhalten könnte, wenn sie trotzdem eine Ausbildung bei der BE Partners KG beginnen möchte.

Lernsituation 75

Personal einstellen und Arbeitsverträge schließen

Von: Franz Seydlitz [f.seydlitz@bepartners.de]
An: Laura Deneke [l.deneke@bepartners.de]
Betreff: Ausfertigung des Arbeitsvertrags und Anforderung der Einstellungsunterlagen
Datum: <heute>

Liebe Frau Deneke,

nach der Auswertung der Assessment-Center und Ihrer Entscheidungstabelle bez. der Bewerbungsunterlagen haben wir uns entschieden, Herrn Jörg Möller zum 01.03.20.7 als Web-Designer mit einer Teilzeitstelle (80 %) einzustellen. Wir würden das Arbeitsverhältnis gerne zunächst auf zwei Jahre befristen, da wir uns erst von seinen Fähigkeiten im Arbeitsalltag überzeugen möchten. Bitte überprüfen Sie, ob diese Befristung rechtmäßig ist. Außerdem habe ich mich mit Herrn Möller auf eine sechsmonatige Probezeit verständigt.

Im Einstellungsgespräch konnte ich mich mit Herrn Möller auf eine Vergütung nach der Entgeltgruppe G4 gemäß unserer Betriebsvereinbarung einigen. Da er aber auch noch ein anderes Stellenangebot vorliegen hatte, habe ich ihm einen Zuschlag von 200,00 € zugesagt. Die weiteren Sondervergütungen richten sich natürlich nach unserer Betriebsvereinbarung. Außerdem übernehmen wir hier freiwillig die Regelungen im Manteltarifvertrag.

Nach Rücksprache mit der Abteilungsleiterin Frau Herrmann habe ich Herrn Möller auch gleitende Arbeitszeit mit einem Arbeitsbeginn zwischen 08:00 Uhr und 10:00 Uhr sowie einem flexiblen Arbeitsende zwischen 14:00 Uhr und 18:00 Uhr zugesichert.

Denken Sie bitte daran, dass wir seit diesem Jahr bei den Anforderungen bez. ärztlicher Bescheinigungen bei Fehltagen in neuen Arbeitsverträgen von der gesetzlichen Regel laut Entgeltfortzahlungsgesetz (EntgFG) abweichen. Wir verlangen bereits ab zweitägiger krankheitsbedingter Abwesenheit eine Arbeitsunfähigkeitsbescheinigung, die spätestens am darauffolgenden Tag vorliegen muss.

Alle weiteren erforderlichen Informationen müssten Sie den Bewerbungsunterlagen[1] entnehmen können. Über die Aufgaben des neuen Stelleninhabers[2] hatten Sie ja vor einiger Zeit bereits mit der Abteilungsleiterin Frau Herrmann gesprochen. Halten Sie ggf. noch einmal Rücksprache.

Bitte bereiten Sie den Arbeitsvertrag (siehe Anhang) unterschriftsreif vor und laden Sie Herrn Möller per E-Mail zur Vertragsunterzeichnung am kommenden Montag, 17:30 Uhr, ein. Weisen Sie ihn bitte darauf hin, dass er zu dem Termin möglichst alle erforderlichen Einstellungsunterlagen mitbringt. Den Personalfragebogen habe ich ihm bereits ausgehändigt.

Herzliche Grüße

Franz Seydlitz

PS: Neben den wichtigsten Betriebsvereinbarungen finden Sie auch den Teil des Manteltarifvertrags, den wir bei uns übernehmen, in der Anlage.

---

1 Erledigen Sie die Aufgaben von Laura Deneke.

1 Lernsituation 74
2 Lernsituation 71

Arbeitsmaterialien/
E-Mail-Formular

E-Mail-Anhang:

Arbeitsvertrag für Angestellte

Zwischen der BE Partners KG, Schlesienstraße 490 – 492, 53119 Bonn (Arbeitgeber) und

Herrn/Frau[1] _____, geb. am _____ in _____,

wohnhaft _____, _____ (Arbeitnehmer/in)

wird folgender Arbeitsvertrag geschlossen.

§ 1 Beginn und ggf. Dauer des Arbeitsverhältnisses

Der/Die Arbeitnehmer(in) tritt am _____ auf unbestimmte Zeit/bis einschließlich

_____ in die Dienste des Arbeitgebers.

§ 2 Ort des Arbeitsverhältnisses

Der Arbeitsvertrag bezieht sich auf eine Tätigkeit in _____ (Arbeitsort). Der Arbeitgeber

behält sich vor, dem/der Arbeitnehmer/-in im Rahmen des Unternehmens auch an einem

anderen Ort eine andere oder zusätzliche, der Vorbildung und den Fähigkeiten entsprechende Tätigkeit

zu übertragen.

§ 3 Beschreibung der Tätigkeit

Der/Die Arbeitnehmer/-in wird in der Abteilung _____

als _____ eingestellt. Zu seinem/ihrem Aufgabengebiet gehören:

▶ _____

▶ _____

▶ _____

▶ _____

§ 4 Arbeitsvergütung

I. Der/Die Arbeitnehmer/-in erhält eine monatliche Vergütung gemäß der Betriebsvereinbarung.

a) Grundentgelt nach der Gehaltsgruppe _____

b) darüber hinaus eine monatliche Zulage in Höhe von _____

II. Die Arbeitsvergütung ist jeweils am Monatsende auszuzahlen.

§ 5 Sonderzahlungen

Neben dem in § 4 festgelegten Arbeitsentgelt werden folgende besondere Vergütungen gezahlt:

I. jährliches Urlaubsgeld: _____

II. jährliches Weihnachtsgeld: _____

III. monatlicher Zuschuss zu vermögenswirksamen Leistungen (vL): _____

§ 6 Urlaubsanspruch

Der Urlaubsanspruch richtet sich nach dem Manteltarifvertrag „Druck und Medien".

Er beträgt zurzeit _____ Arbeitstage pro Kalenderjahr.

Für das Kalenderjahr _____ beträgt er anteilig _____ Arbeitstage.

1 Unzutreffendes hier und
im Folgenden bitte streichen.

§ 7 Arbeitszeit

I. Die Arbeitszeit richtet sich nach dem Manteltarifvertrag „Druck und Medien" und den für den Betrieb geltenden Betriebsvereinbarungen. Die regelmäßige Wochenarbeitszeit des Arbeitnehmers/ der Arbeitnehmerin beträgt zurzeit _____ Stunden pro Woche. Die regelmäßigen Arbeitstage sind Montag bis Freitag.

II. Die Arbeitszeit kann nach freiem Ermessen in der Zeit zwischen _____ und _____ abgeleistet werden. In der Zeit zwischen _____ und _____ besteht Anwesenheitspflicht.

III. Der/Die Arbeitnehmer/-in ist verpflichtet, im Rahmen des Arbeitszeitgesetzes und der Bedingungen des zurzeit geltenden Manteltarifvertrages „Druck und Medien" auf Anordnung Mehrarbeit zu leisten.

§ 8 Fehlzeiten

I. Der/Die Arbeitnehmer/-in ist verpflichtet, im Falle der Arbeitsunfähigkeit den Grund und die voraussichtliche Dauer der Verhinderung unverzüglich mitzuteilen (Anzeigepflicht). Im Falle einer Erkrankung von mehr als _____ Werktag(en) ist die Erkrankung spätestens nach dem Ablauf des _____ Abwesenheitstages mit ärztlicher Bescheinigung nachzuweisen.

§ 9 Verschwiegenheitspflicht

Der/Die Arbeitnehmer/-in ist verpflichtet, über alle Betriebs- und Geschäftsgeheimnisse sowie über alle betriebsinternen vertraulichen Angelegenheiten Stillschweigen zu bewahren. Dies gilt insbesondere für die personenbezogenen Daten anderer Mitarbeiter.

§ 10 Probezeit und Beendigung des Arbeitsverhältnisses

I. Das Arbeitsverhältnis endet mit Ablauf des Monats, in dem der/die Arbeitnehmer/-in das Alter erreicht, in dem er/sie einen Anspruch auf gesetzliche Regelaltersrente erwirbt, oder zum vertraglich festgelegten Zeitpunkt.

II. Nach Ablauf einer Probezeit von _____ kann das Arbeitsverhältnis von beiden Seiten mit einer Frist von vier Wochen zum 15. oder zum Monatsende gekündigt werden. Die Kündigungsfrist verlängert sich gemäß der geltenden Regelungen des Manteltarifvertrages „Druck und Medien" mit der Dauer der Betriebszugehörigkeit.

§ 11 Änderungen des Arbeitsvertrages

Änderungen dieses Vertrages bedürfen der Schriftform.

§ 12 Bestandteile des Vertrages

Die Angaben im Personalfragebogen und in den Bewerbungsunterlagen sind Bestandteil des Arbeitsvertrages. Ebenso gelten für das Arbeitsverhältnis die derzeit gültigen Betriebsvereinbarungen der BE Partners KG.

Bonn, den _____

_____   _____
Arbeitgeber   Arbeitnehmer/-in

Auszug aus dem Manteltarifvertrag „Druck und Medien"

§ 4 Arbeitszeit
I. Die wöchentliche Regelarbeitszeit einer Vollzeitkraft beträgt 38 Stunden pro Woche für Angestellte und Arbeiter.
II. Pausenzeiten sind von der Anwesenheitszeit abzuziehen und gelten nicht als Arbeitszeit.
III. Bei Teilzeitarbeitsverträgen ist die Regelarbeitszeit gemäß I. im entsprechenden Verhältnis zu reduzieren.

§ 5 Erholungsurlaub
I. Den Angestellten und Arbeitnehmern stehen für jedes Kalenderjahr 28 Arbeitstage Erholungsurlaub zu. Wird dieser nicht zusammenhängend genommen, soll er in größere Abschnitte aufgeteilt werden, von denen einer mindestens 15 Arbeitstage umfasst.
II. Beginnt das Arbeitsverhältnis nicht am 1. Januar, so ist für das Jahr des Arbeitsbeginns anteiliger Urlaub zu gewähren. Dieser beträgt ein Zwölftel des Jahresurlaubs für jeden vollen Monat des Bestehens des Arbeitsverhältnisses. Bruchteile von Urlaubstagen, die mindestens einen halben Tag ergeben, sind auf volle Urlaubstage aufzurunden. [...]

§ 15 Sondervergütung
I. Alle Angestellten und Arbeiter erhalten ein Weihnachtsgeld in Höhe von 25 % des Grundentgelts gemäß Entgeltgruppe.
II. Alle Auszubildenden erhalten im zweiten und dritten Ausbildungsjahr ein Weihnachtsgeld in Höhe von 40 % der monatlichen Ausbildungsvergütung.

BE Partners KG
Betriebsvereinbarung

Zusätzliche Sonderzahlung zu Weihnachten

Zwischen der BE Partners KG und dem Betriebsrat der BE Partners KG wird gemäß § 87 (1) Nr. 10 BetrVG vereinbart:

1. Über die tarifvertragliche Weihnachtsgratifikation hinaus zahlt die BE Partners KG ein zusätzliches freiwilliges Weihnachtsgeld.
2. Das freiwillige Weihnachtsgeld beträgt zurzeit 500,00 €. Teilzeitkräfte erhalten ein anteiliges freiwilliges Weihnachtsgeld.

BE Partners KG
Betriebsvereinbarung

Urlaubsgeld

Zwischen der BE Partners KG und dem Betriebsrat der BE Partners KG wird gemäß § 87 (1) Nr. 10 BetrVG vereinbart:

Die BE Partners KG zahlt ihren Mitarbeitern ein folgendermaßen gestaffeltes Urlaubsgeld:
Entgeltgruppen G 1, G 2, L 1, L 2: 500,00 €
Entgeltgruppen G 3, G 4, L 3, L 4: 750,00 €
Entgeltgruppen G 5, G 6, L 5, L 6: 1.000,00 €
Teilzeitkräfte erhalten ein anteiliges Urlaubsgeld.

BE Partners KG
Betriebsvereinbarung

Vermögenswirksame Leistungen

Zwischen der BE Partners KG und dem Betriebsrat der BE Partners KG wird gemäß § 87 (1) Nr. 10 BetrVG vereinbart:

Die BE Partners KG zahlt ihren Angestellten und Arbeitern einen Zuschuss in Höhe von monatlich 15,00 € und ihren Auszubildenden einen Zuschuss in Höhe von 30,00 € zu Verträgen über vermögenswirksame Leistungen (vL). Teilzeitbeschäftigte erhalten eine anteilige Leistung, die sich nach dem Verhältnis ihrer vertraglichen Arbeitszeit zur tariflichen Arbeitszeit bemisst.

Arbeitsblatt 75.1 Rechtliche Rahmenbedingungen des Arbeitsvertrags

Der Arbeitsvertrag kommt durch die übereinstimmenden Willenserklärungen von

_____ und _____ zustande.

Bezüglich der Form gibt es keine gesetzliche Vorschrift. Der Arbeitsvertrag könnte also sogar mündlich abgeschlossen

werden. Oftmals schreiben Tarifverträge aber die _____ vor.

Diese ist auch sinnvoll, da der Arbeitgeber gemäß _____

ohnehin verpflichtet ist, dem Arbeitnehmer innerhalb von _____ die folgenden

Mindestinhalte des Arbeitsverhältnisses schriftlich mitzuteilen.

Mindestinhalte eines Arbeitsvertrages:

Bei der inhaltlichen Gestaltung von Arbeitsverträgen müssen das Rangprinzip und das Günstigkeitsprinzip
beachtet werden:

Rangprinzip	1. Gesetze und Verordnungen	Günstigkeitsprinzip
Erläuterung:	z. B.:	Erläuterung:

2. Tarifverträge

Vertragspartner:

3. Betriebsvereinbarungen

Vertragspartner:

4. Arbeitsverträge

Vertragspartner:

Arbeitsblatt 75.2 Pflichten des Arbeitgebers und des Arbeitnehmers

Sammeln Sie in dem Rätsel die Pflichten des Arbeitgebers und des Arbeitnehmers aus dem Arbeitsvertrag. Die folgenden Beispiele, in denen jeweils gegen eine der Pflichten verstoßen wird, helfen Ihnen dabei. (Hinweis: ä, ö, ü füllen jeweils nur ein Kästchen)

1. Oliver Hansen, Leiter der Abteilung Einkauf/Produktion Medien, bevorzugt beim Casting von Models häufig die Agentur „Faces", da ihm der Inhaber der Agentur für jeden Auftrag eine Prämie auf sein privates Girokonto überweist.
2. Dem ausscheidenden Mitarbeiter Matthias Schneider wird kein Arbeitszeugnis ausgestellt, da man über seine kurzfristige Kündigung verärgert ist.
3. Irene Schmitt macht sich neben ihrer Beschäftigung bei der BE Partners KG mit einem Online-Shop für Second-Hand-Kindermode selbstständig.
4. Herr Bastian ist verärgert, weil Michael Meier in diesem Jahr schon zum vierten Mal für eine ganze Woche krank ist. Er weist Herrn Seydlitz an, die Woche vom Lohn abzuziehen.
5. Sabine Meyer macht sich neben ihrer Tätigkeit in der BE Partners KG als Grafik-Designerin selbstständig.
6. Aufgrund des hohen Auftragsvolumens weist Herr Bastian die Mitarbeiter der Druckerei an, in der nächsten Woche 12 Stunden pro Tag zu arbeiten.
7. Frau Deneke erzählt ihren Freundinnen, wie hoch das Gehalt von Frau Herrmann ist.
8. Am 8. März sind die Februar-Gehälter der Mitarbeiter noch nicht überwiesen.
9. Rolf Bastian bittet die Mitarbeiterin Ulrike Fuchs, ihr Dienst-Notebook zukünftig nicht mehr privat zu nutzen. Ulrike Fuchs ignoriert diese Aufforderung.
10. Thomas Martin ist sauer, da er nicht zum Abteilungsleiter befördert wurde. Daraufhin kommt er seiner Arbeit nicht mehr nach und surft am Arbeitsplatz lieber im Internet.
11. Herr Bastian informiert Anna Foss, dass sie in diesem Jahr nur 15 Urlaubstage bekommt, da sie zu oft krank war.

Lösungswort (von oben nach unten): _____

Aufgaben

1 Die Arbeitswelt hat sich in den letzten Jahren auch insofern gewandelt, dass zunehmend „atypische Arbeitsverträge" abgeschlossen werden.

  a) Unterscheiden Sie die Arten von Arbeitsverträgen nach der Dauer der Beschäftigung.

  b) Unterscheiden Sie die Arten von Arbeitsverträgen nach dem Stundenumfang der Beschäftigung.

  c) Beschreiben Sie die Entwicklung der Arbeitswelt, die in der Abbildung „Anders arbeiten" dargestellt wird.

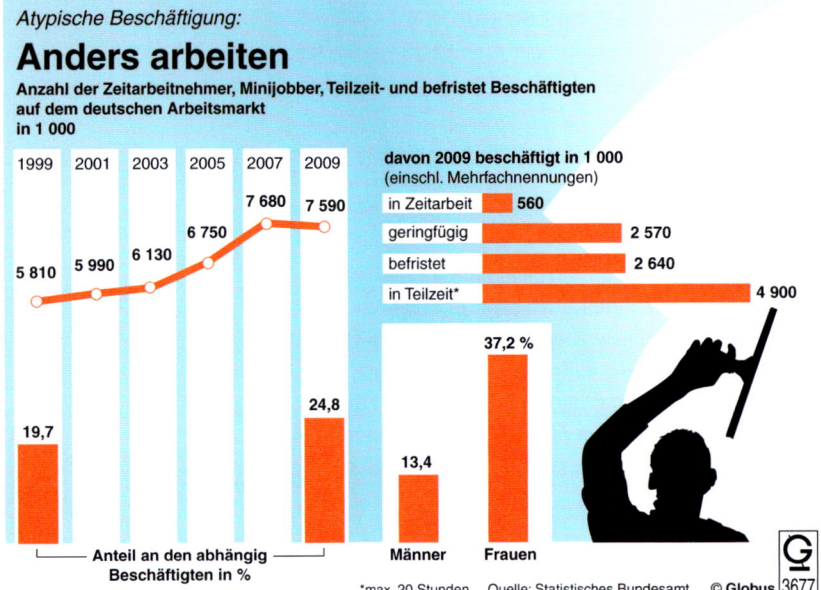

Atypische Beschäftigung:

Anders arbeiten

Anzahl der Zeitarbeitnehmer, Minijobber, Teilzeit- und befristet Beschäftigten auf dem deutschen Arbeitsmarkt in 1 000

1999	2001	2003	2005	2007	2009
5 810	5 990	6 130	6 750	7 680	7 590

davon 2009 beschäftigt in 1 000 (einschl. Mehrfachnennungen)

in Zeitarbeit	560
geringfügig	2 570
befristet	2 640
in Teilzeit*	4 900

19,7   24,8

Anteil an den abhängig Beschäftigten in %

Männer 13,4   Frauen 37,2 %

*max. 20 Stunden   Quelle: Statistisches Bundesamt   © Globus 3677

  d) Erläutern Sie, warum Teilzeitarbeitsverträge abgeschlossen werden.

  e) Erläutern Sie, warum befristete Arbeitsverträge abgeschlossen werden. Welche rechtlichen Rahmenbedingungen muss der Arbeitgeber hierbei beachten?

2 Begründen Sie, wofür der Arbeitgeber die folgenden Einstellungsunterlagen eines neuen Mitarbeiters benötigt.

  a) Urlaubsbescheinigung

  b) Geburtsurkunde eines Kindes

  c) Personalfragebogen mit Steuer-ID, Geburtsdatum und Kontoverbindung

  d) Mitgliedsbescheinigung der Krankenkasse

3 Ordnen Sie durch Eintragen der jeweils richtigen Ziffer zu, wo sich ein Arbeitnehmer eines tarifgebundenen Unternehmens über die unten genannten Aspekte informieren kann.

  ① Arbeitsvertrag   ② Manteltarifvertrag   ③ Entgelttarifvertrag
  ④ Betriebsvereinbarung   ⑤ Gesetz/Verordnung

  a) [ ] den Betrag des zurzeit gültigen Grundgehalts in seiner Entgeltgruppe

  b) [ ] die Mindestruhezeit zwischen zwei Arbeitstagen

  c) [ ] Beginn des Arbeitsverhältnisses

  d) [ ] Regelungen über den Umgang mit „Zigarettenpausen"

  e) [ ] Regelungen zu Möglichkeiten des vorzeitigen Renteneintritts

Lernsituation 76

Personal einführen, betreuen und verwalten

BE Partners KG

be

Kurzmitteilung

von: *Franz Seydlitz*

an: *Laura Deneke*
Datum: *15.02.20.7*

Betreff: *Einarbeitungsplan für Herrn Möller und Erstellung von Infoblättern*

Anlage(n): *Vorlagen für Infoblätter (Personalakte, sozialer Arbeitsschutz)*

Bitte um:

[X] Bearbeitung
[ ] Anruf
[X] Rücksprache
[ ] Ablage
[ ] Kenntnisnahme
[ ]

Hallo Frau Deneke,

nun ist es ja nicht mehr lange hin, bis Herr Möller am Montag, dem 01.03.20.7, seinen ersten Arbeitstag bei uns hat. Bitte bereiten Sie einen Einarbeitungsplan für die erste Woche vor, damit unser neuer Mitarbeiter sich von Anfang an bei uns wohlfühlt. Überlegen Sie bitte, welche Maßnahmen der Personaleinführung sinnvoll sind.

Legen Sie bitte außerdem in einer Checkliste fest, welche Unterlagen und Arbeitsmittel Herr Möller benötigt und wer dafür zuständig ist, sie ihm auszuhändigen.

Noch etwas anderes: Wir haben ja vor einiger Zeit angefangen, zu bestimmten personalwirtschaftlichen Aufgaben Checklisten und Informationsblätter zu erstellen. Ich habe hier noch zwei weitere Aufträge für Sie. Vielleicht können Sie ja auch die Auszubildenden einspannen und die Arbeit aufteilen.

1. Erstellen Sie bitte ein Informationsblatt, mit dem wir alle Mitarbeiter über die typischen Inhalte einer Personalakte und ihre Rechte bez. der Personalakte informieren.

2. Ein weiteres Informationsblatt, das ich auch bereits vorbereitet habe (siehe Vorlage im Anhang), soll uns in der Personalabteilung zukünftig als Gedächtnisstütze bei der Wahrung des sozialen Arbeitsschutzes dienen. Ich möchte es auch gerne den Abteilungsleitern zur Verfügung stellen, damit die BE Partners KG nicht mit den vielen gesetzlichen Schutzregelungen für Arbeitnehmer in Konflikt gerät.

Bitte präsentieren Sie mir die Arbeitsergebnisse, sobald Sie fertig sind.

Herzliche Grüße

Franz Seydlitz

---

1 Übernehmen Sie die Aufgaben von Laura Deneke in Gruppenarbeit.

2 Machen Sie Vorschläge, wie die BE Partners KG den Schutz der personenbezogenen Daten ihrer Mitarbeiter sicherstellen könnte.

BE Partners KG

Mitarbeiterinformation zur Personalakte

Über jeden Mitarbeiter führen wir in der Personalabteilung eine Personalakte. Mit diesem Informationsblatt möchten wir Sie über die üblichen Inhalte dieser Akte und Ihre Rechte informieren.

Was wird in der Personalakte aufbewahrt?

1. Vertragsunterlagen (Arbeitsvertrag, Verschwiegenheitserklärung, Änderungen/Ergänzungen zum Arbeitsvertrag, Stellenbeschreibung)

2. Bewerbungsunterlagen (Anschreiben, Lebenslauf, Lichtbild, Schulzeugnisse, Ausbildungs- & Arbeitszeugnisse)

3. Unterlagen für die Gehaltsabrechnung (Nachweis über VL, Geburtsurkunden der Kinder, Unterlagen zur Lohnsteuer)

4. Amtliche Dokumente (in Kopie) (Sozialversicherungsausweis, ggf. amtliches Führungszeugnis, ggf. Schwerbehindertenausweis, ggf. Arbeitserlaubnis, ggf. Zeugnisabschlüsse)

5. Sonstige Unterlagen (Personalfragebogen, Anmeldung zur Krankenkasse, Beurteilungen, Bescheinigung über Fort- und Weiterbildungen, Arbeitsunfähigkeitsbescheinigungen, Urlaubsanträge + kontierten Übersicht, Abmahnungen)

Welche Rechte haben Sie als Mitarbeiter bez. Ihrer Personalakte?[1]

§ 83

(1) Der Arbeitnehmer hat das Recht, in die über ihn geführten Personalakten Einsicht zu nehmen. Er kann hierzu ein Mitglied des Betriebsrates hinzuziehen. [...]

(2) Erklärungen des Arbeitnehmers zum Inhalt der Personalakte sind dieser auf sein Verlangen beizufügen

---

1 mit Erläuterung

BE Partners KG

Checkliste zum sozialen Arbeitsschutz

Folgende gesetzliche Regelungen müssen in der BE Partners KG ständig beachtet werden:

1. Gesetzliche Regelungen zur Arbeitszeit (Rechtsquelle: _____),
z. B.

2. Gesetzliche Regelungen zum Urlaub (Rechtsquelle: _____),
z. B.

3. Gesetzliche Regelungen zum Mutterschutz (Rechtsquelle: _____),
z. B.

4. Gesetzliche Regelungen zum Schutz Schwerbehinderter (Rechtsquelle: _____),
z. B.

Folgesituation

Die Auszubildende Tüley Öztürk absolviert ihren Ausbildungsabschnitt in der Kundenbetreuung der BE Partners KG. Nach
Rücksprache mit ihrem Abteilungsleiter Marius Schurns hilft sie
aber gerade Laura Deneke bei der Erstellung der Checklisten.
In diesem Moment betritt Herr Schurns ihr Büro.

Hr. Schurns: Frau Öztürk, ich habe inzwischen alle Urlaubsanträge
aus meiner Abteilung für die Sommerzeit bekommen.
Einige Mitarbeiter möchten eine schnelle Rückmeldung, da sie Urlaubsreisen buchen wollen. Bitte stellen Sie die Urlaubswünsche in einem Balkendiagramm dar und überprüfen Sie, ob alle betrieblichen
Erfordernisse erfüllt sind. Sie können die Urlaubsanträge bei mir abholen. Ich würde übrigens am
liebsten vom 18. bis 29. Juli 20.7 Urlaub machen.

Tüley: Worauf muss ich denn bei der Urlaubsplanung
achten?

Hr. Schurns: Zunächst einmal muss immer ein Vorgesetzter da sein. Ich kann also
nur Urlaub nehmen, wenn Frau Epstein im Hause ist, da sie meine
Stelle vertritt. Außerdem müssen in den Sommerferien immer zwei
weitere Mitarbeiter da sein, damit die Erreichbarkeit für die Kunden
sichergestellt ist. Ach ja, Frau Epstein ist die gesamte KW 29 auf
Dienstreise und möchte vom 8. bis zum 26. August 20.7 Urlaub
nehmen.

Tüley: Ich schicke Ihnen das fertige Balkendiagramm dann per interner Mail.

Hr. Schurns: Wenn Sie es schaffen, könnten Sie gleich auch noch die Personaleinsatzplanung unserer Abteilung für die kommende Woche erstellen.
Hier ist die Planung der aktuellen Woche. Daran können Sie sich ja
orientieren. Und hier habe ich eine Kurznotiz mit ein paar Informationen für die nächste Woche. Auf das leere Formular zur Personaleinsatzplanung können Sie ja zugreifen, oder?

Tüley: Ja natürlich, ich mache mich gleich an die Arbeit.

Marius Schurns übergibt Tüley die beiden folgenden Unterlagen:

PEP – Abteilung Kundenbetreuung					KW: 8	
Name	Mo	Di	Mi	Do	Fr	Summe
Marius Schurns	8 (08:00 – 17:00)	3 + 5A (08:00 – 11:30)	8 (08:00 – 17:00)	8 (08:00 – 17:00)	6 (08:00 – 15:00)	38
Tina Welkenbach	8 (08:00 – 17:00)	8 (08:00 – 17:00)	8 (08:00 – 17:00)	8 (08:00 – 17:00)	6U	38
Uwe Dittmer	8K	8K	8 (08:00 – 17:00)	8 (08:00 – 17:00)	6 (08:00 – 15:00)	38
Jens Wagner	8 (08:00 – 17:00)	8 (08:00 – 17:00)	8 (08:00 – 17:00)	4A + 4 (12:30 – 17:00)	6 (08:00 – 15:00)	38
Ulrike Fuchs	8 (08:00 – 17:00)	8 (08:00 – 17:00)	8U	8 (08:00 – 17:00)	6 (08:00 – 15:00)	38
Tüley Öztürk	8B	8 (08:00 – 17:00)	4B + 4 (12:30 – 17:00)	8 (08:00 – 17:00)	6 (08:00 – 15:00)	38

A = beruflich bedingt abwesend bzw. Fortbildung, B = Berufsschule, K = krank bzw. Arzttermin, U = Urlaub

Die Zeiten in Klammern geben jeweils die Anwesenheit im Unternehmen an (Arbeitszeit inkl. einer Stunde flexibler Pause
bei mehr als 4 Arbeitsstunden bzw. 30 Minuten Pause bei bis zu vier Arbeitsstunden).

BE Partners KG

Kurzmitteilung

von: *Marius Schurns*
an: *Tüley Öztürk*
Datum: *16.02.20.7*
Betreff: *Personaleinsatzplanung für die 9. KW*

Anlage(n): *Personaleinsatzplanung für die 8. KW*

Bitte um:

☒ Bearbeitung
☐ Anruf
☐ Rücksprache
☐ Ablage
☐ Kenntnisnahme
☐

Bitte berücksichtigen Sie folgende Informationen bei der Personaleinsatzplanung:

- *Die Regelarbeitszeit für Vollzeitkräfte beträgt (nach Tarifvertrag) 38 Stunden.*
- *Frau Welkenbach arbeitet ab der nächsten Woche nur noch 20 Stunden pro Woche. Falls machbar, möchte sie so oft wie möglich vormittags von 08:00 Uhr bis 12:30 Uhr arbeiten (inkl. 30 Minuten Pause). Ich habe mit ihr vereinbart, dass sie notfalls auch ganztägig oder nachmittags zur Verfügung steht.*
- *Die Abteilung muss nächste Woche jederzeit mit mindestens vier der sechs Mitarbeitern (inkl. Azubis) besetzt sein, da wir noch sehr viele Aufträge abzuarbeiten haben.*
- *Frau Fuchs hat von Mittwoch bis Freitag Urlaub.*
- *Herr Dittmer hat am Donnerstag einen Arzttermin und ist dafür bis 11:00 Uhr freigestellt.*
- *Ich bin am Montag ab 12:30 Uhr mit einem Kunden in Köln bei der Produktion seines Werbespots.*
- *Denken Sie auch an Ihre eigenen Berufsschultage.*

Marius Schurns

---

3 Tüley sucht im PC zunächst das folgende Formular zur Personaleinsatzplanung heraus. Übernehmen Sie ihre Aufgabe und erstellen Sie die Personaleinsatzplanung für die kommende Woche.

PEP – Abteilung Auftragsbearbeitung					KW:	
Name	Mo	Di	Mi	Do	Fr	Summe
Marius Schurns						
Tina Welkenbach						
Uwe Dittmer						
Jens Wagner						
Ulrike Fuchs						
Tüley Öztürk						

A = beruflich bedingt abwesend bzw. Fortbildung, B = Berufsschule, K = krank bzw. Arzttermin, U = Urlaub

Die Zeiten in Klammern geben jeweils die Anwesenheit im Unternehmen an (Arbeitszeit inkl. einer Stunde flexibler Pause bei mehr als 4 Arbeitsstunden bzw. 30 Minuten Pause bei bis zu vier Arbeitsstunden).

4 Tüley hat sich inzwischen auch die im Folgenden dargestellten Urlaubsanträge geholt und einen Kalender dazugenommen. Übernehmen Sie ihre Aufgabe und stellen Sie die Urlaubswünsche in einem Balkendiagramm dar. Überprüfen Sie, ob die Forderungen von Herrn Schurns erfüllt sind, und machen Sie ggf. Verbesserungsvorschläge.

BE Partners KG — Urlaubsantrag

Name: Tina Welkenbach   Personal-Nr.: 183
Abteilung: Kundenbetreuung

Hiermit beantrage ich:
☒ Erholungsurlaub   ☐ Freizeitausgleich
☐ Sonderurlaub wegen _____
vom/am 25.07.20.7   bis einschließlich 12.08.20.7
Urlaubsdauer: 15   Arbeitstage

BE Partners KG — Urlaubsantrag

Name: Ulrike Fuchs   Personal-Nr.: 196
Abteilung: Kundenbetreuung

Hiermit beantrage ich:
☒ Erholungsurlaub   ☐ Freizeitausgleich
☐ Sonderurlaub wegen _____
vom/am 18.07.20.7   bis einschließlich 29.07.20.7
Urlaubsdauer: 10   Arbeitstage

BE Partners KG — Urlaubsantrag

Name: Jens Wagner   Personal-Nr.: 284
Abteilung: Kundenbetreuung

Hiermit beantrage ich:
☒ Erholungsurlaub   ☐ Freizeitausgleich
☐ Sonderurlaub wegen _____
vom/am 25.07.20.7   bis einschließlich 12.08.20.7
Urlaubsdauer: 15   Arbeitstage

BE Partners KG — Urlaubsantrag

Name: Uwe Dittmer   Personal-Nr.: 212
Abteilung: Kundenbetreuung

Hiermit beantrage ich:
☒ Erholungsurlaub   ☐ Freizeitausgleich
☐ Sonderurlaub wegen _____
vom/am 08.08.20.7   bis einschließlich 26.08.20.7
Urlaubsdauer: 15   Arbeitstage

Juli 20X7					
Mo		4	11	18	25
Di		5	12	19	26
Mi		6	13	20	27
Do		7	14	21	28
Fr	1	8	15	22	29
Sa	2	9	16	23	30
So	3	10	17	24	31
KW	26	27	28	29	30

August 20X7					
Mo	1	8	15	22	29
Di	2	9	16	23	30
Mi	3	10	17	24	31
Do	4	11	18	25	
Fr	5	12	19	26	
Sa	6	13	20	27	
So	7	14	21	28	
KW	31	32	33	34	35

Sommerferien

Balkendiagramm – Urlaubsplanung:

1. Starre Arbeitszeit
Erläuterung:

Vorteile für Arbeitgeber:

Nachteile für Arbeitgeber:

Vorteile für Arbeitnehmer:

Nachteile für Arbeitnehmer:

2. Schichtarbeit
Erläuterung:

Vorteile für Arbeitgeber:

Nachteile für Arbeitgeber:

Vorteile für Arbeitnehmer:

Nachteile für Arbeitnehmer:

3. Gleitzeit
Erläuterung:

Vorteile für Arbeitgeber:

Nachteile für Arbeitgeber:

Vorteile für Arbeitnehmer:

Nachteile für Arbeitnehmer:

Aufgaben

1 Herr Seydlitz hat festgestellt, dass in der BE Partners KG in der Vergangenheit ab und zu verschiedene Termine versäumt bzw. übersehen wurden. Er beauftragt Sie, hierfür ein Informationsblatt zu erstellen, mit dem zukünftig in der Personalabteilung bestimmte arbeitsrechtliche Fristen und Termine überwacht werden können. Das Informationsblatt (möglichst eine DIN-A4-Seite) soll in übersichtlicher Form stichpunktartig die wichtigsten Informationen zu folgenden Leitfragen liefern:

a) Wie lang darf die Probezeit in Arbeitsverträgen sein?

b) Kann man in Arbeitsverträgen auch auf eine Probezeit verzichten?

c) Gibt es bez. a) und b) Unterschiede bei Ausbildungsverträgen?

d) In welchen Rechtsquellen sind die Kündigungsfristen der Arbeitnehmer geregelt?

e) Was ist bei befristeten Arbeitsverträgen zu beachten?

f) Wie lang ist die Zustimmungs- bzw. Widerspruchsfrist des Betriebsrats bei geplanten Einstellungen?

g) Bis wann müssen die Gehälter der Mitarbeiter überwiesen werden?

h) Von wann bis wann gilt für Schwangere bzw. Mütter eine Mutterschutzfrist?

i) Wie lang kann die Elternzeit einer Mitarbeiterin / eines Mitarbeiters sein?

j) Wie lange müssen wir einem erkrankten Mitarbeiter sein Entgelt fortzahlen?

k) Bis wann müssen wir einen neuen Mitarbeiter bei seiner Krankenkasse anmelden?

l) Was müssen wir noch an die Krankenkasse melden?

Hinweis: Nutzen Sie Ihr Fachbuch und recherchieren Sie bei Bedarf auch im Internet!

2 Der fieberkranke Dietrich Peters findet in seinem Arbeitsvertrag eine Regelung, nach der er spätestens am Tag nach dem zweiten Krankheitstag eine Arbeitsunfähigkeitsbescheinigung beim Arbeitgeber vorlegen muss.

Ist diese Regelung rechtens?

3 Der Verwaltungsleiter des Fahrradherstellers Fly Bike Werke GmbH, Herr Steffes, hat aus dem Personalinformationssystem die folgenden Daten abgerufen:

Fehlzeitenstatistik Fly Bike Werke GmbH									
Abteilung	Sollstunden pro Jahr	Fehlstunden				Fehlzeitenquoten			
		20.3	20.4	20.5	20.6	20.3	20.4	20.5	20.6
Einkauf/Logistik	5 100	280	248	264	276				
Produktion	28 900	1 220	1 532	1 760	1 980				
Verwaltung	4 500	140	180	162	190				
Vertrieb	5 100	306	250	203	164				
Summe									

a) Vervollständigen Sie die Tabelle.

b) Erstellen Sie eine Grafik, in der Sie die Entwicklung der Fehlzeitenquoten in den einzelnen Abteilungen darstellen.

c) Beschreiben Sie die Grafik. Was könnten Gründe für Auffälligkeiten sein?

4 Der BE Partners KG liegen in der Sommerzeit 20.8 ungewöhnlich viele Kundenaufträge vor. Die Leiterin der Werbeagentur, Dörthe Epstein, stimmt gerade zusammen mit den Abteilungsleitern Marius Schurns und Susanne Herrmann die Urlaubswünsche ihrer Sachbearbeiter für die Sommerferien mit der aktuellen Projektplanung ab. In der folgenden Tabelle hat sie für jedes zurzeit laufende Projekt den konkreten qualitativen Personalbedarf zeitlich zugeordnet.

Projekte	Bedarf Kontakter pro KW						Bedarf Texter pro KW						Bedarf Grafik-Designer pro KW					
	30	31	32	33	34	35	30	31	32	33	34	35	30	31	32	33	34	35
Goldregen GmbH	1	1	1				1	1					1	1	1			
Autohaus Wünschle				1	1						1							1
Drogerie AG		1	1	1	1	1			1	1	1					2	1	1
Fitt & Flott AG	1							1					1	1				
Summe																		
Verfügbar																		

Folgende Mitarbeiter stehen grundsätzlich zur Verfügung:
Kontakter: Tina Welkenbach, Uwe Dittmer, Jens Wagner
Texter: Jacques Schneider, Michael Meier
Designer: Sabine Meyer, Kemal Aydin, Jörg Möller

Folgende Urlaubsanträge aus ihrer Abteilung liegen Frau Epstein vor:

– Sabine Meyer möchte in den Kalenderwochen 32 – 34 Urlaub nehmen.
– Kemal Aydin möchte in den Kalenderwochen 31 – 32 Urlaub nehmen.
– Jacques Schneider hat für die Kalenderwochen 38 – 40 (nach den Sommerferien) Urlaub eingereicht.
– Jörg Möller möchte in den Kalenderwochen 34 – 35 Urlaub nehmen.
– Tina Welkenbach möchte in der Kalenderwoche 33 Urlaub nehmen.
– Uwe Dittmer möchte in den Kalenderwochen 34 und 35 Urlaub nehmen.
– Michael Meier möchte in den Kalenderwochen 30 – 32 Urlaub nehmen.
– Jens Wagner möchte in den Kalenderwochen 32 – 35 Urlaub nehmen.

a) Erstellen Sie ein übersichtliches Balkendiagramm, in dem Sie die Urlaubswünsche erfassen.
b) Vervollständigen Sie die beiden letzten Zeilen der obigen Projektplanung und ermitteln Sie, ob durch die Urlaubswünsche Engpässe entstehen.
c) Machen sie ggf. Vorschläge zur Beseitigung der Engpässe.

5 Erläutern Sie, welche Aspekte der Inhaber eines Szene-Lokals in der Bonner Innenstadt bei der Personaleinsatzplanung seiner Bedienungen besonders berücksichtigen muss.

6 Nennen Sie fünf verschiedene Personalstatistiken und erläutern Sie jeweils, in welchen betrieblichen Situationen bzw. zu welchen Zwecken sie hilfreich sein könnten.

7 Herr Steffes von der Fly Bike Werke GmbH (vgl. Aufgabe 3) hat sich vom Personalinformationssystem auch die untenstehende Grafik erstellen lassen.

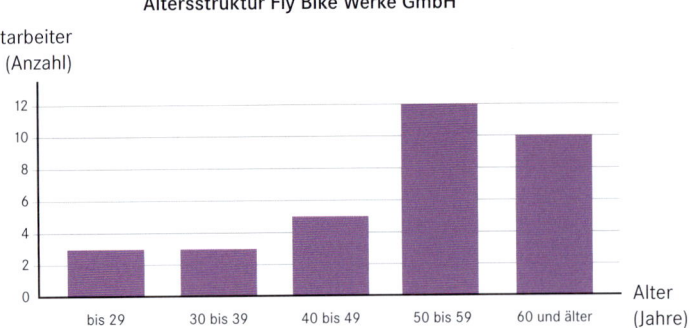

Altersstruktur Fly Bike Werke GmbH

a) Was könnten Gründe für die Altersstruktur sein?
b) Nehmen Sie zur Altersstruktur der Belegschaft kritisch Stellung.

8 Dem geschäftsführenden Gesellschafter der BE Partners KG, Herrn Bastian, ist es sehr wichtig, dass bez. der Mitarbeiterdaten die Erfordernisse des Bundesdatenschutzgesetzes im Unternehmen strikt eingehalten werden.

a) Erläutern Sie, welche verschiedenen Maßnahmen hierzu ergriffen werden könnten.
b) Beurteilen Sie für die folgenden Fälle, ob das Bundesdatenschutzgesetz eingehalten wurde.

1. In der BE Partners KG wird die Internetnutzung der Mitarbeiter protokolliert. Alle Mitarbeiter wurden darüber bei der Einstellung informiert und haben ihr Einverständnis erklärt. Herr Bastian wirft regelmäßig stichprobenartig einen Blick in die Protokolle.
2. Beim Ausdruck der Gehaltsabrechnungen befand sich versehentlich gelbes Papier im Drucker. Laura Deneke wirft die Drucke in den Papierkorb und druckt die Abrechnungen neu aus.
3. Herr Bastian möchte zukünftig mehr über seine Mitarbeiter wissen, da ihm auch das kleine Gespräch über private Dinge wichtig ist. Er möchte zukünftig im Personalfragebogen auch die Hobbys und Haustiere seiner Mitarbeiter erfragen.

9 Die Goldregen Einkaufszentrum GmbH möchte zukünftig die Öffnungszeiten verlängern und den Kunden montags bis samstags von 06:00 Uhr bis 22:00 Uhr zur Verfügung stehen.

a) Zurzeit wird in der Goldregen Einkaufszentrum GmbH für die Verkäufer das Arbeitszeitmodell der Schichtarbeit angeboten. Begründen Sie, ob das Einzelhandelsunternehmen auch andere Arbeitszeitmodelle nutzen könnte, um die Arbeitszeit zu flexibilisieren.
b) Beschreiben Sie, welche rechtlichen Regelungen die Goldregen Einkaufszentrum GmbH beachten muss, wenn die Arbeitszeit wie beschrieben ausgedehnt wird. Geben Sie auch die Rechtsquellen an.

Lernsituation 77

Formen des betrieblichen Entgelts unterscheiden

Herr Bastian hat heute Vormittag in einer Besprechung mit Herrn Seydlitz über das Thema „Gerechte Formen der Mitarbeitervergütung" gesprochen. Die beiden haben verschiedene Möglichkeiten diskutiert, wie die Mitarbeiter der BE Partners KG zukünftig vergütet werden könnten. Herr Bastian hat entschieden, dass die Mitarbeiter über die Pläne bereits sehr früh informiert werden sollen, und hat heute folgende Information am schwarzen Brett der BE Partners KG ausgehängt:

BE Partners KG

Einladung zur Mitarbeiterversammlung

4. März 20.7

Termin: 20. März 20.7, 14:00 Uhr
Ort: Besprechungsraum 1

Thema: Formen des betrieblichen Entgelts

Liebe Mitarbeiterinnen und Mitarbeiter, liebe Auszubildende,

die Geschäftsleitung plant, das Entgeltsystem umzustellen. Wir möchten mehr Leistungsgerechtigkeit erreichen und planen daher, die pauschalen übertariflichen Zulagen abzuschaffen. Stattdessen möchten wir vermehrt leistungsabhängige Prämien und Provisionen auf realisierte Aufträge einführen. Mitarbeiter sollen dadurch mehr Möglichkeiten bekommen, ihr Grundgehalt durch leistungsabhängige Entgeltkomponenten deutlich aufzustocken.

Außerdem wollen wir die pauschalen Sonderzahlungen (Urlaubs- und Weihnachtsgeld) durch jährliche Gewinnbeteiligungen ersetzen. Wir möchten, dass unsere Mitarbeiter in erfolgreichen Geschäftsjahren auch angemessen am Unternehmenserfolg teilhaben.

Wir freuen uns darauf, die geplanten Veränderungen mit allen Mitarbeiterinnen, Mitarbeitern und Auszubildenden konstruktiv zu beraten und ihre Fragen dazu zu beantworten.

Rolf Bastian

Geschäftsführung

1 Die Auszubildenden möchten sich im Vorfeld der Mitarbeiterversammlung gerne über die verschiedenen „Formen des betrieblichen Entgelts" informieren. Helfen Sie ihnen, indem Sie das Arbeitsblatt 77.1 stichpunktartig vervollständigen.

 Arbeitsblatt 77.1

2 Erarbeiten Sie in Gruppen

    a) Argumente für ein Prämiensystem anstelle von pauschalen Zulagen,
    b) Argumente gegen ein Prämiensystem anstelle von pauschalen Zulagen,
    c) Argumente für eine Gewinnbeteiligung anstelle pauschaler Sonderzahlungen,
    d) Argumente gegen eine Gewinnbeteiligung anstelle pauschaler Sonderzahlungen.

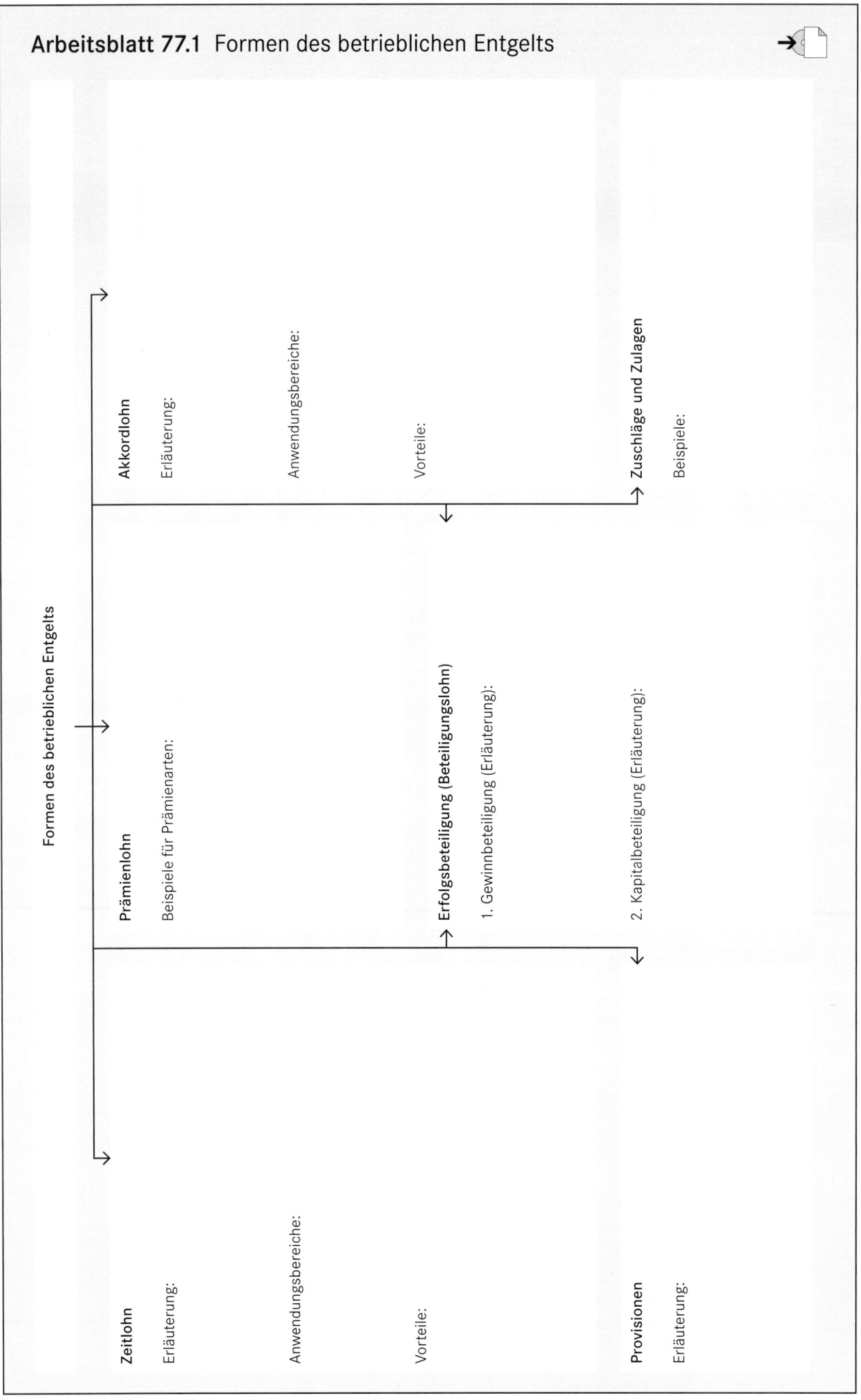

Formen des betrieblichen Entgelts

Zeitlohn

Erläuterung:

Anwendungsbereiche:

Vorteile:

Prämienlohn

Beispiele für Prämienarten:

Erfolgsbeteiligung (Beteiligungslohn)

1. Gewinnbeteiligung (Erläuterung):

2. Kapitalbeteiligung (Erläuterung):

Provisionen

Erläuterung:

Akkordlohn

Erläuterung:

Anwendungsbereiche:

Vorteile:

Zuschläge und Zulagen

Beispiele:

Aufgaben

1 In der Holtmann KG werden Schreibtischplatten im Akkord gefertigt.

Zur Ermittlung der Normalleistung wurde die Arbeitsleistung von 16 Mitarbeitern ausgewertet, die an drei normalen Arbeitstagen (je 8 Arbeitsstunden) zusammen 1 536 Platten gefertigt haben. Die Holtmann KG zahlt ihren Akkordarbeitern auf Grundlage einer Betriebsvereinbarung eine Zulage von 0,70 € zum tariflichen Mindestlohn von 8,50 €. Mit dem Betriebsrat hat man sich zudem auf einen Akkordzuschlag von 10 % auf den betrieblichen Mindestlohn geeinigt.

Der Mitarbeiter Max Weber produzierte im zurückliegenden Monat (160 Arbeitsstunden = Regelarbeitszeit laut Tarifvertrag) 740 Schreibtischplatten. Die Mitarbeiterin Svenja Buhrmester fertigte im selben Zeitraum 520 Platten.

a) Ermitteln Sie die Normalleistung pro Stunde.
b) Ermitteln Sie den betrieblichen Mindestlohn.
c) Ermitteln Sie den Akkordrichtsatz.
d) Ermitteln Sie den Stückakkordsatz.
e) Ermitteln Sie den Bruttolohn von Max Weber.
f) Ermitteln Sie den Bruttolohn von Svenja Buhrmester.

2 Beschreiben und interpretieren Sie das Schaubild.

Mitarbeiter – Mitbesitzer

Von je 100 Betrieben bieten ihren Mitarbeitern

Gewinnbeteiligung Kapitalbeteiligung

Betriebe mit	1 bis 49 Beschäftigten	50 bis 199	200 bis 499	500 und mehr Beschäftigten
Gewinnbeteiligung	9	23	28	36
Kapitalbeteiligung	2	2	4	7

Quelle: IAB (2013)   Stand 2011   © Globus 5954

Lernsituation 78

Lohn- und Gehaltsabrechnungen durchführen

BE Partners KG

be

Kurzmitteilung

von: *Franz Seydlitz*
an: *Laura Deneke*
Datum: *05.06.20X7*
Betreff: *Gehaltsabrechnungen Mai*

Anlage(n): *–*

Bitte um:

☒ Bearbeitung
☐ Anruf
☒ Rücksprache
☐ Ablage
☐ Kenntnisnahme
☐

Liebe Frau Deneke,

mit den Lohn- und Gehaltsabrechnungen des letzten Monats muss etwas schiefgelaufen sein. Eventuell liegt es an unserem Softwareupdate im letzten Monat. Auf jeden Fall haben sich Frau Gruber und Herr Möller bei mir darüber beschwert, dass sie viel zu wenig ausbezahlt bekommen haben. Bitte erstellen Sie doch einmal die beiden Abrechnungen per Hand und lassen Sie mir die Ergebnisse zukommen.

Franz Seydlitz

PS: Beachten Sie bei Herrn Möller, dass er als Teilzeitkraft nur 80 % des tariflichen Grundgehaltes erhält. Den vereinbarten übertariflichen Zuschlag in Höhe von 200,00 € erhält er voll.

Laura Deneke beschafft sich sofort die folgenden Informationen, die sie für die Gehaltsabrechnungen braucht:

- wichtige Daten über die beiden Mitarbeiter aus dem Personalinformationssystem
- einen Auszug aus der Arbeitszeiterfassung der Lohnempfängerin Cornelia Gruber
- einen Auszug aus dem Entgelttarifvertrag, an den sich die BE Partners KG hält
- eine Betriebsvereinbarung über vermögenswirksame Leistungen
- eine aktuelle Lohnsteuertabelle

Auszüge aus dem Personalinformationssystem:

Name	Möller
Vorname	Jörg
Personalnummer	312
Alter	31
Kinder	0
Teilzeitbeschäftigung	ja (80 %)
Lohnsteuerklasse	I
Kinderfreibetrag	0
vL-Sparrate	40,00 €
Lohnsteuerfreibetrag (jährlich)	1.200,00 €
Konfession	ev
KV-Zusatzbeitrag	0,9 %
monatliche Bezüge	
a) Grundgehalt nach Gehaltsgruppe G4/ Gehaltsstufe D	lt. Tarifvertrag
b) übertariflicher Zuschlag	200,00 €
c) AG-Zuschuss zu vL	lt. Betriebsvereinbarung

Name	Gruber
Vorname	Cornelia
Personalnummer	136
Alter	31
Kinder	2
Teilzeitbeschäftigung	nein
Lohnsteuerklasse	V
Kinderfreibetrag	0
vL-Sparrate	–
Lohnsteuerfreibetrag	–
Konfession	–
KV-Zusatzbeitrag	0,9 %
monatliche Bezüge	
a) Grundlohn nach Lohngruppe L3/ Lohnstufe D	lt. Tarifvertrag
b) Zuschlag für Überstunden	25 %
c) AG-Zuschuss zu vL	lt. Betriebsvereinbarung

Arbeitszeiterfassung der Mitarbeiterin Cornelia Gruber – Mai 20.7

Datum	Tag	ANW	PAU	ARB	Datum	Tag	ANW	PAU	ARB
01.05.	Fr	F	–		18.05.	Mo	10	1	
					19.05.	Di	11	1	
04.05.	Mo	9	1		20.05.	Mi	8,75	0,75	
05.05.	Di	9	1		21.05.	Do	8,75	0,75	
06.05.	Mi	9,5	1		22.05.	Fr	8	1	
07.05.	Do	10	1						
08.05.	Fr	7,5	1		25.05.	Mo	F	–	
					26.05.	Di	U	–	
11.05.	Mo	8,75	0,75		27.05.	Mi	U	–	
12.05.	Di	9	1		28.05.	Do	U	–	
13.05.	Mi	9	1		29.05.	Fr	U	–	
14.05.	Do	F	–						
15.05.	Fr	6,75	0,75						

Legende:
ANW = Anwesenheitsstunden, PAU = Pausenzeiten, ARB = Arbeitsstunden, U = Urlaub, F = Feiertag
Regelmäßige Arbeitszeiten: Montag – Donnerstag jeweils 8 Stunden, Freitag 6 Stunden
Gesetzliche Feiertage: 01.05. (Maifeiertag), 14.05. (Christi Himmelfahrt), 25.05. (Pfingsten)
Hinweis zur Entgeltfortzahlung: Für Arbeitszeit, die infolge eines gesetzlichen Feiertags oder Urlaubstags ausfällt,
werden die Arbeitsstunden (ARB) gutgeschrieben, die an dem Tag regelmäßig geleistet worden wären.

Hinweis zu Überstunden:
Arbeitszeiten, die über die regelmäßige tägliche Arbeitszeit hinaus geleistet werden, werden zeitgenau als Überstunden abgerechnet.

Auszug aus dem Entgelttarifvertrag „Druck und Medien"

§ 2 Grundsätzliche Regelungen

Die Tariflöhne und -gehälter sind Mindestsätze. Übertarifliche Gehälter unterliegen der freien Vereinbarung. Die Arbeitgeber sind verpflichtet, den Mitarbeitern schriftlich mitzuteilen, in welche Lohn- bzw. Gehaltsgruppe sie eingestuft sind und wie sich etwaige weitere Bezüge zusammensetzen.

§ 3 Stundenlöhne (in €)

Lohngruppen / Lohnstufen	L1	L2	L3	L4	L5	L6
A: Bei Eintritt in die Gehaltsgruppe	10,91	12,27	13,24	14,31	16,21	18,98
B: nach zweijähriger entsprechender Tätigkeit	12,69	13,59	14,35	15,43	17,40	21,02
C: nach vierjähriger entsprechender Tätigkeit	13,85	14,56	15,22	16,38	18,25	23,00
D: nach sechsjähriger entsprechender Tätigkeit	14,49	15,22	16,08	17,07	18,87	23,97

§ 4 Monatsgehälter (in €)

Gehaltsgruppen / Gehaltsstufen	G1	G2	G3	G4	G5	G6
A: Bei Eintritt in die Gehaltsgruppe	2.031,00	2.286,00	2.466,00	2.666,00	3.020,00	3.535,00
B: nach zweijähriger entsprechender Tätigkeit	2.364,00	2.532,00	2.670,00	2.874,00	3.240,00	3.915,00
C: nach vierjähriger entsprechender Tätigkeit	2.580,00	2.712,00	2.835,00	3.050,00	3.400,00	4.284,00
D: nach sechsjähriger entsprechender Tätigkeit	2.698,00	2.835,00	2.995,00	3.189,00	3.515,00	4.465,00

§ 5 Ausbildungsvergütungen

Gewerbliche und kaufmännische Auszubildende erhalten eine Ausbildungsvergütung in Höhe von

- 795,00 € im 1. Ausbildungsjahr,
- 875,00 € im 2. Ausbildungsjahr und
- 955,00 € im 3. Ausbildungsjahr.

BE Partners KG

Betriebsvereinbarung

Vermögenswirksame Leistungen

Zwischen der BE Partners KG und dem Betriebsrat der BE Partners KG wird gemäß § 87 (1) Nr. 10 BetrVG vereinbart:

Die BE Partners KG zahlt ihren Angestellten und Arbeitern einen Zuschuss in Höhe von monatlich 15,00 € und ihren Auszubildenden einen Zuschuss in Höhe von 30,00 € zu Verträgen über vermögenswirksame Leistungen (vL). Teilzeitbeschäftigte erhalten eine anteilige Leistung, die sich nach dem Verhältnis ihrer vertraglichen Arbeitszeit zur tariflichen Arbeitszeit bemisst.

Monatliche Abzüge an Lohnsteuer, Solidaritätszuschlag und Kirchensteuer (Auszüge)

Lohn/Gehalt bis	Steuerklasse	Lohnsteuer	ohne Kinderfreibetrag			mit 0,5 Kinderfreibetrag			mit 1,0 Kinderfreibetrag			mit 1,5 Kinderfreibeträgen			mit 2,0 Kinderfreibeträgen		
			SolZ 5,5%	Kirchensteuer 8%	9%	SolZ 5,5%	Kirchensteuer 8%	9%	SolZ 5,5%	Kirchensteuer 8%	9%	SolZ 5,5%	Kirchensteuer 8%	9%	SolZ 5,5%	Kirchensteuer 8%	9%
2 660,99	I	354,75	19,51	28,38	31,92	14,74	21,44	24,12	10,23	14,89	16,75	5,66	8,74	9,83	0,00	3,22	3,62
	II	308,50	16,96	24,68	27,76	12,33	17,94	20,18	7,97	11,60	13,05	0,00	5,67	6,38	0,00	0,96	1,08
	III	132,33	0,00	10,58	11,90	0,00	5,56	6,25	0,00	1,40	1,57	0,00	0,00	0,00	0,00	0,00	0,00
	IV	354,75	19,51	28,38	31,92	17,09	24,86	27,96	14,74	21,44	24,12	12,45	18,12	20,38	10,23	14,89	16,75
	V	640,50	35,22	51,24	57,64												
	VI	676,50	37,20	54,12	60,88												
2 663,99	I	355,50	19,55	28,44	31,99	14,78	21,50	24,18	10,28	14,95	16,82	5,80	8,80	9,90	0,00	3,26	3,67
	II	309,16	17,00	24,73	27,82	12,37	18,00	20,25	8,01	11,66	13,11	0,00	5,72	6,44	0,00	0,99	1,11
	III	133,00	0,00	10,64	11,97	0,00	5,60	6,30	0,00	1,42	1,60	0,00	0,00	0,00	0,00	0,00	0,00
	IV	355,50	19,55	28,44	31,99	17,13	24,92	28,03	14,78	21,50	24,18	12,49	18,17	20,44	10,28	14,95	16,82
	V	641,66	35,29	51,33	57,74												
	VI	677,58	37,26	54,20	60,98												
2 681,99	I	360,00	19,80	28,80	32,40	15,01	21,84	24,57	10,50	15,27	17,18	6,25	9,10	10,23	0,00	3,51	3,95
	II	313,58	17,24	25,08	28,22	12,60	18,33	20,62	8,23	11,97	13,46	0,00	6,00	6,75	0,00	1,19	1,34
	III	136,83	0,00	10,94	12,31	0,00	5,86	6,59	0,00	1,64	1,84	0,00	0,00	0,00	0,00	0,00	0,00
	IV	360,00	19,80	28,80	32,40	17,37	25,27	28,43	15,01	21,84	24,57	12,72	18,50	20,81	10,50	15,27	17,18
	V	648,00	35,64	51,84	58,32												
	VI	684,00	37,62	54,72	61,56												
2 684,99	I	360,75	19,84	28,86	32,46	15,05	21,89	24,62	10,53	15,32	17,24	6,28	9,14	10,28	0,00	3,55	3,99
	II	314,33	17,28	25,14	28,28	12,64	18,38	20,68	8,26	12,02	13,52	0,00	6,05	6,80	0,00	1,22	1,37
	III	137,50	0,00	11,00	12,37	0,00	5,90	6,64	0,00	1,68	1,89	0,00	0,00	0,00	0,00	0,00	0,00
	IV	360,75	19,84	28,86	32,46	17,41	25,32	28,49	15,05	21,89	24,62	12,76	18,56	20,88	10,53	15,32	17,24
	V	649,00	35,69	51,92	58,41												
	VI	685,08	37,67	54,80	61,65												
2 687,99	I	361,50	19,88	28,92	32,53	15,09	21,95	24,69	10,57	15,38	17,30	6,32	9,20	10,35	0,00	3,59	4,04
	II	315,00	17,32	25,20	28,35	12,67	18,44	20,74	8,30	12,07	13,58	0,00	6,10	6,86	0,00	1,26	1,41
	III	138,16	0,00	11,05	12,43	0,00	5,94	6,68	0,00	1,72	1,93	0,00	0,00	0,00	0,00	0,00	0,00
	IV	361,50	19,88	28,92	32,53	17,45	25,38	28,55	15,09	21,95	24,69	12,79	18,61	20,93	10,57	15,38	17,30
	V	650,00	35,75	52,00	58,50												
	VI	686,16	37,73	54,89	61,75												
3 212,99	I	498,83	27,43	39,90	44,89	22,24	32,35	36,39	17,32	25,20	28,35	12,67	18,44	20,74	8,30	12,07	13,58
	II	448,50	24,66	35,88	40,36	19,62	28,54	32,10	14,84	21,59	24,29	10,34	15,04	16,92	6,00	8,88	9,99
	III	246,16	13,53	19,69	22,15	2,03	13,77	15,49	0,00	8,26	9,29	0,00	3,61	4,06	0,00	0,00	0,00
	IV	498,83	27,43	39,90	44,89	24,80	36,08	40,59	22,24	32,35	36,39	19,74	28,72	32,31	17,32	25,20	28,35
	V	836,75	46,02	66,94	75,30												
	VI	873,00	48,01	69,84	78,57												
3 215,99	I	499,66	27,48	39,97	44,96	22,28	32,42	36,47	17,36	25,26	28,41	12,71	18,49	20,80	8,33	12,12	13,64
	II	449,33	24,71	35,94	40,43	19,66	28,60	32,17	14,88	21,64	24,35	10,37	15,09	16,97	6,13	8,93	10,04
	III	246,83	13,57	19,74	22,21	2,16	13,82	15,55	0,00	8,30	9,34	0,00	3,65	4,10	0,00	0,00	0,00
	IV	499,66	27,48	39,97	44,96	24,85	36,14	40,66	22,28	32,42	36,47	19,79	28,78	32,38	17,36	25,26	28,41
	V	837,83	46,08	67,02	75,40												
	VI	874,08	48,07	69,92	78,66												
3 218,99	I	500,50	27,52	40,04	45,04	22,33	32,48	36,54	17,40	25,32	28,48	12,75	18,54	20,86	8,36	12,17	13,69
	II	450,08	24,75	36,00	40,50	19,70	28,66	32,24	14,92	21,70	24,41	10,41	15,14	17,03	6,17	8,98	10,10
	III	247,50	13,61	19,80	22,27	2,26	13,86	15,59	0,00	8,34	9,38	0,00	3,69	4,15	0,00	0,00	0,00
	IV	500,50	27,52	40,04	45,04	24,89	36,20	40,73	22,33	32,48	36,54	19,83	28,84	32,45	17,40	25,32	28,48
	V	838,83	46,13	67,10	75,49												
	VI	875,16	48,13	70,01	78,76												
4 412,99	I	859,00	47,24	68,72	77,31	41,12	59,82	67,29	35,27	51,31	57,72	29,70	43,20	48,60	24,39	35,48	39,92
	II	799,83	43,99	63,98	71,98	38,01	55,29	62,20	32,30	46,99	52,86	26,87	39,09	43,97	21,71	31,58	35,52
	III	518,33	28,50	41,46	46,64	23,97	34,86	39,22	19,56	28,45	32,00	15,29	22,25	25,03	8,20	16,24	18,27
	IV	859,00	47,24	68,72	77,31	44,15	64,22	72,24	41,12	59,82	67,29	38,17	55,52	62,46	35,27	51,31	57,72
	V	1 270,66	69,88	101,65	114,35												
	VI	1 306,91	71,88	104,55	117,62												
4 415,99	I	860,08	47,30	68,80	77,40	41,18	59,90	67,38	35,33	51,39	57,81	29,75	43,28	48,69	24,44	35,56	40,00
	II	800,91	44,05	64,07	72,08	38,06	55,37	62,29	32,36	47,07	52,95	26,92	39,16	44,06	21,76	31,65	35,60
	III	519,16	28,55	41,53	46,72	24,00	34,92	39,28	19,60	28,52	32,08	15,33	22,30	25,09	8,33	16,29	18,32
	IV	860,08	47,30	68,80	77,40	44,21	64,30	72,34	41,18	59,90	67,38	38,22	55,60	62,55	35,33	51,39	57,81
	V	1 271,83	69,95	101,74	114,46												
	VI	1 308,08	71,94	104,64	117,72												
4 418,99	I	861,16	47,36	68,89	77,50	41,24	59,98	67,48	35,38	51,47	57,90	29,80	43,35	48,77	24,49	35,62	40,07
	II	801,91	44,10	64,15	72,17	38,12	55,45	62,38	32,41	47,14	53,03	26,97	39,23	44,13	21,80	31,72	35,68
	III	519,83	28,59	41,58	46,78	24,05	34,98	39,35	19,64	28,57	32,14	15,37	22,36	25,15	8,46	16,34	18,38
	IV	861,16	47,36	68,89	77,50	44,26	64,38	72,43	41,24	59,98	67,48	38,28	55,68	62,64	35,38	51,47	57,90
	V	1 273,00	70,01	101,84	114,57												
	VI	1 309,33	72,01	104,74	117,83												
4 421,99	I	862,25	47,42	68,98	77,60	41,29	60,06	67,57	35,43	51,54	57,98	29,85	43,42	48,85	24,54	35,70	40,16
	II	803,00	44,16	64,24	72,27	38,17	55,53	62,47	32,46	47,22	53,12	27,02	39,30	44,21	21,85	31,78	35,75
	III	520,66	28,63	41,65	46,85	24,09	35,04	39,42	19,69	28,64	32,22	15,41	22,42	25,22	8,63	16,41	18,46
	IV	862,25	47,42	68,98	77,60	44,32	64,47	72,53	41,29	60,06	67,57	38,33	55,76	62,73	35,43	51,54	57,98
	V	1 274,25	70,08	101,94	114,68												
	VI	1 310,50	72,07	104,84	117,94												
4 817,99	I	1 006,33	55,34	80,50	90,56	48,88	71,10	79,99	42,69	62,10	69,86	36,77	53,49	60,17	31,13	45,28	50,94
	II	943,83	51,91	75,50	84,94	45,59	66,32	74,61	39,54	57,52	64,71	33,77	49,12	55,26	28,26	41,11	46,25
	III	625,83	34,42	50,06	56,32	29,70	43,21	48,61	25,13	36,56	41,13	20,69	30,10	33,86	16,39	23,85	26,83
	IV	1 006,33	55,34	80,50	90,56	52,08	75,76	85,23	48,88	71,10	79,99	45,76	66,56	74,88	42,69	62,10	69,86
	V	1 430,58	78,68	114,44	128,75												
	VI	1 466,83	80,67	117,34	132,01												

Quelle: Monats-Lohnsteuertabelle 2016, Rehm, Verlagsgruppe Hüthig Jehle Rehm, Heidelberg (Mai 2016)

Bruttolöhne und Bruttogehälter ermitteln

1 Ermitteln Sie zur Vorbereitung der Gehaltsabrechnungen die fehlenden Daten in den folgenden Tabellen.

Schema zur Ermittlung des SV-Brutto und des Steuer-Brutto (bei Gehalt)

Name	Möller	Monat	
Vorname	Jörg		
Personalnummer			

Grundgehalt	
+ Zulagen (Provisionen, Zuschläge, Prämien)	
+ AG-Anteil zu vermögenswirksamen Leistungen	
= SV-Brutto	
– Lohnsteuerfreibetrag	
= Steuer-Brutto	

SV-Brutto = Sozialversicherungspflichtiges Bruttogehalt (ist die Grundlage für die Berechnung der Sozialversicherungsbeiträge)
Steuer-Brutto = Steuerpflichtiges Bruttogehalt (ist die Grundlage für die Berechnung der Lohnsteuer, der Kirchensteuer und des Solidaritätszuschlags)

Schema zur Ermittlung des SV-Brutto und des Steuer-Brutto (bei Lohn)

Name	Gruber	Monat	
Vorname	Cornelia		
Personalnummer			

Arbeitsstunden (ARB)		Grundlohn	
davon Überstunden		Überstundenzuschlag	

Grundlohn (Stundenlohn · Arbeitsstunden)	
+ Zulagen (Provisionen, Zuschläge, Prämien)	
+ AG-Anteil zu vermögenswirksamen Leistungen	
= SV-Brutto	
– Lohnsteuerfreibetrag	
= Steuer-Brutto	

SV-Brutto = Sozialversicherungspflichtiger Bruttolohn (ist die Grundlage für die Berechnung der Sozialversicherungsbeiträge)
Steuer-Brutto = Steuerpflichtiger Bruttolohn (ist die Grundlage für die Berechnung der Lohnsteuer, der Kirchensteuer und des Solidaritätszuschlags)

2 Ermitteln Sie im Rahmen einer Gehalts- bzw. Lohnabrechnung die Nettobezüge und Auszahlungsbeträge der beiden Mitarbeiter. Verwenden Sie die folgenden beiden Formulare.

BE Partners KG

Lohn- und Gehaltsabrechnung

Personalnummer		Monat	

Jörg Möller
Kempstraße 156
53 757 Sankt Augustin

Lohnsteuerabzugsmerkmale gemäß ELStAM:

Lohnsteuerklasse	Kinderfreibeträge	Konfession	Lohnsteuerfreibetrag (monatlich)

Beitragssätze (Arbeitnehmeranteile in %) zur Sozialversicherung:

KV	PV (ggf. Zuschlag für Kinderlose über 23 Jahre beachten)	RV	ALV

Ermittlung der Berechnungsgrundlagen der SV-Beiträge und der Steuern:

Grundgehalt/Grundlohn	
+ Zulagen	
+ Arbeitgeberanteil zu vL	
= Sozialversicherungspflichtiges/-r Bruttogehalt/Bruttolohn	
− Lohnsteuerfreibetrag	
= Steuerpflichtiges/-r Bruttogehalt/Bruttolohn	

Ermittlung des Auszahlungsbetrags:

Sozialversicherungspflichtiges/-r Bruttogehalt/Bruttolohn	
− Lohnsteuer	
− Kirchensteuer	
− Solidaritätszuschlag	
− Krankenversicherung	
− Pflegeversicherung	
− Rentenversicherung	
− Arbeitslosenversicherung	
= Nettogehalt/Nettolohn	
− Weitere Abzüge (vL-Sparrate, Rückzahlung Vorschuss usw.)	
= Auszahlungsbetrag	

BE Partners KG

Lohn- und Gehaltsabrechnung

Personalnummer		Monat	

Cornelia Gruber
Konrad-Adenauer-Ring 37
53225 Bonn

Lohnsteuerabzugsmerkmale gemäß ELStAM:

Lohnsteuerklasse	Kinderfreibeträge	Konfession	Lohnsteuerfreibetrag (monatlich)

Beitragssätze (Arbeitnehmeranteile in %) zur Sozialversicherung:

KV	PV (ggf. Zuschlag für Kinderlose über 23 Jahre beachten)	RV	ALV

Ermittlung der Berechnungsgrundlagen der SV-Beiträge und der Steuern:

Grundgehalt/Grundlohn	
+ Zulagen	
+ Arbeitgeberanteil zu vL	
= Sozialversicherungspflichtiges/-r Bruttogehalt/Bruttolohn	
– Lohnsteuerfreibetrag	
= Steuerpflichtiges/-r Bruttogehalt/Bruttolohn	

Ermittlung des Auszahlungsbetrags:

Sozialversicherungspflichtiges/-r Bruttogehalt/Bruttolohn	
– Lohnsteuer	
– Kirchensteuer	
– Solidaritätszuschlag	
– Krankenversicherung	
– Pflegeversicherung	
– Rentenversicherung	
– Arbeitslosenversicherung	
= Nettogehalt/Nettolohn	
– Weitere Abzüge (vL-Sparrate, Rückzahlung Vorschuss usw.)	
= Auszahlungsbetrag	

Arbeitsblatt 78.1 Schema der Lohn- und Gehaltsabrechnung

Vervollständigen Sie das Schema der Lohn- und Gehaltsabrechnung links mit den Begriffen aus dem Kasten und tragen Sie auf den Linien rechts die aktuellen Prozentwerte bzw. Beträge ein.

> weitere Abzüge – Solidaritätszuschlag – steuerpflichtiges Bruttoentgelt – Nettoentgelt – Zulagen – Rentenversicherung – Auszahlungsbetrag – Grundgehalt/Grundlohn – Lohnsteuer – sozialversicherungspflichtiges Bruttoentgelt – Krankenversicherung – Lohnsteuerfreibeträge – Kirchensteuer – Pflegeversicherung – Arbeitslosenversicherung – sozialversicherungspflichtiges Bruttoentgelt

		Es/Er wird im Arbeitsvertrag zwischen Arbeitgeber und Arbeitnehmer vereinbart. In einigen Branchen gibt es Tarifverträge, die Mindestbeträge festlegen.
+		Hierzu gehören Überstundenzuschläge, Feiertagszuschläge, Nachtzuschläge, Provisionen, Prämien, Urlaubsgeld, Weihnachtsgeld und der Arbeitgeberzuschuss zu den vermögenswirksamen Leistungen.
=		Es bildet die Grundlage für die Berechnung der Sozialversicherungsabgaben.
–		Sie kann der Arbeitnehmer beim Finanzamt beantragen. Sie mindern dann jeden Monat sein steuerpflichtiges Bruttoentgelt.
=		Es ergibt sich aus dem um die Lohnsteuerfreibeträge geminderten sozialversicherungspflichtigen Bruttogehalt. Es bildet die Grundlage für die Bestimmung der Steuern.
		Mit diesem Betrag beginnt immer die eigentliche Lohn- oder Gehaltsabrechnung.
–		Sie ist die Einkommensteuer des Arbeitnehmers. Die Höhe richtet sich nach dem steuerpflichtigen Bruttoeinkommen und der Lohnsteuerklasse und kann anhand von Tabellen ermittelt werden.
–		Sie wird von steuerberechtigten Religionsgemeinschaften zur Deckung des allgemeinen Kirchenbedarfs erhoben.
–		Er ist eine zusätzliche steuerliche Abgabe, die ursprünglich mit den hohen Kosten der deutschen Einheit begründet wurde.
–		Der allgemeine Beitragssatz beträgt zurzeit _____ vom sozialversicherungspflichtigen Bruttoentgelt und wird je zur Hälfte von Arbeitnehmer und Arbeitgeber getragen. Arbeitnehmer tragen außerdem einen individuellen Zusatzbeitrag, der von der jeweiligen Krankenkasse festgelegt wird. Die Höhe beider Beiträge wird durch die Beitragsbemessungsgrenze in Höhe von _____ beschränkt.
–		Der gesamte Beitragssatz beträgt zurzeit _____ vom sozialversicherungspflichtigen Bruttoentgelt und wird je zur Hälfte vom Arbeitnehmer und Arbeitgeber getragen. Kinderlose zahlen ab dem 23. Geburtstag einen Zuschlag von 0,25 %. Es gilt die Beitragsbemessungsgrenze der Krankenversicherung.
–		Der gesamte Beitragssatz beträgt zurzeit _____ vom sozialversicherungspflichtigen Bruttoentgelt und wird je zur Hälfte vom Arbeitnehmer und Arbeitgeber getragen. Die Höhe des Beitrags wird durch die Beitragsbemessungsgrenze beschränkt. Sie beträgt zurzeit _____ (West) bzw. _____ (Ost).
–		Der gesamte Beitragssatz beträgt zurzeit _____ vom sozialversicherungspflichtigen Bruttoentgelt und wird je zur Hälfte vom Arbeitnehmer und Arbeitgeber getragen. Es gilt die gleiche Beitragsbemessungsgrenze wie bei der Rentenversicherung.
=		Dieser Betrag ergibt sich nach Abzug der Steuern und Sozialversicherungsabgaben des Arbeitnehmers.
–		Hierzu gehören Abzüge für Wareneinkäufe des Arbeitnehmers im Betrieb, Rückzahlungen von Vorschüssen, Mieten für Geschäftswohnungen und die Sparrate der vermögenswirksamen Leistungen.
=		Er wird auf das Girokonto des Arbeitnehmers überwiesen.

Arbeitsblatt 78.2 Lohnsteuerklassen und Sozialversicherungsdaten

Eine Steuerklassen-„Liebes- und Lebensgeschichte"
Geben Sie an, welche Steuerklasse jeweils zugeordnet wird oder gewählt werden sollte.

Rosi und Klaus sind beide berufstätig und unendlich verliebt – natürlich. Sie sind noch nicht verheiratet und wollen bald eine eigene Wohnung anmieten.

Steuerklasse Rosi: _____   Steuerklasse Klaus: _____

Es ist geschafft: Die Wohnung ist gemietet, bezogen und die Hochzeitsglocken haben schon geläutet.
Die Bruttoentgelte? Beide bringen in etwa gleich viel oder besser gesagt wenig „nach Hause".

Steuerklasse Rosi: _____   Steuerklasse Klaus: _____

Die Jahre vergehen. Der Kinderwunsch ist „übermächtig" geworden. Der kleine Paul wird geboren und Rosi übernimmt für die nächsten Jahre die Erziehung von Paul – ohne einer Berufstätigkeit nachzugehen.

Steuerklasse Rosi: _____   Steuerklasse Klaus: _____

Die Mietwohnung wird mit Paul und der zweitgeborenen Paula etwas zu klein. Ein eigenes Haus muss her. Rosis Mutter übernimmt täglich für einige Stunden die Aufsicht über die Kinder. Rosi geht wieder halbtags arbeiten.

Steuerklasse Rosi: _____   Steuerklasse Klaus: _____

Das Haus wird gekauft, aber das Geld reicht nicht so ganz. Klaus hat jetzt einen Zweitjob angenommen.
Mehr geht nicht.

Steuerklasse von Klaus für den Zweitjob: _____

Es funktioniert auf Dauer alles nicht. Nicht die Finanzierung für das Haus und die Ehe auch nicht. Klaus zieht aus. Das Haus wird verkauft. Die Ehe wird geschieden. Die Kinder bleiben (wohnen) bei ihrer Mutter und Klaus wohnt allein. Beide gehen ganztags arbeiten.

Steuerklasse Rosi: _____   Steuerklasse Klaus: _____

Hinweis: Die Geschichte ist natürlich frei erfunden und hat mit der Lebenswirklichkeit nur in Ausnahmefällen zu tun. Es geht tatsächlich nur um die Steuerklassen!

Daten zur Sozialversicherung – Stand _____				
Sozial-versicherung	Beitragssatz (gesamt)	Beitragssatz (Arbeitnehmer)	Beitragssatz (Arbeitgeber)	Beitragsbemessungsgrenzen	
				West	Ost
KV[1]					
PV[2]	bzw.[3]	bzw.[3]			
RV					
ALV					

[1] Der Arbeitnehmer zahlt bei der Krankenversicherung außerdem einen individuellen Zusatzbeitrag, der von _____

_____ festgelegt wird.

[2] In Sachsen gilt eine Sonderregelung für die Pflegeversicherung. Hier zahlt der Arbeitnehmer _____

(evtl. zzgl. _____ für Kinderlose) und der Arbeitgeber immer _____.

[3] Kinderlose Arbeitnehmer, die mindestens 23 Jahre alt sind, zahlen in der Pflegeversicherung

einen Zusatzbeitrag von _____.

Aufgaben

1 Bei der Rheintaler Brunnen GmbH & Co. KG müssen die Lohnabrechnungen von
vier Arbeitern vorbereitet werden. Ermitteln Sie jeweils den sozialversicherungs-
pflichtigen Bruttolohn und den steuerpflichtigen Bruttolohn.

Abteilung Abfüllung – Zusammenfassung der Stundenzettel – Juni 20.7						
Name	Vorname	Steuer-klasse	LSt-Freibetrag (monatlich)	geleistete Stunden	davon Überstunden	Stunden-lohn
Schneider	Sven	III/2	–	172	10	9,87 €
Kühme	Manuel	IV/1	210,00 €	162	–	11,25 €
Radszat	Arno	III/2	–	167	5	12,65 €
Klingenberg	Torsten	I/0	150,00 €	175	13	13,12 €
Hinweis: Alle Mitarbeiter erhalten einen Überstundenzuschlag von 25 %.						

2 In der BE Partners KG haben sich inzwischen weitere Angestellte in der Personalabteilung über ihre fehlerhaften Gehaltsabrechnungen beschwert.

a) Erstellen Sie die Mai-Gehaltsabrechnungen. Berücksichtigen Sie
   – den Auszug aus dem Entgelttarifvertrag „Druck und Medien"[1],
   – die Betriebsvereinbarung zu vermögenswirksamen Leistungen[2] und
   – die Lohnsteuertabellen[3].

1 AB 2, S. 296
2 AB 2, S. 296
3 AB 2, S. 297

Name	Ferrara	Hansen	Aydin	Herrmann
Vorname	Luigi	Oliver	Kemal	Susanne
Personalnummer	166	232	263	222
Alter	33	65	29	46
Kinder	3	–	1	2
Teilzeitbeschäftigung	–	–	–	–
Lohnsteuerklasse	IV	I	III	II
Kinderfreibeträge	1,5	–	1	2
vL-Sparrate	40,00 €	–	50,00 €	–
Lohnsteuerfreibetrag (jährl.)	–	1.800,00 €	–	3.000,00 €
Konfession	rk	–	–	ev
KV-Zusatzbeitrag	0,5 %	0,2 %	0,8 %	0,0 %
monatliche Bezüge				
a) Grundgehalt (Gehaltsgruppe/ Gehaltsstufe)	lt. Tarifvertrag G3/B	lt. Tarifvertrag G6/D	lt. Tarifvertrag G4/C	lt. Tarifvertrag G6/D
b) übertariflicher Zuschlag	–	500,00 €	150,00 €	200,00 €
c) AG-Zuschuss zu vL	lt. Betriebs-vereinbarung	lt. Betriebs-vereinbarung	lt. Betriebs-vereinbarung	lt. Betriebs-vereinbarung

b) Ermitteln Sie für jeden der vier Mitarbeiter jeweils den gesamten Arbeitnehmer-
   anteil zur Sozialversicherung.
c) Ermitteln Sie für jeden der vier Mitarbeiter jeweils den gesamten Arbeitgeber-
   anteil zur Sozialversicherung.
d) Ermitteln Sie die gesamten Steuerabzüge der vier Arbeitnehmer zusammen.
e) Was macht die BE Partners KG mit diesen Steuerabzügen (mit Angabe der Frist)?
f) Was macht die BE Partners KG mit den gesamten Sozialversicherungsbeiträgen
   (mit Angabe der Frist)?
g) Was macht die BE Partners KG mit den ermittelten Auszahlungsbeträgen?

3 Geben Sie für die namentlich genannten Mitarbeiter jeweils an, welche Steuerklasse ihnen vom Finanzamt zugeordnet wird bzw. welche Steuerklasse üblicherweise gewählt werden sollte. Machen Sie in der letzten Spalte ein Kreuz, wenn die Person ein Wahlrecht bez. der Steuerklasse hat.

Steuerklasse   Wahlrecht

Vitali Ehrlich ist 19 Jahre alt und seit einem Jahr verlobt. Seine Verlobte verdient deutlich mehr als er. Sie haben keine Kinder.

Janina Heller (48) ist verheiratet. Als Abteilungsleiterin verdient sie deutlich mehr als ihr Ehemann. Die beiden haben keine Kinder.

Alice Schmidt ist 24 Jahre alt und ledig. Das gemeinsame Kind mit ihrem Exfreund lebt bei ihr. Sie arbeitet als Kassiererin in einem Supermarkt.

Max Hintergruber ist 32 Jahre alt und verheiratet. Er bekommt in etwa das gleiche Bruttogehalt wie seine Frau, mit der er drei Kinder hat.

Valentina Koschemakin ist ledig und kinderlos. Sie hat neben ihrer Hauptbeschäftigung als Krankenschwester noch einen Zweitjob in einem Restaurant, in dem sie monatlich 800,00 € dazuverdient.

Lutz Feldmann (42) ist zum zweiten Mal verheiratet und hat 3 Kinder (davon eins aus erster Ehe). Seine jetzige Ehefrau verdient wesentlich mehr als er.

Manfred Christ ist 28 Jahre alt und ledig. Das gemeinsame Kind lebt bei seiner Exfreundin, die als Kassiererin in einem Supermarkt arbeitet.

4 Erläutern und interpretieren Sie die beiden Schaubilder im Zusammenhang. Recherchieren Sie gegebenenfalls den Begriff „Generationenvertrag".

Der Generationenvertrag

Der Begriff entstand mit dem so genannten Umlageverfahren in der Rentenversicherung, eingeführt 1957 durch die Rentenreform unter Bundeskanzler Adenauer. Das Prinzip:

...für die Nachkommen

...durch Unterhalt, Erziehung, Ausbildung, Pflege...

Als sozialversicherungspflichtige Erwerbstätige sorgen wir...

...durch Beiträge zur gesetzlichen Rentenversicherung...

...für den Lebensunterhalt der Rentner

3454 © Globus

Generationenvertrag in Gefahr

	2008	2020	2030	2040	2050	2060
So viele Erwerbspersonen*	51,5 Mio.	49,7	44,8	40,0	37,6	34,2
So viele Rentner**	14,9 Mio.	16,6	19,7	22,0	21,1	20,3
Auf je 100 Erwerbspersonen kommen so viele Rentner	29	33	44	55	56	59

*Bevölkerung im Alter von 20 bis unter 67 Jahren
**Bevölkerung im Alter von 67 Jahren und älter

12. koordinierte Bevölkerungsvorausberechnung; Annahmen: Geburtenrate annähernd konstant, jährliche Zuwanderung von 100 000 Personen

Quelle: Statistisches Bundesamt

© Globus 3238

5 In der folgenden Gehaltsliste der Abteilung „Vertrieb" des Fahrradherstellers Fly Bike Werke GmbH fehlen einige Angaben.

Name	Gerland	Ganser	Sales
Vorname	Ralf	Sabine	Jan
Alter	52	28	32
Kinder	2	2	0
Konfession	ev	rk	–
Steuerklasse	III	IV	I
Kinderfreibetrag	2	1	0
KV-Zusatzbeitrag	0,9 %	0,6 %	1,2 %
SV-Brutto	4.600,00 €		3.218,00 €
- monatlicher Freibetrag	180,00 €	–	
= Steuer-Brutto		2.680,00 €	3.218,00 €

				Summen	AG-Anteile
Bruttogehalt (SV-Brutto)		2.680,00 €	3.218,00 €		
– Lohnsteuer					
– Kirchensteuer					
– Solidaritätszuschlag					
– Krankenversicherung					
– Pflegeversicherung					
– Rentenversicherung					
– Arbeitslosenversicherung					
= Nettogehalt					
– Abzüge	40,00 €	200,00 €	–		
= Auszahlungsbetrag					

a) Vervollständigen Sie die Liste, indem Sie die grau unterlegten Felder ausfüllen. Berücksichtigen Sie die Lohnsteuertabellen[1]. 1 Lernsituation 78, S. 297

b) Ermitteln Sie den Gesamtbetrag der zu überweisenden Steuern.

c) Ermitteln Sie den Gesamtbetrag der SV-Beiträge (AN- und AG-Anteil zusammen).

d) Begründen Sie, warum sich der AN-Beitrag und der AG-Beitrag zur Krankenversicherung bei vielen Mitarbeitern unterscheiden.

e) Begründen Sie, warum sich der AN-Beitrag und der AG-Beitrag zur Pflegeversicherung nur bei manchen Mitarbeitern unterscheiden.

6 In der politischen Diskussion wird immer wieder der „progressive Steuertarif" bzw. die „Steuerprogression" diskutiert und in diesem Zusammenhang häufig die „kalte Progression" kritisiert.

a) Recherchieren Sie die Begriffe im Internet.

b) Besprechen Sie mit Ihrem Tischnachbarn, was unter dem „progressiven Steuertarif" verstanden wird.

c) Diskutieren Sie mit Ihrem Tischnachbarn das Problem der „kalten Progression".

b) Tragen Sie Ihre Diskussionsergebnisse in der Klasse zusammen.

7 Während einer innerbetrieblichen Auszubildendenschulung zum Thema „Sozialversicherung" in der BE Partners KG wird die folgende Infografik präsentiert.

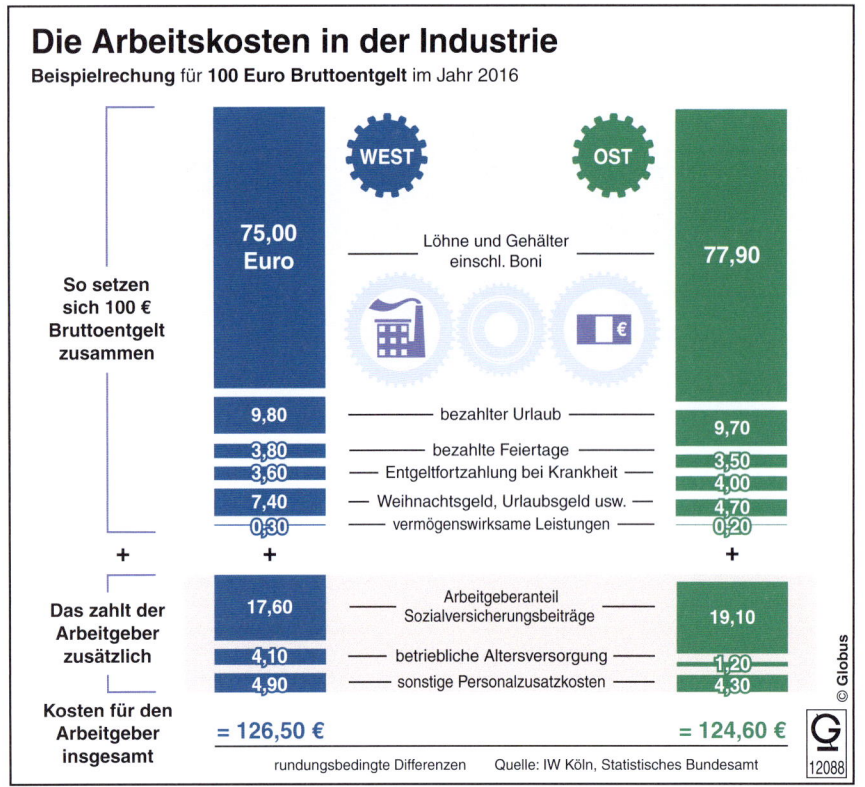

Die Arbeitskosten in der Industrie
Beispielrechung für **100 Euro Bruttoentgelt** im Jahr 2016

WEST — OST

So setzen sich 100 € Bruttoentgelt zusammen

WEST		OST
75,00 Euro	Löhne und Gehälter einschl. Boni	**77,90**
9,80	bezahlter Urlaub	9,70
3,80	bezahlte Feiertage	3,50
3,60	Entgeltfortzahlung bei Krankheit	4,00
7,40	Weihnachtsgeld, Urlaubsgeld usw.	4,70
0,30	vermögenswirksame Leistungen	0,20

Das zahlt der Arbeitgeber zusätzlich

17,60	Arbeitgeberanteil Sozialversicherungsbeiträge	19,10
4,10	betriebliche Altersversorgung	1,20
4,90	sonstige Personalzusatzkosten	4,30

Kosten für den Arbeitgeber insgesamt

= 126,50 €   **= 124,60 €**

© Globus

rundungsbedingte Differenzen   Quelle: IW Köln, Statistisches Bundesamt   12088

a) Erläutern Sie die Grafik.

b) Begründen Sie, warum die soziale Absicherung der Arbeitnehmer in Deutschland eine „Medaille mit zwei Seiten" ist.

c) Der sogenannte „zweite Lohn", also die Personalnebenkosten, setzt sich zusammen aus gesetzlichen und tariflichen oder freiwilligen Sozialleistungen der Arbeitgeber. Recherchieren Sie und vervollständigen Sie die folgende Tabelle mit weiteren Beispielen.

Personalnebenkosten/Sozialleistungen (Beispiele)		
gesetzliche	tarifliche	freiwillige
– Beitrag zur Unfallversicherung des Arbeitnehmers	– Arbeitgeberzuschuss zu vL	– Betriebsrenten

d) Begründen Sie, warum eine generelle Unterscheidung zwischen tariflichen und freiwilligen Sozialleistungen schwierig ist.

Lernsituation 79

Personal fördern und Mitarbeiter motivieren

BE Partners KG

be

Kurzmitteilung

von: *Rolf Bastian*

an: *Auszubildende, Franz Seydlitz*
Datum: *21.06.20.7*

Betreff: *Kongress „Personalförderung"
in Frankfurt/Main*

Anlage(n): *Personalförderungsmaßnahmen 20.6,
zwei Infografiken*

Bitte um:

- [X] Bearbeitung
- [ ] Anruf
- [X] Rücksprache
- [ ] Ablage
- [X] Kenntnisnahme
- [ ]

Liebe Auszubildende,

Herr Seydlitz ist in seiner Funktion als Ausbildungsleiter der BE Partners KG in der nächsten Woche als Redner auf dem Kongress „Trends in der Personalförderung" des Zentralverbands der deutschen Werbewirtschaft in Frankfurt eingeladen. Er soll dort einen Vortrag über „Personalförderung und Mitarbeitermotivation" halten. Ich habe mit ihm besprochen, dass unsere Auszubildenden ihn begleiten und auch einen Teil des Referats übernehmen werden.

Bitte bereiten Sie arbeitsteilig kurze Vorträge zu folgenden Themen vor:

Gruppe 1: Personalförderung
Stellen Sie in Ihrem Vortrag anschaulich dar, warum Unternehmen der Personalförderung hohe Aufmerksamkeit schenken sollten. Gehen Sie auch auf die vier grundsätzlichen Formen der Personalförderung ein. Damit Sie diese mit Beispielen verdeutlichen können, habe ich eine chronologische Auflistung unserer letzten Maßnahmen beigefügt, die Sie noch zuordnen müssten. Gehen Sie unbedingt auch auf die neueren Maßnahmen der Personalförderung ein.

Gruppe 2: Mitarbeitermotivation
Verdeutlichen Sie in Ihrem Vortrag die große Bedeutung der Mitarbeitermotivation. Stellen Sie strukturiert und anschaulich die verschiedenen Möglichkeiten (bzw. Maßnahmen) der Mitarbeitermotivation dar. Unterstreichen Sie Ihre Ausführungen mit Beispielen aus der betrieblichen Praxis.

Klären Sie bitte mit Herrn Seydlitz ab, welche Medien Sie für Ihre Vorträge benötigen. Ihm sollten Sie Ihre Vorträge zur Übung im Vorfeld des Kongresses vorab einmal präsentieren.

Mit freundlichen Grüßen

Rolf Bastian

Maßnahmen der Personalförderung im Jahr 20.6

- wöchentliche innerbetriebliche Schulungen der Auszubildenden durch einen Lehrer
- zweitägiges Seminar „Mitarbeitermotivation" für Anna Foss
- DATEV-Seminar „Neuerungen in der Gehaltsabrechnung" für Laura Deneke
- Beginn der Berufsausbildung von Natalie Fiedler und Sophie Fischer
- IHK-Prüfungsvorbereitungskurse für die Auszubildenden Florian Hamm und Tüley Öztürk
- Kurs der Sparkasse Bonn „SEPA-Verfahren" für Tanja Wagner
- IHK-Seminar „Techniken des Mitarbeitergesprächs" für Anna Foss
- Unterstützung von Kerstin Voigt durch frühzeitige Freistellungen von der Arbeit für ihren Besuch der Fachschule für Wirtschaft (Staatlich geprüfte Betriebswirtin)
- Beginn der Qualifizierung der Druckerin Cornelia Gruber zur Kauffrau für Büromanagement
- gemeinsames Outdoor-Seminar „Teamgeist durch Survival-Training" für Swenja Tobler, Hans Scherrer, Thomas Martin, Bernhard Finke und Cornelia Gruber
- Teilnahme von Jacques Schneider am Seminar „Kreativitätstechniken"
- Kurs „Datenbanken für Profis" für Peter Müller

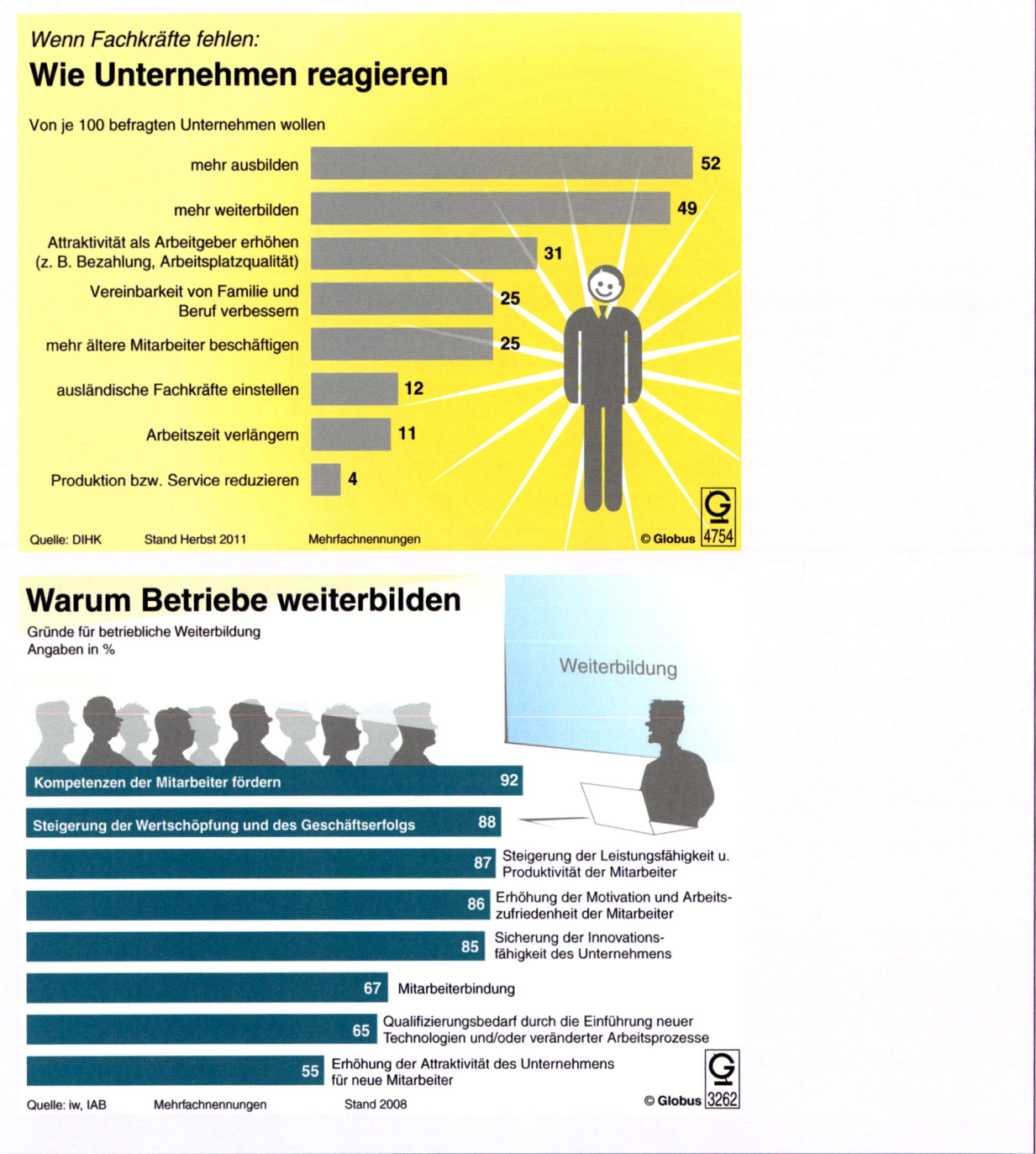

Wenn Fachkräfte fehlen:

Wie Unternehmen reagieren

Von je 100 befragten Unternehmen wollen

mehr ausbilden	52
mehr weiterbilden	49
Attraktivität als Arbeitgeber erhöhen (z. B. Bezahlung, Arbeitsplatzqualität)	31
Vereinbarkeit von Familie und Beruf verbessern	25
mehr ältere Mitarbeiter beschäftigen	25
ausländische Fachkräfte einstellen	12
Arbeitszeit verlängern	11
Produktion bzw. Service reduzieren	4

Quelle: DIHK   Stand Herbst 2011   Mehrfachnennungen   © Globus 4754

Warum Betriebe weiterbilden

Gründe für betriebliche Weiterbildung
Angaben in %

Weiterbildung

Kompetenzen der Mitarbeiter fördern	92
Steigerung der Wertschöpfung und des Geschäftserfolgs	88
Steigerung der Leistungsfähigkeit u. Produktivität der Mitarbeiter	87
Erhöhung der Motivation und Arbeitszufriedenheit der Mitarbeiter	86
Sicherung der Innovationsfähigkeit des Unternehmens	85
Mitarbeiterbindung	67
Qualifizierungsbedarf durch die Einführung neuer Technologien und/oder veränderter Arbeitsprozesse	65
Erhöhung der Attraktivität des Unternehmens für neue Mitarbeiter	55

Quelle: iw, IAB   Mehrfachnennungen   Stand 2008   © Globus 3262

Vorteile der Personalförderung

für den Arbeitgeber:

für den Arbeitnehmer:

Formen der Personalförderung (Erläuterungen)

Ausbildung

Fortbildung

Weiterbildung

Umschulung

Durchführung von Fort- und Weiterbildungen

Vorteile der internen Durchführung:

Vorteile der externen Durchführung:

Materielle Mitarbeitermotivation (Erläuterungen in Stichworten und Beispiele)

Erfolgsbeteiligungen

Betriebliche Sozialleistungen

Arbeitsumgebung

Immaterielle Mitarbeitermotivation (Erläuterungen in Stichworten)

Betriebsklima

Mitarbeitergespräche

Mitbestimmung und Eigenverantwortung

Motivierende Arbeitsorganisation (Erläuterungen in Stichworten)

Job Rotation

Job Enlargement

Job Enrichment

Gruppenarbeit/Teamarbeit

Aufgaben

1 In der Rheintaler Brunnen GmbH & Co. KG findet gerade eine Sitzung der Jugend- und Auszubildendenvertretung statt. Im Rahmen des Tagesordnungspunktes „Personalentwicklung" stellt Meike Kracht die Forderung auf, die berufliche Fort- und Weiterbildung auszuweiten. Unterstützen Sie Meike Kracht, indem Sie mindestens fünf Argumente für eine Intensivierung der Fort- und Weiterbildung nennen und erläutern.

2 Im Rahmen einer weiteren Erhöhung der Zahl der Ausbildungsplätze in der BE Partners KG wird zurzeit über die zukünftige Nutzung überbetrieblicher Ausbildungsstätten diskutiert. Diese könnten die Ausbildung am Arbeitsplatz ergänzen.

a) Erläutern Sie zwei Vorteile der überbetrieblichen Ausbildung.
b) Erläutern Sie zwei Nachteile der überbetrieblichen Ausbildung.

3 Recherchieren Sie im Internet nach Anbietern von externen Fort- und Weiterbildungsmaßnahmen in Ihrer Nähe.

a) Suchen Sie aus deren Angebot drei Maßnahmen heraus, die in Ihrer derzeitigen Situation als Auszubildende für Sie geeignet wären. Begründen Sie die Auswahl.
b) Suchen Sie aus deren Angebot drei Maßnahmen heraus, die für Ihr berufliches Weiterkommen im Anschluss an die Berufsausbildung für Sie interessant wären. Begründen Sie die Auswahl.

4 Dr. Birgit Erker, Geschäftsführerin einer orthopädischen Reha-Klinik, hat in letzter Zeit einigen Kummer mit ihren Mitarbeitern. Es mehren sich Wünsche von Mitarbeitern, in andere Abteilungen versetzt zu werden. Zudem entnimmt sie der Anwesenheitsstatistik, dass der Krankenstand im letzten Jahr deutlich gestiegen ist. Heute ist der Therapeut Pavel Lewandowski zum wiederholten Male zu spät gekommen, und vom Abteilungsleiter Manfred Guderich erfuhr Frau Dr. Erker gestern, dass sich Janina Wolf und Kathrin Ohlemeyer während der Arbeit ständig angiften.

a) Nennen Sie mögliche Ursachen für das Verhalten der Mitarbeiter.
b) Machen Sie Frau Dr. Erker Vorschläge, wie sie mit dieser Situation umgehen könnte.

5 Ordnen Sie den unten beschriebenen Beispielen jeweils die gewählte Maßnahme zur Arbeitsorganisation zu.

① Job Rotation, ② Job Enlargement, ③ Job Enrichment, ④ Gruppenarbeit

a) ☐ Laura Deneke hat in der Vergangenheit in der BE Partners KG an mehreren Auswahlverfahren mitgewirkt. Zukünftig führt sie die Personalauswahl der neuen Auszubildenden eigenständig durch.

b) ☐ Für die neue Werbekampagne des Kunden Buchenstork Schuhe GmbH wurde ein Projektteam mit Uwe Dittmer, Sabine Meyer und Jacques Schneider gegründet, die die Projektdurchführung organisieren.

c) ☐ Die Mitarbeiter der Goldregen Einkaufszentrum GmbH werden wochenweise abwechselnd in der Kundenberatung und an der Kasse eingesetzt.

d) ☐ In der Drogerie AG war Sascha Krietenstein bisher für die Kreditorenbuchhaltung zuständig. Ab sofort kümmert er sich auch um die Debitorenbuchhaltung.

Lernsituation 80

Arbeitszeugnisse erstellen und Personal beurteilen

Von: Franz Seydlitz [f.seydlitz@bepartners.de]
An: Laura Deneke [l.deneke@bepartners.de]
Betreff: Qualifiziertes Arbeitszeugnis für Kerstin Voigt
Datum: 04.07.20.7

Hallo Frau Deneke,

zum Ende des Monats verlässt uns ja Frau Voigt. Sie hat ein qualifiziertes Arbeitszeugnis angefordert.
Bitte verfassen Sie das Arbeitszeugnis unterschriftsreif für mich. Im Anhang finden Sie eine
Zusammenfassung ihrer Beurteilungen und ein paar Anmerkungen von mir.

Herzliche Grüße

Franz Seydlitz

E-Mail-Anhang:

Informationen für das Arbeitszeugnis von Kerstin Voigt

– geboren am 06.12.19.. in Koblenz
– Betriebszugehörigkeit: 01.01.20.2 bis jetzt
– Stelle: Sachbearbeiterin Post/Versand
– Aufgaben: Posteingang, Postausgang, Warenversand
– Ich konnte Frau Voigt auch nach einer sehr langen Einarbeitungszeit nur sehr einfache Aufgaben wie das
  Kuvertieren und Frankieren einfacher Ausgangspost (Standardbriefe) eigenverantwortlich anvertrauen.
  Gerade beim Frankieren von internationaler Post kommt es noch heute häufig zu Über- oder Unterfrankie-
  rungen, sodass viele Kontrollen erforderlich sind. Auch versendet sie häufig größere Mengen als Standard-
  brief, obwohl Infopost möglich wäre. Auch die Bearbeitung des Posteingangs läuft selten reibungslos.
  Regelmäßig öffnet sie Privatpost und sie hat gerade letzte Woche einen beurkundeten Grundstückskauf-
  vertrag mit einem Eingangsstempel versehen. Aus nahezu allen Abteilungen höre ich regelmäßig Beschwerden über falsch zugeordnete Eingangspost. Frau Voigt war selten bereit, Überstunden zu machen,
  gerade wenn wichtige Warenlieferungen versandfertig gemacht werden müssen.
– Sie gilt als sehr freundliche Person und wird von Kollegen als offen und kommunikativ empfunden.
  Die Auszubildenden berichten häufig von ihrer großen Geduld und Bereitschaft, Aufgaben zu erklären.
– Ihr Verhalten gegenüber meiner Person ist in Ordnung. Sie ist diesbezüglich niemals negativ aufgefallen,
  hat aber auch keine konstruktiven Vorschläge gemacht.
– Mir persönlich ist aufgefallen, dass Frau Voigt sich sehr um die Auszubildenden kümmert. Mehrmals hat
  sie mich über deren Defizite informiert, damit wir die Azubis zielgerichtet unterstützen konnten.
– Frau Voigt hat selber gekündigt, da ihr Mann eine Stelle in Hamburg angenommen hat.

Franz Seydlitz

---

1 Verfassen Sie das Arbeitszeugnis für Kerstin Voigt. Nutzen Sie dabei die Informationen zu qualifizierten Arbeitszeugnissen auf den beiden folgenden Seiten.

„ER HAT SICH BEMÜHT" BEDEUTET DAS AUS

Arbeitszeugnisse: Schlechte Formulierungen sind der sichere Weg aufs Abstellgleis

Für einen ausscheidenden Mitarbeiter ist das Arbeitszeugnis von großer Bedeutung. Dabei ist für den Laien die Aussage eines Arbeitszeugnisses nicht immer auf den ersten Blick klar. Folgende allgemeine Hinweise dienen der Entschlüsselung von Arbeitszeugnissen:

- Sehr gute/gute Leistungen sind an Superlativen zu erkennen.
- „Normale Schmeicheleien" kaschieren dürftige Leistungen.
- Das Verschweigen wichtiger Eigenschaften und das Hervorheben unwichtiger Eigenschaften stehen für unzulängliche Leistungen des Arbeitnehmers.
- Im Text darf nichts <u>unterstrichen</u>, *kursiv* gedruckt oder **gefettet** werden. Ausrufe-, Frage- und Anführungszeichen sind ebenfalls unzulässig.
- Es ist haltbares Papier von guter Qualität zu benutzen. Das Zeugnis muss sauber und ordentlich geschrieben sein und darf keine Flecken, Radierungen, Verbesserungen, Durchstreichungen oder Ähnliches enthalten.

- Es muss mit einem ordnungsgemäßen Briefkopf ausgestattet sein, aus dem der Name und die Anschrift des Ausstellers erkennbar sind. Der Unterschrift ist ein Firmenstempel beizufügen.
- Es darf nicht geknickt sein, sondern muss als DIN-A4-Format verschickt werden.
- Fehlt ein Schlusssatz, ist dies negativ zu bewerten.

Für die Interpretation von Arbeitszeugnissen kommt erschwerend hinzu, dass größere Unternehmen die „Sprache" der Arbeitszeugnisse bewusst verwenden und entsprechend auch beherrschen. In kleineren Unternehmen kann es dagegen durchaus vorkommen, dass Formulierungen uneinheitlich verwendet werden und der Aussagewert der „Zeugnisformulierungen" nicht bekannt ist. So kann ein durchweg positiv gemeintes Arbeitszeugnis durch die Zeugnissprache ins Gegenteil verkehrt werden.

Quelle: Autorentext

Aufbau und Inhalt eines qualifizierten Arbeitszeugnisses	
1.	Firma, Ausstellungsort und -datum
2.	Überschrift: „Zeugnis"
3.	Angaben zur Person des Arbeitnehmers: Name, Geburtsdatum, Dauer der Beschäftigung, Berufsbezeichnung
4.	Tätigkeitsbeschreibung: Werdegang, Aufgaben, Verantwortung, Kompetenzen
5.	Leistungsbeurteilung: Fachwissen, Arbeitserfolg, Leistungsbereitschaft, Weiterbildung
6.	Führungsbeurteilung: Verhalten gegenüber Vorgesetzten, Mitarbeitern und Kunden, ggf. Führungsverhalten in leitender Position, Charakter/Persönlichkeit
7.	Beendigung des Arbeitsverhältnisses: auf Wunsch des Arbeitnehmers kann hier erwähnt werden, warum das Arbeitsverhältnis endet
8.	Schlusssatz: ggf. Dank, ggf. Bedauern über Weggang, ggf. Zukunftswünsche
9.	Unterschrift und Position des Zeugnisausstellers z. B. direkter Vorgesetzter, Personalleiter, Geschäftsführer

Folgende Formulierungen stehen für die Bewertung nach Schulnoten:

Inhaltspunkt des Arbeitszeugnisses	sehr gut	gut	befriedigend	ausreichend	mangelhaft bis ungenügend
allgemeine Formulierungen	– stets – hervorragend – stets zur vollsten – außerordentlich – hohes Maß	– gut – bester Weise – stets zur vollen – zur vollsten	– vollen – jederzeit zufrieden – in jeder Hinsicht	– waren wir zufrieden – Erwartungen entsprochen	– stets bemüht – mit großem Fleiß – Eifer
Fachwissen	verfügt über ein hervorragendes Fachwissen auch in Randbereichen	verfügt über ein fundiertes Fachwissen	verfügt über solide Fachkenntnisse	verfügt über ein solides Basiswissen in seinem Arbeitsbereich	war stets bemüht, die anfallenden Aufgaben zu bewältigen
Arbeitserfolg	hat die ihm übertragenen Arbeiten stets zu unserer vollsten Zufriedenheit erledigt	hat die ihm übertragenen Arbeiten stets zu unserer vollen Zufriedenheit erledigt	hat die ihm übertragenen Arbeiten zu unserer vollen Zufriedenheit erledigt	hat die ihm übertragenen Arbeiten zu unserer Zufriedenheit erledigt	hat die ihm übertragenen Arbeiten im Großen und Ganzen zu unserer Zufriedenheit erledigt
Leistungsbereitschaft	ist stärkstem Arbeitsanfall jederzeit gewachsen	ist auch starkem Arbeitsanfall jederzeit gewachsen	ist starkem Arbeitsanfall gewachsen	ist starkem Arbeitsanfall im Wesentlichen gewachsen	ist dem üblichen Arbeitsanfall im Wesentlichen gewachsen
Verhalten	– Er/Sie ist als Vorbild anerkannt und hat positiven Einfluss auf die Kollegen. – Sein Verhalten war stets vorbildlich.	Sein Verhalten war gegenüber Vorgesetzten, Kollegen und Kunden vorbildlich.	Sein Verhalten ist einwandfrei.	Sein Verhalten hat nie zur Kritik geführt.	– sucht immer das Gespräch – Nach Einzelanweisungen erledigt er …
Schlusssatz	Der Arbeitnehmer scheidet auf eigenen Wunsch aus unserem Unternehmen aus. Wir bedauern diese Entscheidung sehr, da wir einen wertvollen Mitarbeiter verlieren. Wir danken ihm für seine Mitarbeit und wünschen ihm weiterhin viel Erfolg und persönlich alles Gute.	Das Arbeitsverhältnis endet aus betriebsbedingten Gründen. Wir bedauern dies sehr, bedanken uns für die langjährige und erfolgreiche Tätigkeit und wünschen ihm für die Zukunft beruflich und privat alles Gute.	Der Arbeitnehmer scheidet auf eigenen Wunsch aus unserem Unternehmen aus. Wir danken ihm für seine Arbeit und wünschen ihm für die Zukunft alles Gute.	Der Arbeitnehmer scheidet auf eigenen Wunsch aus unserem Unternehmen aus. Wir wünschen ihm für die Zukunft alles Gute.	– Der Arbeitnehmer scheidet auf eigenen Wunsch aus unserem Unternehmen aus. Wir wünschen ihm für die Zukunft viel Erfolg. – Der Arbeitnehmer scheidet auf eigenen Wunsch aus unserem Unternehmen aus.

Quelle: Susanne Weber, Den besten Mitarbeiter finden – Bewerberflut zielsicher bewältigen, Cornelsen Verlag, 2007

Arbeitsblatt 80.1 Arbeitszeugnisse

Arbeitszeugnisse

Einfaches Arbeitszeugnis

↓

wertfrei!

Inhalte:

auf Verlangen des Mitarbeiters

Qualifiziertes Arbeitszeugnis

↓

wertend!

Inhalte sind die eines einfachen Arbeitszeugnisses und **zusätzlich**:

Das qualifizierte Arbeitszeugnis muss _____ formuliert sein.

Deswegen wenden Arbeitgeber insbesondere bei der Beschreibung negativer Leistungen Verschlüsselungstechniken an.

ERLAUBT

VERBOTEN

VERBOTEN

Verschlüsselungstechniken

Erläuterung/Beispiele:

Geheimcodes

Erläuterung/Beispiele:

weitere verbotene Inhalte

Beispiele:

Arbeitsblatt 80.2 Innerbetriebliche Personalbeurteilung

Vervollständigen Sie das Arbeitsblatt mit stichwortartigen Erläuterungen bzw. Beispielen.

Gründe:

Kriterien:

Innerbetriebliche Personalbeurteilung

Verfahren:

Fehlerquellen:

Gründe:

Kriterien:

Aufgaben

1 Kerstin Voigt ist mit dem Arbeitszeugnis, das Herr Seydlitz ihr ausgehändigt hat, unzufrieden.[1] Erläutern Sie, was sie tun kann bzw. welche Rechte sie hat.

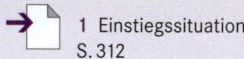

1 Einstiegssituation, S. 312

2 Tanja Wagner hat nach sechsjähriger Betriebszugehörigkeit ihren Arbeitsvertrag bei der BE Partners KG gekündigt. Herr Seydlitz hat sie gefragt, ob sie ein einfaches oder qualifiziertes Arbeitszeugnis haben möchte.

Erläutern Sie, wovon Tanja Wagner ihre Entscheidung abhängig machen sollte. Von ihrem vorherigen Arbeitnehmer hat Tanja Wagner nur ein einfaches Arbeitszeugnis erhalten. Begründen Sie, warum es sinnvoll sein könnte, bei der BE Partners KG ein qualifiziertes Arbeitszeugnis anzufordern, obwohl sie selber ihre Leistungen als mittelmäßig einschätzt.

3 Geben Sie für die folgenden Inhalte an, ob sie Bestandteile

① nur eines einfachen Arbeitszeugnisses,
② nur eines qualifizierten Arbeitszeugnisses,
③ sowohl eines einfachen als auch eines qualifizierten Arbeitszeugnisses oder
④ weder eines einfachen noch eines qualifizierten Arbeitszeugnisses sind.

a) ☐ Adresse des Beurteilten

b) ☐ Verhalten gegenüber Vorgesetzten

c) ☐ Fachkenntnisse

d) ☐ Charakter des Beurteilten

e) ☐ ausgeübte Tätigkeiten

f) ☐ Beginn und Ende der Beschäftigung

g) ☐ Informationen zur Schwerbehinderung

4 Nach der Kündigung von Kerstin Voigt bei der BE Partners KG hat Laura Deneke eine Stellenanzeige für eine Sachbearbeiterin Post/Versand auf der unternehmenseigenen Homepage platziert. An eine soeben eingegangene Bewerbung per E-Mail ist das folgende Arbeitszeugnis angehängt.

Sondermaschinenbau Schrader OHG
Weserweg 29, 41460 Neuss

Arbeitszeugnis

Frau Saskia Fenske, geboren am 17.03.19.. in Düsseldorf, war *vom 01.01.20.1 bis zum 31.10.20.1* in unserem Unternehmen als Schreibkraft tätig. Während dieser Zeit hatte sie Gelegenheit, alle Aufgaben des Sekretariats kennenzulernen.

Sie hat sich immer bemüht, diese Aufgaben auch wahrzunehmen. Geschäftsbriefe nach Diktat formulierte sie zu unserer Zufriedenheit. An der ansprechenden Gestaltung von Geschäftsbriefen mit MS-Word war sie immer sehr interessiert. Sie zeichnete sich vor allem durch ihren vorbildlichen Fleiß aus.

Sie ist Mitglied der Gewerkschaft ver.di und gilt im Kollegenkreis als sehr gesellig. Sie nutzt ihre Arbeitszeit allerdings auch gerne, um ihre Facebook-Nachrichten zu überprüfen.

Aus Arbeitsmangel müssen wir Frau Fenske leider entlassen. Bei ihrem neuen Arbeitgeber wünschen wir ihr aber Erfolg.

Michaela Münkhoff

---

a) Welche Art des Arbeitszeugnisses hat Saskia Fenske vorgelegt?
b) Begründen Sie, ob Laura Deneke die Bewerberin in die engere Wahl einbeziehen sollte.
c) Begründen Sie, ob das Zeugnis den rechtlichen Anforderungen an Arbeitszeugnisse entspricht.
d) Formulieren Sie das Zeugnis als einfaches Arbeitszeugnis neu.

Lernsituation 81

Arbeitsverhältnisse beenden

BE Partners KG

be

Kurzmitteilung

von: *Franz Seydlitz*
an: *Laura Deneke*
Datum: *11.07.20.7*
Betreff: *Personalüberdeckung Abt. Kreation*

Anlage(n): *Informationen über die Mitarbeiter*

Bitte um:

[X] Bearbeitung
[ ] Anruf
[X] Rücksprache
[ ] Ablage
[ ] Kenntnisnahme
[ ]

Liebe Frau Deneke,

nach Durchsicht der Personalbedarfsplanung für das kommende Geschäftsjahr habe ich in einer Besprechung mit unserer Prokuristin Frau Epstein und der Abteilungsleiterin Frau Herrmann die Problematik der Personalüberdeckung in der Abteilung Kreation diskutiert. Beide halten eine Reduzierung des Personalbestands in der betroffenen Abteilung um einen Mitarbeiter angesichts der Personalkostenstatistik für angemessen.

Inzwischen hat mir Frau Herrmann einige Informationen zu den Mitarbeitern zusammengestellt, die ihrer Meinung nach für die erforderliche Personalfreisetzung infrage kommen. Die entsprechenden Unterlagen liegen bei.

Bitte prüfen Sie zunächst anhand des KSchG, ob Kündigungen der vier Kandidaten möglich wären. Ermitteln Sie dann die Termine, zu denen wir ihnen frühestens kündigen könnten. Beachten Sie dabei den Manteltarifvertrag, auf den wir uns in den Arbeitsverträgen ja immer beziehen.

Bitte stellen Sie Ihre Ergebnisse hierzu <u>übersichtlich</u> zusammen und geben Sie mir auch eine kurze begründete Rückmeldung, welcher der vier Mitarbeiter Ihrer Meinung nach entlassen werden sollte.

Mit freundlichen Grüßen, Rolf Bastian

Auszug aus dem Manteltarifvertrag „Druck und Medien"

§ 21 Kündigungsfristen

I. Nach Ablauf der Probezeit kann das Arbeitsverhältnis vonseiten des Arbeitnehmers oder des Arbeitgebers mit einer Frist von vier Wochen zum 15. oder zum Ende eines Kalendermonats gekündigt werden.

II. Für eine Kündigung durch den Arbeitgeber beträgt die Kündigungsfrist, wenn das Arbeitsverhältnis in dem Betrieb oder Unternehmen
    1. zwei Jahre bestanden hat, einen Monat zum Ende eines Kalendermonats,
    2. fünf Jahre bestanden hat, zwei Monate zum Ende eines Kalendermonats,
    3. acht Jahre bestanden hat, drei Monate zum Ende eines Kalendermonats,
    4. zehn Jahre bestanden hat, vier Monate zum Ende eines Kalendermonats,
    5. zwölf Jahre bestanden hat, fünf Monate zum Ende eines Kalendermonats,
    6. 15 Jahre bestanden hat, sechs Monate zum Ende eines Kalendermonats,
    7. 20 Jahre bestanden hat, sieben Monate zum Ende eines Kalendermonats.

III. Die Beschäftigungszeit nach II. wird ab dem Eintrittsdatum gerechnet.

BE Partners KG

Mitarbeiterinformation: Michael Meier

Alter:	28
Familienstand:	ledig, keine Kinder
Beschäftigt seit:	01.04.20.7
Beschäftigt als:	Junior-Texter
Bereich:	Kreation
Bruttogehalt:	ca. 1.900,00 €

Bemerkungen der Abteilungsleiterin:

Obwohl Herr Meier erst seit Kurzem bei uns beschäftigt ist (seine Probezeit ist erst am 30.06. abgelaufen), arbeitet er bereits sehr produktiv, schnell und kreativ. Seine Leistungen bewerte ich als sehr gut. Zudem hat er sich nach Meinung der Kollegen hervorragend in unser Team eingefügt. Er ist im Zuge seines Arbeitsplatzwechsels aus Erfurt nach Bonn gezogen und hat hier für 200.000,00 € eine Eigentumswohnung erworben. Es bestehen daher hohe Abzahlungsverpflichtungen. Aufgrund der bevorstehenden Modernisierungsmaßnahmen in seinem Tätigkeitsbereich sehe ich die Möglichkeit der Einsparung seiner Stelle.

BE Partners KG

Mitarbeiterinformation: Sabine Meyer

Alter:	43
Familienstand:	geschieden, 3 Kinder
Beschäftigt seit:	01.07.20.2
Beschäftigt als:	Grafik-Designerin
Bereich:	Kreation
Bruttogehalt:	ca. 3.000,00 €

Bemerkungen des Abteilungsleiters:

Ihre früheren Leistungsbeurteilungen waren durchweg gut bis sehr gut. Seit drei Jahren wird sie allerdings durch eine chronische Augenentzündung beeinträchtigt, die sie zu häufigen und lang andauernden Krankmeldungen veranlasst. Ihre Leistungsfähigkeit hat erheblich nachgelassen und eine Besserung des Leidens ist nach Aussage der Ärzte nicht wahrscheinlich. Frau Meyer ist seit einem Jahr geschieden und hat als Alleinerziehende drei Kinder zu versorgen.

BE Partners KG

Mitarbeiterinformation: Kemal Aydin

Alter:	29
Familienstand:	verheiratet, ein Kind
Beschäftigt seit:	01.08.20.2
Beschäftigt als:	Mediengestalter
Bereich:	Kreation
Bruttogehalt:	3.200,00 €

Bemerkungen des Abteilungsleiters:

Herr Aydin hat bei uns seine Ausbildung zum Mediengestalter mit sehr guten Leistungen absolviert und wurde daraufhin als Mediengestalter übernommen. Herr Aydin muss mit seiner Frau, die arbeitslos ist, ein behindertes Kind versorgen. Wegen wiederholter privater Internetnutzung während der Arbeitszeit und unberechtigter Krankschreibungen (Herr Aydin wurde beim Tennisspielen beobachtet, während er mit einer Grippe krankgeschrieben war), wurde er vor vier Wochen von mir mündlich ermahnt. Trotzdem hat er laut Internetprotokoll in dieser Woche das Internet wiederholt privat genutzt und damit gegen unsere diesbezügliche Betriebsvereinbarung verstoßen.

BE Partners KG

Mitarbeiterinformation: Jacques Schneider

Alter:	64
Familienstand:	verwitwet, 2 Kinder
Beschäftigt seit:	01.07.19..
Beschäftigt als:	Texter
Bereich:	Kreation
Bruttogehalt:	2.600,00 €

Bemerkungen des Abteilungsleiters:

Mit unserem langjährigen Mitarbeiter Herrn Schneider sind wir voll zufrieden (sehr teamfähig, wenig Fehlzeiten, sehr zuverlässige Arbeitsergebnisse). Er hat im letzten Monat sein 25-jähriges Dienstjubiläum bei uns gefeiert. Da seine Frau vor zwei Jahren an einem Herzinfarkt gestorben ist, sind seine finanziellen Belastungen durch das Studium der beiden Kinder recht hoch. Aufgrund der bevorstehenden Modernisierungsmaßnahmen in seinem Tätigkeitsbereich sehe ich die Möglichkeit der Einsparung seiner Stelle.

Der Allgemeine Kündigungsschutz ist im _____ (KSchG) geregelt. Er gilt

– nur für Betriebe mit mehr als _____ Beschäftigten und

– nur für Mitarbeiter, die seit mindestens _____ Monaten in dem Unternehmen beschäftigt sind.

Bei Vorliegen dieser beiden Voraussetzungen kann eine **ordentliche Kündigung** durch den Arbeitgeber nur ausgesprochen werden, wenn sie _____ ist,

also einer der folgenden Gründe vorliegt:

---

personenbedingte Kündigung

Erläuterung:

Gründe sind z. B.:

---

verhaltensbedingte Kündigung

Erläuterung:

Gründe sind z. B.:

wichtige Voraussetzung:

---

betriebsbedingte Kündigung

Erläuterung:

Gründe sind z. B.:

wichtige Voraussetzung:

Sie erfolgt anhand folgender Kriterien:

Neben dem allgemeinen Kündigungsschutz gilt für folgende Personengruppen besonderer Kündigungsschutz.

Personengruppe	Beschreibung des besonderen Kündigungsschutzes
Auszubildende	
Schwangere und junge Mütter	
Mitarbeiter in Elternzeit	
Mitglieder des Betriebsrats oder der JAV	
Schwerbehinderte	

Folgesituation

Kündigungsschreiben und Abmahnungen verfassen

BE Partners KG

be

Kurzmitteilung

von: *Franz Seydlitz*
an: *Laura Deneke*
Datum: *16.07.20.7*
Betreff: *Kündigung für Frau Meyer,*
   Abmahnung für Herrn Aydin

Anlage(n): *Informationen über die Mitarbeiter,*
   Muster für Kündigung und Abmahnung

Bitte um:

☒ Bearbeitung
☐ Anruf
☒ Rücksprache
☐ Ablage
☐ Kenntnisnahme
☐

Liebe Frau Deneke,

ich habe Ihre Unterlagen bez. der möglichen Kündigungen der vier infrage kommenden Mitarbeiter mit Frau Herrmann und Frau Epstein besprochen. Auch Ihren Vorschlag hinsichtlich des zu kündigenden Kandidaten haben wir diskutiert. Folgendes haben wir beschlossen:

1. *Wir trennen uns zum nächstmöglichen Termin schweren Herzens von Frau Meyer. Bitte formulieren Sie das Kündigungsschreiben für mich zur Unterschrift.*

2. *Herr Aydin erhält eine Abmahnung. Hier sind die konkreten Zeiten der privaten Internetnutzung:*

   – *8. Juli 20.7: 10:32 bis 11:56 Uhr*
   – *9. Juli 20.7: 10:16 bis 12:36 Uhr und 14:17 bis 14:36 Uhr*
   – *11. Juli 20.7: 13:41 bis 14:58 Uhr*

Bitte erstellen Sie auch die Abmahnung rechtskonform und unterschriftsreif für mich.

Sie können sich an den beigefügten Mustern (Kündigungsschreiben und Abmahnung) orientieren. Beachten Sie bitte, dass wir uns mit den Kündigungsfristen seinerzeit noch nicht am Tarifvertrag orientiert haben.

Die Auszüge aus der Personaldatei habe ich beigelegt.

Mit freundlichen Grüßen

Rolf Bastian

➜ ◉ Arbeitsmaterialien/
Lernsituation 81/
Abmahnung, ordent-
liche Kündigung

Auszüge aus der Personaldatei:

Name	Meyer
Vorname	Sabine
Straße	Erbeweg 15
Postleitzahl	53129
Wohnort	Bonn
Personalnummer	215
Geburtsdatum	05.12.19XX
Abteilung	Kreation
Stellenbezeichnung	Grafik-Designerin

Name	Aydin
Vorname	Kemal
Straße	Habsburgerring 53b
Postleitzahl	53113
Wohnort	Bonn
Personalnummer	263
Geburtsdatum	14.08.19XX
Abteilung	Kreation
Stellenbezeichnung	Mediengestalter

BE Partners KG, Postfach 10 01 04, 53100 Bonn

Einschreiben
Hans-Jörg Lemkuhl
Papageienweg 19
50321 Brühl

Ihr Zeichen:
Ihre Nachricht vom:
Unser Zeichen:
Unsere Nachricht vom:

Name: Franz Seydlitz
Telefon: 0228 1236-248
Telefax: 0228 1236-166
E-Mail: f.seydlitz@bepartners.de

Datum: 12. Februar 20.2

Ordentliche Kündigung

Sehr geehrter Herr Lemkuhl,

hiermit kündigen wir das mit Ihnen bestehende Arbeitsverhältnis gemäß der gesetzlichen Regelungen (§ 622 BGB) mit einer Frist von 3 Monaten zum 31. Mai 20.2.

Der Kündigungsgrund liegt in der wiederholten Verletzung Ihrer arbeitsvertraglichen Pflichten. Sie sind trotz mehrerer Abmahnungen wiederholt verspätet zur Arbeit erschienen. Mit der Abmahnung vom 18. Dezember 20.1 haben wir Sie bereits auf dieses Fehlverhalten hingewiesen und Ihnen die ordentliche Kündigung für den Wiederholungsfall angedroht. Da Sie am 15. Januar 20.2 45 Minuten und zuletzt am 8. Februar 20.2 75 Minuten verspätet zur Arbeit erschienen sind, sehen wir uns zu dieser Kündigung gezwungen.

Wir weisen Sie verpflichtungsgemäß darauf hin, dass Sie zur Sicherstellung möglicher finanzieller Ansprüche gemäß § 38 SGB III verpflichtet sind, sich spätestens drei Monate vor Beendigung des Arbeitsverhältnisses persönlich bei der Agentur für Arbeit arbeitsuchend zu melden.

Mit freundlichen Grüßen

BE Partners KG

Franz Seydlitz

i. V. Franz Seydlitz

BE Partners KG

Abmahnung

Name:	Lemkuhl	Personalnummer:	124	Geburtsdatum:	30.09.19..
Vorname:	Hans-Jörg	Abteilung:	Druckerei	Datum:	18.12.20.1

Sehr geehrter Herr Lemkuhl,

aufgrund von Verletzungen Ihrer arbeitsvertraglichen Pflichten erteilen wir Ihnen hiermit eine Abmahnung.

Sie sind am 08.12.20.1 um 09:35 Uhr, am 10.12.20.1 um 08:52 Uhr und am 14.12.20.1 um 09:10 Uhr an Ihrem Arbeitsplatz in der Druckerei erschienen, obwohl Ihr fester Arbeitsbeginn um 08:00 Uhr ist.

Wir fordern Sie auf, dieses vertragswidrige Verhalten einzustellen. Im Wiederholungsfall müssen Sie mit einer Kündigung des Arbeitsverhältnisses rechnen.

BE Partners KG

Franz Seydlitz

Arbeitsblatt 81.3 Abmahnung und Kündigung

Abmahnung

Welche Formvorschrift gilt?

Warum wird sie erteilt?

Was sind die erforderlichen Inhalte?

Kündigung

Formvorschrift und Wirksamkeit:

Eine Kündigung ist grundsätzlich nur wirksam, wenn sie _____ erteilt wird.

Da es sich um eine _____ Willenserklärung

handelt, wird sie erst wirksam, wenn sie dem anderen Vertragspartner zugeht.

Kündigungsfrist:

Regelungen zur Kündigungsfrist finden sich entweder im _____

des Mitarbeiters, in manchen Betrieben auch in einer _____,

bei tarifgebundenen Unternehmen im _____ und ansonsten auf jeden

Fall im § 622 des _____.

Begründung:

Die Angabe eines Kündigungsgrunds ist bei einer ordentlichen Kündigung grundsätzlich nur erforderlich,

wenn der _____ die Kündigung ausspricht.

Ein _____ braucht in seiner Kündigung keine Gründe anzugeben. (Ausnahme: Bei

einer _____ Kündigung muss auch der _____ den Grund angeben.)

Sonderfall: Kündigung in der Probezeit

Vor Ablauf der Probezeit können sowohl der _____ als auch der

_____ das Arbeitsverhältnis _____ mit einer Frist von

_____ ohne Angabe eines _____ kündigen.

Arbeitsblatt 81.4 Möglichkeiten der Beendigung von Arbeitsverhältnissen

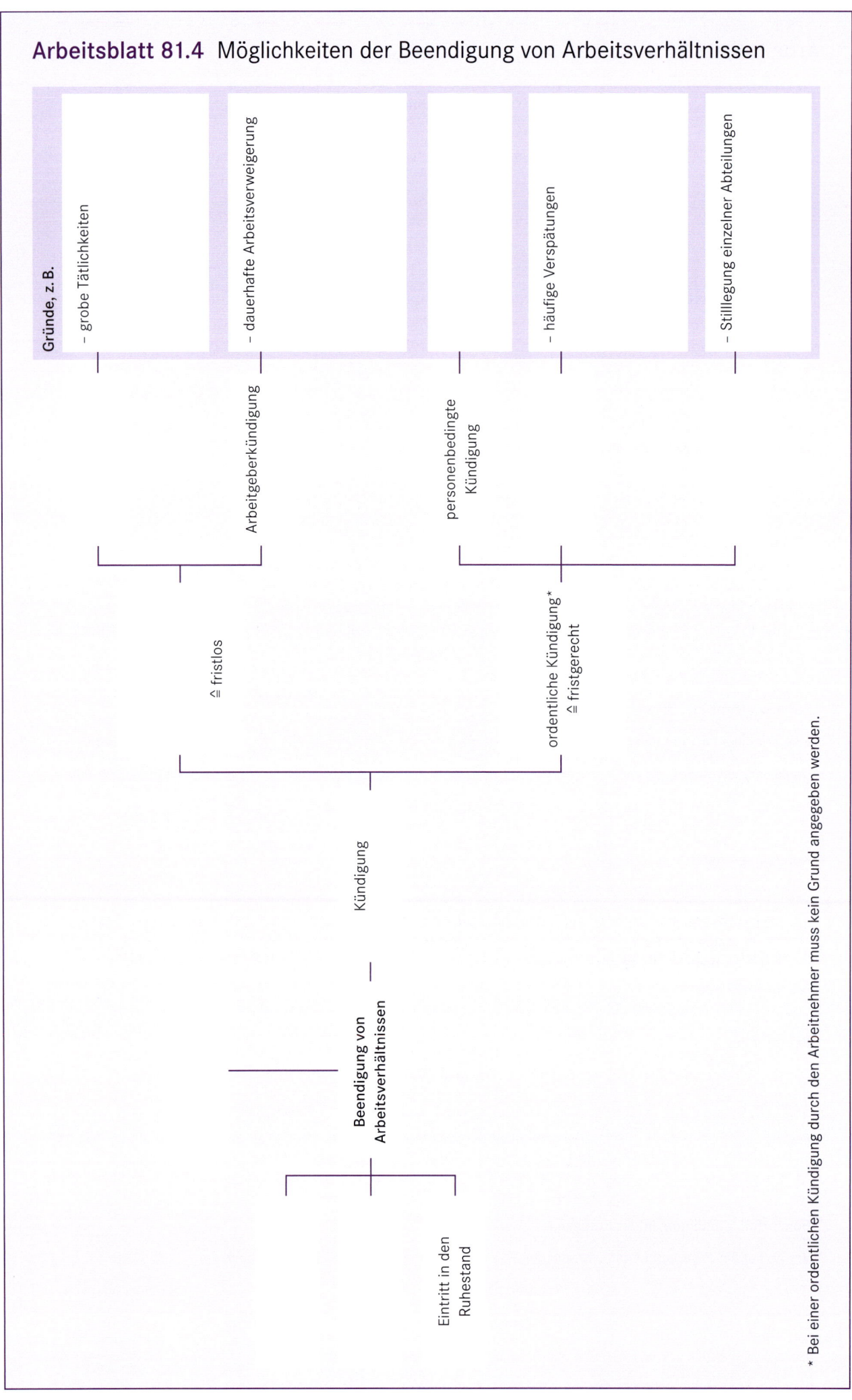

Beendigung von Arbeitsverhältnissen

Kündigung

Eintritt in den Ruhestand

Arbeitgeberkündigung
≙ fristlos

Gründe, z. B.
– grobe Tätlichkeiten
– dauerhafte Arbeitsverweigerung

ordentliche Kündigung*
≙ fristgerecht

personenbedingte Kündigung

– häufige Verspätungen

– Stilllegung einzelner Abteilungen

* Bei einer ordentlichen Kündigung durch den Arbeitnehmer muss kein Grund angegeben werden.

Aufgaben

1 Beurteilen Sie die Rechtmäßigkeit der folgenden Kündigungen in der Herbstberg KG, einem Großhandelsunternehmen mit 70 Mitarbeitern.

a) Jens Nolting, 37 Jahre alt und seit 9 Jahren bei der Herbstberg KG beschäftigt, erhält am 28. September 20.1 eine Kündigung zum 31. Dezember 20.1. Im Kündigungsschreiben werden zwei unentschuldigte Fehltage in der letzten Woche aufgeführt. Zudem wird auf eine Abmahnung von 26. März 20.1 mit folgendem Inhalt verwiesen:

> Sehr geehrter Herr Nolting,
>
> da Sie in letzter Zeit häufig zu spät zur Arbeit erschienen sind, weisen wir Sie hiermit darauf hin, dass wir solche Verletzungen Ihrer arbeitsvertraglichen Pflichten nicht dulden. Wir fordern Sie hiermit auf, dieses Fehlverhalten in Zukunft einzustellen.
>
> Mit freundlichem Gruß

b) Bettina Fuchs, 54 Jahre alt und seit 30 Jahren bei der Herbstberg KG beschäftigt, übergibt am 17. Oktober 20.2 ihrem Arbeitgeber eine Kündigung zum 15. November 20.2. Den Grund für ihre Kündigung gibt sie nicht an.

c) Der Leiter der Abteilung Rechnungswesen, Stephan Kaiser (38 Jahre, seit 4 Jahren im Unternehmen), informiert seinen Arbeitgeber nach einem Unfall im Skiurlaub über seine Arbeitsunfähigkeit. Zudem teilt er ihm bereits mit, dass er nach einer komplizierten Knie-Operation voraussichtlich mehrere Monate arbeitsunfähig sein wird. Wenige Tage später, am 20. Dezember 20.3, bekommt er vom Arbeitgeber eine Kündigung zum 31. Januar 20.4.

d) Da die Herbstberg KG vor Kurzem ein neues vollautomatisches Hochregallager errichtet hat, werden im Lager einige Stellen abgebaut. In diesem Zusammenhang bekommt auch der erst vor acht Monaten nach einer Ausbildung zum Fachlageristen übernommene Lagerist Moritz Hübner (21 Jahre, ledig, keine Kinder) am 5. April 20.5 vom Arbeitgeber eine Kündigung zum 15. Mai 20.5.

e) Heide Keller (49 Jahre alt, seit 17 Jahre im Unternehmen) kündigt am 19. Juni ihr Arbeitsverhältnis zum 31. Juli 20.6, da sie zum 1. August eine besser bezahlte Tätigkeit bei einem anderen Arbeitgeber aufnehmen möchte. Im Arbeitsvertrag befindet sich u. a. folgender Abschnitt:

> Nach Ablauf der Probezeit können beide Vertragspartner das Arbeitsverhältnis mit einer Frist von einem Monat zum Monatsende kündigen. Die Kündigungsfrist verlängert sich gemäß § 622 BGB. Die verlängerten Fristen gelten für beide Vertragspartner gleichermaßen.

f) Emre Simcik arbeitet seit drei Jahren als Außendienstmitarbeiter bei der Herbstberg KG. Im letzten Jahr wurde er fünfmal in einem Dienstwagen des Unternehmens mit deutlich überhöhter Geschwindigkeit „geblitzt". Er erhielt daraufhin eine Abmahnung, in der ihm auch eine Kündigung angedroht wurde. In der letzten Woche war er vier Tage krank, ohne dies durch eine ärztliche Bescheinigung zu belegen. Ihm wurde daraufhin heute eine fristlose Kündigung ausgehändigt.

2 In der Bromberger Druckmaschinen GmbH sind die Auftragseingänge seit längerer Zeit stark rückläufig. Die letzte Personalbedarfsplanung hat dementsprechend für das Unternehmen eine Personalüberdeckung in mehreren Abteilungen ergeben. Die Geschäftsleitung bittet Sie in dieser Situation um Vorschläge für mögliche Maßnahmen, mit denen drohende Entlassungen noch verhindert werden können.

3 Die Rheintaler Brunnen GmbH & Co. KG, ein Getränkeproduzent mit 140 Mitarbeitern, beschäftigt am 26. September 20.1 u. a. folgende Mitarbeiter:

- Marc Bödeker, 46 Jahre, Betriebszugehörigkeit 13 Jahre
- Jörg Heuke, 35 Jahre, Betriebszugehörigkeit 1 Jahr
- Jens Buhrmester, 29 Jahre, Betriebszugehörigkeit 11 Jahre
- Petra Schmidt, 55 Jahre, Betriebszugehörigkeit 30 Jahre

a) Ermitteln Sie jeweils den Termin, zu dem der Arbeitgeber den Mitarbeitern nach der gesetzlichen Regelung frühestens kündigen kann.

b) Ermitteln Sie jeweils den Termin, zu dem die Arbeitnehmer nach der gesetzlichen Regelung frühestens kündigen können.

4 Christian Donkert (56 Jahre alt) ist seit 17 Jahren bei der Bromberger Druckmaschinen GmbH in der Verwaltung beschäftigt. Er möchte zum 1. Januar 20.2 eine neue Stelle antreten. An welchem Tag muss er nach der gesetzlichen Regelung spätestens seine Kündigung abgeben?

5 Alesja Trippel befindet sich in der Probezeit eines unbefristeten Arbeitsverhältnisses bei der Bromberger Druckmaschinen GmbH. Sie hat festgestellt, dass sie mit der Arbeit überfordert ist, und hat heute, am 27.07.20.., entschieden, dass sie das Arbeitsverhältnis so schnell wie möglich beenden möchte. Erläutern Sie ihr in dieser Situation ausführlich die zu beachtenden Bedingungen einer ordentlichen Kündigung. Geben Sie auch an, zu wann sie kündigen kann.

6 In der Fly Bike Werke GmbH wird die Produktion von Rennrädern stark reduziert. Statt eines Drei-Schicht-Systems werden demnächst nur noch acht Stunden am Tag Rennräder montiert. Von den acht Mitarbeitern der betroffenen Abteilung soll drei Arbeitnehmern eine betriebsbedingte Kündigung ausgesprochen werden.

a) Prüfen Sie anhand der folgenden Informationen, welche drei Mitarbeiter für diese Kündigung infrage kommen. Begründen Sie Ihre Wahl.

Name	Alter (Jahre)	Familienstand	Betriebszug. (Jahre)	Besonderheiten
Kelle, Manfred	61	verheiratet, zwei Kinder (35 und 37 Jahre)	33	–
Wegner, Christel	41	ledig, keine Kinder	12	Ersthelferin
Pieper, Daniela	28	ledig, zwei Kinder (1 und 5 Jahre)	3	noch ein Jahr in Elternzeit
Kreciek, Olesja	42	verheiratet, zwei Kinder (13 und 10 Jahre)	11	Sicherheitsbeauftragte
Naruhn, Jörg	33	geschieden, keine Kinder	4	Ausbilder
Poga, Jan	25	ledig, keine Kinder	3	Betriebsratsmitglied
Hübner, Oliver	35	verheiratet, ein Kind (3 Jahre)	4	Datenschutzbeauftragter
Boge, Werner	52	verwitwet, ein Kind (29 Jahre)	16	schwerbehindert

b) Erstellen Sie eine Checkliste mit den Arbeitspapieren, die den gekündigten Mitarbeitern zum Arbeitsende ausgehändigt werden müssen.